U0213970

"十二五"国家重点图书出版规划项目

城市防灾规划丛书

国家出版基金项目
NATIONAL PUBLICATION FOUNDATION

谢映霞　主编

第三分册

城市抗震防灾规划

王志涛　郭小东　马东辉　李波　编著

中国建筑工业出版社

图书在版编目（CIP）数据

城市防灾规划丛书　第三分册　城市抗震防灾规划／
王志涛等编著．—北京：中国建筑工业出版社，2016.5
ISBN 978-7-112-19427-8

Ⅰ.①城…　Ⅱ.①王…　Ⅲ.①城市−灾害防治−城市
规划②抗震措施−城市规划　Ⅳ.①X4②P315.9

中国版本图书馆CIP数据核字（2016）第098451号

责任编辑：焦　扬　陆新之
责任校对：李欣慰　张　颖

城市防灾规划丛书
第三分册
城市抗震防灾规划
王志涛　郭小东　马东辉　李波　编著
＊
中国建筑工业出版社出版、发行（北京海淀三里河路9号）
各地新华书店、建筑书店经销
北京锋尚制版有限公司制版
北京顺诚彩色印刷有限公司印刷
＊
开本：880×1230毫米　1/16　印张：17¾　字数：450千字
2016年12月第一版　2016年12月第一次印刷
定价：**88.00元**
ISBN 978-7-112-19427-8
（28669）

总　序

我国是一个灾害频发的国家，近年来，随着公共安全意识的逐渐提高，我国防灾减灾能力不断提升，防灾减灾设施建设水平迅速提高，有效应对了特大洪涝灾害、地震、地质灾害以及火灾等灾害。但是，我国防灾减灾体系仍然还不完善，防灾减灾设施水平和能力建设仍然相对薄弱，随着我国城镇化的迅速发展，城市面临的灾害风险仍然呈日益加大的趋势。特别是当前我国正处于经济和社会的转型时期，公共安全的风险依然存在，防灾减灾形势严峻，不容忽视。

城市防灾减灾规划是保护生态环境，实施资源、环境、人口协调发展战略的重要组成部分，对预防和治理灾害，减轻灾害造成的损失、维护人民生命财产安全有着直接的作用，对维护社会稳定，保障生态环境，促进国民经济和社会可持续发展具有重要的意义。

防灾减灾工作的原则是趋利避害，预防为主，城市规划是防灾减灾的重要手段，这就是要在城市规划阶段做好顶层设计，防患于未然，关键是关口前移。城市安全是关乎民生的大事，国务院高度重视城市防灾减灾工作，在2016年对南京、广州、合肥等一系列城市的规划批复中要求各地要"高度重视城市防灾减灾工作，加强灾害监测预警系统和重点防灾设施的建设，建立健全包括消防、人防、防洪、防震和防地质灾害等在内的城市综合防灾体系"，进一步阐明了防

灾减灾规划的重要作用，无疑，对规划的编制和实施提出了规范化的要求。

随着我国城镇化的发展，各地防灾规划的实践日益增多，防灾规划编制的需求日益加大。但目前我国城市防灾体系还不健全，相应的防灾规划的体系也不完善，防灾规划的编制内容、深度编制和方法一直在探索研究中。为了满足防灾规划编制的需要，加强防灾知识的普及，我们策划了本套丛书，旨在总结成熟的规划编制经验，顺应城市发展规律，推动规划的科学编制和实施。

本套丛书针对常见的自然灾害，按目前城市防灾规划中常规分类分为城市综合防灾规划、城市洪涝灾害防治规划、城市抗震防灾规划、城市地质灾害防治规划、城市消防规划和城市灾后恢复与重建规划六个方面。丛书系统介绍了灾害的基本概念、国内外防灾减灾基本情况和发展趋势、城市防灾减灾规划的作用、规划的技术体系和技术要点，并通过具体案例进行了展示和说明。体现了城市建设管理理念的更新和转变，探讨了新的可持续的城市建设管理模式。对实现城市发展模式的转变，合理建设城市基础设施，推进我国城镇化健康发展，具有积极的作用，对防灾规划的研究和编制具有很好的参考价值和借鉴作用。

丛书编写过程中，编写组收集了国内外相关领域

的大量资料，参考了美国、日本、欧洲一些国家以及我国台湾和香港地区的先进经验，总结了我国城市综合防灾规划以及单项防灾规划编制的实践经验，采纳了城市规划领域和防灾减灾领域的最新研究成果。本套丛书跨越了多个学科和门类，为了便于读者理解和使用，编者力求从实际出发，深入浅出，通俗易懂。每一分册由规划理论、规划实务和案例三部分组成，在介绍规划编制内容的同时，也介绍一些编制方法和做法，希望能对读者编制综合防灾规划和单灾种防灾规划有所帮助。

本套丛书共分六册，第一分册和第六分册为综合性的内容。第一分册为综合防灾规划编制，第六分册针对灾后恢复与重建规划编制。第二分册至五分册分别围绕防洪防涝、抗震、防地质灾害和消防几个单灾种专项规划编制展开。第一分册《城市综合防灾规划》，由中国城市规划设计研究院邹亮、陈志芬等编著；第二分册《城市洪涝灾害防治规划》，由华南理工大学吴庆洲、李炎等编著；第三分册《城市抗震防灾规划》，由北京工业大学王志涛、郭小东、马东辉等编著；第四分册《城市地质灾害防治规划》，由中国科学院山地研究所崔鹏等编著；第五分册《城市消防规划》，由上海市消防研究所韩新编著；第六分册《城市灾后恢复与重建规划》由清华同衡城市规划设计研究院张孝奎、万汉斌等编著。本套丛书既是系统的介绍，也是某一个专项的详解，每一本独立成册。读者可以阅读全套丛书，进行综合地系统地学习，从而对城市综合防灾和防灾减灾规划有一个全方位的了解，也可以根据工作需要和专业背景只选择某一本阅读，掌握某一种灾害的防治对策，了解单灾种防灾规划的编制内容和方法。

本套丛书阅读对象主要是从事防灾减灾专业的技术人员和城市规划专业的技术人员；大专院校、科研院所城市规划专业和防灾领域的教师、学生也可以作为参考书；对政府管理人员了解防灾减灾规划基本知识以及管理工作也会有一定帮助。

本书编写过程中，得到了洪昌富教授、秦保芳先生、黄国如教授等的大力帮助，他们提供了相关领域的研究成果和案例，在百忙之中抽出时间审阅了文稿，并提出了宝贵的意见和建议。本书编写出版过程中还得到了中国建筑工业出版社的大力帮助和支持，出版社陆新之主任和责任编辑焦扬对本丛书倾注了极大的心血，从始至终给予了很多具体的指导，在此一并致谢。

由于本丛书篇幅较大，专业涉及面广，且作者水平有限，尽管我们竭尽诚意使书稿尽量完善，但不足及疏漏的地方仍在所难免，敬请读者批评指正。

丛书主编　谢映霞

2016年8月

前　言

从古至今自然灾害一直与人类社会的发展同行，可以说城市的发展史也是一部城市建设与自然灾害不断抗争的血泪史。在众多自然灾害当中，地震是对人类生存安全危害最大的自然灾害之一，可谓"群灾之首"，造成的损失也是"众灾之最"，具有突发性强、破坏性大、危害面广、难以预测等特点。一次大地震可以在很短的时间内导致非常大的破坏，给人们的生命财产造成巨大损失。它可以使一座繁荣、美丽的城市在数十秒钟内变成一片废墟。

我国地处欧亚大陆东南部，位于环太平洋地震带和欧亚地震带之间，是地震多发国家之一。1976年唐山地震和2008年汶川地震震惊寰宇，使我国人民生命财产和经济社会发展蒙受了巨大的损失，同时也造成了广泛的社会影响。

基于我国灾害严重的现实情况，安全防灾越来越受到党和国家各级政府以及民众的广泛关注，党的十八大报告、十八届三中全会和国家新型城镇化规划都把"提高灾害防御能力、健全防灾减灾救灾体制"列为社会主义生态文明建设和加强创新社会治理能力的重要内容，减轻地震灾害是其中任务之一。然而，以目前的科技水平，人类尚没有有效的方法阻止地震的发生。在这种客观情况下，如何减轻城市地震灾害成为各国抗震工作者一直致力于解决的问题。经验表明，编制和实施城市抗震防灾规划，实现防灾资源的合理优化配置，是提高城市综合抗震防灾能力的重要手段。

本书是《城市防灾规划丛书》中的一册，书中扼要地介绍了国内外城市抗震防灾规划的发展简况，分析了典型地震灾害对城市的影响以及对城市规划的启示，阐述了城市抗震防灾规划的定位、法律法规与技术标准的要求等，给出了规划编制的基本体系与技术路线，从城市用地、基础设施、城区建筑、次生灾害防御以及避震疏散安全性评价等几方面详细介绍了各类承灾体的抗震性能评估方法，同时建议了城市抗震防灾空间建构的内容与指标，给出了城市抗震防灾信息管理系统以及国内外城市抗震防灾规划编制实例，以方便读者阅读参考。本书可作为城市抗震防灾规划技术、管理人员的培训教材和大专院校相关专业师生的教学参考。

在本书编著过程中，参阅了许多专家、学者的著作和文献，并吸纳了其中的成果，在此表示衷心的感谢。大部分被作者引用的书名或论文名已在本书列出，但由于本书内容繁多，有些参考资料可能在使用过程中由于疏漏而没有被列出，敬请谅解。

抗震防灾是一项系统工程，涉及多个学科，知识面广。限于水平，书中难免存在疏漏和错误之处，恳请专家和读者批评指正。

编者

2016年3月

目　录

第 1 篇　规划理论

第1章 绪论

1.1 城市抗震防灾规划背景

1.1.1 城市与城市规划

一、城市与城市发展

城市是社会生产力发展到一定阶段的产物，是分工和专业化不断深化的结果。在5000多年的文明史中，人类社会经历了漫长的农业经济时代，而工业经济时代仅有300年的历史。建立在工业化基础上的经济发展导致人口从农村向提高生产率、产生大量农业剩余劳动力城市的大规模转移。18世纪后，工业化进程促进了生产力水平的提高——加快了城市的发展。城市的规模效益和聚集效益使城市成为人类聚居地的主要形式。中国近现代城市的发展是以工业化为基本动力的，城市数量多，发展速度快，而且在社会经济活动中处于中心和主导地位。

城市化是社会经济发展的结果，是历史的必然趋势。城市化通常可简单解释为农业人口及土地向非农业的城市转化的现象和过程，其中包括了人口、职业、产业结构、土地及地域空间的转变，形成比较集中的用地及较高的人口密度，集中建设形成较完备的基础设施，通常也称为城镇化。城市化水平指城镇人口占总人口的比重，可从一个方面反映社会发展的水

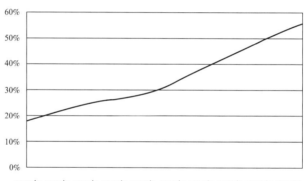

图1-1　1978～2014年我国城市化水平发展示意图

平，即工业化程度（图1-1）。

中国的城市化进程比西方晚，从19世纪后半期开始，速度很慢，发展也不平衡，东南沿海较快，内陆地区多处在农业社会；新中国成立后城市化速度加快，但由于经济发展及政策上的变化波动，起伏较大，总体上与同时期西方国家相比较慢，1970年代末约达到14%；改革开放以来，随着经济的快速发展，城市化速度加快，1978～2013年，城镇常住人口从1.7亿人增加到7.3亿人，城镇化率从17.9%提升到53.7%，年均提高1.02个百分点。

根据《中国统计年鉴（2015年）》[1]，至2014年年末，全国设市城市655个，其中包含4个直辖市、2个特别行政区、288个地级市和361个县级市。至2014

年年末，总人口13.68亿，其中城镇人口7.49亿，乡村人口6.19亿。至2014年年末，按照城市市辖区人口统计，其中超过400万人口的城市17个，200万～400万人口的地级市以上城市35个，100万～200万人口的城市91个，50万～100万人口的城市98个，20万～50万人口的城市47个，20万人口以下的城市4个。

根据《国家新型城镇化发展规划（2014—2020年）》[2]的要求，到"十三五"期末，我国常住人口城镇化率将达到60%左右，这意味着我国仍将维持每年1%的高速城镇化进程。

二、城市规划的产生和发展

城市规划是一门自古就有的学问，每个民族都有其独特的知识组成。随着社会经济的发展、城市的出现、人类居住环境的复杂化，产生了城市规划思想并得到不断发展。在我国最早的《周礼》、《商君书》、《管子》、《墨子》等书籍中就已出现相关城市规划的理论和学说。在西方古希腊时期就提出了城市建设的希波丹姆（Hippodamus）模式。中国古代大量可见的是反映"天人合一"思想、体现人与自然和谐共存的城市规划和建设理念，反映严格有序的城市等级制度[3]。

在当前社会变革时期，旧的城市结构不能适应新的社会生活要求的情况下，城市规划理论和实践往往

出现飞跃。城市规划又叫都市计划或都市规划，是指对城市的空间和实体发展进行的预先考虑。其对象偏重于城市的物质形态部分，涉及城市中产业的区域布局、建筑物的区域布局、道路及运输设施的设置、城市工程的安排等。

在不同时代和不同地区，对城市的发展水平和建设要求不同，因此城市规划的研究重点不尽一致，并随时代的发展而转变。多学科参与城市研究的历史自古就有，近来更趋活跃，城市规划是一门综合了地理学、社会学、经济学、环境工程学、防灾学、生态学、行为心理学、历史学、考古学等多学科针对城市问题的多侧面和综合研究。在现代城市规划中，系统工程学、工程控制论等数理方法及电子计算机遥感等新技术手段得以大量应用，推动了城市规划工作质量的提高。

随着新时代城市建设和发展进程的转变，对城市与城市规划工作的认识不断深化。基于城市是综合的、动态的体系，城市规划研究不仅着眼于平面上土地的利用划分，也不仅局限于三维空间的布局，而是引入了时间、经济、社会多种要求的"融贯的综合研究"。在城市规划工作中，将考虑最大范围内可以预见和难以预见的情况，提供尽可能多的选择自由，并给未来的发展留有充分的余地和多种可能性。进入

1970年代以来，环境保护、可持续发展和全球化对城市规划理论和实践带来了根本的影响，促进了城市规划思想方法发生变革并推动其发展。

三、城市规划的任务和体系

城市研究任务艰巨而纷繁，这也说明它拥有丰富的活力。城市永远在发展，城市问题也总是相伴而生，但人类必将更为自觉地运用广泛的知识与丰富的想象力和创造力，发展城市规划、建设和管理的科学。城市规划工作从最初社会经济发展的战略研究起，最终要落实到物质建设上，形成供人们生活和工作的形态环境。

城市规划的根本社会作用是作为城市建设和管理的基本依据，为城市合理地进行建设、运营和发展提供规划的前提和基础，是实现城市社会经济发展目标和保障城市可持续发展的综合性对策和措施。城市规划是政府调控城市空间资源、指导城乡发展与建设、维护社会公平、保障公共安全和公众利益的重要公共政策之一。

作为国家宏观调控的城市规划，主要体现在：提供城市社会发展的保障措施，在修正市场失败的基础上支持土地和房地产市场，保证土地在总体利益下进行分配、使用和开发，以政府干预的方式保证土地使用符合社区利益。

作为政策形成和实施工具的城市规划，其目的在于：实现国家的发展政策，为中央和地方政府的官员提供有关发展控制的导引，协调种类开发（无论是私人的还是公共的），考虑财产所有者估价规划政策对他们的利益影响，告知公众规划政策。

作为城市未来空间构架的城市规划，主要的表现在于：城市规划的主要对象是城市的空间系统，城市未来发展空间构架的实现意味着在预设的价值判断下来为城市的社会、经济、政治关系等作形态化的体现。

城市规划的主要任务是：从城市的整体和长远利益出发，合理、有序地配置城市空间资源；通过空间资源配置，提高城市的运作效率，促进经济和社会的发展；确保城市的经济和社会发展与生态环境相协调，增强城市发展的可持续性；建立各种引导机制和控制机制，确保各项建设活动与城市发展目标相一致；通过信息提供，促进城市房地产市场的有序和健康运作。

城市规划体系包括城市规划的法规体系、编制体系和行政体系。城市规划法规体系包括：法律法规——国家和地方（各省、自治区、直辖市、有立法权的城市）法规体系；地方法规必须以国家法律、法规为依据。技术法规——国家或地方制定的专业性标准和规范，分为国家标准和行业标准。

城市规划编制体系由以下三个层次的规划组成：城镇体系规划——全国、省（自治区）、跨行政区域、市域、县域五个类型；城市总体规划——总体规划纲要、总体规划，分区规划，专项规划；详细规划——控制性、修建性详细规划。

我国城市规划行政体系由不同层次的城市规划行政主管部门组成——国家、省（自治区、直辖市）、城市。各级城市规划行政主管部门对同级政府负责。各级城市规划行政主管部门对下级进行业务指导和监督。

1.1.2 城市地震灾害

地震是一种具有突发性、破坏性及不可预见性的自然灾害，是人类面临的一大天灾。我国地处全球最活跃的两大地震带（环太平洋地震带和欧亚地震带）之间，地震灾害频发，同时也是地震灾害损失最为严重的国家之一。地震带主要分布在东南（台湾和福建沿海一带）、华北（太行山沿线和京津唐渤地区）、西南（青藏高原、云南和四川西部）、西北（新疆和陕甘宁部分地区）[4][5]。

我国是最早有文字记载地震以及记载最丰富的国家，公元前1831年夏朝发生的一次地震，在《竹书纪年》中就记载着："夏帝发"、"七年泰山震"，距今已有3800多年。据统计，1900年以前我国记录6级以上破坏性地震近200次，其中8级或8级以上的8次，7.0~7.9级的32次。20世纪以来，根据地震仪器记录资料统计，我国已发生6级以上强震700多次，其中7.0~7.9级的近100次，8级或8级以上的11次（表1-1）。在此期间，经历了4个地震活跃期，其中唐山大地震就发生在第四活跃期。第五活跃期从1988年开始持续至今。

1900年以来，中国死于地震的人数达55万之多，占全球地震死亡人数的53%；20世纪全球两次造成死亡20万人以上的大地震全都发生在我国，一次是1920年宁夏海原8.5级地震，死亡23.4万人；另一次是1976年唐山7.8级地震，死亡24.2万人。1949年以来，100多次破坏性地震袭击22个省（自治区、直辖市），造成30万余人丧生，超过全国各类灾害死亡人数的50%，地震成灾面积达30多万km²。[6]

《中国地震动参数区划图》修订后，我国所有城市和县城均位于抗震设防区，全国40%的城镇抗震设防标准调整，其中25%的城镇、1/3百万人口以上城市大幅调整。地震及其他自然灾害的严重性构成了中国的基本国情之一。

进入21世纪以来，全球范围内地震频发，给灾区人民的生命财产造成了巨大的损失，同时也给灾区人民的心理留下了巨大的创伤，特别是2008年汶川5·12特大地震、2010年玉树地震使我国蒙受了巨大损失，也为我国的抗震防灾工作敲响了警钟，典型震例见表1-2所示。

1.1.3 减轻城市地震灾害的基本策略

城市地震灾害损失严重，城市经济、工程、人口的高度集中是其客观原因，而工程抗震能力的薄弱、

20世纪以来的我国主要8级以上强震统计表

表1-1

序号	发震时间	地震名称	震级（M）
1	1902年8月22日	新疆阿图什	8.3
2	1906年12月23日	新疆马纳斯	8.0
3	1920年6月5日	台湾花莲东南海中	8.0
4	1920年12月16日	宁夏海原	8.5
5	1927年5月23日	甘肃古浪	8.0
6	1931年8月11日	新疆富蕴	8.0
7	1950年8月15日	西藏察隅、墨脱间	8.5
8	1951年11月18日	西藏当雄西北	8.0
9	1972年1月25日	台湾新港东海中	8.0
10	2001年11月14日	青新交界	8.1
11	2008年5月12日	四川汶川	8.0

典型震例一览表[7]-[15]

表1-2

震例	灾情描述
1976年7月28日中国唐山7.8级地震	· 发震时间：北京时间1976年7月28日3时42分。 · 地震震级：主震7.8级；同日18时45分，距唐山40余km的滦县商家林发生7.1级地震，震中烈度为XI度。 · 地震损失：24.2万余人死亡，16.4万余人受伤；破坏范围超过30000km²；殃及京津，波及辽、晋、豫、鲁等14个省、直辖市、自治区，唐山、天津等城市遭到极其严重的损失，损失总计超过100亿元。 · 影响烈度：震中烈度高达XI度；XI度区长轴长10.5km，宽3.5~5.5km，面积为4.7km²；X度区长轴长35km，最宽处达15km，面积约为370km²；IX度区长轴长78km，短轴长42km，面积约为1800km²；VIII度区长轴长120km，短轴长84km，面积约为7270km²；VII度区长轴长240km，短轴长150km，面积约为33300km²；VI度区大致以承德、怀柔、房山、肃宁、沧州一线为界。 · 震前设防：唐山抗震设防烈度VI度，但当时我国除京津地区重要建筑进行抗震设防外，其他建设工程均未设防。

震例	灾情描述
2005年11月26日 江西九江 5.7级地震	• 发震时间：北京时间2005年11月26日8时49分。 • 地震震级：主震5.7级。 • 地震损失：13人死亡，82人重伤，693人轻伤；转移安置60余万人，280万人紧急避险；倒塌房屋1.8万间，损坏房屋15万多间，直接经济损失203759.39元。 • 影响烈度：震中烈度Ⅶ度；Ⅶ度区长轴约24km，短轴约15km，面积约260km²；Ⅵ度区长轴约61km，短轴约45km，面积约1800km²；殃及九江、南昌、上饶、抚州、宜春、景德镇、赣州等市范围内的50多个县（市、区）。 • 震前设防：抗震设防烈度Ⅵ度。
2008年5月12日 中国汶川 8.0级地震	• 发震时间：北京时间2008年5月12日14时28分。 • 地震震级：8.0级。 • 地震损失：69227人死亡，17923人失踪，经济损失约8451亿元人民币。破坏面积合计440442km²，波及川、甘、陕、渝等16省（直辖市、自治区）、417个县（市、区）、4624个乡镇，其中川、陕、甘三省震情最为严重。此次地震触发了1万多处崩塌、滑坡、泥石流、堰塞湖等地质灾害。 • 影响烈度：震中烈度Ⅺ度；映秀Ⅺ度区：长轴约66km，短轴约20km；北川Ⅺ度区：长轴约82km，短轴约15km，面积约2419km²；Ⅹ度区：长轴约224km，短轴约28km，面积约3144km²；Ⅸ度区：长轴约318km，短轴约45km，面积约7738km²；Ⅷ度区：长轴约413km，短轴约115km，面积约27786km²；Ⅶ度区：长轴约566km，短轴约267km，面积约84449km²；Ⅵ度区：长轴约936km，短轴约596km，面积约314906km²。 • 震前设防：多数城市抗震设防烈度Ⅶ度。
2010年1月13日 海地太子港 7.3级地震	• 发震时间：当地时间2010年1月13日5时53分。 • 地震震级：7.3级。 • 地震损失：222650人死亡（相当于其总人口的2%），310930人受伤，403176栋建筑物遭到破坏，经济损失达78亿美元。 • 影响烈度：震中烈度为Ⅹ度，长约105km，宽约15km，面积约1575km²；Ⅸ度区长约125km，宽约35km，面积约4375km²；Ⅷ度区长约160km，宽约65km，面积约10400km²。Ⅷ度以下区域影响范围更大。
2010年2月27日 智利康塞普西翁市 8.8级地震	• 发震时间：当地时间2010年2月27日14时34分。 • 地震震级：主震8.8级，最高余震6.9级。 • 地震损失：造成497人死亡，150万所住宅受损，损失达300亿美元。波及Constitucion、Tome、Parral等多个城市，还波及包括澳大利亚、秘鲁、阿根廷等多个国家；引发的海啸波及一些环太平洋岛国。 • 影响烈度：陆地上地震烈度Ⅷ度，地震影响场长轴分布方向与灾区海岸线方向平行，长约500km，宽约110km，面积超过5万km²
2010年4月14日 中国玉树 7.1级地震	• 发震时间：北京时间2010年4月14日7时49分。 • 地震震级：7.1级。 • 地震损失：2698人遇难，270人失踪，246842人受灾，房屋倒塌21.05万间，经济损失610多亿元。 • 影响烈度：震中烈度Ⅸ度，长约70km，宽约20km，面积约1400km²。 • 震前设防：抗震设防烈度Ⅶ度。
2010年9月4日 新西兰克赖斯特彻奇（基督城）7.2级地震	• 发震时间：当地时间2010年9月4日4时35分。 • 地震震级：主震7.2级，震中位于克赖斯特彻奇（基督城）以西30km处，震源深度20km。发生多起余震，余震最高震级达5.2级。 • 地震损失：2人重伤，数人受轻伤，经济损失14亿美元。
2011年2月22日 新西兰克赖斯特彻奇（基督城）6.3级地震	• 发震时间：当地时间2011年2月22日12时51分。 • 地震震级：6.3级，震源深度仅有5km。发生多次余震，最大余震5.7级。 • 地震损失：182人遇难，当地80%的地区停电；多处建筑物严重受损、倒塌；路面多处震裂、扭曲，有轨电车轨道变形。

续表

震例	灾情描述
2011年3月11日 日本东海岸 9.0级地震	• 发震时间：当地时间2011年3月11日14时46分。 • 地震震级：9.0级。 • 地震损失：15843人死亡，3469人失踪，经济损失达16万9000亿日元（内阁府）。引发海啸，造成福岛核电站爆炸，发生核泄漏事故，对周边地区的环境造成影响。 • 影响烈度：由中国地震信息网发布的烈度估算图：岩手县大部分地区烈度为XI度，宫城县、富岛县、岩手县等县的许多地区烈度达到X度；VI度区覆盖日本沿海绝大部分地区。
2012年8月11日 伊朗阿哈尔市 6.2级地震	• 发震时间：当地时间2012年8月11日16时53分。 • 地震震级：6.2级，震源深度20km，余震20次。 • 地震损失：大约110座村庄受损，近300人死亡，约2600人受伤。阿哈尔地区至少4座村庄完全被毁，大约60个村子受损程度超过50%；瓦尔扎甘周边12座村庄几乎全毁。
2012年9月7日 云南省昭通市 彝良县 5.7级地震	• 地震时间：北京时间2012年9月7日11时19分。 • 地震震级：5.7级，震源深度14km。 • 地震损失：受灾范围为3500多km²，造成70余万人受灾，81人死亡，150人受伤，紧急转移安置10余万人，房屋倒损2万余户。震中的洛泽河镇地处峡谷地带，地形陡峻，极易引发泥石流、滑坡等次生地质灾害。 • 影响烈度：震中烈度VIII度以上。 • 震前设防：抗震设防烈度VII度。
2013年4月9日 伊朗西南部 6.3级地震	• 发震时间：北京时间2013年4月9日19时52分。 • 地震震级：6.3级，震源深度20km。 • 地震损失：至少30人死亡，另有约800人受伤，两座村庄完全被毁。
2013年4月20日 中国四川省 雅安市芦山县 7.0级地震	• 发震时间：北京时间4月20日8时2分。 • 地震震级：7.0级。 • 地震损失：196人死亡，失踪21人，11470人受伤。震中芦山县龙门乡99%以上房屋垮塌，卫生院、住院部停止工作，停水停电。根据四川省民政厅网站信息，截至4月21日18时统计，地震已造成房屋倒塌1.7万余户、5.6万余间，严重损房4.5万余户、14.7万余间，一般损房15万余户、71.8万余间，芦山县和宝兴县倒损房屋25万余间。地震造成多处崩塌、滑坡灾害，导致灾区通道破坏，救援工作困难。重灾区房屋破坏严重，几乎全部毁坏。 • 影响烈度：震中烈度为IX度，震源深度为13km，震后发生上千次余震。 • 震前设防：抗震设防烈度VII度。
2013年7月22日 中国甘肃省 定西市岷县 6.6级地震	• 发震时间：北京时间2013年7月22日7时45分。 • 地震震级：6.6级，震源深度20km。 • 地震损失：95人遇难，因灾受伤1366人。定西、陇南、天水、白银、临夏、甘南6个市（州）的33个县（区）、491个乡（镇）、78.01万人受灾，倒塌房屋1.79万户、6.97万间，严重损坏房屋4.04万户、12.43万间，一般损坏房屋8.24万户、26.92万间，26.84万人紧急转移。 • 影响烈度：震中烈度为VIII度，长约40km，宽约21km，面积约706km²；VII度区长约87km，宽约59km，面积约3640km²；VI度区长约161km，宽约127km，面积约12086km²。 • 震前设防：抗震设防烈度VII度。
2014年2月12日 新疆维吾尔自治区和田地区 于田县 7.3级地震	• 发震时间：北京时间2014年2月12日17时19分。 • 地震震级：7.3级。 • 地震损失：67间房屋垮塌，1017户墙体开裂，倒塌牲畜棚圈3517座，185头大小牲畜死亡，另有6座桥涵受损，部分路段受损。 • 影响烈度：震中烈度为VII度，长约252km，宽约140km，面积约23210km²；VI度区长约508km，宽约330km，面积约105100km²。 • 震前设防：抗震设防烈度VI度。

续表

震例	灾情描述
2014年8月3日 云南省昭通市 鲁甸县 6.5级地震	• 发震时间：北京时间2014年8月3日16时30分。 • 地震震级：6.5级，震源深度12km。 • 地震损失：617人死亡，112人失踪，3143人受伤，22.97万人紧急转移安置，共108.84万人受灾，8.09万间房屋倒塌。 • 影响烈度：震中烈度为Ⅸ度，Ⅵ度区及以上总面积为10350km²。 • 震前设防：抗震设防烈度Ⅶ度。
2014年10月7日 云南省普洱市景谷 傣族彝族自治县 6.6级地震	• 发震时间：北京时间2014年10月7日21时49分。 • 地震震级：6.6级，震源深度5km。 • 地震损失：1人死亡，28人受伤，其中8人重伤。全县10个乡镇不同程度受灾，受灾人口92700人，房屋严重受损6508户、19524间，其中倒塌2169户、6507间；转移人口92700人，其中紧急转移安置人口56880人，水库严重受损1座，危及1300余人。景谷县公路路基下滑23处、1268m，坍方678处、59万m³，路面损坏86万m²，桥梁损坏36座、1080m，初步估计造成经济损失1.14亿元，其中：国道、省道损失1800万元，农村公路损失9600万元。 • 震前设防：抗震设防烈度Ⅶ度。
2014年11月22日 四川省甘孜藏族 自治州康定县 6.3级地震	• 发震时间：北京时间2014年11月22日16时55分。 • 地震震级：6.3级，震源深度16km。 • 地震损失：5人死亡，80人受伤，受灾群众总计已达197845人。倒塌房屋87户、严重损坏5140户、一般损坏25278户，受灾群众116293人。累计转移受灾群众14121人，集中安置5367人，分散安置8602人。全县经济损失15.6亿元。 • 影响烈度：震中烈度为Ⅷ度，面积约340km²；Ⅶ度区面积约6810km²，Ⅵ度区面积约6810km²。 • 震前设防：抗震设防烈度Ⅸ度。
2015年7月3日 新疆维吾尔自治区 和田地区皮山县 6.5级地震	• 发震时间：北京时间2015年7月3日9时7分。 • 地震震级：6.5级，震源深度10km。 • 地震损失：3人死亡，受灾人口225790人，紧急转移安置9.9万人，房屋受损48655户。 • 震前设防：抗震设防烈度Ⅶ度。

重点防御的无序和空间布局的不合理及分割防护的脆弱性是其主要原因。我国先后实施过四代地震动参数区划图和建筑抗震设计规范，城市中仍存在着大量未经抗震设防的建设工程和历史建筑。随着我国经济快速发展和城市化进程不断加快，城市市政基础设施工程抗震设防能力参差不齐，系统复杂度高，易损性高，重点设防不突出，使得城市抗震防灾形势也变得更加严峻、复杂。汶川大地震也暴露出：①建筑、工程设施等承灾体的破坏是造成人员伤亡和经济损失的根本原因；②空间防护和分割不利是造成城市灾害规模效应突出的主要原因；③重点防御不到位，应急保障基础设施支撑能力弱是影响城市应急救灾能力和灾后恢复重建的重要原因；④救灾和疏散设施缺乏、空间布局不合理、抗灾能力差是造成灾后应对无序、互救自救能力差的重要原因。

国内外经验表明，有效应对地震灾害需要通过多途径、多手段的方式进行。

一、制定合理可行的城市抗震防灾规划

编制和实施城市抗震防灾规划是综合协调抗震设防目标，合理解决城市防灾空间布局、采取有效分割防护措施、确定应急保障基础设施和重点防御设施布局及抗震措施、合理确定避难场所等应急救灾设施、统筹安排新建工程抗震设防和加固工作的主要途径，抗震防灾规划是全面解决现代化城市综合抗震防灾能力，减轻地震灾害的"纲"。

当前世界范围内对地震预报问题尚未解决，而作为我国工程抗震设防依据的《中国地震动参数区划图》仍具有较大的不确定性，所以，我国对地震灾害防治一直以来贯彻"预防为主，防、抗、避、救"相结合的方针。通过城市抗震防灾规划统筹考虑防灾资源的优化配置，构建全方位的抗震防灾体系则显得更加重要，而对于城市抗御特大地震灾害更是尤为重要。

制定合理的城市抗震防灾规划是防御和减轻城市地震灾害的龙头，为城市整体抗震防灾要求提出规划建议。在编制城市建设规划时，首先要对城市的地震地质背景（如地震活动性、活动性断层等）进行调查，对地震危险性进行分析、分区，把对各类建筑物、生命线工程进行震害预测的结果作为城市规划建设的重要依据，重要工程要避开地震危险地段，活动性断层两侧不能规划重要建筑物。其次要按人口密度、经济发展状况、建筑抗震能力等，有步骤、有重点地进行改造和建设。市区的公园、绿地、道路、大型堤防的建设要形成"路、水、绿的防灾网络"，确保在灾害发生时的紧急交通运输路线畅通。最后，区域内要建设一定数量能抗火灾的不燃化或难燃化建筑物，以满足震时避震疏散、抢险救灾及防止灾害规模化效应等需要。

由于城市抗震防灾规划涉及城市的方方面面，技术运用程度高，为强化规划的编制质量和实施效果，需要从事包括规划、地震、勘察、抗震等的多领域专家对城市抗震防灾规划编制的科学性进行技术审查。为此，从1980年代开始，建设部就开始重视和统筹安排城市抗震防灾规划的技术审查工作。1998年建设部曾经成立过建设部城市抗震防灾规划与抗震设防区划审查委员会。

进入21世纪以来，我国城市化进程加快，城市建设和改造任务繁重，以往的抗震防灾规划编制的技术路线开始跟不上形势发展，编制和修订工作一再停滞。为了规范与强化城市抗震防灾规划的管理，在总结以往经验的基础上，建设部于2003年出台了《城市抗震防灾规划管理规定》（建设部令第117号），2007年11月正式颁布并实施了《城市抗震防灾规划标准》GB 50413—2007，2008年住房和城乡建设部组织成立了"第一届全国城市抗震防灾规划审查委员会"，于2012年进行了换届（设主任委员1名，副主任委员1名，顾问8名，委员43名），通过审查委员会的工作，

加强对各地城市抗震防灾规划编制工作的指导，提高我国城市抗震防灾规划的编制水平，推动各地城市抗震防灾规划的实施，发挥城市抗震防灾规划对城市合理建设与科学发展的促进作用。

二、搞好单体工程的抗震设防

工程抗震设防是通过提高单体工程的抗震能力减轻地震灾害的有效措施，是"目"。工程抗震在抗震减灾中显示了极其重要的作用，工程抗震，防止建筑物在地震中倒塌破坏，成为城市抗震减灾的首选目标。工程的抗震设防包括选址、设计、施工，以及对现有工程的抗震加固等四个环节，这四个环节缺一不可，每一个环节都很重要。多次地震的经验表明，严格按照抗震规范进行设计、施工和使用的房屋建筑，达到了规范规定的设防目标。因此，要搞好建设工程的抗震设防，要认真把好工程场地的选址关，严格遵循建筑百年大计，切实加强施工阶段的质量监督检查，扎实做好老旧建筑物的加固改造工作。

三、逐步加大对城市抗震减灾的资金投入

加大城市抗震减灾工作的资金投入，除加大工程抗震设防与加固改造资金投入外，还应包括加大对科研的资金投入。积极研究开发工程防震减灾的新体系、新结构、新材料、新工艺和新技术，并对与其有关的防灾问题进行深入系统的研究；积极开展工程结构的隔震、减震与消能技术的研究。推进城市抗震减灾基础研究和科技进步，做好抗震新技术试点与推广工作，促进成果的转化与应用，培育与抗震有关的新型产业，加快抗震技术和设备的开发研制速度。

四、加强抗震减灾知识的宣传普及工作

除了依靠地震科学技术进步和工程抗震安全外，还需要普及地震知识、抗震知识、应急救护知识和技能，以提高公众的抗震减灾意识，提高其在地震中的应对和生存技能，提高公众的参与意识。建立城市抗震减灾基金和相关的保险机制，多渠道筹集资金，以减轻灾害损失、加快灾后恢复重建速度，保障灾后的社会安定和正常生产、生活秩序。

五、建立专门的自上而下的机构

建立专门的机构，强化政府在城市抗震减灾中的协调作用，从地震监测预报、工程抗震设防、地震应急救灾与重建等三个环节，协调好政府各部门之间的关系，做到明确分工、各司其职，共同搞好城市的防震减灾工作。

1.2 国内城市抗震防灾规划的历史

我国城市从1980年代开始试点编制城市抗震防灾规划，随着工程抗震技术的发展大体上可划分为四个阶段，分别为1980年代、1990年代、2000年左右和2008年汶川8.0级特大地震发生以后，见表1-3。

1.3 国外城市抗震防灾规划的历史

相比国内城市抗震防灾规划的发展，日本、美国等国家经过长时期的防灾避险思想的变迁和发展，至今已经成为世界上防灾建设较为完善的国家，其城市抗震防灾规划发展较完善，见表1-4。

日本的城市总体规划和防灾规划都是国土规划体系中的重要组成部分。日本的城市规划法叫做"都市计划法"，包括总体规划和详细规划两部分，具体规定了进行城市规划的目的、方针、适用范围、城市规划的内容、决定的变更规定和限制、审批制度和惩罚条例等。编制工作特别强调基础研究和调查，调查项目包括人口规模和构成情况，市街地面积，土地利用情况，制造业生产量和产值，基础设施，建筑物用途，公害和灾害，机关单位，交通量，规划执行情况等，每隔5年都要调查现状和研究发展趋势。日本政府于1956年制定了《城市公园法》，1973年在《城市绿地保全法》里把建设城市公署置于"防灾系统"的地位，1986年制定了"紧急建设防灾绿地计划"，提出要把城市建设成为具有"避难地功能"的场所。从1972年开始至今，日本已实施了六个"建设城市公园计划"，每个计划都有加强城市的防灾结构、扩大城市公园和绿地面积、把城市公园建设成保护居民生命财产的避难地等内容。1993年，日本修改《城市公园实施令》，把公园提到"紧急救灾对策需要的设施"的高度，第一次把发生灾害时作为避难场所和避难通道的城市公园称为"防灾公园"。日本政府从1996年开始实施"第六次城市公园建设计划"，其中新增了关于建设防灾公园的内容：①扩大防灾公园的对象，把面积在1hm²以上的城市公园都作为防灾公园；②扩大防灾绿地面积。1998年日本建设省制定了《防灾公园计划和设计指导方针》，就防灾公园的定义、功能、设置标准及有关设施等作了详细规定。在日本，城市防灾规划建设还包括了城市的不燃化、建筑物和社会

我国城市抗震防灾规划发展过程 表1-3

第一阶段：1980年代初，有关抗震防灾规划的工作开始得到研究	
标志性成果	◆ 1976年唐山地震之后城市抗震防灾规划作为城市发展规划中的一项专业规划开始形成。 ◆ 1979年第三次全国抗震工作会议提出了编制城市抗震防灾规划的任务，并确定以烟台、徐州两市为试点。 ◆ 1985年1月，城乡建设环境保护部发布了《城市抗震防灾规划编制工作暂行规定》。 ◆ 1987年9月，城乡建设环境保护部发布了《城市抗震防灾规划编制工作补充规定》，明确规定了城市抗震防灾规划的目标、内容和编制程序。 ◆ 1988年在建设部科技司的支持下，提出了《城市抗震防灾规划编制指南》。
发展阶段表述	这几次全国性的大型抗震工作会议和建设部批准的一系列相关文件，对我国城市抗震防灾规划工作起到了推动和指导作用，使我国的城市抗震防灾工作进入了一个新的、科学的发展阶段。从此，这项工作在全国的重要城镇、工矿企业全面开展，我国的抗震防灾工作进入了一个新发展阶段

续表

第二阶段：1990年代，抗震防灾规划得到大力推广和实施	
标志性成果	◆ 1992年颁布了《城市抗震防灾规划的若干规定》和《县、镇抗震防灾规划编制工作暂行规定》。 ◆ 1990年代中期，城市综合防灾规划开始探讨和研究，并于1994年开始试点和示范。 ◆ 1996年1月，建设部印发了《抗震设防区划编制工作暂行规定》。 ◆ 不完全统计，"八五"和"九五"期间全国100多个城市不同程度地进行了城市抗震防灾规划工作。
发展阶段表述	虽然抗震防灾规划是一项编制和实施都较广的防灾规划，开展的震害预测、制定的防震减灾对策和建立的防震减灾计算机信息管理系统、数据库等为城市规划提供了大量的基础资料，但是在各灾种防灾规划中，除消防规划最早进行强制性编制外，抗震防灾规划研究成果纳入城市总体规划实施仍缺乏各类机制的支持。城市抗震防灾规划编制思路和技术路线亟需得到改进。

第三阶段：2000年以来，抗震防灾规划逐步制度化、法制化	
标志性成果	◆ 2003年厦门等城市先后开始了具有各自城市特点的综合防灾规划研究和编制工作。 ◆ 2004年10月，泉州市抗震防灾规划通过由省建设厅主持的最终评审，这项规划是我国最早按照建设部新规定进行编制的抗震防灾规划。 ◆ 2003年，建设部发布了《城市抗震防灾规划管理规定》（建设部令第117号），明确提出了城市抗震防灾规划作为城市总体规划下的一个专项规划，实施时与城市总体规划一并进行。依据此规定，我国大部分处于地震区的城镇，均需编制相应的城镇抗震防灾规划，从而从法制上确立了抗震防灾规划的龙头地位。 ◆ 2007年11月1日，《城市抗震防灾规划标准》GB 50413—2007开始实施，标志着城市抗震防灾规划的编制工作已经走向了制度化、法制化的轨道。
发展阶段表述	此后我国抗震防灾规划进入新一轮的研究和编制时期，南通市、海口市、徐州市、苏州市、合肥市、秦皇岛市、武汉市、攀枝花市、蚌埠市、石家庄市、保定市等城市抗震防灾规划相继开展。

第四阶段：2008年5月12日汶川8.0级特大地震发生以来，汲取国内外特大地震灾害教训和经验，抗震防灾规划编制思路和技术再反思完善阶段	
标志性成果	◆ 2008年以来《城市抗震防灾规划标准》开始修编，《城市综合防灾规划标准》和《防灾避难场所设计规范》开始编制。 ◆ 2010年住房和城乡建设部《秦皇岛市城市抗震防灾规划试点研究》作为汶川大地震后全国第一个采用新的编制模式和技术路线进行的抗震防灾规划编制项目，获河北省建设科技进步一等奖。
发展阶段表述	国外的学者虽然对城市总体规划和防灾规划有种种不同的理论和观点，但是从政府方面一般都有法律程序审批和实施规划。防灾规划从性质上讲可以是控制性的也可以是指导性的。

日本、美国和我国台湾地区城市抗震防灾规划发展过程　　　　　　　表1-4

日本：目前日本的城市防灾规划在世界上居于领先地位	
标志性成果	◆ 1961年制定《灾害对策基本法》，之后平均两年修改一次； ◆ 1962年制定《应对激甚（非常剧烈）灾害特别财政援助法》； ◆ 1968年制定《防灾基本计划》； ◆ 1956年制定《城市公园法》； ◆ 1973年制定《城市绿地保全法》，首次确定建设城市公园置于"防灾系统"的地位； ◆ 1986年制定了"紧急建设防灾绿地计划"，提出要把城市建设成为具有"避难地功能"的场所； ◆ 从1972年开始至今，日本已实施了六个"建设城市公园计划"； ◆ 1993年，日本修改《城市公园实施令》，把公园提到"紧急救灾对策需要的设施"的高度，第一次把发生灾害时作为避难场所和避难通道的城市公园称为"防灾公园"； ◆ 1998年日本建设省制定了《防灾公园计划和指导方针》，就防灾公园的定义、功能、设置标准及有关设施等作了详细规定； ◆ 近几年，日本在东京等重点防震城市加强了防灾据点的推广建设； ……

续表

日本：目前日本的城市防灾规划在世界上居于领先地位

发展阶段表述	在1923年关东大地震和1995年阪神大地震之后，通过制定、修订相关防灾法律，目前日本已具有较为有效、完善的防灾减灾基本国家大法，具有统一的体制，使得防灾活动更有效率和规范化。日本的城市总体规划和防灾规划都是国土规划体系中的重要组成部分。城市防灾规划由中央防灾会议、都道府县防灾会议和市町村防灾会议三级构成的日本灾害管理部门负责，具体的灾害防救规划体系分为防灾基本规划、防灾业务规划和地域防灾规划。其中，防灾基本规划是中央级别的，而都道府县和市町村则是地方级别的，并有其各自的地域防灾规划。日本的地域防灾规划是指灾害可能涉及区域的防灾减灾规划，由各地方政府（都道府县、市町村）依据防灾基本减灾规则，结合本地区的灾害特征而制定的适合本区域的防灾规划。在日本的城市防灾规划中，城市建立防灾空间、防灾公园已成为有效手段之一。1995年1月17日，阪神大地震发生后，神户市1250处大大小小的公园再次在救灾方面显示了巨大作用。日本的防灾规划进展是与历次灾害发生后的经验总结一致的，1962年，开展了东京都地震风险区划；1964年，东京奥运会后摸索后奥运城市建设的主题，形成城市过密化的问题意识以及重视发生地震的紧迫性；约1965年，明确需要确保"广域避难场所和广域避难通道"；约1975年后指出城市建设要形成"防火隔离带"，防止市区火势向整个地区蔓延；约1985年后确定了城市综合防灾的要求，是"防灾城市建设的萌芽"，开始致力于开展城市防火区划内的市区建设，提高地区防灾应对能力。这其中包括了以防火隔离带划分的地区（城市防火区划）内实现阻燃化、整建马路、确保开放空间、促进改建、不燃化、集体改建、建设自主防灾组织、使其充满活力等提高居民的防灾能力；阪神大地震（1995年）以后，明确需要建设防灾城市。

美国：起步较晚、发展较快，代表了未来发展的趋势

标志性成果	◆ 1971年加州圣弗南多地震对抗震防灾规划起了很大的推动作用； ◆ 1977年由议会通过了《减轻美国地震危险性条例》，给抗震规划和相关技术的研究提供了平台； ◆《减轻地震灾害：规划者指南》是由美国规划联盟最早发表的比较重要的、关于城市抗震规划方面的文件之一； ◆ 1981年批准的《减轻国家地震灾害纲要》和1989年的灾害性地震反应计划，成为城市防灾规划的主要依据； ◆ 2000年10月30日，由美国总统签署生效对减灾规划影响最大的法律《减灾法案2000》； ……
发展阶段表述	DMA 2000将美国的减灾规划体系按行政区的级别分为两个等级，即：州的减灾规划和地方减灾规划。州的减灾规划（主要包括标准的州的减灾规划和加强的州的减灾规划）则具有针对灾前预防工作的、多灾种的特点。为了帮助州、部落和地方政府更好地理解和满足DMA2000的规划要求，美国联邦应急管理署（简称FEMA）编制了《在减灾法案2000背景下的综合减灾规划导则》，导则引用法案中具体的规定，说明相关的要求，并通过规划实例解释能够满足DMA2000要求和不能满足DMA2000要求的规划的区别。此外，FEMA还写了一系列"减灾规划导则"帮助州、社区和部落加强它们的减灾规划能力。FEMA专门编制了题为《将人为灾害整合到减灾规划的导则》。一些州为了指导所辖市和郡的减灾规划编制，进一步制定相关导则并编制了地方防灾规划，如北卡罗来纳州制定的《地方减灾规划手册》，洛杉矶市编制了"洛杉矶市地方减灾规划"。在多年的抗震防灾实践中，FEMA集成了从中央到地方的救灾体系，形成了一套完整的军、警、消防、医疗、民间救难组织等单位的一体化指挥、调度体系，这套体系在历次美国地震救援中发挥了巨大作用，有效地降低和减少了地震灾害发生地域民众的生命和财产损失。

我国台湾地区：跟随国际前沿，形成具有地方特色的防灾体系

我国台湾的城市防灾规划早期受日本的影响比较大。"都市计画法"和防灾减灾规划均具有法律效力，其拟订、变更都得有充分的研究依据并按法定程序办理，同时也要考虑公众的意见。近年来台湾又引进了美国的防灾减灾模式，把FEMA倡导的灾害应急响应计划应用于台湾，在GIS平台上建立了灾害防御系统，并对台北市中心区之实际防灾空间系统提出检讨与修正。除了研究防灾据点与来往路线外，还要研究相应的规范准则，作为未来设施重建、改造与改建时，加强防灾机能的参考。台北市都市发展局在城市再开发过程中，预先规划严谨的防灾救灾空间系统，期盼将突发之重大灾害所招致的人员伤亡、财物损害减至最低，并有效提升灾害救援工作的效率，防止二次灾害的发生。其次是推进防灾避难生活圈的建设。所谓防灾避难生活圈系根据地区区位及空间设施条件，划定的一定区域，以作为防灾规划之最小单元，并且进行相关的防灾建设事业。根据都市遭受地震灾害所可能产生的避难行为与救灾行为，构建了大部分都市计划防灾空间系统。

除日本、美国、我国台湾之外，俄罗斯、印度、加拿大等国也都有相应的防灾减灾的负责部门，但对城市抗震防灾规划和综合防灾规划的研究和应用仍在探索之中。

基础设施的抗震化及防灾据点建设等，防灾公园即是其中的一部分。《防灾公园计划和设计指导方针》规定，不同类型的防灾公园在发生大地震等严重灾害时将会发挥如下功能：防止火灾发生和延缓火势蔓延，减轻或防止因爆炸而产生的损害，成为临时避难场所（紧急避难场所、发生大火时的暂时集合场合、避难中转地点等），最终避难场所、避难通道、急救场所、临时生活的场地，作为修复家园和复兴城市的据点，平时则作为学习有关防灾知识的场所等。

与日本相比，美国对城市防灾的研究比较晚，1971年加州圣弗尔南多地震对抗震防灾规划起了很大的推动作用。规划人员开始认识到它们在防震减灾方面的重要性。建造能够抗御强烈地震的建筑物历来是美国防御地震最重要的措施。自1948年以来，美国一直在颁布地震区划图，为了能在区划图上反映对地震新的认识水平，经常对地震区划图进行修订。1977年由议会通过了《减轻美国地震危险性条例》，给抗震规划和相关技术的研究提供了经费，规划人员开始介入抗震研究。由美国规划联盟发表的第一篇比较重要的、关于城市抗震规划方面的文章是《减轻地震灾害：规划者指南》，它发表在1981年批准的《减轻国家地震灾害纲要》中。美国城市规划人员开始认识到，他们的责任是了解地震，并把有关地震的资料反映到他们的规划工作中去。在美国除了少数几个城市以外，至今还没有专门的抗震防灾规划。防灾减灾措施主要是通过法律和条例来实施的。重点是灾前减缓危险，灾后救援和恢复重建。

1.4 抗震防灾规划的审批要求

1.4.1 抗震防灾规划编制与实施

一、国内情况

1. 综合抗震防御体系区域规划

抗震重点防御区的建设行政主管部门应组织有关行业部门共同编制综合抗震防御体系区域规划，其内容主要包括：区域性的库坝、邮电、电力、铁道、交通等以及城市和农村的抗震对策、措施及震后开展地区或城市间的相互协调、支援等。综合抗震防御体系区域规划在同一省、自治区、直辖市内的，由省、自治区、直辖市人民政府审批；跨省、自治区、直辖市的，由国务院建设行政主管部门审批。

2. 城市抗震防灾规划

我国抗震防灾规划工作从1980年代开始，在2003年建设部令第117号颁布前，抗震防灾规划由城市抗震主管部门负责组织编制和实施工作。在1985年颁布的《城市抗震防灾规划编制工作暂行规定》中，城市抗震防灾规划由市人民政府审批并组织实施。国家重点抗震城市的抗震防灾规划应报国家主管抗震部门备案；其他城市的抗震防灾规划报省主管抗震部门备案。在1990年的《关于城市抗震防灾规划编制和评审工作有关问题的通知》中进一步规定城市抗震防灾规划进行分级审批。凡百万人口以上的国家重点抗震城市，报国家抗震主管部门审批；省会城市、计划单列市和百万人口以下的国家重点抗震城市报省、自治区、直辖市人民政府审批；其他城市的抗震防灾规划由市人民政府审批。城市抗震防灾规划报批前，应组织有关专家进行评议。按审批权限，主要应请与规划关系密切的有关行业的主管部门的专家参加，以有利于取得审查规划的实效，并便于规划的组织实施。在1994年的建设部第38号令《建设工程抗御地震灾害管理规定》中规定，省会城市、百万人口以上大城市的抗震防灾规划由国务院建设行政主管部门审批；国家重点抗震城市的抗震防灾规划由省、自治区建设行政主管部门审批，报国务院建设行政主管部门备案；其他城市的抗震防灾规划由当地人民政府审批；大型工矿企业的抗震防灾规划由企业主管部门审批。2003年建设部第117号令颁布后，进入现行管理方式。

与建设用地抗震评价和规划有关的内容的审批采取了更严格的管理要求。1985年的规定中，要求抗震防灾规划中城市用地地震影响小区划应报国家主管抗震部门批准。1990年的规定中，要求凡50万人口以上的大城市和地质情况十分复杂的中等城市，都要编制抗震设防区划。抗震防灾规划中的抗震设防区划必须报国家抗震主管部门批准。1995年的《抗震设防区划编制工作暂行规定（试行）》中，要求抗震设防区划编制完成后，应报请相应的上级抗震防灾主管部门组织有关专家评审，评审通过后按规定报相应的主管部门审批。抗震设防区划审批实行分级管理：甲类模式的抗震设防区划由省、自治区、直辖市建委（建设厅）预审同意后，报住房和城乡建设部审批。乙、丙类模式的城市抗震设防区划由省、自治区、直辖市建委（建设厅）审批，其中乙类模式住房和城乡的城市抗震设防区划尚应报住房和城乡建设部备案。企业抗震设防区划由有关行业主管部门审批，并报住房和城乡建设部备案。

二、国外情况

1. 日本

日本的防灾计划与我国的抗震防灾规划大体对应。

日本的防灾计划由《灾害对策基本法》单独规定。防灾计划包括了中央、都道府县、市町村等各个层级，各个层级成立防灾委员会负责相关工作。

中央层面的防灾计划包括全国防灾基本计划和各指定行政机关的防灾业务计划两类。全国防灾基本计划由中央防灾委员会负责编制、审查，并报首相批准。防灾业务计划由指定机关编制并报首相批准。防灾基本计划和防灾业务计划与其他规划的协调由各指定机关负责并报告。

都道府县地域防灾计划和地域防灾业务计划分别由地方防灾委员会会同制定机关进行编制。地域防灾计划需要报告首相，并经中央防灾委员会审查。

市町村地域防灾计划和地域防灾业务计划分别由地方防灾委员会会同制定机关进行编制。地域防灾计划需要报告都道府县首长，并经相应防灾委员会审查。

都道府县相互间地域防灾计划和市町村相互间地域防灾计划由同级防灾委员会协议会负责。

日本防灾计划的经费通常由中央资助完成。

2. 美国

美国防灾规划是按照《防灾法案2000》和《罗伯特·斯坦福减灾和应急协助法案》来管理和实施的。

两个法案规定州和地方均需要进行防灾规划的编制工作，并将其作为联邦减灾项目补助和灾后救助的依据。各州防灾规划需要报送总统，联邦主管机关根据各州防灾规划制定专项防灾项目，并由联邦政府提供防灾规划编制和实施的经费支持。

该法案规定联邦需提供的防灾支持有：

（1）授权总统建立相应的专项为所有相关的机构提供防灾支持，包括：防灾、预警、加固、恢复重建方面的防灾规划和应急预案；培训和演习；灾后评估和鉴定；年度实施评估；联邦、州和地方防灾项目管理和协调；防灾科学研究；防灾科技成果推广。

（2）为规划和防灾专项的制定和实施提供技术支持，包括防灾规划和专项项目的编制，对个人、企业和各级政府机构的灾后支持，公共和私人设施的灾后恢复。

（3）授权总统拨款支持各州防灾规划和专项项目计划编制，一次性支持经费一年不超过25万美元。接受拨款的州应当建立专门机构进行规划的编制和管理，并需要将规划提报总统。

（4）联邦政府拨款支持防灾规划的改进、实施和更新，授权总统可以给予各州进行规划编制和维护以及相应实施项目所需经费不超过50%的支持。

对防灾专项项目的拨款支持一般可达到75%，对经济贫困社区可达到90%。这类项目包括：可减低伤亡、财产损失的防灾措施的实施，减轻重要工程设施和设备破坏的防灾措施的实施。

对于防灾方面的拨款项目，美国联邦应急管理署成立国家评估专家委员会，对所有提交的防灾项目进行评估。

2010年财政年度FEMA共针对灾后防灾专项提供1亿美元联邦拨款资助。

1.4.2　城市抗震防灾规划管理改革对策

当前抗震防灾规划工作面临的严峻形势和存在的问题，实际上也是当前抗震工作面临的重大问题，根本上是法制和体制的不健全造成的。因此，需要解决抗震防灾规划的法律定位问题，保证规划发挥作用；严格审查审批管理，保证规划质量；完善抗震防灾规划体系，确保防灾措施到位；立足抗震防灾公益本质，通过专项项目牵动规划落实；加强监督管理；强化规划落实。

一、完善法制体制建设

从长期发展来看，我国应开展《城乡防灾减灾法》的研究和制定工作，从规划、建设和使用的各个环节建立完善的法律制度，建立城乡防灾减灾工作的长效机制，使得城乡建设防灾减灾工作得到顺利发展。

尽快修订117号部令《城市抗震防灾规划管理规定》，进一步调整明确规划的编制和实施主体，明确城市规划体系中抗震防灾的要求，理顺规划的技术审查和审批体制，细化规划的实施规定，强化规划的监督检查机制。

另外，在修订城市规划、控制性详细规划及交通、市政等专业规划管理办法中，在明确抗震防灾专项规划的技术内容和管理要求。

二、加强抗震防灾规划管理力度

应更加明确抗震防灾工作的定位，由相应抗震防灾管理机构统筹管理全国城乡建设抗震防灾工作。指导推动地方各级住房和城乡建设主管部门完善抗震管理机构，配置具备相应业务素质的工作人员。

建立抗震防灾规划编制和实施经费保障机制，建立中央和省两级补助经费的稳定化、可持续化机制，重点支持重点监视防御区和经济落后地区、偏远地区三类地区的规划编制和实施工作。

尽快推动开展抗震能力普查，建立规划编制和应急保障基础设施体系、避难体系、市政紧急自动处置系统等防灾设施建设以及抗震鉴定和加固等专项工程实施体制，针对专项工程需求，通过开展科研项目和试点工程体系，推动规划编制和实施抗震新技术的研发和应用。

建立定期在全国及重点区域开展抗震防灾规划监督检查制度，强化应急保障基础设施和避难救援设施、重大项目防灾措施落实情况的督察，推动抗震防灾规划的编制和实施，进一步加强抗震防灾规划技术审查专家队伍建设，完善审查制度，保障规划编制质量，推动规划编制水平的提高。

三、优化我国的规划管理体制

1. 构建与规划行政权相一致的管理体制

我国的城市化已进入一个加快发展的阶段，城市作为一个有机的整体，各组成部分的协调发展必须有一个集中而统一的规划管理体制。在我国许多经济发达地区的城市，经过30多年的改革开放和经济持续增长，城市社会各方面的水平都得到显著的提高，城市的发展已经度过了低水平的简单外延扩张阶段。城市规划应由城市人民政府集中统一管理，由县级以上城市人民政府规划行政主管部门集中统一管理，不得下放规划管理权或分割规划管理权，使城市的各项建设活动按批准的城市总体规划有序地进行。设区市的区和各类开发区的规划、建设，都应纳入城市的统一规划和管理。在各类开发区内进行建设，都由所在城市人民政府的规划行政主管部门依据《城市规划法》中的有关规定审批。

2. 强化公众参与，建立透明公开的运行机制

强化社会及公众共同应对危机的理念，重视公众参与城市防灾减灾规划的工作和市民危机意识的教育。改变传统观念，变"事后参与"为"事前参与"，

尽快建立和完善公众全面参与的相关制度。在规划编制过程中应向公众公开，并进行网上投票，可以让公众参与到编制过程中，因为城市防灾规划能否顺利实施关系到每个市民的生命和财产安全。

日本政府认为"没有民众参与，防震减灾将是空洞的"。目前中央政府各部门每年至少要进行2次大规模的协同救灾演习。为了提高全体国民的防灾意识，日本确定每年的1月17日（阪神大地震发生日）为全国"防灾和志愿者日"，与前后三天合为全国"防灾周"。在1月17日这天，日本全国各地都会举行有市民和消防队共同参与的防灾训练，电视台也播放防灾知识节目，首相也要亲自参加消防厅组织的灭火消灾训练。根据日本防灾经验，平时的防灾宣传教育对于灾时迅速防灾避险是非常有效的，应加强学校防灾教育和公众宣传相结合，推进防灾避险、自救互助、防疫防病等一体化宣传教育，把防灾避险常识与防灾计划策略落实到各个社会机关、团体和个人，真正地做到"预防为主，平灾结合"。日本的防灾工作非常注重系统性、综合性，不仅仅强调防灾物质基础设施（建筑和街区）的安排，更强调整个地域防灾系统的建设、地域防灾能力（人和体系）的提升。应专门建设防灾训练中心，提高市民的防灾救灾意识。防灾训练中心应向市民免费开放，并定期开展训练活动，引导市民积极参加防灾训练。对于学校的学生还应开展一些趣味活动，增加学生参与的积极性。日本高度普及、深入人心的防灾教育在历次地震中都发挥了巨大的作用。

3. 建构科学的决策监督机制

借鉴英、德、法等西方发达国家的一些成功经验，这些国家实行上级向下级派驻规划师的制度。国家向各个城市派驻规划师，城市的规划和建设必须先通过国家派驻的规划师签字同意后，才能上报市长审批。对于城市总体规划中确定的抗震防灾内容来说，可由市、县级的规划管理部门制定近期规划目标，规

定每年实施的项目和数量，并上报到上级规划管理部门。由上级规划管理部门每年派遣监督员对下辖的各级政府进行检查，如无法按时完成计划的给予通报批评和处罚。

将规划管理的行政责任，具体分解加以落实，使规划管理的各项工作任务，都有具体的责任主体，使得责任和权力相符。对于规划管理工作中出现的违法违规行为所造成的后果，可直接追究相关责任人和主管领导的责任，对于造成严重后果和重大损失的，还须追究主要领导的责任。

参考《日本大规模地震对策特别措施法》中的做法，对于在建设中有违反总体规划中确定的防灾内容的违规行为，应按规定进行处罚。在总规中应加入处罚条款，使其具有法律效力。

4. 完善规划体系，加强审查和审批改革

鉴于抗震防灾规划对城市规划建设的重要作用，应明确区域、城镇、乡村层级抗震防灾规划要求，形成完善的抗震防灾规划体系，开展详细规划和相关专业规划的抗震防灾专项规划编制和监管，把抗震防灾规划中的抗震设防标准、建设用地要求、应急保障基础设施及避难场所建设要求、重要建筑及建筑密集地区和重大危险源抗震防灾措施等列为总体规划和相关专业规划的强制性内容，纳入控制性详细规划的控制要素，作为建设用地规划和建设工程项目选址的控制性条件。

改革现有审查和审批体制，通过完善严格的分级管理制度，切实保障城镇化过程中的抗震安全，推动城市综合抗震能力提高。

（1）国务院审批总体规划的城市的抗震防灾专业规划以及区域抗震综合防御体系规划由住房和城乡建设部工程质量安全监管司协调相关司局组织进行技术审查，相应规划由省级人民政府审批，并应报住房和城乡建设部备案；甲类模式的城市抗震防灾规划由省级建设抗震主管部门组织进行技术审查，相应规划由市级人民政府审批，并应报省级建设抗

震主管部门备案；其他城市抗震防灾规划由市级建设抗震主管部门组织进行技术审查，相应规划由当地人民政府审批，并应报市级建设抗震主管部门备案。

（2）国务院审批总体规划的城市的总体规划、省级城镇体系规划由住房和城乡建设部工程质量安全监管司组织进行抗震防灾专项技术论证；甲类模式的城市总体规划由省级建设抗震主管部门组织进行抗震防灾专项技术论证；其他城市总体规划由市级建设抗震主管部门组织进行抗震防灾专项技术论证。专项技术论证提出抗震防灾专项意见，纳入总体规划审批意见。

（3）市政、交通等相关专业规划由市级建设抗震主管部门组织进行专项技术论证，提出抗震防灾专项意见。

（4）城市、镇控制性详细规划由市级建设抗震主管部门组织进行抗震防灾专项技术论证，提出抗震防灾专项意见，并纳入规划审批意见。

1.5 国内外防灾规划理论与方法

1.5.1 国外防灾规划理论与进展

1.5.1.1 城市防灾空间规划研究

国外的一些大城市已经采用城市防灾空间的建设来减轻灾害所造成的人员伤亡、财产损失和对社会经济的冲击，并已收到一定的实际效果。美国在1989年的洛马大地震之后，伯克利建立了以社区为单元的安全策略，使城市在高风险的环境中得以可持续发展。数次遭遇龙卷风、洪水袭击的特尔萨市通过将洪泛区还原为湿地，吸引野生动物的回栖，扩大城市游憩开放空间，不仅创造了良好的环境，提高了生活质量，还在以后的洪灾中减少了损失。[16]日本在1923年关东大地震后开始重视城市防灾空间的研究，日本的相关研究认为：大地震发生时带来的最大的次生灾害是火灾，将阻止大规模火灾蔓延的因素整理出来，发现由公路、铁路等阻止的有4成，耐火建筑物阻止的有3成，空地等阻止的占2成，由消防活动进行的火势隔离约占1成。由此可见，较宽的道路、铁路线路和公园等大规模空地和学校、公寓、排状耐火建筑物群等的形状和布置，即城市的构造形态在阻止市区大火的蔓延中起到了很大的作用。城市街区通过公路、铁路和空地的分隔，将大大增强其不受周边环境影响的安全性。日本设计的防灾型城市构造图见图1-2。

2004年3月，东京都政府根据国家促进防灾城市建设纲要，制定了《东京都防灾城市建设促进规划》。该规划确立了防灾城市建设的基本思路，从宏观上对作为城市防灾主网的主干防灾轴、市区火势的隔离、作为避难通道和救援活动空间的火势隔离带的整治和避难场所等进行了推进。在本规划中，把包围在火势隔离带中的防灾生活圈作为市区整治的基本单位，通过根据地区特性所采取的适当措施的实施，来推进市区不燃化等各方面的整治。

1.5.1.2 评价指标体系的研究

1997年，美国斯坦福大学的Rachel Davidson为了评价和比较各个城市的地震灾害强度和特性，提出了

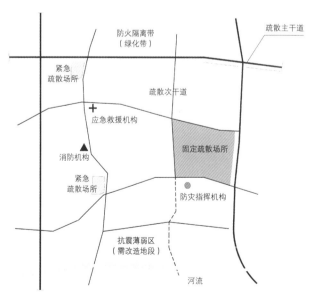

图1-2 日本防灾型城市构造图

用一种综合性指数，即地震灾害风险指数EDRI来评价各个城市的潜在地震灾害相对严重程度。[17][18]他把对地震灾害风险起重要作用的诸要素分成地震危险性、震区资源、易损性、外部因素和紧急反应与恢复能力5个因子，每个主要因子又被分解为更为具体的子因子，然后选择一个或多个简单可测量的指标（如人口数、人均GDP、城市市区软土百分比等）来代表每项因子，以及根据专家的意见分别给出这些因子或子因子对未来地震灾害风险的权值，以衡量这些量对地震灾害风险的贡献。最后再将所有五个因子的指标线性组合起来构成地震灾害风险总指标EDRI，由此得到每个城市的相对的地震风险综合指数。

1.5.1.3　防灾绿地规划研究

在美国芝加哥1871年的火灾灾后重建规划中，美国开始考虑建造公园系统，以绿地开敞空间分割原来连成一片的城市市区，提高城市的防火灾能力。随后奥姆斯特德与沃克斯在南部公园区的杰克逊公园和华盛顿公园的设计中，规划了连接杰克逊公园与华盛顿公园的公园路。路中间一条连续的水渠，连通了杰克逊公园的咸水湖和华盛顿公园的人工池，以起到疏导洪水的作用。芝加哥公园系统通过公园与公园路分割建筑密度过高的市区，用系统性的开放型空间布局来防止火灾蔓延，提高城市抵抗自然灾害能力的规划方法与思想，极大地丰富了公园绿地的功能，成为后来防灾型绿地系统规划的先驱，具有特别重要的意义。

2001年美国9·11事件后，为强化整体防卫，美国政府积极推动建立以防灾型社区为中心的公众安全文化教育体系。其防灾型社区需具备三大功能，即灾前预防及准备功能、灾时应变及防御功能、灾后复原及整体改进功能。美国国土安全部规定社区事故风险状况评估要先确认社区易受灾的地点及环境，再确认灾害源及可影响的范围，找出易发生灾害的建筑或区域，并制作社区防灾地图等。其中，也包括了将社区公园与灾时避难结合的计划。

日本是地震灾害多发国，有丰富的震后避难疏散经验。1947年日本颁布了《灾害救助法》，这个法令的第二十三条规定了包括提供收容设施含紧急临时住宅等救助内容。1956年日本政府制定了《城市公园法》，开始用法律的手段管理公园。1973年在《城市绿地保全法》中把城市公园列入防灾系统，进一步明确了公园的防灾机能。1986年制定了《紧急建设防灾绿地计划》，把城市公园确定为具有避难地功能的场所。1993年在日本的《城市公园法实施令》中，把公园确定为紧急救灾对策必需的设施，并且首次把灾时用作避难场所和避难通道的城市公园称作防灾公园。1995年阪神大地震后，神户市的1250个大小公园在抗震救灾中发挥了重要作用，进一步提高了规划建设城市防灾公园的认识。1999年出版了《防灾公园规划设计指南》，2000年又出版了《防灾公园技术便览》，全面论述了防灾公园的规划、设计与建设中的相关问题，而且开始在一些城市规划、设计和建设防灾公园。

1.5.1.4　防灾设施规划研究

设施选址问题的研究正式开始于1909年，阿尔弗雷德·韦伯研究了这样的问题：在一个地区具体选择什么样的地点来设置一个仓库，使得该仓库设施至所有顾客的总距离最小。[19]1960年代中期Hakimi考虑了在一个网络上设置一个或多个设施的更一般化的问题，目标是使顾客与其最近设施之间的总距离最小，或者使这样的最大距离最小化。[20][21]由此，选址问题重新引起人们的广泛兴趣，选址模型的研究得到了发展。

Church和ReVelle指出，测量一个设施位置有效性的重要方式是确定公众到达设施的平均距离。平均距离上升，防灾设施的可达性下降，从而该位置的有效性降低。当需求对服务水平不敏感时，测量设施位置有效性的一个等价的方法是，以需求量对需求点与设施之间的距离进行加权，并计算需求点与设施之间的总加权距离。因此，如果从服务设施的使用效率角度考虑，选址决策的目标是选择p设施，使各个需求点至p服务设施之间的总加权距离最小，即为p中值问题。p中值问题最早由Hakimi提出，ReVelle和Swain最早给出了p中值问题的整数线性规划的表示法。

为了避免某些人口稀少的区域被"忽略"而降低提供给这些区域的服务水平，选址决策的目标应确定p设施，使各个服务设施服务需求点的最大距离为最小，这即是p中心问题。

覆盖所有服务需求点是防灾设施选址的最常见的目标，对城市防灾设施通常有应急响应及时性的要求，主要体现在应急服务设施的最大服务范围上。位置集合覆盖问题（LSCP）的数学模型由Toregas等人最早提出[22]，其目标是确定所需服务设施的最少数目，并配置这些服务设施使所有的需求点都能被覆盖到。

集合覆盖模型的一个重要的变形为最大覆盖问题（MCLP），由Church和ReVell提出[23]，在实际设施决策中，覆盖全部需求点可能会导致过高的财政支出，如果由于资金预算的限制，无法覆盖所有的需求点，只能确定p个服务设施，最大覆盖模型的目标是选择p个服务设施的位置，使覆盖的需求点的价值总和最大。

备用覆盖模型由Hogan和ReVelle使用覆盖的概念对最大覆盖模型进行了修改[24]，使得在每个需求点都必须被服务设施覆盖一次的同时，被两次覆盖的需求点的总价值最大。

根据上述各种模型的适用范围，可以归纳这些模型的特点，如表1-5所示。

网络型优化选址模型的特点　　　　　　　　　　　　　　　　　　　表1-5

模型	目标函数	特点	应用
位置集合覆盖模型	最小化设施数目	覆盖所有需求点	防灾减灾服务设施
最大覆盖模型	最大化覆盖需求	给定p设施；不要求覆盖所有需求点	防灾减灾服务设施
p中值模型	最小化加权距离总和	给定p设施；不涉及覆盖	普通型设施；防灾减灾服务设施
p中心模型	最小化最大距离	给定p设施；不涉及覆盖	普通型设施；防灾减灾服务设施
备用覆盖模型	最大化覆盖需求两次	给定p设施；不要求覆盖所有需求点	防灾减灾服务设施

1.5.1.5　综合性能评价研究

1. 地震危险性分析与震害预测

1968年，美国学者康奈尔率先提出了地震危险性分析的点源模型。该模型认为地震发生是一种随机事件，即未来地震发生的大小、时间、地点都是不确定的。此后，基于概率论方法的各种数学模型已经越来越广泛地应用到地震灾害的模拟、预测、评价和规划的各个领域。在震害预测方面，目前已经提出了很多工程震害预测、经济损失及人员伤亡预测的方法，这些方法根据研究目的和评价方式的不同，采用的技术途径也有较大的差异。

H. Kameda和H. Goto等人提出空间相关地震动的小区划和模拟分析方法。在概率衰减法的基础上，考虑场地条件的影响，采用连续土壤参数的衰减模型。K. Toki和T. Sato考虑了两种特定的地震危险，近震和远震，依据日本277个强震记录得到加速度反应谱。通过考虑下部洪积层的影响，对表层土进行反应分析，得出每一网格内对应某一超越概率的地面速度幅值。M. Shinozuka等假定整个场地遭受同样的地震危险，将加速度超越概率函数转化为麦氏烈度超越概率函数，并将整个场地按土壤特性进行了分区，得出每个网格内的地震动参数，考虑了地震烈度的空间分布。此外，还讨论了断裂区和液化区的地震影响。

2. 生命线系统抗震性能评价

对于城市供水系统，目前，研究的方法主要有解析法和模拟法。解析法包括状态枚举法、概率图法、最小路法、最小割法、全概率分析法等。模拟法则以Monte Carlo法为代表，近年在分析道路、供水等生命线工程网络的抗震可靠度时，主要采用Monte Carlo算法，这一方法以事件发生频率代表概率结果，在算法上易于实现，比较适合于分析大型复杂网络的可靠程度。对于任意网络系统，如果能求出其全部最小路集，则至少在原则上对失效独立系统可以求出其系统可靠度。因此，基于最小路的方法构成了求解网络系统可靠性的主要途径之一。经典的网络系统最小路求法有多种，邻接矩阵法较为直观，P. M. Lin方法较为简便。邻接矩阵法适合于中小型网络的最小路求取，对于大型网络这种方法较为费时。因此，对于大型网络通常采用图论中的深度优先搜索法（DFS）或宽度优先搜索法（BFS）求取最小路。P. M. Lin方法是最早将深度优先搜索思想应用于计算机程序设计的方法，它提供了求解网络全部最小路径的经典算法，并且对于有向网络、无向网络以及混合网络均适用。

3. 次生灾害评价

国外研究以英国、日本、美国最具代表性。英国区域火灾风险在消防力量规划中的应用始于1936年；最初的火灾风险评估是一种以财产风险为主的定性评估方法，按照此方法将城市典型区域划分成A、B、C、D等几个风险等级；对于不同的火灾风险等级，规定了不同的第一出动响应时间最低标准，并先后两次经过修订，指导城市消防系统规划；目前的火灾风险评估方法是以评估生命风险为基础，使城市区域火灾风险评估更具合理性。

日本从1980年代开始城市火灾风险评估研究，根据风险评估结果划分城市等级，这种方法综合考虑了评估区域的气象条件、木结构建筑物的种类以及结构

状况、通信设施、消防体制等影响因素，确定区域内建筑物的燃烧损失量，并以此确定城市等级，表示城市潜在的火灾危险程度。日本的一些学者（如：河角、水野、小林等）都进行了大量的调查研究。他们根据历次大震发生火灾的件数，给出了地震次生火灾发生率与房屋倒塌率的关系，掘内三郎、水野弘之、青木义次等人提出的震后着火数预测模型与季节、时间、地区房屋数、燃具使用率等众多因素有关。日本的"日本东京地区危险度测定"项目，是以1923年关东大地震为假想对象，依照《东京都震灾预防条例》的规定，具体预测地震次生灾害情况并提出具体对策。主要包括地震下建筑物的危险度、地震下人的危险度、地震火灾的危险度和地震避难的危险度四个评估详细指标。东京消防厅对地震火灾的危险度评估部分进行了研究开发。

美国的火灾风险评估方法的评估指标不同，但考虑的基本因素与日本相似。该国通过考虑建筑用途、暴露情况和每个选定的建筑间的连接因数或者防火分隔等因素，确定建筑物所需的消防给水流量；然后，经过对比和分析区域内各种建筑物所需的消防给水流量值，选出一个有代表性的作为区域消防给水流量值。再根据该值确定区域的消防车数量、消防泵类型和消防装备数量等。1971年旧金山大地震后，美国联邦政府进行美国地震灾害损失评估及决策支持系统Hazard UnitedStates的开发。系统中地震次生火灾危险度评估的内容主要包括有：严格地评估在假设地震后消防机关可能面对的起火数量、总燃烧面积的评估及暴露在火灾危险中的人口与建筑物的评估。其中，对于震后火灾起火数量的预测是采取以地震时测得的地表加速度，转换成美国的震度标准，再以MMI的震度标准换算为相当的PGA值，将PGA值代入震后火灾起火预测公式计算后，预估震后火灾的起火数。

4. 医疗系统抗震研究

美国在医疗机构单体抗震防灾和灾后的应急救

援方面有一套比较完善的法案措施。美国对医疗设施的抗震防灾更加重视，加利福尼亚是目前全球唯一制定了专门的医院抗震设计规范的地区，SB1953法案对已建成的医疗建筑的功能抗震水平提出了要求。加州健康规划与发展委员会制定相应的规范使所有的医院达到抗震标准，提出"医院建筑在地震后不仅结构要保持完好，而且有能力继续运作并提供紧急医疗服务"。美国多专业地震工程研究中心在医院非结构构件减震技术以及抗震改造策略方面做了大量工作，强调建立抗震改造的评估系统。Monti G.、Nuti C. 提出了医院抗震可靠性的分析模型，对意大利医院在未来地震中的功能水平进行了评估。

1.5.1.6　建筑震害预测理论研究

世界上对地震的认识与研究只有近百年的历史，而地震预测的研究工作也仅仅开始了几十年。最早开始震害预测研究工作的是日本，从遭受了严重破坏的1964年的新潟地震为起点。美国国家海洋和大气管理局与美国地质调查局在1970年代初首先对旧金山、洛杉矶、普查特桑和盐湖城开展了地震灾害损失预测的系统研究。美国对震害预测方法的研究始于1969年，1971年圣费尔南多的地震证实了预测结果与实际震害相符得很好，成为震害预测工作的良好开端，开始受到世界各国的关注。1977年美国政府颁布的《国家减轻地震灾害法》，是国家参与组织实施减灾行动的重要步骤。四个联邦机构包括联邦紧急事务管理署、美国地质调查局、全国科学基金会和国家标准局，与州地政府及私营机构一起，进一步在全国重点城市开展地震灾害损失研究。上述工作机构的研究方法不尽相同，联邦紧急事务管理署曾要求国家科学研究委员会对各种研究方法进行评价，在1989年其下属美国地震工程委员会的"地震损失估计专家小组"，提出一份未来地震损失估计的工作指南，并向各界推荐。

与此同时，日本和西欧某些国家也开展了类似的评估研究。日本已发表了如大阪市和静冈地区未来地震灾害损失预测方法和结果；葡萄牙科学家曾对首都里斯本的三个小区，在假设未来地震发生的情况下，计算了经济损失并对伤亡人数作了预测。

1. 易损性清单法

从美国加利福尼亚逐渐发展起来的ATC-13易损性清单方法，对所有遭地震影响的设施根据它们的结构类型和使用情况进行分类，并根据分类清单和地震损失破坏状态进行地震易损性和预期损失分析。分类清单方法的提出，极大地推动了以建筑物为基础开展的地震灾害分析研究，并逐步拓展到包括生命线工程在内的其他方面。

2. 经验方法

早在1932年，美国的Freeman就进行过全球性建筑物的破坏统计分析，这是迄今为止震害经验判断法最全面的汇总。1978年，Algermissen和Steibvugge等根据实际经验和工程判断，将旧金山地区建筑物分为5大类28小类，全面总结了各种结构的震动—破坏曲线，由于成果具有代表性，至今仍被广泛采用。

专家评估法是根据若干高级地震专家的经验性判断意见进行地震震害评估的方法。它的关键工作之一是编制清单资料，最后根据专家的各级建议，再用统计方法进行归纳。专家经验性判断意见源于三个方面：现有结构抗震设计理论、历史震害资料与专家经验。Stembrugge等首次使用专家评估法。Kustu、Miller和Brokken分别于1982和1983年论述了预测城市的地震损失一般方法的发展过程，提出了建筑物分类方案和由专家评估法得出的破坏概率矩阵，他们的成果具有一定的代表性。日本的大桥ひとみ、太田裕与镜味洋史以及冈田成幸与镜味洋史等也对日本地震震害预测广泛采用了这种方法，他们的专家评估清单编制得更精细、更趋向于社会范畴，有时还以家庭主妇对地震的经验取代地震专家的经验。其典型的清单包括：11种地基特征、建筑物构造特征、居室使用特征、室外使用特征、家族成员特征、消防设施特征、生活背景特征、经济基础特征、事前准备工作、附近避难环境和周围建筑物环境等。

3. 理论方法

结构理论计算法随着计算机技术的发展有了长足的进展。美国的Sauter等提出的计算方法是将不同的结构理想化为数学模型，计算各类不同结构的应力和变形，得到地面峰值加速度与结构层间变形的关系，然后再找出层间变形与破坏比例的关系，最后进行震害比例判断。

Ondes和Kuatu提出了一个实用的计算程序，它包括三部分：①地震危险性分析模型，给出了不同概率下的地面峰值加速度和反应谱；②城市系统模型，包括建筑物分类和各类建筑物的易损性；③损失估计，给出了损失的均值和标准差。

1.5.1.7 疏散仿真模拟研究

城市避震疏散规划作为城市抗震防灾规划中的重要组成部分，有了完善、合理的避震疏散规划，一旦发生预估等级以上的地震灾害，抗震防灾指挥部门就能够快速、有秩序地按照避震疏散预案对受灾群众进行疏散和安置，避免由于人员混乱引起的一系列问题，有利于社会稳定和抗震救灾工作的顺利进行。

对于疏散防灾模拟的研究开始于1950年代，一般以John Brany出版《建筑中紧急疏散评估的技术手册》的这段时期为疏散研究的初级阶段。计算模拟方法应用于发生火灾情况下的人员的应急疏散，以Cancer为代表。1998年，第一届国际人员疏散研讨会于爱尔兰举行，之后，疏散问题进入深入的研究阶段，在计算机模拟阶段进展一段时间后，人员疏散模型和心理行为研究成为核心研究内容，而在仿真火灾的疏散情景方面，围绕人员安全疏散行为和模型方面发展较为迅速和颇有成效的国家主要有英国、美国、德国、日本等，开始整体地探析和研究人员流动模式，人员有B. Hillier等人。之后Reynolds进行了行为动画研究，发现团队动作动画的部分规则，Brogan等人使用粒子动力学法模拟仿真，Muse等人研究了由群、组和个人组成的分

层模型。后来，一些国外研究部门研究出一些技术水平较高的模型，预测最小疏散时间的网络模型EVACNET+由美国的Franois研究出来，Stah研究出了BFIRES-1火灾行为模型，E. Goffin等研究人员了开发了运动人员躲避碰撞的技术，Alvord开发了疏散与救助疏散人员模型等。

据统计，已经完成的和正在开发的疏散模型已经超过了20种。每个模型都分别从不同角度对人员在建筑物内的疏散行为进行模拟，这些模型具有的性能、疏散应用效果及适用范围也不尽相同。近10年，仿真模拟已经成为研究的重点，对建筑火灾及疏散模拟进行着不间断的分析和模拟研究。一些虚拟现实技术能够模拟人员在建筑内的疏散过程，得到位置随时间的变化数据，以及一些其他模拟仿真信息。针对疏散流动过程中离散状态人员疏散行为的变动性大，以及疏散的群组特征，国内外人员进行了很多理论和试验研究，在建筑物的安全设计和应急预案制定中起到了指导作用并不断应用。

在城市规划建设领域，有关人群疏散逃生领域的模拟仿真，国外研究发展基本经历了表1-6所示的几个阶段。

疏散仿真模型的研究主要和建筑火灾疏散和交通流疏散研究密切相关。从室内疏散开始，研究的重点逐渐从群体行为向个体行为研究，从物理学角度向心理学角度扩展。英、美、德、日等发达国家对人员疏散仿真进行了一系列专项研究，并取得了一定的成果。

英国SERT中心的Sime等，主要研究阻塞情况下人员的心理状态，并提出ORSET模型概念，且把心理、建筑、管理、火灾报警、疏散指示等学科融在一起，统一进行研究分析，计算最短疏散时间，指导人员疏散。美国的Nist等人针对疏散安全对很多领域进行了研究，包括最短疏散时间、最优模型建立、火灾下人员决策、对环境的反应、灾害影响评估方法，尤其研究了火灾危险下人员的自理反应。日本的研究重点放在火灾方面，重心在人员行为统计、火灾危险性

疏散仿真模拟研究阶段　　　　　　　　　　表1-6

时期	研究人员与机构	内容	产生的意义
1950年代	John Bryan	始于建筑火灾领域，从研究火灾中人员的行为开始	人员疏散行为规律的研究起源
1970年代	NBS，如日本的Togawa，英国的Melin和Booth，加拿大的Paul等	在这个阶段，国际上很多学者都提出了计算疏散时间的公式，以及进行了很多步行能力、出口流动系数的研究，人员在建筑物各个不同部位的疏散时间计算公式	认为是应急疏散研究的初期阶段
从1970年代开始	各国政府开始介入研究	研究方向集中于群体恐慌行为研究、人的疏散行动能力研究等	逐渐加强重视
1980年代以后	以Canter为代表	随着计算机数值模拟技术的发展，用计算模拟的方法在研究火灾后人员疏散问题中得到广泛应用	开始涉及人员的随机疏散行为规律研究领域，深入人员在紧急状况下的行为规律研究
从1990年代初至今	现有的所有相关研究机构	从有计划疏散行为模型的进一步完善、定性分析，逐渐发展到随机行为规律的定量研究，目前主流的疏散仿真模型中典型的模型包括排队网格图模型、元胞自动机模型、格子气模型、社会力模型等	疏散模型已越来越精细，能真实反映行人的主观情绪对行为的影响、环境对行为的影响等真实现象

评估、人员疏散安全评估方法等内容，并把它们结合起来研究，为2000年日本性能化设计规范在日本执行作出了重要贡献。匈牙利交通流专家Helbing对人员心理作用作了重点研究，称其为社会力，作为作用力研究其在人员疏散过程中发挥的作用，并取得了重大的进展，体现了"群体效应"和"快即是慢"效应等我们常见到的经典疏散理论。

疏散模型及人员疏散逐渐成熟，出现了一批较为成熟的疏散软件，如Simulex、Exitt、Building Exodus、Exit98等，能够全过程模拟人员疏散，直观化地观察到疏散结果，为性能化设计提供指导。在不同因素对疏散的影响方面，Marcelo C. Toyama等基于元胞自动机原理，提出了一个agent模型，对性别、认知、速度、羊群行为以及避障行为等因素对疏散的影响进行了研究。Yu等借助仿真行人通道中发生的逆流情况，并引入交感半径描述环境对行人的影响，行人在收集到当前的环境信息后才决定疏散到哪个方向。

1.5.2　国内防灾规划理论与进展

1.5.2.1　城市空间防灾研究

由于我国自古以来就遭受着如洪水、地震、火灾等自然灾害的影响，而很多历史名城历经数百年乃至上千年却能够完整保存至今，说明我国城市建设自古就很重视防灾问题，各个朝代在城市选址、规划、防灾工程技术、灾害立法管理等方面都积累了很多先进经验。很多城市都将城市建设与防灾相结合，既创造了优美的城市空间，又起到防灾减灾的作用。防洪方面：中国古代城市的一大空间特色就是城墙环绕城市，并辅以护城堤防和护城河，这固然是军事防御的需要，但同时也是城市防洪的重要保障。如北宋东京的三重城墙及护堤就对防御外部洪水侵入城内起到很重要的作用。明清北京城的三海以及紫禁城的筒子河就拥有很大的蓄水容量，是城市重要的防洪空间。防火方面：自周王城开始，我国古代城市建设就愈加明确地用宽阔的道路和围墙划分城市防火单元；利用自然河道，组织城中通达的水系用于生活与防火；有明确的功能分区，将手工业区、市场区等易火区与宫室区、居住区分开；采用方格网的空间布局，利于扑救与疏散，防止延烧；建设园林、开辟广场用于隔断火灾和疏散避难。

吕元博士论文《城市防灾空间系统规划策略研究》对城市防灾空间的层次、规划原则、规划策略等进行了研究，主要侧重于防灾空间的系统建构及宏观策略研究；古溢硕士论文《防灾型城市设计——城市设计的防灾化发展方向》中对城市公共空间的防灾设计进行了研究，主要侧重于防灾公园的设计；施小斌硕士论文《城市防灾空间效能分析及优化选址研究》中对城市开放空间的防灾机能进行了研究；王薇博士论文《城市防灾空间规划研究及实践》中对防灾空间的防灾机能进行了研究，立足于城市综合防灾角度进行防灾空间研究，并提出了城市综合防灾应急能力指标体系。[25]-[28]

目前的城市形态研究更多注重的是城市的经济、功能和美学，而较少在城市空间布局上主动考虑防灾因素。由于对城市防灾意识的淡薄，造成有关城市空间防灾规划的研究还处于起步阶段，甚至于在有些地区还没有引起足够的重视，没有列入城市发展的框架范围之内。已经开展的相关研究主要是具有指导意义的规划思想或策略，或是对防灾空间的某一要素进行规划研究，在实际应用中还需要进行深入研究。

我国台湾自1999年9月21日南投集集地震，造成极大的人员伤亡及严重的财物损失后，开始唤起各界对于防灾相关领域的重视。2002年进行了台北市都市防灾规划研究，针对防灾机能需求及其对应的都市空间，以适当的避难行动划设防灾避难圈，并将台北市防灾空间系统区分为避难、道路、消防、医疗、物资及警察等六大防灾空间系统，其中避难空间及道路空间系统较完善。[29]避难空间规划主要参照日本东京的相关规划，规划时只考虑建筑物质量、道路通行情

况、绿地面积等因素。制定《台北市中心区地震避难倡导手册》并编制"避难场所与路径查询系统"供市民查询。火势隔离带根据防灾上的重要程度，分为"主干防灾轴"、"主要火势隔离带"和"一般火势隔离带"三个等级。划分时综合考虑了构成城市框架的干线道路、防灾生活圈的外围和震灾时的避难通道、救援活动时的运送网络等道路的多种功能。我国台湾地区安全都市的建设从防灾生活圈做起，内容分为防灾区划、火灾延烧防止地带、避难场所、避难路线、救灾路线、防灾据点六项。防灾目标是制定周密的城市防灾主体规划与细部规划，建立完整的防灾避难生活圈系统，灾时市民可以在生活圈内完成避难行动，城市功能正常运转。在台北市中心区域防灾规划中就规定了96个直接避难生活圈，66个间接避难生活圈，防灾生活圈以避难场所为中心，每个可容纳3万～5万人，防灾生活圈之间用火灾延烧防止带分隔，形成相对独立的街区。

1.5.2.2 指标体系的研究

1970年代以来，由于兴起的社会指标运动的影响，学术界对各类指标问题进行了大量讨论，提出了许多定量描述复杂体系的指标或指标体系。

冯利华、吴樟荣提出用区域易损度来估计区域易损性，由灾害子系统和社会经济子系统9个指标构建了区域易损度的评价指标体系；李辉霞、陈国阶探讨了可拓方法在区域易损性评判中的应用，其提出的区域综合易损度评价指标体系由经济易损度、生态易损度和社会易损度三个层次共17个指标构成；张风华、谢礼立提出了城市防震减灾能力的概念，采用人员伤亡、经济损失和震后恢复时间作为衡量城市防震减灾能力强弱的三个最基本要素，围绕这三个基本要素，列举出影响城市防震减灾能力的六大因素，提出了城市防震减灾能力评价指标体系的具体内容；刘艳、康仲远等运用模糊数学的方法建立了城市减灾管理的综合评价模型，将评价指标集划分为城市灾害危险性评价指标子集、城市易损性评价指标子集和城市承灾能

力评价指标子集；帅向华、成小平等论述了在城市地震灾害中如何考虑诸方面因素来评价城市内部的灾害轻重分布情况，建立了高危害小区分析模型，模型考虑了决定城市震害的三个主要灾害指数，包括人口密度指数、建筑物密度指数和震害指数；杨挺提出的城市局部地震灾害危害性指数ULEDRI，以综合的、层次的指数体系来揭示出城市内各局部区域间危害性的相对水平及其形成原因。[30]-[37]

目前，针对综合考虑城市空间规划与防灾相结合的评价研究还不是很多。吕元初步建立了城市防灾空间系统的评价指标体系框架，但没有对各指标的具体取值及权重进行深入研究；王薇建立了基于防灾空间的城市综合防灾应急能力评价指标体系。从城市抗震防灾规划角度建立城市防灾救灾功能指标体系的研究尚没有进行深入的探索。

1.5.2.3 防灾绿地研究

我国的1976年唐山大地震发生后，城市绿地在毫无防灾减灾规划的前提下发挥了重要的避难救灾作用。但惨重的代价并没有立即唤起相关部门对城市绿地防灾减灾功能的重视，城市绿地防灾减灾功能的相关法律和实践建设工作一直停滞不前。直到2003年11月《城市抗震防灾规划管理规定》第九条才指出："城市抗震防灾规划应当包括对市、区级避震通道及避震疏散场地（如绿地、广场等）和避难中心的设计与人员疏散的措施"，至此才将城市绿地的防灾减灾功能纳入到城市的抗震防灾体系中。2008年住房和城乡建设部《关于加强城市绿地系统建设提高城市防灾避险能力的意见》的出台，要求全国各城市需完善城市绿地系统的避险功能，形成一个防灾避险综合能力强、各项功能完备的城市绿地系统，对我国城市防灾避险型绿地系统的研究和规划工作起到了强有力的推动作用。同年，国务院新闻办公室发布的《中国的减灾行动》将城市绿地的防灾减灾功能提升到一个新的高度。

虽然目前已经颁布了一些全国性、地方性关于防灾减灾功能城市绿地的法律法规，但其内容更多涉及的是宏观层面上的控制，对实际操作的指导意义有限，导致了现阶段城市防灾减灾绿地建设的标准低、问题多、各自为政。所以，尽快制定出符合我国国情的具有针对性、指导性的城市防灾减灾功能绿地的法律法规具有重要的现实意义。

目前我国对于防灾减灾绿地规划布局的研究方法主要利用WVD法、AHP法和缓冲区分析法等。刘海燕等人应用GIS技术对西安市现状城市绿地的避险能力进行了定性和定量分析，并且结合人口数据，得出城市绿地的改造建议，并且对防灾减灾绿地的周边资源进行了分析，为人口疏散、资源调配等救灾工作提供依据。该方法从城市空间的角度规划城市的防灾减灾绿地，具有一定的合理性和科学性。宋钰红在《大理市避灾绿地规划》一文中根据大理市原有"一核一屏五轴多点串珠"的绿地系统和Ⅷ度抗震的基础上，提出"点、线、面"相结合的城市避灾体系。杨建欣、赵文等人在《城市绿地系统防灾避险规划探讨——以成都绿地系统为例》一文中通过对城市绿地系统防灾避险功能的分析，构建起广域防灾绿地、防灾公园、紧急避险绿地、避险通道等体系，各种类型的防灾绿地在城市绿地分类的标准下，根据灾时作用和面积大小进行分类。其中，广域防灾绿地配合防灾圈层分级布置，作为灾时区域指挥疏散避险中心和目标点。刘有良、胡希军等人从对长沙防灾避难绿地的总量、空间均布率、配套设施、体系完善等现状进行分析，提出了城市防灾避难绿地的规划与建设思路，并且通过健全相关法律法规、加强绿地避难功能宣传、配套设施建设以及严格保护城市绿地等方面促进防灾避难绿地规划的建设实施。王丹丹、李雄等人在《承德市营子区绿地避灾规划设计初探》一文中在对营子区绿地现状综合评价和分析的基础上，提出了对避灾场所、避灾通道、救灾通道规划设计的不同要求。[38]-[41]

1.5.2.4 防灾设施规划研究

张玲针对某区域大规模突发事件应急资源特点，建立了一个适用于多需求点、多救助点的多目标规划模型，进行应急资源选址与配置，并给出了求解算法。在此基础上，基于地震灾害情景分析，建立了基于情景分析的随机整数规划模型，并利用分支定界算法求解Lagrange松弛问题。王晶对某区域地震分级、多灾情情境下的资源布局进行了分析，提出了应急资源布局的双层规划的数学模型，并给出了基于粒子群算法的模型求解算法。葛学礼建立了避震疏散场地分配的数学模型（有组织疏散和无组织疏散两种计算模型），并尝试利用计算机来进行避震疏散模拟，编制了地震疏散模拟软件CTIE，根据各居住区中的人数、疏散场地的面积、居住区与疏散场地间的距离等指标，通过计算找出最优疏散方案。这对城市建设和城市防灾规划中的决策提供了一定的科学依据。苏幼坡论述了城市地震避难场所规划的重要意义、主要原则与基本要点，对防灾公园的安全评价、规划程序及减灾功能等进行了较为系统的研究。杨文斌以北京元大都城垣遗址公园建设试点为例，探讨了应急避震疏散场所建设的紧迫性，介绍了国内外应急避难场所建设简况，研究了城市应急避难场所规划建设的原则、设计要求和启用管理等。姚清林对城市地震避难场地的选择方法进行了探讨，提出了避难场地的四个主要评判标准：安全性、可通行性、生活支持能力和容量，并指出安全性是选择避难场地的首要因素。对地震地质环境、自然—人工环境、人工环境等影响场地安全性的因素进行了探讨，对地震救灾路径优化设计方法进行了研究。周天颖结合"9·21"大地震，规划出紧急避震疏散场所、临时避难收容场所、中长期收容场所三种不同层次的避震疏散场所，并分别拟定出其规划基准，以用作考量避难场所具备的设备与功能，建立了避难疏散选派模式与替选区位选派模式，并以台中市西区为例进行了实例分析。包志毅对城市绿地系统建设与城市防灾减灾进行了探讨，论述了城市绿地

系统的定义、分类及其在城市防灾减灾中的作用，通过借鉴日本的有关经验，得到了避灾绿地规划的七大要点，对避灾据点与避灾通道规划、避灾绿地的树种选择进行了研究。李刚对固定避震疏散场所覆盖区域的计算方法进行了研究，编制了相应的计算程序。通过使用七因子评价指标和评分标准，以覆盖半径为权重，在GIS平台上运用加权Voronoi图方法对固定避震疏散场所责任区域进行了空间划分。冯芸对避震疏散与城市的可持续发展进行了研究，探讨了避震疏散与城市可持续发展之间的关系，同时结合城市避震疏散规划的制定对可能出现的问题进行了研究。[42]-[51]

1.5.2.5 综合性能评价研究

1. 震害预测

城市抗震防灾规划的基础和核心内容之一是地震灾害预测和评价。广义的地震灾害预测和评价包括地震危险性的估计、场地震害分析、建筑物与生命线工程震害预测等多方面的内容。目前的方法主要可以分为三种途径：对于震害经验比较丰富的、相对比较简单的结构类型，如木结构房屋、老旧民房、公路或铁路普通桥梁等，发展了专家经验判断法、模糊综合判别法、经验总结法、直接统计法等震害预测方法，如老旧民房的模糊判别法，桥梁的综合判别法等。对于一些新的结构类型，如高层建筑、隔震建筑等，基本上还没有多少震害经验积累，一般采用依据抗震设计规范的抗震性能评价方法或简化结构动力分析方法；对于已有一定发展历史、具有一定震害经验积累的、相对比较复杂的结构类型，如砖砌体房屋、中低层的钢筋混凝土房屋，发展了震害经验和抗震规范或简化动力分析相结合的方法。当然，对于某一种结构类型，由于所采用的地震危险性形式不同，针对上述三种途径也发展了不少方法，如砖砌体结构，针对上述三种途径均有较多的研究。

1980年代以来，人工智能技术蓬勃发展，专家系统开始被广泛应用到各个专业领域。针对地震灾害预测和评价影响因素的多样性、复杂性、非线性和非确

定性，非线性的智能研究方法成为地震灾害预测和评价模型与方法以及相关优化问题研究的另一个热点。比如：人工神经网络被用来预测震害，支持向量机被用来预测地震后次生灾害，人工神经网络、范例推理技术等方法被用来预测建筑震害，遗传—模拟退火算法被用来优化生命线抗震性能网络，投影追踪模型、粒子群算法、混沌优化算法、免疫优化算法被用于应急选址和避震疏散求解等。目前，与不确定性理论一样，非线性智能计算理论和方法仍然处在不断的探索和发展过程中。随着人们对地震灾害环境系统的认识和了解，用于定量描述地震灾害预测和评价的模型变得愈趋复杂，基于不确定性理论和非线性理论的发展，极大地推动了地震灾害预测和评价模型的发展和完善。

2. 生命线系统抗震性能评价

在生命线工程抗震研究方面，李小军、胡聿贤等[52]以给定地震下的空间相关地震动场地模型来描述管网场地地震动，并用一维场地模型分析土层的地震反应。我国《室外给水排水和燃气热力工程抗震设计规范》GB 500032—2003规定了由场地的特征周期T_g和设防烈度所对应的加速度峰值来确定管道抗震验算所需要的地面位移。

网络抗震可靠性分析方面，韩阳根据国内管道的震害特征和管道接口抗震试验，以管道在地震波作用下的接口破坏作为主要破坏模式，定义了管道的三种状态，同时考虑地震效应和管道抗力的随机性，建立了地下管道震害预测的概率模型，并给出了管道允许变形值。该方法和有关参数已在许多工程上得到应用。赵成刚等基于规范，考虑了地震发生的随机性和地震烈度划分的模糊性，以及管道三种状态和相应的模糊区间，分析了地下直管线管道在地震波作用下的模糊随机可靠度。冯启民等提出了一个假设的点式渗漏模型，即人为规定管段的水流方向，假设管段一旦破坏，则下游节点的压力降为大气压。孙绍平等基于图论原理，在管网连通可靠性分析中提出孤立连通域

算法，当管网受到不同程度的破坏后，在水压重新分布时增加漏水影响系数，分析了分节式管道和连续式管道的大型网络，然后编制多源、多汇、多态管网，多功能水压，流量可靠度程序。采用该程序对北京市的供水管网进行了震害预测，得到了较好的结果。李杰等以降低空间复杂性为优先的原则，提出了网络可靠度计算的递推分解算法，该方法提供了一个直接获得网络系统不交最小路的递推分解格式，从而避开了求网络系统完备最小路集的NP-Hard问题，并应用到沈阳市天然气管网的抗震能力评估。[53]-[56]

3. 次生灾害评价

概括国内外火灾风险评估方法，大体可分为定性分析方法、半定量分析方法和定量分析方法三大类。由于火灾事故数据资料缺乏以及时间、费用等方面的限制，准确计算火灾事故的概率是十分困难的，而且在很多情况下根本无法得到概率值，因此，长期以来火灾风险评估以定性分析和半定量分析方法为主。定性分析方法主要用于识别最危险的火灾事件，难以给出火灾危险等级；主要的定性分析方法有安全检查表法、层次分析法，对于化学工业火灾还有Hazop、What-if等方法。半定量方法用于确定可能发生火灾的相对危险性，同时可以评估火灾发生频率和后果，并根据结果比较不同的方案；适用于建筑火灾风险评估的半定量方法主要有：NFPA101M火灾安全评估系统、SIA81法、火灾风险指数法、古斯塔夫法等；另外，还有适合工业火灾风险评估的等价社会成本指数法、致命事故等级法、火灾—爆炸风险指数法等。

4. 医疗系统抗震研究

我国目前的城市医疗机构设置规划仅仅是从平时的医疗需求出发，规划中没有防灾意识。医疗机构的设置没有考虑地震灾害时，防灾区域医疗需求的多少、可保证供应的医疗资源、可供医疗救治疏散场地、对外疏散转移道路和通达医疗救治点的市政基础设施的抗震能力等情况。从规划角度总结目前我国医疗机构防灾存在的问题主要是两点：一是没有考虑灾时可供

给医疗资源与需求量的关系；二是医疗机构没有从防灾空间的角度进行规划设置，即规划设置没有防灾意识。

保证建筑功能方面，实际上就是涉及建筑结构和建筑附属设备的抗震问题。将主体结构系统与附属结构系统结合在一起形成一种结构—设备复合系统。要想保证建筑功能的实现，就是要做好结构—设备复合系统的抗震问题。这种结构—设备复合系统在大型公共建筑，特别是工业建筑中是常见的结构形式，主要集中在石油、化工、煤炭、纺织等行业。医院也是一个结构—设备复合系统，相比于工业建筑具有设备体积小、种类繁多、精密度要求高等特点。国内外对结构—设备复合系统的研究方法主要有以下两种：楼面反应谱方法和复合体系的动力分析方法。李杰等进行了工业结构—设备体系的动力相互作用研究，提出了利用主、子结构边界耦合矩阵变换的一般建模方法，总结了工业结构—设备动力相互作用的一般规律和特点。王学军等进行了非结构构件的性能研究，指出楼层加速度和楼层位移可以作为非结构构件损伤判别的重要指标。王晓琳专门针对医院的手术急救功能进行了抗震可靠性分析。苏经宇等提出了适应建筑抗震基底剪力法和振型分解法的楼面设备地震作用计算方法。楼面反应谱一般是指楼层质点加速度反应谱，它是对设置在楼面上的设备和管道进行抗震分析的地震输入。为了解决计算楼面反应谱的实用问题，苏经宇等提出一种由地面反应谱直接估计楼面反应谱的简化方法。我国规范规定当建筑附属设备（含支架）的体系自振周期大于0.1s且其重力超过所在楼层重力的1%，或建筑附属设备的重力超过所在楼层重力的10%时，宜采用楼面反应谱方法。可见对于结构—设备复合系统的抗震问题，国内已做出了一些成果。[57]-[59]

灾害发生后要进行医疗救援和疏散，国家制定了《国家突发公共事件医疗卫生救援应急预案》、《国家地震应急预案》、《国家破坏性地震应急条例》等灾后救援的法律依据。地方政府和城市各机构也制定了本地区、本部门的应急救援预案，重点区域的重点医院也有自己相应的应急预案。这些预案大都是从整体上起指导性的作用，实际应用中需要针对具体的灾害特点，采取细致可行的方案措施。

1.5.2.6　疏散防灾模拟研究

国内人员仿真疏散研究起步虽然比较晚，总的来说，目前我国在这方面的研究还处于起步阶段，研究的内容引进国外的东西多，自己创新的结果少，研究成果应用也不广泛。城市区域范围下避难疏散模拟的研究还比较少，但也有我国相关科研工作者在这方面作出了探索。邹亮、任爱珠、张新等人把风灾作为灾害条件研究其疏散模拟方法，把微观离散模型与宏观交通流模型结合，使用LW宏观交通流理论和元胞自动机理论，建立城市区域疏散模型和应急服务规划模型，对人和车辆的疏散进行模拟分析，并以此为基础，开发了基于GIS的灾害疏散模拟及救援调度系统。王新平、葛学礼等建立了有组织疏散和无组织疏散两种计算模型，利用计算机来进行避震疏散模拟，并编制了地震疏散模拟应用软件。郭丹采用系统理论，主要研究大规模人群的时空变化，采用高、中、低三种分辨率视角建立了不同的城市人群疏散体系及模型，并可视化地实现城市人群的疏散仿真。张高峰等基于网络结构疏散场景模型，构建基于动态网络流的多层网络疏散仿真模型，分析疏散场景的多尺度问题，实现跨层次校园疏散系统，并完成疏散仿真软件。[60]-[63]

由此可见，现代采取的仿真疏散模拟已经日益成为使人员疏散水平和效果有效提高的手段和方法，并且已经逐渐成为必然的建筑疏散安全研究的发展方向和趋势。本书对部分人员疏散模型进行了归类整理，下面分析比较几个典型的人员疏散模拟软件或模型：

（1）CFAST模型最早由FAST模型发展而来，后来由美国消防标准与技术研究所（NIST）的火灾研究中心开发的火灾模拟软件，是一种模拟建筑物内火灾与烟气蔓延的模型。模型能够预测在使用者设定火源情况下的建筑内的火灾情况，也可以预测每个房间中烟气层和空气层的温度、烟气层界面位置，并且能够计算建筑墙壁的温度、经墙壁的传热等。同样，模型能处理包括不止一个的起火点的形势。但是该模型没有描述火灾中燃烧反应的部分，使用者需要设定一些变量参数，也有解决辐射变大的燃烧氧气不充分和产生燃烧物速率等的不足。而且模型的适用范围只限定于建筑内的火灾与烟气蔓延，可以进行的建筑突发事件的疏散研究范围较小。

（2）EXIT89模型源于美国，适用于疏散人员密度较高和建筑火灾存在较高风险情况的模拟建筑物人员疏散，最突出的不同在于可以描述建筑物发生火灾后人员疏散受火灾产生的烟气的影响，可以人为手动地输入不同的建筑内出口宽度、疏散数量以及一些烟气特性的参数。模型包括了疏散中人群的灵敏运动特性、反应时间的滞后、人员对逃生路线的判断选择、逃生速度、人员反向涌动、上下楼梯并且包括人员受火灾烟气的影响。但是，也有一定的局限，比如这个模型可以模拟的建筑物类型比较少，可研究的范围较小，参数的采取也需要验证。

（3）EVACNET4属于采用粗网络模型的方法的一种优化模型。模型假设疏散人员属于拥有疏散能力的系统，按照一定的平均流速和已有的计划在空间之间进行疏散，不包括单个成员的疏散运动，有很好的疏散通道和出口流动特性以及疏散路径。模型可以应用于疏散个体不用决策疏散行为的情景。可是这种模型并不显示疏散过程中人员的准确地点，所以对于详细分析与表达的疏散流动特征、疏散障碍情况和人员彼此之间的影响等有不同程度的问题。

（4）人群运动模型由法国学者Eric Bouvie提出，这种模型以粒子系统为基础。每个疏散个体都被定义为一个模拟的粒子，从而模拟群体系统由粒子组成，进行动态的粒子疏散模拟。已经证实了该模型是使用方便、贴近现实的群体疏散行为仿真模型，能够实现良好的群体

疏散模拟效果。但是在建筑人员疏散模拟中反面应用的较少，较为适用于局部的人员疏散运动模拟。

（5）1948年，元胞自动机（Cellular Automaton，CA）模型是J.Von-Neumann通过对生物系统进行动力系统模拟而研究出来的微观仿真模型，是一种时间和空间都离散以及状态变量有限离散的社会力模型。之后研究发现了元胞空间可以在离散的复杂系统中充当媒介，通过定义局部规则后就可以进行元胞变化模拟而反映系统的演化特点及性质。

（6）Building Exodus人员疏散仿真系统由英国格林乔治大学的FSEG（Fire Safety Engineering Group）研究开发，目前为止已经有30多个国家使用。Building Exodus属于模拟建筑内人员行为的疏散仿真系统，能够得到多方面的模拟结果，可以用于研究建筑符合规范，判断建筑安全度，也可以模拟确定安全疏散存在的问题瓶颈区域，从而可以提出一些建筑设计和改进安全疏散的建议。Building Exodus的比较典型的应用事例有很多，比如在A380超级巨无霸飞机、英国千禧穹顶、空中客车、英国皇家赛马场、西班牙加纳利码头、澳洲竞技场、大型客船、历史遗迹、军舰等多方面的疏散避难模拟和实际应用。Building Exodus在我国也得到了较为广泛的应用，特别是在建筑类疏散研究方面应用广泛。例如：位于大连的国际会议中心、沈阳的龙之梦亚太中心和会展中心、东盟与我国的商品交易中心、昆明的新建国际机场和顺城商业街以及华洋家具广场、合肥世纪金源购物中心、无锡的通惠路步行街、厦门的海峡交流中心（国际会议中心）以及国际会展中心等。

为了增加 Building Exodus疏散模拟中的个体行为和移动性，Building Exodus模型由五个相连的子模块组成。子模式及子模式之间的相互作用如图1-3所示。行动子模式进行疏散人员行动的管理。行为子模式能够对疏散人员的个体行为进行反应，并将这种个体反应与行动子模式相联系而起作用。被困人员子模式包括许多人员典型的性别、年龄、速度等属性，分为固定和可变两种。毒性子模式反映逃生人员因素受

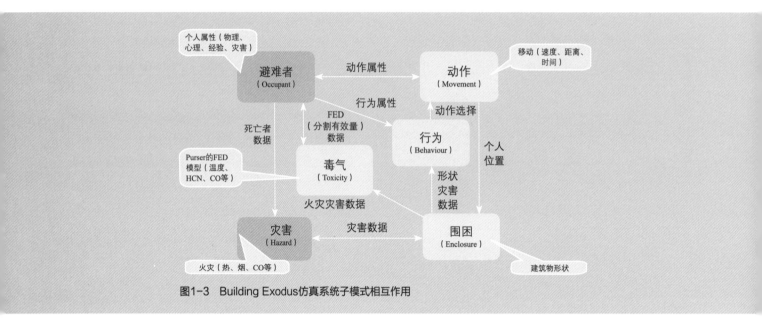

图1-3 Building Exodus仿真系统子模式相互作用

环境中烟气等影响，行为子模式通过这种信息调整疏散个体行为。灾险子模式管理空气和物理环境，以及安全出口的可用状态等。

Building Exodus仿真系统能够处理多个楼层以及不受限制的人群规模的疏散应急模拟和疏散流通情况，组合被弃模式，同时Building Exodus模型也包含了视频播放工具和数据分析工具Ask Exodus。考虑到模拟中个体行为和运动的直观判断和规则，结合考虑了人与人、人与结构、人与环境的相互作用。因此，Building Exodus成为目前使用较为普遍的疏散仿真系统之一，目前已经成为建筑物内突发情况疏散人群的疏散设计、疏散评估、疏散研究的有效手段，也是目前综合功能最强的疏散模拟工具。

通过国内外关于人员疏散情况的研究，可以看出国内外都在不间断进行逐渐深入的研究与探索。国外在人员疏散领域进行的研究比较早，取得的成果也较多，这可以从国外的疏散理论、模型及软件、仿真系统的数量及应用成果看出。但是，部分国外的疏散研究成果是针对其本国的情况进行的，不一定适合我国

的疏散情况。因此，我国需要针对我国情况进行相应的疏散探索研究与应用。与国际的相关疏散研究比较，在人员疏散研究初始阶段，我国人员疏散仿真研究存在着一定程度的创新性不足、准确性不高、实用性差、系统性不强的问题。之后我国人员重点研究建筑中人员行为特征和分类，并在疏散仿真模型、疏散场景研究和疏散设计等方面，不断探索研究智能化人群疏散模型，开发建立建筑人员疏散模拟仿真系统。由此可见，我国在人员疏散方面的研究虽然起步比国外关于人员疏散的研究晚一些，但是发展较为迅速，而且研究已经取得了较为迅速和卓有成效的进展，并且在实际生活中应用也越来越广泛和普遍。对人员疏散研究领域作出了不可磨灭的贡献。

我国避震疏散场所规划起步较晚，但对避震疏散场所的建设相当重视，陆续颁布了建设避震疏散场所的有关法律、法规，见表1-7所示。目前，国家标准《防灾避难场所设计规范》已经颁布，该规范的实施将会极大地推进我国防灾避难场所的规划、设计、建设。

国内部分有关避震疏散场所的法规

表1-7

法律、法规名称	级别	颁布时间	编号	内容
《破坏性地震应急条例》	国务院	1995年2月11日	第十九条	在临震应急期，有关地方人民政府应当根据实际情况，向预报区的居民以及其他人员提出避震撤离的劝告；情况紧急时，应当有组织地进行避震疏散
			第二十九条	民政部门应当迅速设置避难场所和救灾物资供应点，提供救济物品等，保障灾民的基本生活，做好灾民的转移和安置工作。其他部门应当支持、配合民政部门妥善安置灾民
《中华人民共和国防震减灾法》	国务院	1997年12月29日	第三十五条	地震灾区的县级以上地方人民政府应当组织民政和其他有关部门和单位，迅速设置避难场所和救济物资供应点，提供救济物品，妥善安排灾民生活，做好灾民的转移安置工作
《北京市实施〈中华人民共和国防震减灾法〉办法》	地方	2001年10月16日	第二十条	本市在城市规划和建设中，应当考虑地震发生时人员紧急疏散和避险的需要，预留通道和必要的绿地、广场和空地。地震行政主管部门应当会同规划、市政、园林、文物等部门划定地震避难场所。学校、医院、商场、影剧院、机场、车站等人员较集中的公共场所，应当设置紧急疏散通道。避难场所、紧急疏散通道的所有权人或者受权管理者，应当保持避难场所的完好与畅通，并按照规范设置明显标志
《北京市公园条例》	地方	2002年10月17日	第二条	公园具备改善生态环境、美化城市、游览观赏、休息娱乐和防灾避险等功能
			第四十九条	对发生地震等重大灾害需要进入公园避灾避险的，公园管理机构应当及时开放已经划定的避难场所
《城市抗震防灾规划管理规定》	建设部	2003年11月1日	第九条	关于制定城市抗震防灾规划，应当包括市、区级避震通道及避震疏散场地（如绿地、广场等）和避难中心的设置与人员疏散的措施
《城市抗震防灾规划标准》	建设部	2007年4月13日	第八章	关于避震疏散场所的等级、面积、作用；避震疏散通道等级；避震疏散场所建设环境要求等
《中华人民共和国突发事件应对法》	国务院	2007年8月30日	第十九条	城乡规划应当符合预防、处置突发事件的需要，统筹安排应对突发事件所必需的设备和基础设施建设，合理确定应急避难场所
《中华人民共和国城乡规划法》	国务院	2007年10月28日	第四条	制定和实施城乡规划，应当……并符合……防灾减灾和公共卫生、公共安全的需要
《地震应急避难场所、场址及配套设施》	地震局	2008年5月7日	全文	地震应急避难场所的分类、场址选择及设施配置的要求等
《中华人民共和国防震减灾法》修订	国务院	2008年12月27日	第四十一条	城乡规划应当根据地震应急避难的需要，合理确定应急疏散通道和应急避难场所，统筹安排地震应急避难所必需的交通、供水、供电、排污等基础设施建设
《防灾避难场所设计规范》	住房和城乡建设部	2016年8月1日实施	全文	关于各类城镇防灾避难场所的规划、设计、建设与管理等

第2章 地震灾害与城市抗震防灾规划

2.1 地震灾害对城市的影响

　　地震是影响人类生存安全危害最大的自然灾害之一，一次大地震可以使一座繁荣、美丽的城市在数十秒钟内变成一片废墟，交通、供电、供水、通信等生命线中断，并可能引发滑坡、崩塌、火灾、水灾、海啸、瘟疫等次生灾害，从而形成更为严重的灾难。在地震灾害日益频繁的情况下，通过总结多次大地震对城市造成破坏的经验，并基于此构建城市抗震防灾体系，可以指导今后的城市建设以减轻未来遭受地震灾害的影响，对于促进城市协调与可持续发展有着重要的意义。

2.1.1 汶川大地震

　　2008年5月12日14时28分，四川省汶川县（东经103.4°，北纬31°）发生里氏8.0级特大地震，此次地震震级高、烈度大、影响范围广，是新中国成立以来，我国发生的最严重的一次地震灾害，震中烈度达到Ⅺ度（图2-1）。在汶川特大地震中死亡和失踪人数超过8.7万，受伤人数约34.7万，共约4625万人受灾。重灾区的范围超过10万km²，灾区道路、桥梁、隧涵、电力、通信等基础设施损毁严重，超过3000万

间房屋倒塌或严重破坏，直接经济损失超过10000亿元（陈新有等，2008）。汶川特大地震是新中国成立以来破坏性最强、波及范围最广、造成损失最为巨大的一次特大自然灾害。

一、断裂带影响及场地破坏

　　汶川地震发生在龙门山（图2-2）逆冲断裂带上，断层破裂从汶川县映秀镇附近地下15km左右深处开始，由南西向北东方向扩展，并达到地表，地表可见的破裂延伸约240km。地表位错从南往北逐渐减少，最大位错达6m，龙门山前山断裂以及中央断裂和前山断裂间的分支也发现了同震错位，破裂位错尺度为1~2m（周荣军等，2008）。主震过后发生了多次余震，其中4级以上的余震300余个，余震带长度约330km，平均宽度约52km，涉及13个县（高孟潭等，2008）。此次汶川特大地震影响范围很大，在中国除黑龙江、吉林、新疆以外，所有地区均有不同程度的震感，其中四川、陕西、甘肃三省的震害最为严重。

　　汶川地震具有震级大、地表破裂长、持续时间长的特点，根据王卫民、姚振兴等的研究结果，汶川地震是龙门山构造带的中央断裂和前山断裂共同错动造成的，是一次以逆冲为主、具有少量右旋走滑分量的地震，断层向西北方向倾斜。地震过程中地表破裂时

间计算结果长达110s，破裂方向从南西向北东方向延伸。

"5·12"汶川大地震中木鱼镇受灾严重，是整个青川县受灾最重的集镇，全镇房屋基本垮塌，整个集镇几乎为一片废墟，尤其是木鱼中学受灾极其严重，在地震中仅遇难学生就达296人。通过现场调查和资

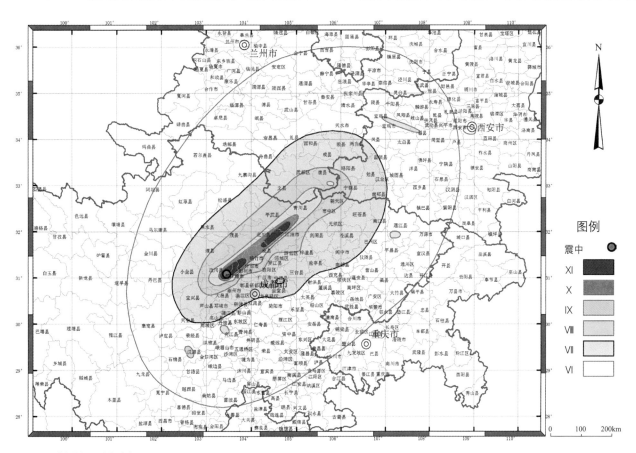

图2-1　汶川地震烈度分布图

图片来源：中国地震局官网．http://www.cea.gov.cn/publish/dizheni/124/202/20120206/4593228/415010/index.html

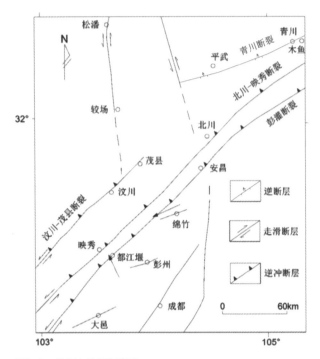

图2-2 龙门山地质构造图

图2-3 川珍食品厂附近地表裂缝典型照片

料的收集可知，木鱼镇房屋严重破坏的原因主要为断裂带经过，大部分房屋修建在裂面附近。[64]

通过对木鱼镇川珍食品厂—粮站之间的地表调查，共发现5条平行长大地裂缝，延伸长度为500~800m，张开2~5cm。其典型特征见图2-3，从图2-3所示照片1中可以看出裂缝的走向顺台阶方向，并与台阶平行，走向为N35°E，裂缝张开2cm，NW侧上升约3cm，并有向左侧旋转现象；从图2-3照片2中可以看出公路伸缩缝变宽5~10cm，并NW翼上升1~2cm，公路走向为N30°E；从图2-3照片3中可以看出裂缝从两栋房屋中穿过，房屋山墙走向为N30°E，两栋房屋地震前红棕色的瓷砖基本一样高，地震后可以清楚看出NW侧房屋基础有所抬升，抬升高度约10cm；从图2-3照片4中可以看出，震前便道与公路相接，地震后便道与公路脱离，张开20cm，NW侧上升约12cm。

根据地裂缝出露特征分析可知，川珍食品厂附近共有5条地裂缝，地裂缝走向N35°E，延伸长度

为500~800m，张开2~5cm，NW侧抬升3~5cm，并有左旋现象。在向家沟公路上发现一处地裂缝（图2-4），裂缝走向N35°E，裂缝张开2~5cm，NW侧抬升3~5cm，与川珍食品厂附近裂缝性质基本一致，为同一条地裂缝，通过以上分析可知其为川珍食品厂地裂缝岩NE向发展的一条长大裂缝，由于地形地貌、地层岩性等原因，仅局部在地表出露。

汶川8.0级地震也造成了大面积的场地液化，截至2009年2月18日，本次地震中有118个液化点（带）被发现（圆点代表液化点，椭圆状线代表烈度圈，即分别为烈度Ⅵ、Ⅶ、Ⅷ、Ⅸ、Ⅹ、Ⅺ度区域的等震线），如图2-5所示。这里所谓液化点（带）的含义是以村为单位，即使某一村庄出现很多液化及房屋破坏，也以一个点计算。就图2-5而言，这118个液化点之间至少相互间隔2km。

此次地震液化范围几乎涉及了所有主震区，包括成都、德阳、绵阳、眉山、乐山、遂宁及雅安等7

图2-4 向家沟地裂缝

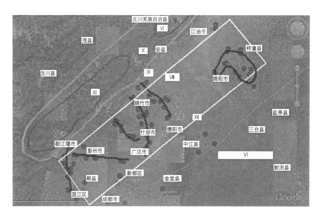

图2-5 汶川8.0级地震液化点分布

个地区，涵盖面积长约500km、宽约200km，液化现象在烈度Ⅵ、Ⅶ、Ⅷ、Ⅸ、Ⅹ、Ⅺ度区内均有发现。同时，由图2-5可见，此次地震液化涉及面积广，但分布很不均匀。

本次地震中，喷水冒砂、地表裂缝、地面沉降等液化宏观现象较为普遍，同时液化对农田、公路、桥梁、居民住宅、工厂及学校等造成了不少破坏。不少村庄的水井出现了不同程度的喷水冒沙现象，导致水井废弃，居民饮水困难；较大面积的农田出现液化和裂缝，导致蓄水困难；百余个村庄、一些学校和工厂等遭受液化影响，出现了不同程度的震害，其中一些房屋、学校教学楼、厂房和车站等因受损严重而废弃。

二、汶川地震城市基础设施工程震害

在这次地震中，交通生命线的严重破坏也给抗震救灾带来相当的难度。中国交通网在2008年6月20日公布的数据显示：在汶川地震中，全国共有24条高速公路、161条国省干线、8618条农村公路损毁，总里程53289km。其中，6140座桥梁、156条隧道受损。

汶川地震的震中烈度最高达Ⅺ度，以四川省汶川县映秀镇和北川县县城两个中心呈长条状分布，面积约2419km²。其中，映秀Ⅺ度区沿汶川—都江堰—彭州方向分布，北川Ⅺ度区沿安县—北川—平武方向

分布。汶川地震的Ⅹ度区面积约为3144km²，呈北东向狭长展布，东北端达四川省青川县，西南端达汶川县。汶川地震Ⅸ度区的面积约7738km²，同样呈北东向狭长展布，东北端达到甘肃省陇南市武都区和陕西省宁强县的交界地带，西南端达到汶川县。表2-1给出了不同烈度下路基的震害情况，图2-6所示为典型的铁路破坏形式。

在堰塞湖发生的区域，滑坡破坏公路，堰塞湖淹没公路，所有的大型堰塞湖处交通全部停止，并在短时间内都难以修复，其修复困难程度远远超过滑坡。如截至2008年10月初，地震滑坡最严重的都江堰—汶川段修复通车（该段也有多处堰塞湖），而北川唐家山堰塞湖公路还在水下十余米处。

四川省境内的宝成线、成昆线、陇海线天宝段、成渝线、达成线等主要铁路干线，成汶、德天、广岳三条支线等都有不同程度的受损，局部地区受到了严重的毁损，桥梁、隧道及信号设备、接触网也受到损害，铁路运输秩序受到严重影响。地震影响区内受影响铁路主要在Ⅺ度区什邡境内，表现为铁路桥严重破坏、铁路路轨S形扭曲、路轨上巨石滚落（图2-6）。绵竹市汉旺镇的窄轨铁路严重破坏，目前已被废弃。宝成铁路109段（甘肃省徽县境内）由于运输原油的列车在隧道内因地震而起火燃烧，严重影响了宝成铁路的运行。

各烈度路基震害情况   表2-1

烈度区范围	路基整体		路基本体		支挡结构		路基边坡	
	数量（处）	百分比（%）	数量（处）	百分比（%）	数量（处）	百分比（%）	数量（处）	百分比（%）
Ⅸ~Ⅺ度	1222	85	498	89	304	88	420	79
Ⅷ度区	95	7	22	4	13	4	60	11
Ⅶ度区	121	8	38	7	29	8	54	10

图2-6 什邡铁路破坏情况

在龙门山镇、小鱼洞镇、桂溪乡、深溪沟、擂鼓镇、北川县城、白鹿镇、汉旺镇、映秀镇等区域有地震同生断裂直接切断公路，在公路上的垂直断距最大接近4m。主要破坏表现为路基塌陷、下沉，边坡、挡墙塌方，路面被断裂错动形成台阶、隆起、鼓包、震陷、开裂，桥墩、支座倒塌、移位，桥面开裂，滚石或滑坡阻塞路面、桥面和隧道致使多处交通中断。断裂直接穿过的公路有都汶高速、省道、县道、乡村路等多种类型。尽管地震断层对公路的直接破坏比较严重，现代的大型机械仍然可以在很短的时间内把这些陡坎填平，断裂对交通的实际影响远小于公路滑坡、崩塌、泥石流和桥梁破坏对交通的破坏。小鱼洞大桥、漩口镇百花大桥被地震破裂直接穿过，桥梁被彻底破坏。Ⅺ度区内的大型桥梁多有垮塌和严重破坏（图2-7、图2-8）。Ⅸ度区桥梁少见毁坏，轻微、中等破坏常见，主要破坏类型是桥梁主跨移位、主跨裂缝。Ⅷ度区和Ⅶ度区引桥接缝处和桥梁护坡破坏常见。Ⅵ度区桥梁极少见破坏。

震区地处山区，公路隧道很多。汶川县漩口镇—映秀镇通车路段共有4条隧道，隧道位置都在半山腰以上，其中1条隧道（友谊隧道）（图2-9）内部水泥路面拱起约20cm，1条隧道内部水泥路面明显破碎，另外2条隧道路面破坏不明显。其中，2条路面有破坏的隧道在震后进行了紧急维修，作了隧道内壁应急加固，加固处理的2条隧道内壁一直处于渗水状态，不影响通车使用，地震3个月后，再次探查依然渗水较多。其他隧道内壁在水泥接缝处可见挤压破坏，有渗漏现象，不严重。

正在建设的都汶高速公路在漩口镇、映秀镇、银杏乡、绵池镇沿线有较多的隧道，从映秀镇—绵池镇的隧道内部普遍破坏轻微，隧道口的拱梁和护坡多有严重破坏。极震区外的隧道普遍破坏轻微。

极震区电力基础设施破坏十分严重，多处水电站破坏殆尽，变电站的破坏主要是输、变电设备破坏。极震区输电塔总的来说抗震表现较好，Ⅸ度和Ⅸ度以上区内输电塔的破坏主要来自滑坡、滚石，由地震震动造成输电塔倒塌的例子并不多。由于重建过程十分困难，Ⅸ度以上区域电力恢复较慢。极震区至2008年10月初还有部分区域未能恢复供电。Ⅵ度和Ⅶ度区电力恢复较快，一般在震后1~4天恢复，Ⅷ度区的电力恢复在不同区域差别很大，震后5~10天，甚至更多的都有（图2-10~图2-12）。截

图2-7　塌毁的彭州小鱼洞大桥

图2-8　正在建设的映秀高速公路桥垮塌1个桥面

图2-9　地震后进行了紧急加固的漩口镇友谊隧道

图2-10　安县辕门变电站破坏

图2-11　江油市电力设施破坏

图2-12　映秀镇破坏的高压电塔

至2008年9月2日上午，震区90%以上的10kV以上的输电线路得到修复。

通信基础设施与电力基础设施破坏较相似。移动厂商的基站和架空通信电杆是主要的破坏点，主要是由滑坡和滚石破坏造成的。Ⅵ度和Ⅶ度区通信恢复较快，一般在震后1~5天恢复，Ⅷ度以上区通信的恢复依赖于电力和公路交通的恢复，不同区域差异很大，长的有震后1~2个月才能恢复的。极震区通信在震后初期是由通信厂商利用卫星完成的。

据不完全统计，截至2008年5月31日，灾区城镇供水系统共有677个水厂受损，11万处管线破坏，管线受损长度高达1.38万km。现场调查发现，地震对供水系统中的取水泵站、水厂、加压泵站都有不同程度的损坏，尤其以管网破坏最为严重。

极震区输水管道、配水管网毁坏十分严重。破坏现象主要为：坝体沉陷与纵向、横向贯通裂缝，坝体渗漏，坝肩滑坡；涵洞垮塌、开裂，闸门变形失效；引水渠道、溢洪道震倒、开裂；饮水供水工程的取水坝、调节池、过滤池塌陷、池壁坍塌、开裂漏水。

震区内水系发达，现有大量的水库、电站水库。仅岷江上游就有紫坪铺水电站、下庄电站、福堂电站、映秀湾电站、太平驿电站等。其中，紫坪铺水电站水库坝高156m，库容9163亿m³，属于区内库容相对较大的水电站，其他水电站库容都相对较小（马文涛等，2008）。映秀湾、渔子溪、耿达电站三座水电站大坝受损，其中映秀湾电站闸坝右岸引流坝下沉30cm，左岸非溢流坝坝段下沉20~30cm，坝体拉裂，坝体结构破坏，闸门变形，无法提起。渔子溪（一级）电站大坝右岸边坡发生崩塌，大坝坝顶过水。耿达电站大坝两岸坝肩少量崩塌，大坝导流泄洪洞闸门因断电无法提升，需爆破泄水。震区水利工程的破坏特点是：少数水电站水库坝体毁坏（图2-13）；多数水库坝体开裂变形，输水闸门竖井开裂渗水，放水闸变形，输水洞局部坍塌；引水渠渠身拉裂，溢洪道大

图2-13 绵阳市涪城区丰谷新建水库土坝顶裂缝

面积裂缝，取水坝坝体垮塌；滑坡、垮塌损毁渠基。都江堰、绵竹、北川三座县级调度大楼倒塌，41座供电所倒塌。此次地震中无一座水库溃决，这与震后积极抢修、开闸放水有一定的关系。

城市管道煤气和天然气系统在Ⅵ度区和Ⅶ度区无明显破坏，震后为安全和检修关闭了一段时间。处于Ⅷ度区的江油市天然气储气站储气罐本身无破坏，基础和支撑有轻微—中等破坏，城区主管道有破裂现象。什邡、江油等地的天然气设施破坏较为严重。

汶川地震使灾区天然气供气系统遭到了不同程度的破坏，以下是位于Ⅵ~Ⅸ度地区部分市县天然气供气管网的震害情况：

Ⅵ度区：

成都市：输气管线总长：4189km；管材：无缝钢管、PE管；漏气情况：干管4处，庭院埋地管6处，立管活接处18处，丁字管43处，调压箱16处。修复时间6天。

绵阳三台县：管线总长：324km；管材：无缝钢管。破坏情况：主要为庭院埋地管破坏，断裂11处，漏气18处，调压器6处，阀门3处，气表接头4处，活接和弯头各1处。修复时间20天。

绵阳盐亭县：管线总长：27km；管材：无缝钢管占79%，PE管占21%。破坏情况：主要为庭院埋地管破坏，断裂、漏气以及腐蚀薄弱处损坏共173处。

Ⅶ度区：

德阳市：管线总长：500km；管材：无缝钢管占70%，PE管占30%。破坏情况：破坏总数339处；室内管道漏气295处；埋地管道漏气14处，主要为钢管；DN25镀锌钢立管漏气40处；调压箱破坏3个。

德阳什邡市：管线总长：233km；管材：无缝钢管、PE管。破坏情况：埋地管道漏气23处；入户管与建筑连接处60处；室内立管与楼板连接处损坏110处；调压器进气端与地面连接处损坏130处；室内管道、气表漏气260处；输配气站的法兰连接处泄漏；PE管未见破坏。

绵阳市：主干管线总长：1008km；管材：无缝钢管占86%，PE管占14%。破坏情况：地质灾害使53km管线变形严重，多处漏气；中低压埋地管线由于地基变形拉裂管线和阀门，锈蚀薄弱部位开裂漏气；建筑物破坏、地基下沉使低压管线大量丁字管、穿墙管断裂。共发现有800余处漏气。修复时间60天。

Ⅷ度区：

绵阳江油市：主干管线总长：220km；管材：无缝钢管占91%，PE管占9%。破坏情况：楼栋调压箱严重破坏142台；主干管线多处漏气；高压管线多处漏气；室内管线遭到不同程度破坏。

Ⅸ度区：

德阳绵竹市：德阳绵竹市输气管线总长300多km；管材有：钢管（中高压），镀锌钢管（低压）；接口形式：焊接。地震造成输气管线断裂、变形100多处，其中埋地管到明管的过渡管段损坏最为严重，有20多处阀门井破坏。震后经45天修复，输气管线、城中高中压管段和庭院管段具备供气能力，到8月中旬（震后90天）供气量恢复到震前的50%左右。

绵阳安县两镇一区：绵阳安县两镇一区（小坝镇、桑枣镇和桑枣开发区）天然气供气管线共19.65km；管材有：无缝钢管和PE管（仅部分庭院用）；接口形式：钢管为焊接，PE管为PE法兰和热熔连接，钢管和PE管采用钢塑转换连接。地震造成庭院管段破坏严重，主要是房屋倒塌导致供气管破坏，其中小坝镇有550户无法供气。桑枣开发区管线破坏严重，不能供气。经三个月的抢修后，桑枣镇恢复了房屋破坏较轻的320户供气，仅占总供气户的五分之一。

广元青川县：广元青川县天然气供气管线20多km；管材均为PE管；连接形式为热熔连接。地震造成青川县城区管网上百处损坏，50%的调压器被砸坏。

由上述可见，天然气供气管线随着地震烈度的增高，其破坏程度也随之严重。输气管线主要由地裂缝、较严重的砂土液化等地质灾害引起，庭院等配气管线主要由房屋破坏引起，再就是阀门和调压器较容易拉裂或砸坏。

由于天然气供气系统通常是由门站房屋、设备和输配气线路三部分组成的，因此，整个天然气供气系统的抗震能力由这三者的抗震能力所决定。室内天然气供气管线和设备的抗震能力则取决于用气建筑的抗震能力。

三、房屋建筑震害特点

下文对汶川地震中的几种典型结构进行介绍。[65]

1. 砌体结构（砖混结构）

汶川地震中砌体结构的震害现象十分丰富，大致有三类：

（1）经过正规抗震设防设计和施工的砖混房屋。大多数是1992年以后修建的房屋。此次地震中按照本地设防烈度Ⅶ度设防的砖混结构有相当大的抗震潜能，在Ⅸ度地区，如都江堰市有多数结构为基本完好或轻微破坏。在极重灾区，如北川、映秀等Ⅺ度地区，多数结构从底层首先破坏，35%左右的底层"坐层"后，上部结构还能保持基本完整。

（2）未经设防的砖混房屋，有一部分带有不完善的抗震措施或者没有抗震措施的正规建造的房屋。此类结构大多在1992年以前修建。其中，在1980年代一些资金不足的工厂或单位建的公用建筑或住宅，抗震能力相对较差。由于缺少墙体之间的拉接，这类房屋结构的整体性较差，在高烈度区严重破坏和倒塌的房屋很多。它们的破坏一般也是从底层开始，窗间墙和内墙体破坏严重，底层倒塌后造成连锁的上部结构一起坍落。

（3）未经正规设计的自建砖混房屋。此类房屋多以乡镇、农村居民自建房屋为主，一般是3层以下砌体结构，有些甚至是180mm厚的承重墙体，纵横墙体之间基本没有拉接。不同烈度区内这些房屋破坏都很严重。

2. 钢筋混凝土框架结构

本次地震中此类结构除装饰和附属结构物有不同程度的震害以外，主要有以下震害特点：

（1）在Ⅸ度及Ⅸ度以下烈度区，钢筋混凝土结构多为轻微或中等破坏。主要震害特点为围护墙体和填充墙体与梁、柱交接处脱开，墙体出现斜裂缝或交叉裂缝，部分结构的柱头出现斜裂缝。

（2）在极重灾区，少数结构倒塌，如北川信用社、北川大酒店附属4层框架。其他钢筋混凝土结构柱头酥碎、露筋、填充墙体严重交叉斜裂缝和出现平面坍落等。这些震害现象一般以结构的底层最为严重，上部结构震害现象逐步减轻。

（3）不同使用功能的建筑结构破坏性态也不同，如大开间的教室或实验室等较小开间的办公室破坏严重。

产生上述震害现象和震害特点的原因有以下几个方面：

（1）含墙率低的大开间结构比小开间结构震害严重。在地震引起结构大变形的时候，填充墙体能够和承重框架一起抵御变形引起的破坏。

（2）单榀框架结构比多榀框架结构破坏严重。因为多榀框架符合多道设防的原则，更容易使荷载合理地分布。

（3）当地习惯用河里的鹅卵石作为混凝土的骨料，并且鹅卵石的直径都很大，有些大大超过了《混凝土结构工程施工质量验收规范》GB 50204—2002的要求。同时，表面光滑的鹅卵石和钢筋接触的摩擦力小，造成钢筋混凝土构件承载强度不足。

（4）围护墙体和填充墙体与梁、柱缺少有效的拉接。在地震中，墙体首先出现平面失稳、坍落，以致不能和主支撑构件共同抵御地震作用。

（5）施工中柱头箍筋密度不够、钢筋强度不能得到保障，水泥、砂子等质量和配合比没有严格按照规范要求选取，是造成震害严重的又一重要因素。

3. 底框架房屋

由于在汶川地震以前底框架结构的震害实例少，而且抗震试验研究也不像钢筋混凝土结构那样被关注，所以其抗震研究的成果较少。在我国《建筑抗震设计规范》GB 50011—2001中，底框架结构的设防要求是体现在砌体结构条款中的。然而，底框架结构是本次震区较为常见的结构类型之一。底框架结构多半是底一层框架，上部为设防的砌体结构，也有少数是底二层框架的结构形式。在Ⅷ度和Ⅷ度以下烈度区，它的破坏程度和破坏现象同设防的砌体结构很相似，可是在高烈度区，底框架结构就呈现出以下破坏特点：

（1）在极重灾区，底框架结构很多都是在刚度转换层破坏、坍塌的，通常称之为中间层"坐层"。这种震害现象在Ⅺ度烈度区的北川和映秀有很多实例，这是由于底层的钢筋混凝土框架侧向刚度大，而上部结构侧向刚度小造成的。

（2）同是在高烈度区，也有底层框架坐层的情况，原因是底层框架过于空旷。由于使用功能的需要，内部抗剪的墙体设置得偏少，使得底层抗剪能力降低，上部砌体结构质量偏大，从而造成底层框架坐层。

（3）在绵竹市天河沁苑小区内有近10栋底框架结构房屋，其中方厅较大、居室较小的单元结构布置，其承重墙体或填充墙体破坏严重，尤其是内部布置不均匀的承重墙体震害现象尤为明显，说明单元内刚度布置不均匀同样是产生震害的重要因素。

四、文化遗产建筑震害

1. 震害统计及特点

在此次大地震中，四川省的文化遗产建筑损失最为严重，给巴蜀文明及周边羌、藏等少数民族的历史文化遗产造成了严重的破坏，其中包括很多全国文物保护单位和省级文物保护单位。这些文化遗产建筑的结构形式多种多样，其所处位置、海拔高度也各有不同，所以其震害表现差异较大。总体而言，木结构的抗震性能较好，而石木结构、砖木结构稍次，砖石结构抗震性能较差。

此次汶川大地震中受损的文化遗产建筑中，木结构140处、占63.6%，砖石结构57处、占25.9%，其他结构形式23处、占10.5%。[66]

需要说明的有两点：第一点，统计结果中木结构的受损比例较大，这是由于我国的文化遗产建筑以木结构为主，其数量众多，样本的基数较大，而并非木结构的抗震性能较差；第二点，该统计结果是以文化遗产建筑群为单位统计的，而不是以个体文化遗产建筑为单位。因此，在此次地震中受损的文化遗产建筑个体数量远大于此。

不同结构形式的文化遗产建筑在地震中体现出的抗震性能是有差别的，即使相同结构形式的文化遗产建筑在此次地震中所表现出的破坏程度也是有轻重之分的。文化遗产建筑在地震中的震害情况大体上可分为以下四类[67]~[69]：

（1）基本完好，即在地震中未受到强烈扰动，稍作修缮或不作修缮即可继续使用；

（2）轻度震害，即在地震中墙体开裂或局部倒塌，节点松动、拔榫，柱脚歪闪，原有裂缝发展，局部砌体倒塌，屋面瓦件吻兽等大面积震落等，需要进行局部修复；

（3）中度震害，即在地震中墙体大面积倒塌，节点拔榫严重，柱架、梁架严重歪闪，墙体大面积倒塌，屋脊破坏严重，建筑局部完全倒塌，需要进行落架大修，替换损坏构件；

（4）严重震害，建筑完全倒塌，或者大部分倒塌，无法修复，只能留作遗址或者重建。

根据上述震害情况的分类，按照不同结构形式，将文化遗产建筑的震害情况进行分类统计。统计结果如下：

（1）各种结构形式的文化遗产建筑其震害程度都遵循同样的趋势，基本完好和严重震害较少，轻度震害和中度震害较多，且严重震害所占比例最小，轻度震害所占比例最大，这说明我国文化遗产建筑具有良好的抗震性能；

（2）木结构和砖石结构文化遗产建筑各震害程度所占比例大致相当，但是砖石结构文化遗产建筑严重破坏的比例是10.3%，而木结构文化遗产建筑中严重破坏者仅占3.6%，这反映了砖石结构文化遗产建筑抗震性能低于木结构文化遗产建筑，这也符合目前国内相关研究得出的结论。

2. 典型文化遗产建筑震害——黄帝殿

黄帝殿建于民国年间，总共两层，建筑平面为矩形，柱网尺寸为18.5m×12.5m，底层高度4.2m，屋脊高度约为9.5m。结构构成为：底层为330mm×350mm方形砖柱（大门两侧为直径350mm的圆形石柱），二楼全部为圆形木柱，上下柱段共同形成竖向传力体系，梁、檩、椽均为木制，梁与柱子均为榫卯连接。围护墙为：内部隔墙，右侧山墙，后墙均为镶嵌木板（至2/3高度）与竹编灰泥墙（上部1/3高度），前立面为木门窗，左侧墙底部为镶嵌石板、上部为木窗。

震损情况：由于底层砖柱与柱础完全黏结，柱脚无法产生转动与平移，因而柱底截面产生了较大的弯矩

（1）黄帝殿外廊

（2）内部木板墙面

（3）左侧山墙砖柱剪切破坏

（4）山墙砖柱脚破坏

（5）与砖柱相连接的木构件拔出

图2-14 黄帝殿震害

导致柱子下端破坏；左侧山墙处由于石裙墙对砖柱的约束，导致砖柱在石裙墙顶处剪切破坏。前廊左侧角柱局部与砖柱相连接的木转角梁榫头拔出，见图2-14。

五、地震次生灾害

汶川地震的主震区位于西部山区，其主震强烈，震中烈度达到XI度，断裂带出现明显的逆冲走滑，对山体造成了严重的破坏；余震频繁而强烈，使山体进一步遭到反复破坏。强烈的主震和余震在龙门山断裂带范围内造成了大量的滚石、崩塌、滑坡、泥石流、碎屑流、堰塞湖等次生山地灾害。据航空和卫星影像和应急调查，国土资源部门已排查出崩塌、滑坡、泥石流、堰塞湖等灾害隐患点2万余处，威胁人口120万人，主要分布在四川、甘肃和陕西接壤的90个县内，其中四川占70%，甘肃占25%，陕西占5%。

（1）崩塌（滚石）、滑坡。崩塌（滚石）、滑坡灾害是汶川大地震诱发的主要次生灾害，分布范围之广、数量之多、规模之大、危害之严重均为国内外所罕见。根据四川省国土资源部门初步统计，在四川省灾区初步计划防治的8000余处灾害隐患点中，崩塌2264处，滑坡3412处，占69.5%。这些崩塌、滑坡阻断交通、砸毁车辆、掩埋城镇和村庄、阻断河流，危害灾区人民的生命和财产安全，对山区城镇、村庄、道路和水利水电工程以及通信设施等造成严重破坏（图2-15、图2-16），进一步加重了地震灾害，更为严重的是毁坏道路阻碍了救援队伍和工程机械进入灾区，加大了救援难度，严重延缓了救援进度，因崩塌、滑坡使得道路不通而延误的时间，大部分超过了生命搜救的最佳时间——72h。

（2）堰塞湖。大规模滑坡堵塞河道形成堰塞湖，淹没了上游的道路、村庄、城镇和农田等，堰塞湖溃决又将引发洪水，淹没和冲毁下游的城镇、村庄和道路、通信等基础设施。汶川地震形成了大量的堰塞湖，根据遥感影像解译和现场考察，查明极震区有明显危害和威胁的堰塞湖33个，其中北川8个、青川3个、安县3个、平武1个、绵竹4个、什邡7个、彭州2个、崇州4个、汶川1个。堰塞湖回水已开始淹没上游村镇和公路等，5月17日规模较小的堰塞湖已开始溢流或溃决。本次地震形成的堰塞湖规模巨大，堰塞湖坝体松散，强度低，溢流后易造成溃坝，并且多数成串珠状分布，如北川通口河（湔江）上连续分布7个堰塞湖，其中唐家山堰塞湖危险最大，堰塞湖溃决后会引发下游一系列堰塞坝逐级溃决，具有级联效应，使溃决洪水逐级加大，将严重危害下游沿岸城镇、村庄、其他基础设施和100余万人生命财产安全。

（3）泥石流。地震主灾区本身就是泥石流多发区，已有灾害记录的主要泥石流沟多达501条，其中都江堰10条、彭州30条、什邡9条、绵竹7条、茂县61条、汶川县66条、理县134条、黑水县49条、北川县24条、安县33条、平武县68条、青川县10条。汶川地震发生后，由于还未进入雨季，没有出现暴雨，泥石流活动相对较少。由于地震作用，将激活大量潜在泥石流沟，使泥石流沟数量进一步增加，据国土资源部门调查，仅四川灾区已查出具有潜在危险的泥石流沟805处。

图2-15　崩滑块石流彻底摧毁小天池乡街道建筑

图2-16　东河口大滑坡

六、灾害损失及影响

汶川特大地震是新中国成立以来破坏性最强、波及范围最广、救灾难度最大的一次地震。本次地震强度大，震级达到里氏8级，最大烈度达11度。灾害影响范围大，重灾地域广，汶川地震波及四川、甘肃、陕西、重庆、云南等10省（区、市）的417个县（市、区），总面积约50万平方公里。[70]这起历史罕见的地震灾害，给灾区人民生命财产和经济社会发展造成了巨大的损失，灾区基本情况如表2-2、表2-3所示。

七、汶川地震震害调查与启示

国家汶川地震灾后恢复重建规划区基本情况　　　　　　表2-2

名称	行政区单元		土地面积（km²）	人口（万人）	GDP（亿元）	人口密度（人/km²）	人均GDP（元）
	县数	乡镇数					
四川省	39	1014	98039	1760	2268	180	12886
甘肃省	8	160	23280	206	100	88	4854
陕西省	4	90	10537	157	151	149	9618
总计	51	1264	131856	2123	2519	161	11865

汶川地震灾情统计表　　　　　　表2-3

类型	灾情状况
人口	据民政部报告，截至9月25日12时，遇难69227人，受伤374643人，失踪17923人
房屋	倒塌房屋778.91万间，损坏房屋2459万间，1000余万人无家可归
耕地	遭破坏耕地达5.833万hm²，其中可复垦耕地4.63万hm²，不可复垦耕地1.1万hm²
水库	四川有1996座水库出险，其中有溃坝险情的69座，存在高危险情的310座。全省堤防护岸损毁500处、722km
交通基础设施	震中地区周围的16条国道、省道干线公路和宝成线等6条铁路受损中断，2.2万km道路被摧毁，公路受损里程累计53295km，2900多座桥梁倒塌，27个隧道受损
电力设施	变电站停运171座，线路停运2751条，部分电网损毁殆尽，公司供电用户因灾害停电累计达405万户，直接经济损失达106亿元，灾后重建需要资金313亿元
通信基础设施	四川省累计受灾电信局所3049个，累计受灾移动基站19048个（含小灵通基站），累计损毁线路13544km，累计倒杆断杆84817根，直接经济损失已近27亿元，通信设施严重损毁，震中地区通信中断
生态旅游	阿坝、成都、绵阳、德阳、广元、雅安等地区的生态旅游景区经济损失339612.05万元，分别为阿坝80450.09万元、成都8227.04万元、绵阳181743.58万元、德阳21084.4万元、广元46442.2万元、雅安1664.74万元
直接经济	损失达8451万元
抗震救灾投入	各级政府共投入抗震救灾资金548.76亿元。中央财政投入497.48亿元，地方财政投入51.28亿元。 因地震受伤住院治疗累计96419人（不包括灾区病员人数），已出院87173人，仍有6600人住院，共救治伤病员2598435人次。 据住房和城乡建设部报告，截至7月4日，地震灾区过渡安置房（活动板房）已安装415000套、正安装20900套、待安装46800套。 据民政部报告，截至7月5日12时，向灾区调运的救灾帐篷共计157.97万顶、衣物1410.13万件、燃油171.2万t、煤炭365.8万t

　　根据对汶川地震的调查研究，主要针对建筑物、基础设施（交通系统、通信系统、供电系统、供水系统）、医疗系统、物流系统、避震疏散等资料进行了收集和整理，主要问题及基本对策如下。

1. 建筑物抗震能力调查与思考[71]

　　根据2008年9月2日国家地震局公布的汶川8.0级地震的烈度分布图，汶川地震震中地震烈度Ⅺ度，Ⅵ度区以上面积44万余km²，其中Ⅹ度和Ⅺ度区的面积为5563km²，Ⅷ度区以上的面积为41087km²，占Ⅵ度区以上总面积的9.3%。距震中最近的汶川卧龙获得峰值加速度最大纪录EW957.7gal，绵竹清平、什邡八角、江油含增等也分别达到824、633、519gal。可见汶川地震高烈度区面积之大。吴振波、周献祥等通过调查和评估汶川县、绵竹市、什邡市、安县、都江堰市等27个县市、120多个乡镇的1680余栋受损建筑，依据《建筑地震破坏等级划分标准》（1990建抗字第377号），对房屋的地震破坏等级进行了现场评估，对分析了解汶川地震建筑物的抗震能力具有一定的参考价值。

1）不同建筑年代（抗震设防标准）房屋破坏程度

以下统计基数是建设年代明确的901栋房屋（表2-4）。图2-17的柱状图表明，建筑年代越早的房屋破坏比例越大。1950年代的房屋大多是苏式建筑，

层数较少，平面和立面比较规则，施工质量相对较好，因此破坏比例略小。

2）不同结构类型房屋破坏程度比较

表2-5和图2-18是结构类型明确的1056栋房屋的统计图表，其中"混杂"结构是指砖混与框架结构混合承重的结构体系。图2-18表明了不同结构类型房屋破坏的比例，显然是砖（石）木结构破坏比例最大，其次是砖混结构、排架结构、"混杂"结构、框架结构、底层框架结构。排架结构和框架结构破坏比例较大的主要原因是围护墙和填充墙破坏导致的中等破坏较多。从图2-18可见，砖（石）木、砖混和"混杂"结构严重破坏和倒塌所占比例（27%~36%）远较钢筋混凝土结构（10%~12%）为高，基本是3倍，这也充分说明钢筋混凝土主体结构的抗震能力比砌体结构要强得多。

不同建设年代房屋震害统计　　表2-4

破坏程度（建抗字第377号）	1950年代	1960年代	1970年代	1980年代	1990年代	2000年以后
倒塌和严重破坏（栋）	5	64	69	56	40	14
中等破坏（栋）	12	59	130	108	52	22
轻微损坏和基本完好（栋）	5	20	76	85	52	32
合计（栋）	22	143	275	249	144	68

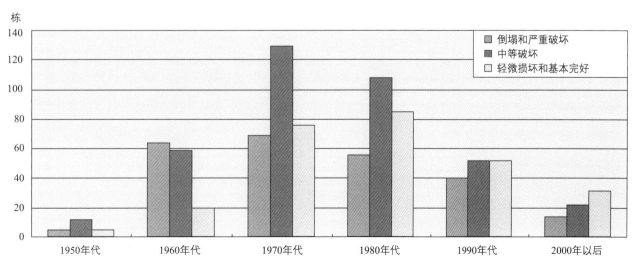

图2-17　不同建设年代房屋震害统计柱状图

不同结构类型震害统计　　　　　　　　　　　　　　表2-5

破坏程度（建抗字第377号）	砖/石木结构	砖混结构	排架结构	底层框架	框架结构	"混杂"结构
倒塌和严重破坏（栋）	93	121	4	0	6	45
中等破坏（栋）	121	163	21	5	21	53
轻微损坏和基本完好（栋）	44	119	8	127	34	71
合计（栋）	258	403	33	132	61	169

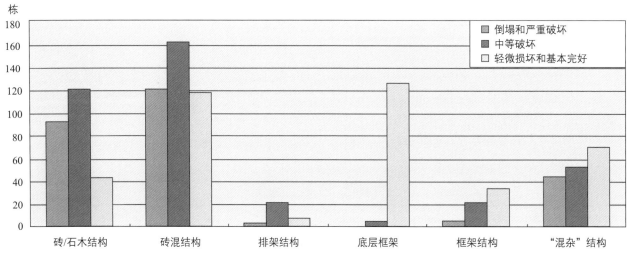

图2-18 不同结构类型房屋震害统计柱状图

3）不同设防烈度区域房屋破坏程度比较

不同设防烈度区域房屋破坏程度统计　　　　　　　　　表2-6

区域 类型	VI度区					VII度区											
	绵阳	德阳	内江	广元	金堂	成都	都江堰	江油	安县	雅安	广元朝天区	乐山	夹江	什邡	绵竹	彭州	邛崃	新都
倒塌和严重破坏（栋）	4	19	2	2	5	28	122	30	0	5	4	4	1	97	8	34	1	32
中等破坏（栋）	40	18	37	13	14	72	66	16	5	15	1	2	17	49	0	54	2	9
轻微损坏和基本完好（栋）	30	3	8	18	3	92	80	12	0	11	0	2	0	9	0	46	3	1
合计（栋）	74	40	47	33	22	192	268	58	10	31	5	8	18	155	8	134	6	42

由表2-6可见，处于不同烈度区的房屋破坏的比例基本相同，大致说明了设防烈度区划的合理、准确，也反映出设防标准偏低。处于VII度设防区的房屋倒塌和严重破坏的比例比VI度区的要大，说明本次汶

川地震原为Ⅵ度设防区的实际地震烈度与设防烈度比较接近，而原Ⅶ度区的实际地震烈度比设防烈度大得多（大Ⅰ～Ⅳ度），由于"大震"作用超越结构的原设防能力而造成严重破坏甚至倒塌。

4）汶川地震对提高建筑物抗震能力的启示

汶川地震震害调查结果显示，造成房屋倒塌的主要原因是灾区城镇抗震设防不足和乡村无设防。汶川地震重灾区的地震烈度为Ⅸ～Ⅺ度，而这些地区的城镇设防烈度仅为Ⅶ度，乡村则为无设防。这样的抗震能力是难以抗御8级特大地震的。此外，地震引发严重的地质灾害也加重了震害。这是汶川地震为什么造成如此巨大灾害的主要原因。

在破坏性地震中，地震对结构的破坏作用来自于两个方面。一是地震产生的惯性力作用到结构上，产生振动破坏。如果惯性力超过结构的抗力，就会产生不同程度的破坏。二是地震引发的地质灾害（如崩塌、滑坡、泥石流、洪水和发震断层产生的地表破裂等）对结构的摧、埋、淹、撕等破坏作用。简单地说，结构在地震中是否破坏是作用在结构上的惯性力和结构抗力对抗的结果。影响结构抗力的因素较多，就结构本身来说，主要有建筑材料（钢>混凝土>砖混>土坯）；平立面布置（规则、匀称、无刚度突变为好）；结构整体性（比如有圈梁和构造柱的砌体房屋整体性改善很多）；其他还有设置多道防御体系、施工质量、结构耗能能力及延性等。除此之外，决定结构抗力的重要因素是抗震设防水准的确定。我们通常所说的抗震设防烈度是衡量抗震设防水准的指标。

结构的抗震安全性一方面取决于抗震设防标准，另一方面取决于输入地震动强度和场地条件。抗震设防标准是衡量抗震设防要求的尺度，它是由抗震设防烈度和建筑使用功能的重要性确定的。抗震设防标准的高低直接影响结构抗震性能。地震动强度和场地条件是决定结构安全性至关重要的因素，汶川地震的震害表明，地质灾害对结构安全的威胁更大。因此，按照抗震设防要求进行结构抗震设计和选择对抗震有利的场地是保证结构安全不可缺少的两个方面。

汶川地震造成了大量的房屋结构毁坏。各类建、构筑物的破坏原因极其复杂，但是没有进行抗震设防和严重的地质灾害是产生毁坏的主要原因。震害调查表明，设防和不设防是完全不同的。

5）提高建筑物抗震能力的若干思考和建议[72][73]

（1）抗震防灾事业不能寄希望于准确的地震短临预报和地震区划，对复杂自然规律的探索不等于科技进步的现实，必须强调抗震设防，从实际出发采取切实可行和有效的措施提高工程结构的抗震能力。

（2）抗震设防烈度、抗震设防目标、抗震设防标准都是权衡建筑抗震安全性和经济技术能力的风险决策；其中并无可供遵循的系统理论和分析模型。应根据我国社会经济的发展水平和地区不平衡性，与时俱进逐步提高抗震设防水准。当前时期的重要任务之一是把握契机，加强对广大村镇建筑的抗震设防管理。

（3）建筑抗震设计本质上仍是一种经验行为，因此，必须强调抗震概念设计和采用抗震措施在抗震设计中的重要性。合理的结构选型、规则对称的平立面布局、良好的构件连接和整体性、加强的抗震构造措施、严格的施工管理是提高建筑抗震能力的有效保障。

（4）强化建筑设施规划与建设的防灾抗灾考虑。突出"预防为主"的思维理念，责成专业部门开展土地利用适宜性评价及灾害风险评估工作，实现建筑设施建设的科学选址，达到合理避灾之效；将防灾减灾作为重要内容纳入城乡建设总体规划之中，使城乡建筑布局、房屋间距及道路交通等充分符合疏散、救灾救援要求；城镇内部物质空间规划应强调对应急避难地的合理安排，在有条件的社区、学校、公园、绿地等公共场所选点，建立临时避难场所和紧急疏散通道，达成覆盖全面、半径合理、规模适度的灾时应急避难场所体系，提升城镇应对极端状况的空间能力。

（5）开展全国范围内的房屋建筑隐患排查。结合调整后的设防水平，开展全国范围内的风险防范和安全隐患排查整改工作，对拟建或在建项目，严格审核、监管和督促按照新标准实施开工建设；对于已建项目特别是年代较久的老旧公房，按照新标准分期分批进行鉴定、修复与加固，并补全有关的建设质量档案文件，以备审查与核实。同时，积极督促和引导对住房特别是学校、医院、幼儿园等公益建筑实施经常性的定期维护工作，确保建筑质量始终处于安全的灾害防护标准之上。

（6）加强对农村住房建设的管理与指导。农村住房建设既是我国建筑抗灾管理的难点，也是重点，必须以建设社会主义新农村为契机，采取多种措施，积极加强管理和指导。研究探讨将村镇私人建房纳入城乡建设总体规划之中，制定和完善相应法律法规，全面加强对村镇建房的审查和管理；以实际灾害案例宣教方式，加大宣传和教育力度，增强农民建房的安全意识与责任意识，并本着"因地制宜、就地取材、简单有效、经济实用"原则，向群众推荐几种经过论证的房屋方案，引导农民科学建房；加强村镇建设工匠的技术培训工作，把农村住房的建造施工作为提升抗灾设防能力的重要着力点；大力整顿和规范农村建材与建筑市场，建立行之有效的检查、惩罚措施，防止将假冒伪劣建筑材料用于民宅建设，杜绝偷工减料和其他各种违法违规行为。

（7）全面推进建筑抗震设防标准的修订工作。汶川地震使得我国部分地区建筑设防标准过低的问题得以暴露，充分吸取深刻教训，住房和城乡建设部即刻启动了《建筑工程抗震设防分类标准》的编制、修订工作，并已发布，对四川、甘肃、陕西部分地区的抗震设防烈度进行了适当提高，并特别提出，幼儿园、小学、中学的教学用房以及学生宿舍和食堂等重点设防类建筑应按高于本地区抗震设防烈度 I 度的要求加强其抗震措施。建议组织专家开展全国范围内的"基本烈度"复核工作，结合不同地区地震灾害风险与经济发展现实水平等因素，适当调整相应的抗震设防标准，给各地提供较充分的、能够抗御强烈地震的房屋设计与建造依据。

2. 应急基础设施救灾能力调查与思考[74]~[76]

1）交通系统

（1）公路系统震害

在这次地震灾难中，50个极重灾区和重灾区的1204个乡镇各类交通设施严重受损。根据交通部统计的数据，汶川大地震共造成24条高速公路受到影响，161条国级、省级干线公路受损，8618条乡村公路受损，6140座桥梁受损，156条隧道受损，其中道路受阻、桥梁损毁的现象最为严重。灾区公路地震灾情调查见表2-7。

灾区公路地震灾情调查一览表　　　　　　　　　　　　　　　　　　表2-7

序号	公路名称	里程长度（km）	地震灾情概况
1	G213线都江堰—映秀段	39	地震位错和地表变形严重，近30km存在滑坡、飞石、裂缝，百花桥等垮塌
2	G213线映秀—汶川段	50	挡墙垮塌，路面开裂，90%以上路段为滑坡与崩塌堆积体掩埋
3	雅安—宝兴—小金—马尔康—汶川	560	20座桥梁有局部出现裂缝，3座隧道和1座棚洞受损，路基主要病害为危岩崩塌和溜坍落石，主要集中在古尔沟镇至汶川县城近100km路段
4	映秀—达维段	161	映秀至卧龙44km路段90%~95%被滑坡、崩塌和泥石流掩埋

续表

序号	公路名称	里程长度（km）	地震灾情概况
5	汶川县寿江—水磨—三江	20	滑坡、飞石阻断，路面严重开裂，陈家山危岩形成堰塞湖
6	绵阳—安县—北川	60	安州大桥等受损，限载限速通行，擂鼓镇500m和近北川2.5km路段滑坡、飞石严重，地震位错使路基扭曲变形
7	广元金子山—青川	71	50处路基或边坡病害，主要为滑坡、崩塌、路面开裂等，17座拱式桥梁地震危害轻微
8	什邡广青路	28	烂柴湾段山体大坍方，飞石严重，一座小桥垮塌
9	都江堰—汶川高速公路	26	前面10km的路基路面变形、纵向开裂，混凝土路面纵向钢筋拉断；桥梁抗震挡块破坏，桥面位移，庙子坪桥掉落1孔；董家山和龙溪隧道未贯通，龙洞子隧道中部稍有地震位错，两洞口均有滚石堆积，右线出口滑坡封洞

大面积、大规模的山体滑坡使得抢修灾区公路的任务异常艰巨。由于都江堰—汶川的公路修复非常困难，地震后不得不从东、西、南、北4个方向抢修通往震中汶川的通道：东线是S302从北川至茂县；西线是G317从理县至汶川；南线是G213从都江堰至映秀；北线是G213从松潘至茂县。5月15日，即震后的第3天，贯通了从成都至震中汶川的西线公路（成都—雅安—小金—马尔康—理县—汶川）。5月26日，平武南坝大桥抢通后，汶川东部环线（成都—江油—平武—九寨—松潘—茂县—汶川）全线贯通。

（2）铁路系统震害

汶川地震造成灾区铁路干线——宝成线4处、成昆线4处、成渝线7处坍方，沿线部分车站房屋设备遭到不同程度的损坏。地震还造成宝成线34个车站的通信系统供电中断，移动通信不畅。据铁道部初步统计，31列客车、149列货车因受地震影响而在中途滞留（图2-19、图2-20）。

地震发生后，铁路系统迅速启动了地震应急预案。采取的措施包括：①对受地震影响严重的铁路区段，紧急扣停正在运行的列车；对行进在临近边坡、高崖、江河等危险地带的列车，在确保安全的情况下，将列车缓慢运行到开阔位置，防止滑坡、泥石流的威胁，并对保留车、停留车进行防溜处置。②对已

经在途开往受灾地区的旅客列车作出运行中止、组织折返的安排，确保行车安全。

（3）航空系统震害

鉴于震后应急救援的紧迫性，航空系统相对于其他交通系统承担着一些更重要的震后救援任务，包括国内外救援人员和救灾物资的运输、灾区伤病员的转运等。在一些地震的极灾区，由于道路完全中断，直升机是通往灾区的唯一选择。然而，汶川大地震首次对我国的航空系统造成了影响，成都双流机场在震后曾被迫关闭了17个小时（图2-21）。

成都双流机场包括2个候机楼。支线候机楼为苏联援建的1960年代左右的老建筑；T1候机楼为1990年代建造的钢结构形式的新建筑。地震发生后，支线候机楼顶棚脱落960m²，顶棚和龙骨变形、脱落1800m²，候机厅梁下口及柱与墙体结合部出现裂缝，被鉴定为危房；T1候机楼主体结构基本完好，主要是附属结构和设施遭到损坏，例如，屋面多处渗水，强弱电线管脱落，室内消防管网多处受震爆裂，建筑物的伸缩缝下沉，玻璃门有开裂损坏等震害现象。

即使不统计地震导致机场关闭和航班延误等造成的间接损失，机场的主要设施和设备的直接经济损失也不低于由机场建筑破坏引起的直接经济损失。表2-8调查统计了机场系统的损失情况。

图2-19 巨石砸断铁路

图2-20 滑坡破坏铁路

图2-21 震后恢复的成都双流机场塔台控制室内景

机场系统的损失情况调查　　　　　　　　　　　　　表2-8

机场受损系统	损失情况
航显系统	3台航显设备、CATV系统、UPS系统、线路等受损
候机楼服务设施	3条登机桥地板推进器、雨篷推进器、监视器等零部件损坏，电梯、步道、扶梯不同程度受损
弱电系统	货运X光机图形工作站、手提行李X光机图形工作站、X光机射线源、MF200气体及压力表、音响、指挥调度台等设备不同程度破坏
通信系统	地震造成通信设施设备坠落损坏或受震损坏，包括800M天线、调度电话系统、分层管理系统、程控交换机中继板、呼叫中心、内调系统等
空调系统	候机楼空调泵、空调压缩机、热力地沟潜水泵等受损，空调风口脱落损坏28个，空调水系统管道损坏、需要修复
消防系统	候机楼消防水池受震开裂漏水，机坪、飞行区消防管道在945m内有多处爆裂
监控系统	位于支线候机楼的监控系统机房破坏严重，已经不能继续使用，候机楼监控镜头损坏大约100个

地震发生后，航管部门立即采取了应急恢复措施：

①震后成都双流机场迅速疏散了各个候机楼内的旅客。成都空管人员坚守岗位安全疏散了空中的飞机。

②地震当天征用了航管楼旁的一个小餐馆，作为应急指挥中心；在机场起机线附近，由一辆交通车充当临时的塔台。飞行管制由原来的雷达管制改成程序管制。经连夜抢修，成都双流机场于12日当晚21时37分，也就是震后约7个小时后即重新开放，恢复放行出港飞机；当晚22时55分接受第一架进港飞机。

③自5月14日中午12时15分起，启用老塔台作为应急指挥点。

④受地震影响，成都双流机场5月12～14日共取消航班430余班，影响旅客64000多人。为尽快疏散旅客，迅速安排加班和班机，成都双流机场24h开放，各航空公司增多飞往灾区的机型，采取同区域同方向不分公司、不分票价统一组织疏散，以及免收退票、改签手续费等应急措施。

⑤成都双流机场的货物运输从震前的每日700～800t猛增至每日3000t，从16日开始连续增加通往重庆、绵阳等成都周边机场的航班数量，以缓解成都双流机场的压力，优先保障救灾人员、物资运输和疏散旅客。

⑥为了运送伤员改造客机。

⑦经全力抢修和结构安全鉴定后，新塔台于5月29日恢复运行，这意味着成都地区空中交通管制状态和安全保障水平已完全恢复到震前水平。

在汶川地震中，公路、铁路、航空三大交通系统均受到不同程度的破坏，地震引起的滑坡、崩塌、堰塞湖等次生地质灾害，对交通系统的影响尤其突出。其中，公路网络遭受破坏最为严重。县、省级以上灾区公路恢复耗时14天，而灾区乡镇公路的恢复时间将超过3个月。除了宝成线的109隧道，铁路干线相对于公路干线恢复较快。类似于四川高速公路网，铁路干

线避开了汶川地震的极震区，是其震害相对较轻的原因之一。但是，部分支线铁路由于通过山体滑坡严重的极震区，恢复时间超过1个月。航空系统主要受强地震动的影响，主体建筑物虽然震害轻微，但是部分关键设备在地震发生后其功能受到影响，并导致机场关闭。

（4）若干建议

提高城市抗击地震灾害的能力，主要通过提高城市基础设施建设的抗震标准和保障城市交通生命线两个途径，而交通系统应急规划就是后一个方面的重点。目前，交通系统应急规划在我国城市规划中还是一个薄弱环节，特别对灾害面积可能覆盖整个城市，或几个相邻城市的地震灾害中交通系统的可靠性研究更是如此。目前，交通系统规划基本上按照城市正常运行情况进行考量与规划，忽略对灾害发生等非正常情况下的交通系统的应急反应研究。

因此，交通系统应急规划要吸取国内外城市在重大灾害中交通系统运行与组织的经验教训，科学地进行交通系统应急规划，加强交通系统对各种灾害，特别是地震灾害袭击的可靠性评估，把灾害中城市交通应急规划作为城市交通规划和城市防灾预案的重要内容，保障在地震灾害来临时城市救援生命线的畅通和疏散需求，有效地降低灾害所带来的损失。

在城市交通应急规划中，要注重以下几方面的研究：

①在城市土地利用与交通系统结合的规划中充分考虑应急交通组织的因素。根据目前城市道路功能等级划分与城市土地利用的关系，处理好城市交通生命线与土地利用开发的关系，既避免建筑损毁对交通生命线的威胁，又使交通生命线与土地利用布局结合，便于救援与疏散组织。如对于交通生命线通道，要严格控制临街建筑的高度和抗震能力。

②加强城市道路系统的生命线规划。在地震隐患地区，根据设防情况，首先尽量避免采用在地震中易损毁设施作为交通生命线通道，并避免在生命线通道上建设大型高架、立交等易损毁设施；其次要研究不同等级道路系统关系，加强地面道路系统连通性，预先分析灾害中城市交通系统薄弱点或瓶颈分布，通过科学规划尽量消除瓶颈，提高交通生命线的可靠性。

③加强对地震灾害中易受损的轨道、桥梁、交通枢纽等交通系统的抗震标准，尽量降低这些设施在地震灾害中的损失。

④加强城市出入口、指挥中心、医院、机场、应急避难场所等关键性救援设施的交通系统的可靠性。

⑤把城市道路广场规划与城市应急疏散空间结合起来，使广场在平常生活中作为居民娱乐、休憩的空间，灾害来临时可以作为应急避难、临时安置、疏散和救援组织的空间。

2）通信系统[77]~[79]

（1）震害调查

2008年5月12日，发生在四川汶川的8.0级特大地震给通信设施造成严重破坏，汶川大地震造成通信直接经济损失近30亿元。根据工业和信息化部公布的数据，地震发生后，四川、甘肃、陕西3省累计受灾电信局所3860个，移动通信、小灵通基站累计受损26809个，传输光缆损毁线路2.46万皮长公里，重灾区汶川、理县、北川等8个县城和其辖内109个乡镇与外界通信联系完全中断。

在汶川地震后的数天内，移动通信系统在地震的重灾区和一般灾区出现了大面积、长时间瘫痪现象。地震烈度XI度区，如汶川县映秀镇、北川县等地，整个通信系统被彻底毁坏，中国移动通信系统（以下简称"移动通信系统"）也不例外；IX度区，如都江堰市（成都市辖属区）、青川县等地的移动通信系统受到了不同程度的损坏，有的基站受到了毁坏；成都移动通信辖属区地震烈度大多在Ⅵ、Ⅶ、

Ⅷ度区，其中700多个通信设备站点在震后出现故障，造成成都市移动通信系统大面积瘫痪。地震灾区和受地震影响较强烈地区的移动、联通等通信系统普遍出现故障，严重阻碍了信息的传递，无法确定受灾最重地区的地理位置、受灾程度和人员伤亡等情况。通信系统全面故障极大地制约了救援应急工作的快速开展。

在此次汶川地震中得到的一个重要教训是，对于移动通信网络，在高地震危险地区需要重视基站与交换中心间连接线路的抗震及抗滑坡能力建设。

（2）移动通信系统震害教训

①基站建筑物墙体和屋顶坍塌致使通信设备、缆线和天线损坏。部分移动通信基站设在抗震能力较差的建筑物中，通信缆线均附在建筑物墙体外侧立面且攀墙延伸，个别建筑物坍塌的墙体砸毁或拉断缆线、砸坏通信设备；基站天线设在建筑物之上，个别建筑物屋顶坍塌导致该基站天线毁坏。

②电力系统停电导致通信中断。都江堰市电力系统震害严重，多日无法恢复供电。移动通信基站的蓄电池仅能维持通信设备工作约5h，震后维持基站工作的唯一办法是采用柴油发电机为基站供电。据了解，有两个原因导致震后移动通信系统无法迅速恢复：一是汶川地震为特大突发性事件，都江堰市移动通信运营商储备的便携式发电机数量不足，从成都市紧急调运发电机耽误了一些时间；二是都江堰市龙池、虹口等地山体滑坡十分严重，导致道路交通完全中断，短时间内道路无法恢复，发电机不能及时运至移动通信基站。

③震后通信系统的通话容量无法满足通信需求量，致使信道拥堵和系统瘫痪。

（3）应急对策

①"5·12汶川地震"发生后，中国移动通信集团迅速反应，多专业协作采取各种有效措施保障通信。其中卫星移动终端、卫星应急通信车、空投IDR卫星与基站设备相配合等基于卫星传输的技术手段，在震

后通信恢复过程中发挥了极其重要的作用。与此同时，我们也关注到整个蜂窝移动通信网络抗毁能力有待进一步提升，在无线通信工程设计方面应充分考虑多手段、分层次进行容灾备份。

②应尽快建立应急通信网络平台；建立应急无线通信设备储备机制；配备应急无线电通信指挥车；应用多种通信手段；加大专业技术人员的培养和平时训练。

3）电力系统[80]

"5·12"四川大地震给国内经济造成巨大损失，一大批电力输电线路遇到破坏，灾后重建任务艰巨。国家电网在此次灾害中直接经济损失超过120亿元，其中四川公司超过106亿元。地震发生后，国家电网所属四川、甘肃、陕西、重庆4个省级电网受到影响，累计停运35kV及以上变电站245座、10kV及以上输电线路3322条；岷江流域6座水电站受到严重损坏；公司经营区域23个市（地级）、110个县的供电受到影响。

（1）输电线路的震害

输电线路作为电网的重要组成部分，其倒塌、毁坏直接导致电网瘫痪。在汶川地震中输电线路的破坏主要是由于输电杆塔倒塌引起的，而地震引起的泥石流等次生灾害是导致输电杆塔倒塌的直接原因。泥石流造成山体滑坡，导致输电杆塔基础发生破坏或不均匀变形，从而使杆塔结构及输电线路倒塌。从现场输电线路的倒塌情况可以初步判断地震没有直接引起杆塔上部结构震倒。

输电杆塔倒塌主要有：

①杆塔结构自身倒塌。主要是由于输电杆塔建于山坡或山顶上，地震中当发生山体滑坡、输电杆塔基础的地基失稳（如不均匀沉降），地基及基础的变形引起输电杆塔结构受力状态改变，其中部分主材的内力超过其设计承载力而发生破坏，最后导致输电杆塔发生倒塌，而且1座杆塔结构的倒塌可能引起输电线路的线路倒塌。

②杆塔结构被拉倒。输电线路是通过在输电杆塔上架设导地线而连成的线状工程设施，由于自重以及外荷载（如风荷载、冰雪荷载等）作用，导地线上存在较大的张力，而且电压等级越高导地线上的张力越大；另外，导地线张力随档距的改变而改变，所以，杆塔结构两侧存在一定的不平衡张力。当有1基输电杆塔倒塌时，势必张拉导地线，使导地线张力和杆塔两侧的不平衡张力发生改变；不平衡张力超过相邻杆塔的抗拉承载力时，一侧或两侧的输电杆塔发生倒塌，即拉倒。

③输电线路的串倒。由于输电杆塔通过导地线连接在一起，其中1基输电杆塔的倒塌可能会引起连锁反应，即由1座塔倒塌区域引起连续多座输电杆塔的倒塌，即串倒。由于耐张塔的抗拉承载力较高，一般不容易被拉倒，所以，串倒主要发生在相邻2座耐张塔间的直线塔区段。

（2）发电厂厂房的震害

由于地震中发电厂厂房的倒塌，或发电设备的破坏，使发电厂遭受巨大灾害或螺栓损坏，产生瓷套管破裂、移位、渗漏等现象。部分发电厂的厂房遭受到强烈地震后发生建筑物倒塌，并引起发电设施的损坏，分析其原因，主要是由于发电厂厂房结构及设备的抗震性能不够，或地震烈度超出了抗震设防等级而引起的。

地震中发电厂的倒塌，导致发电设备或厂房的毁坏，甚至完全破坏，影响了电力供应，即是由于发电厂厂房结构及设备的抗震性能不够所引起的。从而导致部分完好线路超负荷运行，在很大程度上危及整体电网的安全运行。

（3）变电所的震害

变电所的震害主要有两种：变电所发生倒塌和变电所进出线构架发生倒塌。这两种地震破坏均影响变电所升降电压的变电功能，使电网丧失供电能力，导致局部区域性断电。主要原因也是由于房屋及构架的抗震能力不够，或地震烈度超出了抗震设防等级而导致。

变电所是电力输送以及电力供应的重要枢纽,变电所房屋和构架抗震能力不足或地震实际烈度超出了设防烈度就会发生震害。电力设施特别是电瓷型高压电气设备的结构特点也决定了其在地震中的脆弱性,是地震中的易损件。

(4)电力设施的抗震设计建议

①输电杆塔、变电所抗震能力的评估及加固。对我国地震带上的现有输电杆塔、变电所的抗震能力进行抗震评估。汶川地震震害表明,现有输电杆塔、变电所的抗震能力均相对较弱,有必要进行抗震能力鉴定;并且对电力系统内地震断裂带上的电力设施进行抗震能力评估。另外,对抗震能力不够的电力设施进行抗震加固,确保输电杆塔、变电所具有良好的抗震性能。

②提高电网的安全可靠性。在电网建设方面,根据发达国家的经验,输配电资产通常大于发电资产,输配电资产和发电资产比例一般为60∶40。而在我国,由于历史原因,电网建设严重滞后于电站建设,威胁了电网安全。因此,有必要加大电网投资力度,提高和改善电网的安全可靠性。另外,随着电网投资向高压、超高压、特高压产品方向发展,对超高压、特高压的输变电线路的安全可靠性提出了新的要求。

③加强新建输电杆塔、变电所结构的抗震设计。输电杆塔、变电所的抗震设计应该严格参考《建筑抗震设计规范》GB 50011—2010进行;构架结构的抗震设计应根据实际情况(即进出线),进行抗震设计理论的研究,建立合理可靠的抗震设计方法。深入开展输电杆塔、变电所电力设施隔震减震技术研究,同时对变电所里易损性的高压电气设备的抗震性能进行研究,如电瓷型的支柱、套管等,提出高电压设备的抗震性能要求,并落实到相关制作厂家。

④输电线路倒塌及串倒的预防。输电杆塔结构的基础应尽可能避开有滑坡可能性的山坡,不能避开时应谨慎采用可靠的防滑措施(如岩体锚杆等);在高差或档距相差较大的山区或重冰区等恶劣运行条件下时,耐张段长度应适当缩小;另外,应该加强防串倒技术、方法的研究,开发防止输电线路串倒的设计方法,并在实际工程中进行试点并推广。

4)供水系统[81]~[83]

汶川发生的里氏8.0级地震,给国家和人民财产造成巨大损失。地震使成都、德阳、绵阳、广元、雅安等5市主城区的供水设施遭到破坏,管网多处震裂,造成部分城区停水。都江堰、绵竹、青川、汶川等21个重灾市县的供水设施严重破坏,水厂构筑物受损严重,管网大范围损坏,造成大面积城区停水,其中北川县水厂被毁。地震造成448个乡镇的供水设施、地下管网遭到严重破坏,重灾区的233个乡镇供水设施破坏更为严重,其中的131个乡镇供水设施全部损毁。强烈的地震造成四川供水受灾人口达1059万人,损坏供水管道8070余公里,毁坏自来水厂各类构筑物839个,破坏取水工程1281处,受损水厂156座,直接经济损失约26.78亿元。强烈的地震也造成都江堰、温江、江油、德阳、绵阳等受灾城市的污水处理设施及排水管渠的大量损坏。

(1)水源

地表水源:强烈地震引发山体大面积滑坡、倒塌,造成原水浊度上升,使得部分水厂不得不关闭。青川县水厂水源部分为地表水,由于浊度升高而关闭,原水浊度几天后才恢复正常。由于地震造成山体滑坡、土体松动,震后大暴雨使大量泥沙进入河道,水体出现极高浊度。6月15日、6月25日、9月24日震区下大暴雨,涪江绵阳段水浊度达到8000～16000NTU,其中9月24～26日连续3天涪江水浊度都在6000NTU以上,造成沿江绵阳、三台、遂宁等城市水处理困难。

地震使都江堰灌区人民渠受损,直接导致德阳市以地表水为水源的孝感水厂停产,只能靠城市地下水源水厂供水。

地下水源：地震造成地层扰动，深井及大口井的反滤层遭到破坏，灾区多数地下水变浑浊，浊度超标，如青川、绵竹等水厂出现这种情况。震后地质结构发生改变，原有地下水路被阻断，造成江油市马角水厂水源地水量锐减，且波动极大，水厂取水量严重不足。

取水设施：地震造成水源地深井滤管断裂或错位。如什邡市水厂的30m深井，震后深井泵无法下到原来的设计深度，造成取水困难。江油市马角水厂龙宫坝深井震毁。地震造成不少取水泵房上部结构震裂或垮塌。安县安昌镇水厂是一座地下水源水厂，采用大口井和取水泵房合建形式，地震使该泵房上部结构垮塌，下部钢筋混凝土结构的大口井部分基本完好。

（2）净水厂

净水厂内建筑物的震损较为严重。泵房、加药间、机修间、综合楼等建筑物受损坏，其破坏形式和特点与震区一般工业与民用建筑相似。如砖混结构开裂或损毁，框架结构梁柱出现裂缝，填充墙开裂或倒塌等。绵阳三水厂加药间控制室填充墙倒塌。

净水厂，钢筋混凝土结构的构筑物震损相对较轻，但也出现部分墙体裂缝、伸缩缝受损、集水槽移位、斜管上浮等。例如，江油市的城南水厂出现沉淀池底板裂缝、普通快滤池池体断裂、清水池池体穿透裂纹、集水槽严重变形。阆中市自来水公司一厂的平流沉淀池、无阀滤池墙体受损。

净水厂化验室损毁严重。多数水厂的化验器皿和设备遭到严重损坏，以致不能开展水质的化验、检验工作。

地震造成净水厂部分设备移位，电气、自控设备仪表损坏，外部电源故障，造成水厂停电。江油市城区4个水厂和马角水厂的低压设备全部倒塌，加药设备倒塌并烧毁，城南水厂自动控制系统毁损瘫痪。

（3）输配水

输水管道。德阳市一根DN900钢筋混凝土输水管橡胶接头松脱，冲毁农田。

城市配水管网在这次地震中震损十分严重，震后给水管网供水压力明显下降。如绵竹市正常出厂水压力为0.38MPa，震后的出厂水压力只有0.1MPa，经抢修后逐步达到0.13～0.19MPa。都江堰市因城区管网和市内建筑物损坏严重，部分城区供水压力接近零，只能靠街道上的消火栓供水。由于供水管网受地震破坏，使供水漏损率提高（图2-22）。绵竹市震后供水量还超过震前供水量。江油市城市配水管网80%采用钢筋混凝土管或灰口铸铁管等刚性连接管道，这部分管网已无维修使用价值。

小区庭院内管道破坏严重，部分小区震后不能供水。砖砌水塔破坏尤为严重，许多乡镇供水系统中的水塔发生垮塌或成为危险建筑。

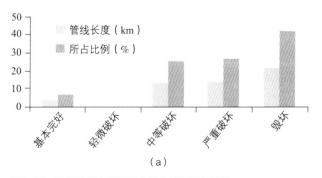

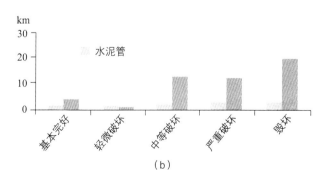

图2-22　汶川地震中都江堰市供水管网震损情况
（a）供水管网震损情况；（b）不同破坏程度的管线长度

（4）污水处理厂

地震使一些污水厂内地坪下沉、综合楼、配电房、脱水机房等建筑物墙体开裂，损坏形式和特点与重灾区一般工业与民用建筑相似。绵阳、江油、都江堰市的污水厂建筑物都受到不同程度的损坏。

构筑物，污水厂内钢筋混凝土构筑物的损坏相对较轻，但出现墙体保温层开裂、伸缩缝受损等情况。绵阳、都江堰市污水厂生化池伸缩缝受损。苍溪县污水厂曝气生物滤池滤板移位、破裂，严重漏砂，需停产修复。温江区污水厂氧化沟导流墙部分倒塌，二沉池刮泥机中心筒移位，连接螺栓拉断、松动，机械变形。

污水厂内电气自控设备器材受到损坏。绵阳塔子坝污水厂的自控系统受损，靠手动运行，中心控制室无法采集信息。

（5）排水管网

地震使城市排水管网受损严重。不少城市出现震后进入污水厂水量大于震前水量的情况。都江堰市一根DN800管埋设于沟渠下面，堵头受损，大量地下水涌入，以及整个城市管网受损，致使进厂水量超过平时水量的一倍。

（6）紧急供水对策

汶川"5·12"大地震使极重灾区的供水水源、净水设施、城市输配水管网受损或损坏，现有的供水设施不能正常供水，当地供水企业根据供水设施受损或损坏的不同情况，采取应急措施，实施应急供水，保证人们生存、生活的需求。日本目前采用的应急供水系统如图2-23所示。

①供水设施损坏情况下的应急供水

"5·12"大地震使北川县城及131个乡镇的供水设施损坏，震后初期，不少城镇供水设施损坏或因外部电网故障而停电，在现有供水设施无法运行的情况下，紧急调集大量矿泉水、瓶装水、桶装水到灾区，或用送水车、消防车等一切可用的送水工具向灾区临时供水。

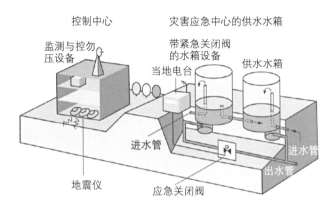

图2-23 日本应急供水系统示意图

在有条件的地方，可敷设临时供水管道从外地调水，或从未受损的自备水源向城镇灾民供水。

地震发生后，10多家国内外的设备供应商捐赠了大量的净水设备到灾区应急供水，包括日本、美国、法国等国设备制造商提供的净水设备。净水设备可在较长时间内解决灾区的临时供水问题。

在交通不便的山区，寻找可用水源，就近取材，利用明矾、漂白精、消毒药片等净水材料对原水进行处理后临时供水。

日本水道协会及部分城市向灾区捐赠不同规格尺寸的、便于携带的盛水袋，有手提式、肩背式、两人抬式等，作为盛水器皿，方便灾民用水。

②供水设施受损情况下的应急供水

这次大地震使21个县（市）的供水设施严重受损，其应急供水采取了以下措施：

对受损害建（构）筑物进行应急危险度评估，评估结果可分为三等：危险、警告、可继续使用。

及时对水源进行水质检测并评估，为恢复供水和水质安全提供保证。

及时组织力量对造成停水的关键设备如水泵电机、加药设备、消毒设备、变配电及化验设备进行抢修，尽快恢复供水。安县安昌镇供水公司紧急抢修设备，搭建临时轻型屋盖，向该镇实施应急供水。

组织力量查明输配水管网受损坏情况及漏损点，组织抢修。短时间内无法修复、受损严重的管段应及时关断，防止自来水大量漏失。由于管网损坏严重，中国水协、四川省水协为此组建了三十多支抗震救灾供水管网检漏抢修队支援灾区。

对城市管网受损严重的城区，敷设临时供水管道为灾民供水。

政府为倒塌或危房的灾民修建了大量临时安置点及过渡板房，敷设临时供水管道或选用成套净水设备为灾民集中供水。

地震造成的管网破损可能会使管网内部遭受污染，因此，恢复供水前，应对管网进行消毒处理，确保饮用水水质安全。

③备用水源的启用

鉴于地震及次生灾害对水源污染的可能性，已经建有备用水源或双水源的城市，应加强对备用水源水质的检测，确保备用水源能作为城市饮用水源使用。加强对备用水源设备的检查，进行必要的维护和保养，需要时能立即投入运行。在唐家山堰塞湖泄洪期间，绵阳市城市公共供水地表水厂水源的浊度、有机物含量大大超过地表水环境质量标准，决定临时关闭地表水厂紧急启动备用地下水源，保证了全市60万市民人均60L/天的基本生活用水。

无备用水源的城镇，要寻找临时水源进行应急供水。临时水源包括地面水、浅层地下水、农灌机井、自用水等。临时水源应水量充沛，水质良好，并且便于水源保护。临时水源的水质应符合《地表水环境质量标准》GB 3838—2002、《生活饮用水水源水质标准》CJ 3020—1993的要求，水源保护区的设置应按照《饮用水水源地保护区划分技术规范》HJ/T 338—2007进行。

（7）应急供水的水质安全保障

汶川大地震除了直接造成供水设施损坏外，对供水水质安全的潜在威胁还在于原水水质的恶化。水源可能遭受物理、生化、化学方面的污染，以及供水管破损引起污染，为此，灾区供水企业在应急供水期间，为保障供水水质安全做了大量工作。

①加强城市供水水源和供水水质安全的监管体制。由于震后应急供水的特殊性和我国现行管理体制，为确保应急供水及供水水质安全，各城市应实行在政府领导下，统一指挥、统一部署、统一调度和统一对外宣传。

②根据城市供水水源水质可能受污染的种类及可能造成的影响，应立即对已制订的应急预案进行针对性的检查并完善。绵阳市水务（集团）有限公司震后即邀请中国水协、中国市政工程西南设计研究院、重庆大学等单位的专家，完善针对地震后安全供水的应急预案。遂宁市明星自来水有限公司根据当地水源情况相应地完善了安全供水的应急预案。2008年6月10日，涪江上游的堰塞湖泄洪，公司及时启动预案，从容应对，保证市民的正常生活。

③成都市是一座有400多万人口的特大中心城市，这次也是受灾较重的城市。成都市自来水有限责任公司为确保几百万市民饮用水安全，针对水源上游存在由于毁灭性的灾害，巨大人员伤亡和大量医药废弃物、生活污水、消毒剂、杀虫剂，以及因工厂、仓库震损造成危险品的可能泄漏等情况，和由此能导致原水水质出现前所未有的水质次生污染的威胁，迅速对微生物风险、毒理性指标风险、感观指标风险、放射性指标风险开展评估工作。根据评估结果迅速启动应急预案，做好相应的应急工作，包括药品的储备，投加试验及其他准备工作。公司不惜代价紧急购置粉末活性炭、高锰酸钾、氢氧化钠、次氯酸钠等应急制水材料及投加设备，并实现了应急药剂的生产性投加，从技术手段上构筑了强有力的水质安全屏障。该公司还强化水处理工艺，降低出厂水浊度，要求各水厂将沉淀水浊度由平时的1~4NTU调整为不大于1NTU，出厂水浊度由0.5NTU降低为不大于0.2NTU，以确保供水水质。绵阳、德阳等城市的供水公司按预案也采取大量的应急措施，保证了水质安全。

④地震造成灾区大范围的山体滑坡、地层扰动，使地面水和地下水浊度升高，特别是灾后大暴雨，使灾区及下游江河往往出现极高浊度。涪江上游属极重灾区，2008年9月24～27日下大暴雨，涪江绵阳段出现10000NTU以上高浊度，沿江的绵阳、三台、射洪、遂宁等自来水公司水处理困难。绵阳市水务（集团）有限公司三水厂采用两级沉淀，通过加强排泥、增加药剂投量等措施保障了出厂水水质。三台县自来水公司将平时并联运行的两组沉淀池临时改为串联，形成两级沉淀，以保证出厂水水质达标。岷江是成都市城市供水水源，地震后水源浊度也出现过大幅上升的情况。

⑤以地下水为水源的水厂，震后应进行洗井操作，建有过滤设施的应马上投入运行并加强消毒处理，出厂水达到生活饮用水标准才能供水。应加强对过滤设施的维护，保持设施随时能投入正常运行。

⑥应急供水期间，除了强化水处理工艺外，还应强化消毒环节控制，提高出厂水余氯水平，增加供水管网水质检测次数，确保饮用水水质安全。出厂水余氯含量不低于0.7mg/L。成都市自来水有限责任公司要求属下各水厂将出厂水余氯控制标准由平时的0.3～0.7mg/L提高到0.8～1.2mg/L。中国水协调集大量的消毒药片、消毒剂以及二氧化氯发生器支援灾区，保证人们喝上干净放心的水。

⑦地震造成大量水厂的化验设备、器皿、药品受损，致使不能正常开展检验工作，因此，需要水质监测车、化验车等移动检验装置协助开展检验工作，卫生、环保部门及省内外同行给予了大力支持。中国水协组建三批城镇供水水质检测队伍奔赴灾区，协助灾区开展水质检测工作，确保供水水质安全。

⑧建立在政府领导下，建设、环保、卫生、水利等部门之间的联动机制，加强相互间的信息交流、信息共享，共同分析水源污染的潜在风险，加强水源监测，加强水源包括临时水源的保护，加强

对杀虫剂、防疫药剂、生活垃圾和震后清场废弃物的管理，防止对水体的污染。成都、绵阳自来水公司将原水的采样点分别向上游延伸30～70km，并增加检测指标和检测次数，为应急预案的顺利实施提供保证。

⑨应急供水期间的公共舆论宣传十分重要，要使人们认识饮水卫生的重要性，增强自我保护意识。供水水质信息公开，避免传谣信谣。2008年5月14日，成都市民受"都江堰化工厂爆炸导致原水污染"的谣言影响恐慌蓄水，致使用水量猛增，管网压力迅速大幅降低，成都市自来水有限责任公司小时供水量创历史最高纪录仍不能有效减缓事态发展，供水管网面临崩溃的风险，公司在政府的大力支持下，通过电台、电视等新闻媒体澄清，并超负荷生产和加强管网监控调度，使供水恢复正常。其后，公司通过公共媒体每6h滚动通报出厂水质最新检测结果，让广大市民放心饮用自来水。

5）物资系统[84][85]

（1）震害调查

绵阳市所辖6县2区1市，分别为三台县、盐亭县、安县、梓潼县、北川县和平武县6个县，涪城区和游仙区2个区，1个县级市江油市，面积20267km²，2007年年末总人口为537万。汶川地震中，粮食部门伤亡266人，90%以上的仓容和仓储设施受损，70%以上的办公服务设施受损，粮油加工设施全部受损，粮油供应网点全面损坏，正常供应中断。绵阳市内的粮食基础设施的直接经济损失为27.3亿元，所辖6县2区1市的损失为12.2亿元，详见表2-9。

造成绵阳市粮食基础设施破坏严重的主要原因是由于仓房设施陈旧，建于1970年代的平房仓占到了85%，抗震设防烈度较低。根据灾害损失的不同，可以进一步将损失分为轻微受损、中等破坏、严重破坏和完全倒塌四类。不同粮食基础设施的灾害易损性具有一定的差异，粮食仓储和附属设施、行政办公设施以及粮油加工网点的破坏较为严重。

绵阳粮食行业基础设施灾害直接经济损失

表2-9

统计单位	仓库损失			附属设施损失金额（万元）	粮油损失		办公楼损失		其他损失金额（万元）	直接经济损失（万元）
	仓库损失数量（个）	损失仓（罐）容（t）	损失金额（万元）		损失数量（t）	损失金额（万元）	损失面积（m²）	损失金额（万元）		
绵阳市	4721	1028920	118954	47690	17794	3405	131788	25028	78103	273180
涪城区	233	103891	14642	11042	4113	795	54483	11673	26393	64545
游仙区	110	147700	14719	6544	452	80	7431	1210	7340	29893
三台县	1560	172200	23800	6216	1860	353	12960	2300	13140	45809
盐亭县	1271	81415	8827	3188	249	42	7095	557	3527	16141
安县	592	95089	11595	8390	5135	999	9549	1506	6518	29008
梓潼县	418	167800	17875	2005	1860	365	7419	999	1877	23121
北川县	175	4600	2000	3000	200	38	4000	1200	8110	14348
平武县	172	10985	3296	2972	218	59	12778	2250	2238	10815
江油市	200	245240	22200	4333	3707	674	16073	3333	8960	39500

绵阳市粮食基础设施直接经济损失

表2-10

序号	类型	破坏情况	损失（亿元）
1	粮食仓库	4721栋仓房、21个食用油罐遭到不同程度的损坏，仓（罐）容近102.9万t，完全坍塌仓容49.7万t，面积超过45万m²；严重破坏仓容41.5万t，面积超过35万m²；中等破坏仓容4.6万t，面积超过5万m²；其余4.7万t面积10万m²的仓容经简单修复即可使用	11.9
2	粮库附属设备	粮库堡坎、围墙、涵洞、地坪、罩棚、器材库、药剂库、检化验和变配电房等仓储附属设施破坏严重	4.8
3	军粮供应网点	1个市级、7个县级共8个军粮供应网点严重破坏	0.3
4	粮油加工网点	63个加工企业厂房、加工设施设备严重损坏	4.1
5	办公设施	1个市级粮食部门，9个县级粮食部门办公楼及42个企业的办公业务用房和职工宿舍遭到不同程度毁坏，受损面积45万多m²	5.6
6	粮食受损	粮食受损超过1.8万t	0.3
7	其他财产	—	0.3
8	合计	—	27.3

表2-10列出了绵阳市各类粮食设施的破坏和损失情况。

（2）救灾物资时序性

汶川大地震发生的第二天，在陆续收到四川、甘肃、中石油和中航油要求调用国家储备成品油、航空煤油的来电后，国家物资储备局就迅速行动，

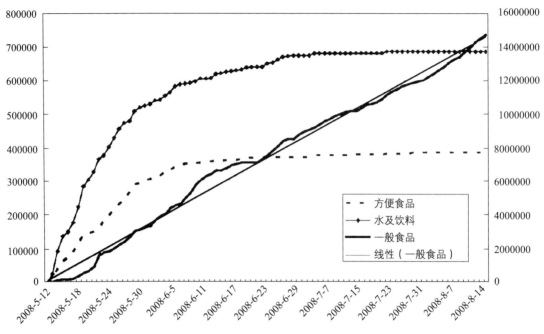

图2-24 一般食品、方便食品、水及饮料供给量累计图

当天制订具体方案，经批准后紧急出库，有效地发挥了国家储备物资应对突发事件的作用。为了有效地利用库房、场地、铁路专线、起重设备等现有资源条件对抗震救灾物资进行接收、储存、转运，国家物资储备局还启用四川、甘肃、吉林、湖北、云南储备物资管理局等单位的7个储备仓库，全力以赴地支持抗震救灾工作。

汶川地震发生后，向灾区输送的救灾物资随着时间的推移不断增加，其累计总量的变化都有其规律和特点。根据从成都市发往灾区的食品供给量按日期分类汇总，分类依据即依照原始数据分类方法，食品主要分为方便食品、水及饮料、一般食品及其他。然后分别累加各类食品的供给总量。

根据图2-24可以观察到：从总体上来看，各类食品的供给总量随着时间的推移，边际增量逐渐减少。具体来说，方便食品和水及饮料的供给总量在短期内迅速增加，到震后一个月边际增量逐渐减少，到后期基本停止了供给；而一般食品在震后数天相对量较少，一个星期左右以后一般食品的供给数量开始逐渐增加，总体趋势成线性。

（3）存在的问题和建议

国家物资储备系统较好地发挥了从灾难发生到灾后重建这一过渡时期的物资保障功能。国家物资储备系统——救灾物资储备、物资储备、粮食储备、石油储备等，协同作战，为灾区人民提供了强大的物资供应保障。但是，我国目前的救灾物资储备体系尚存在一些问题：例如救灾物资储备代储点少，且分布不均衡。目前，国家救灾物资定点储备仅设在天津、沈阳、哈尔滨、合肥、郑州、武汉、长沙、成都、南宁、西安等10个城市，整个西部地区只有成都和西安两个代储点。代储点仓库硬件设施陈旧落后。很多代储点尚缺少叉车等必要的装运工具，不利于搬运救灾帐篷等大件救灾物资，影响救灾效率。

6）医疗卫生系统[86]~[88]

（1）概述

灾害共造成四川省20个市州（占90.9%）、139个县（占76.8%）的10243个医疗机构（占43.9%）受灾，医疗卫生人员264人遇难，764人受伤，房屋受灾660.2万m²，设备受损56019台（件），直接经济损失达90.8亿元。灾区正常医疗卫生工作秩序遭受严重破坏，突发公共卫生事件和传染病网络直报系统受到重创，计划免疫接种网络受到破坏，传染病疫情防控面临巨大威胁。一方面，地震瞬间造成的巨大伤亡远远超过当地承受能力，急需外来支援；另一方面，重灾区多处高山峡谷地区，地震灾情复杂，造成"三不通"（公路不通、通信不通、电力不通）、"三孤岛"（县城成为孤岛、乡镇成为孤岛、村寨成为孤岛）、"三困难"（灾情收集难、抢险施救难、保障供给难），救援人员、物资、车辆和大型救援设备无法及时进入，各类信息不能及时反馈，指挥协调困难，使医疗救援和灾后防病面临严峻挑战。

（2）医疗救援反应

震后灾区各医疗卫生机构，在第一时间安全转移在院病员的基础上，很快投入对区域内地震伤员的紧急抢救。最早在灾后2min就出动救护车和救援人员，70%以上重灾区市、县级医疗机构于半小时内就派出救护车和救援人员，85%的县级医疗机构在灾后半小时内就开始收治伤员。据不完全统计，震后3天，6个重灾市州、18个重灾县区有近3.1万余名医疗卫生救援人员迅速投入到医疗救援工作中（表2-11）。

截至2008年5月30日15时，一线参与伤员救治的医务人员达50456人，共出动救护车45000多辆次。从12日14时28分地震发生到30日，到达灾区一线参与抢救的医务人员呈急速增长和稳定增长两个阶段（表2-12、图2-25、图2-26）。

第一阶段（12～15日）为急速增长期。震后的数小时，随着道路、通信的逐渐恢复，受灾信息不断传来，各级医疗卫生机构和外援医疗队伍快速行动，短短三天内，参与抢救的医务人员就迅速增加到35880人，其中省内31000人，占86.40%；省外4880人，占13.60%。72h是抢救生命的黄金时期，医疗救治人员的迅速到达和有效工作对抢救伤员起了至关重要的作用。

第二阶段（16～30日）为稳定增长期。这一阶段根据灾情需要，对救援人员进行了合理调配，共计新

医疗救援反应调查表　　　表2-11

时间	救援情况
震后2h	四川省卫生厅紧急组织调派首批28支90人的省级医疗卫生救援队，紧急赶赴都江堰、德阳、什邡、绵竹、北川等地
震后4～6h	第二批、第三批共计147支714名医护人员组成的医疗救援队奔赴各重灾区
震后8～12h	调动非重灾区13个市的医疗卫生力量，组建了一、二、三级医疗救援梯队，分批进入灾区实施紧急医疗救援
震后14h	第一支省外医疗队——重庆医疗队赶赴灾区
震后24～48h	省外医疗救援队陆续抵达灾区
震后第3天	第一支国际医疗救援队赶到灾区施救，国际、国家、省和市级医疗救援队伍和解放军医疗救援队与当地医务人员共同组成了快速响应、广泛覆盖的救援大军，他们翻山越岭，冒着余震、泥石流、滚石等危险，以最快速度奔赴灾区，实施及时、有效的现场救治和接继治疗
地震第10天	随着20名上海医疗队员乘直升机抵达汶川县耿达、三江、银杏、草坡等4个因公路交通阻断而无法进入的乡村，全省因"5·12"特大地震受灾的11个市（州）、67个县（区）、950个乡村实现了医疗救治全覆盖

灾后2周灾区一线医疗救治人员构成比 表2-12

救援队伍来源	总人数	比例
省内	41240	81.73%
省外	5969	11.83%
军队	3048	6.09%
国外和我国港澳台地区	199	0.39%
合计	50456	100%

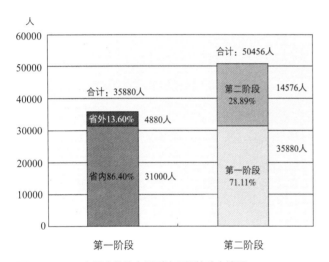

图2-25 72h内医疗救治人员到达现场的动态情况

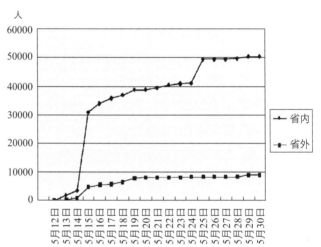

图2-26 省内、外医疗人员到达现场的时序图

增投入医疗救援人员14576人，其中省内10240人，省外及部队、武警医疗人员4336人，救援人员有计划和有序增长，基本满足了灾区医疗救治需求。从5月15日至6月7日先后有来自中国台湾、俄罗斯、中国香港、日本、意大利、澳门、德国、古巴、英国、法国和美国的11支境外医疗队、312人来川参加医疗救援工作。

（3）医疗物资

2008年5月12日至10月12日期间，在医疗保障组下由多行业、多部门共同组成了医药用品供需小组，负责医疗防疫药械调配管理；在双流机场、火车站等5个货运站点建立医疗物资接收站；组建了省卫生厅救灾运输车队；实行省对市（州）、市对县（区）、县对乡（镇）、乡对村的四级负责制；针对阿坝州各灾区交通、通信不畅的特殊情况，建立汶川、理县、茂县直接配送体系；通过网站公布物资流向和使用情况，确保救灾物资、资金的接收、储存、调配、转运公开、透明。其间共向灾区发出医用物资运输2400余车次，总行程100万余km，空运200多架次，累计调配医疗药品46万余件，医疗器械17万余件；累计调拨消杀药品4802余t，喷雾器械6.89万余台，其他生活用品6376.59件。一个月的药品器械调配量相当于以前全省一年的总用量。

（4）医学救援有效性分析

①黄金72h的紧急救援。灾区一线医疗卫生机构震后第一时间实施现场紧急抢救，18个重灾县85%的

县级医疗机构在灾后半小时内就开始收治伤员。6个重灾区和相邻市的各市级医院在震后立即启动应急预案，马上派出救护车，赶往灾区，立即设点开展紧急救治。各级医疗机构调动全部人力、物力资源，面对短期内送达的大量伤员，停止择期手术，利用旧楼、停车场、大厅和一切可用的空间增设、搭建救灾病房，各专业学科临时调配全力支援伤员抢救主干科室，手术间24h不停运行，医务人员超负荷工作。阿坝州在道路全部中断、通信完全不通的情况下，州卫生局组织了州内11支医疗队70余人绕道黑水、松潘到茂县实施救治，成为最早到达震中极重灾区的省内救援队。震后48h，抽调461名医疗技术骨干迅速在安县、绵竹和都江堰建立了三所抗震救灾急救站（帐篷医院）。据不完全统计，灾后72h内，重灾区的汶川、理县、茂县、平武、青川等地依靠当地县、乡、村三级医疗卫生人员共救治伤员28340人（表2-13）。灾后12h，全省各医院共收治住院伤员21404人，灾后48h，共收治住院伤员47507人，灾后72h，收治住院伤员68788人。

重灾县级医疗机构72h收治伤员统计表

表2-13

重灾县	救治人数	住院人数
汶川	9800	820
青川	8530	420
茂县	4450	890
理县	720	80
平武	4840	310
合计	28340	2520

对重伤员实施及时有效转运，采取前线紧急处置、分类，然后立即后送的办法，对危重伤员立即实施手术救助后送往一、二线医院；非危重伤员紧急处置后立即送往一、二线医院治疗。灾后40min，来自彭州灾区的第一个伤员送到位于成都的四川省人民医院；灾后1h10min来自都江堰灾区的第一批12名伤员送到四川省人民医院。灾后12h仅四川省人民医院、华西医院、德阳市人民医院、绵阳市人民医院、广元市人民医院五家省市医院就收治转运伤员近3000人。

②伤员大转移救治。从地震第5天（5月17日）起至地震第19天（5月31日），四川省内成都、绵阳、德阳、广元等11个市、州收治的灾区伤员通过21列次专列、99架次专机共向全国20个省、直辖市的58个城市367所医院转送伤员10015名。其中，通过火车转运5053人；航空转运3495人；汽车转运1467人。转出伤员最多的是成都4109人、绵阳2916人和德阳1378人。接收伤员最多的是重庆2276人、江苏1302人和广东934人，接收医院大多是省级大医院，伤员受到了精心治疗，降低了伤残率，达到了既定目标。

③危重伤员救治。地震造成了大量的外伤性危重伤员，危重伤员人数占住院伤病员人数的22%；院内死亡2483人，占住院总人数的2.98%（图2-27）。四川省对重症伤员治疗实行了集中患者、集中专家、集中资源、集中救治的"四集中"，震后三天，大批危重伤员被送到一、二线医院，震后一周，更是进一步将重危病人按照"四集中"原则强化治疗，使大批危重伤员转危为安，从最多的15461人，降至5月30日的1440人（图2-28）。

④救伤治病相结合。汶川地震对四川省灾区医疗体系造成了巨大的破坏，灾后我们及时部署，组织灾区内的省、市、县各类医疗队一边救治伤病员，一边深入基层一线，开展广泛的巡诊医疗活动，将巡回医疗延伸到村、户。对基层医疗机构毁损严重地区，与解放军、外援医疗队一起在都江堰、绵竹、北川、青川、彭州、绵阳等地设立了21个野战医院。并着手在失去乡（镇）卫生院功能的地区，建立活动房作为过渡性卫生院，解决灾区群众的医疗服务问题。

7）避震疏散体系

"5·12"汶川地震也表明受灾地区城市公园建

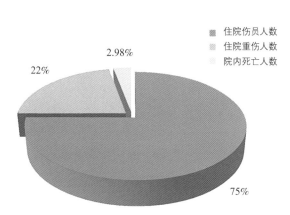

图2-27 危重伤员、死亡人数占住院伤员比例

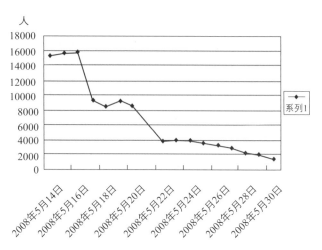

图2-28 住院危重伤员时序图

设滞后、防灾空间体系缺乏等严峻问题，特别是重灾地区建筑密集，缺乏必要的开放空间，给紧急救援、临时安置和灾后重建工作造成了巨大的困难。

汶川地震暴露出城市公园建设的另一个问题是缺乏必备的防灾设备和应急的避难设施，如没有统一的标识系统和疏散通道，市民避难不能得到有效的引导和组织；缺乏应急医疗救护设施，伤员不能得到即时的救助；应急物资储备设施缺乏、应急供电供水设施不足以及应急垃圾与污水处理配套设施匮乏，人员安置困难；附属建筑建设失控，灾害隐患严重。例如，由于缺乏应急厕所，地震避难期间绵阳市在公共空间临时挖了100多个"土"厕所，给灾后防疫带来压力。在成都市现场调查发现人民公园仅有的几块空地也栽植了灌木，避难帐篷只能在高大乔木下"栖身"，而地震后常伴有的雷雨天气使高大树木成为遭受雷击的"制高点"，安置在帐篷里的人员生命安全得不到保障。其他灾害隐患也不容忽视：青少年科技公园只有一个出入口且四面环水，不仅可达性较差，而且灾情发生后出入口容易出现拥堵、踩踏现象；浣花溪公园多处空旷地（草坪、铺地）地势较低，不利于在洪涝灾害后形成避难场地；新华公园被过多的商铺和其他设

施所包围，不利于在公园四周形成防火林带防灾减灾。

绵阳九州体育馆作为应急避难场所，在应急避难中起到了极其重要的作用，可知公共场所在应急避难时的重要性。仅5月13日，绵阳九州体育馆就接纳来自北川等地的受灾群众近3万人。最多时有近5万人在此避难，人均避难面积仅为0.5m²，相对拥挤。该体育馆总建筑面积2.4万m²，按乙类建筑设防，达到灾后作为应急避难场所的条件（图2-29）。

借鉴日本防灾公园的经验，可以将公园绿地按其类别和规模进行划分。此外，公园绿地的服务半径也是公园选址和分布必须考量的因素。一般来说，公园绿地面积在50hm²以上，其服务半径在2~3km以内；面积在10hm²以上，服务半径宜为500m；面积在1hm²

图2-29 绵阳九州体育馆作为应急避难场所

以上，服务半径为300～500m。国际上对于防灾减灾的研究很多，日本在公园绿地的防灾减灾功能设计方面具有丰富的经验。我们可以借鉴国外的先进经验，再结合我国国情，合理布局绿地。

2.1.2 阪神大地震

日本的位置处于大陆侧板块（欧亚板块）和大洋侧板块（太平洋板块和菲律宾海板块）的结合部，板块边界的运动使太平洋周围成了一个地震窝，日本列岛就处在其中。

一、阪神地震概况[89][90]

阪神大地震的发生时间为1995年1月17日上午5时46分52秒（日本标准时间，即UTC+9），震中在淡路岛北部的明石海峡海域（北纬34°35.9′、东经135°2.1′），震源深度为16km，地震规模为里氏7.3级。该地震是由淡路岛的野岛断层地壳活动引起，属于上下震动型的强烈地震（图2-30～图2-32）。

在强烈地震波的冲击下，神户市的地表遭受严重破坏，出现了大规模的地陷和地裂缝。最突出的是神户市南部沿海边40km长的一个条带区域内土质发生严重的液化，造成地表下陷0.5m。神户市在本次地震中除了沿海的粉、细砂土层出现严重液化外，在一些粗砂、碎石土层上也出现了液化现象，这些土层在阪神地震以前是公认不会发生液化的。因此，本次地震中粗砂和碎石土的液化改变了以前人们对可液化土的看法，从而为工程界提供了新的课题。

二、震害概况

地震时设在该地区的72台强震仪，记录了强震时的地面加速度和速度，这是极宝贵的资料。其中记录到的最大地面水平速度值南北向为833gal（伽），东西向为617gal，垂直向为332gal，最大水平速度为55cm/s。地震动卓越周期为1s以内。这些数据足以说明该次地震的强烈程度。地震中有6500人死亡，3万多人受伤，30多万人无家可归。大地震引起火灾、停电、停煤气，

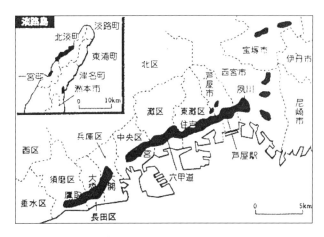

图2-30 Ⅶ度区分布图

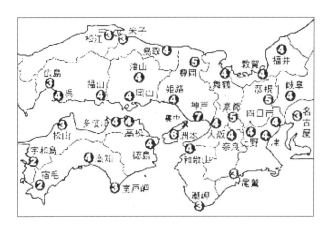

图2-31 阪神7.3级地震烈度分布（圈内数字为烈度）

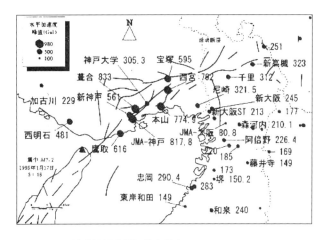

图2-32 阪神大地震水平加速度分布

切断了高速公路、电气火车、地下电车以及新干线；使码头破坏停运，港口瘫痪，只有航空港正常运行。地震造成的经济损失估计在1000亿美元以上。

阪神地震带来的破坏是多方面的，从地基基础、地下结构、地下设备、房屋建筑、道路桥梁，到港口码头等。但应当看到，就阪神地区的各类建筑来说，绝大多数还是完好的，正常的。例如：关西机场和神户中央港岛、六甲山人工岛等都是填海造地的人工岛，按理这些地基上的建筑物、构筑物破坏将是较重的，然而实际地震的破坏也不完全如此。地震中虽有喷砂冒水，地面沉陷或断裂，但机场能正常使用，高层建筑亦都基本完好；其他各类建筑物、构筑物，一般是按新耐震设计法（1981年后）建造的，基本完好；1971～1980年期间设计建造的有少数破坏倒塌；1970年以前设计建造的破坏相对较多。因此，破坏的原因是多方面因素造成的。当然，完全按新规范设计的如高架桥、高层钢结构和混凝土结构建筑也有遭到破坏甚至倒塌的例子，其原因可能是设计以外的施工质量、材料质量及局部地基问题等因素。

此次地震中破坏最多的是木结构住宅，神户市中央区几乎有占全部木结构房屋的50%倒塌了。但此类一、二或三层的木结构住宅对我国似乎无甚参考价值，因为我国不可能建造此类住宅。另外，砖结构或其他砌体结构的破坏，在此次地震中仅见到数幢2～3层的旧砖结构房屋、教堂。一般都是日本关东地震前建造的。神户市交通系统、通信系统、给水排水系统、热力系统、电力系统等城市生命线工程均受到地震的严重破坏。神户市的供水、煤气管道等生命线工程均年代较久，管线本身抗震能力脆弱，加上大规模的地陷和地裂缝的作用，使这些地下埋管的接口大部分松动拔出，接头开裂，管身折断，整个供水、煤气系统瘫痪。据统计，神户市在100hm²的密集居住区内共发生了约350起火灾，熊熊燃烧的大火给灾区人民雪上加霜，加重了灾区的经济损失。由于供水系统被破坏，无水灭火，加上道路毁坏、交通阻塞给救援工作带来了很大的困难，从而加重了灾区的次生灾害。

三、次生灾害

这次阪神大地震引起的次生灾害十分严重，共发生火灾500多起，烧毁房屋约100万m²以上。造成火灾的原因是：①地震发生后，房屋倒塌。这时煤气泄漏出来，如遇明火（地震发生时已近早上，有些家庭和餐馆已生火做饭）或电线短路而生的火花，即可引起火灾，再加上日本住宅全木结构，家庭用品中可燃物甚多。②地震后即停电，在停电期间，灾民用蜡烛、煤油等照明，稍不慎或遇煤气泄漏即易引起火灾。③地震后再次通电时，因电线的绝缘部分遭到破坏，一旦恢复送电，短路产生的火花点燃了泄漏出来的煤气或可燃材料，极易发生火灾。以上三个原因以最后一个最严重，据对69起火灾的分析，其中39起由于漏电，22起由于煤气泄漏，8起由于漏电点着了泄漏的煤气，可见漏电和漏气是造成火灾的重要原因。万幸的是，医院、商店和学校里化学药品很多，这次地震却未发生因化学药品而引起的火灾，否则后果不堪设想。这次地震后造成的火灾，在扑救上也很困难，原因是：①居民住宅以木结构居多，非常容易起火；②供水管网被破坏，消火栓也遭破坏，救火没有水了，消防队也难为无米之炊；③地震后建筑物倒塌，把道路给堵塞了，消防车不能及时赶到现场，或无法接近火源处；④同时好多处起火，有限的消防车分身无术，顾此失彼；⑤神户市是鞋业生产集中区，橡胶制品等可燃性物质很多，非常易燃烧，以上原因以前两种起主要作用。

四、地震损失

1．人员财产损失

1）人员伤亡损失

根据最后统计公布的数据，地震死亡人数为5500人，受伤人数为25504人。在死亡人数中，女性占59%，60岁以上老龄人占51%。老龄人死亡人数多的原因，一是年轻人大都住在郊区，二是灾区中独身生活的老人多。在死亡人员中，建筑物倒坏压死者约占90%，火灾致死者占10%。到2月19日为止，神户市死亡人数为3805人，其中59%的人是在震后14min内死亡的。

2）建筑物损失

在地震区内，房屋倒坏（全坏+半坏）计144032栋，烧坏（全烧坏+半烧坏）计7456栋，建筑物毁坏损失达58000亿日元。从地域上看，住宅损失最严重的地区大致沿JR线排列，是阪神之间所谓的"下町地区"（靠河、海地势低洼的小商业集中的地区），这里集中了一批二战前建设的房屋。

3）基础设施损失

道路交通、供电、供水、煤气、排水等基础设施也都受到了不同程度的损坏。阪神地区的阪神、JR东海道、阪急、山阳等4条铁路都受到了严重的损坏，一些铁路桥梁和沿线构筑物倒塌。

在高震级地区高速路遭到了严重破坏，一些大型桥梁发生了倒塌和错位，在立体交叉结构的道路上，只要一个空间层次的路面受到破坏，就会影响另一道路空间的交通。此外，明神高速公路在高震区以外的路段也遭到相当的破坏，原因是这条路是在1950年代建成的，抗震标准低。

平面道路的路面虽然也出现了裂痕和塌陷，但修复比较容易，很快就可以投入使用，在抗震救灾中起了很大作用。从中可以看出，有相当宽度的平面道路所具有的抗灾功能。

2. 火灾损失

这次地震中烧毁建筑物约7000栋，烧毁的区域面积为60hm²。与此相对比，关东大地震时烧毁的建筑物和区域面积分别为450000栋和3000hm²。火灾损失减少的原因是实施了建筑的不燃化制度。火灾大多集中在冲积层地表结构地区内，二战前建造的、未进行改建的住宅密集地区成为大规模火灾的发生地。但是也有一些木结构建筑很多的地区，由于进行了区划整理等原因，降低了火灾发生率。在神户、西宫、芦屋、尼崎、川西、伊丹和宝探市共发生火灾180起，在震后1h内发生的有91起；震后6h内发生

的有136起，占3/4；每万户火灾发生率为1.67，但中央区、长田区和芦屋市每万户火灾发生率高达4以上。在可以查明起火原因的84起火灾中，与电气有关的占38起，与煤气有关的占17起，与两者都有关的火灾有9起。

此次地震引发的火灾与以往的不同之处，一是地震后立即就发生了火灾；二是以往的地震火灾大都是由石油和化学品燃烧引起，而这次主要由燃气和电器引起。火灾熄灭处一般是较宽的道路、铁路、大规模的空地、连续的耐火建筑群以及小规模的空地与耐火建筑的组合处。例如，袖珍公园旁有小型的耐火建筑，这样的组合就具有断火作用；有树木的空地会以乘积效果发挥灭火作用。

3. 公园绿地损失情况

在强震地区神户市6个区的783个公园中，受害严重的公园是由于火灾或位于沿海地带因填筑地土壤液化、护岸崩塌而遭到损坏，公园内整体铺砌地面损害严重。从部分受损的具体情况来看，有路基或广场出现裂缝的，也有构筑物和小品设施倒塌或损坏的。

五、震后恢复

阪神地震极震区烈度为Ⅶ度（日本七阶震烈度J. M. A, 1949年），烈度Ⅳ度以上地区均在兵库县境内。

地震发生在人口（约有350万）密集、经济繁华地带的边缘，生命线系统受灾严重，但很快恢复正常（表2-14）。

铁路、公路交通系统不同程度地遭到破坏，除阪神高速公路神户段修复较慢（约20个月）外，其余在6个月左右修复完工。

地震灾害直接损失总额为99268亿日元（表2-15），接收捐援资金1789亿6280万日元。

地震一个半小时后停电户减为100万户，一周后应急送电完成（图2-33）。

送配水管线破坏严重，修复用了两个半月（图2-34）。煤气管道破坏很大，一个多月后中压管线修复完成，又经过一个半月低压管线修复完工

生命线系统破坏和恢复情况　　　　　　　　　　　　　　表2-14

一	受灾情况	恢复情况
供电	260万户停电	1月23日除倒毁房屋外全部恢复供电
煤气	84万5000户停电	4月11日除倒毁房屋外全部恢复供气
供水	127万户断水	4月17日全户通水
排水	260km管线破坏	4月20日修复完工
电线	47万8000户回线不通	1月18日交换机系统恢复，31日全通

阪神地震直接损失情况表　　　　　　　　　　　　　　表2-15

项目类别	建筑物	铁路	高速公路	公共土木设施	港口	文教设施	农林水产等	医疗福利设施	水道设施	煤气电力系统	通信播放设施	工商业	其他
损失额（亿日元）	58000	343	5500	2961	10000	3352	1181	1733	541	4200	1202	6300	859

（图2-35）。震后是否平安的询问，使得灾区电话通话密集而混乱（图2-36），公用电话比一般电话更难接通。

2.1.3 洛马·普列塔大地震

一、地震概况

1989年10月18日00时04分（UTC），在美国旧金山东南约100km处的圣克鲁斯山区发生7.1级地震，根据当地的地名，命名为"洛马·普列塔（Loma Prieta）"地震。根据美国地质调查局科罗拉多地震中心和门洛帕克分部测定的结果，这次地震的基本参数为：①发震时间：1989年10月18日00时04分15秒（UTC）；②震中位置：37°2.19′N，121°52.98′W，震中位于圣克鲁斯城东北约16km处；③震源深度：18.5km；④震级（Ms）：7.1级。

二、震害概况

这次地震的最大特点是，破坏集中在离震中90多km的旧金山市马里纳区。原因可能是长周期地震波传播较远，并且在软土层被放大的缘故。同样的原因，造成连接旧金山和奥克兰的海湾大桥坍落和通向奥克兰的双层高速公路一些地段破坏。

房屋建筑的破坏主要发生在地基不良和没有加固过的砌体建筑物上。而按照1933年长滩地震以后颁布的抗震设计规范建造的建筑，一般都经受住了考验。

地震发生后，救灾与恢复工作进展顺利。主要因为震前设有应急组织，制订了应急计划，并进行了训练和演习，因此地震时反应迅速，措施得力，充分体现了抗震防灾准备对现代化大城市的重要性。

1. 灾情

这次地震工业设施损坏不太严重，大部分工业企业在地震后6天恢复生产。尽管在许多地区地震加速度较高，但从1950年开始建造的符合统一建造规范的工业构筑物只受到轻微损坏。大部分地区生命线设施（电力、燃气、给水排水和通信）都基本维护正常工作，即使有所中断，在24h之内也恢复了供应。

这次地震虽然人员伤亡较少，但受灾面积广，经济损失比较严重。靠震中的少数社区和一些虽离震中较远，但属于软地基地区破坏严重，震后数月里一些家庭一直过着没有永久性住房和上、下水的生活。震

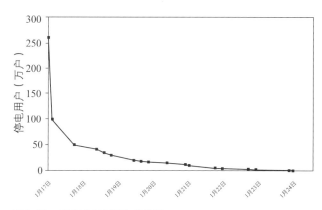

图2-33　停电户恢复供电曲线图

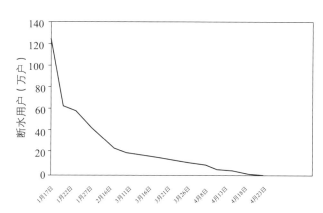

图2-34　断水户恢复供水曲线

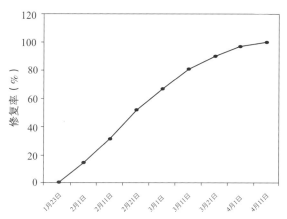

图2-35　煤气停供户修复率曲线图

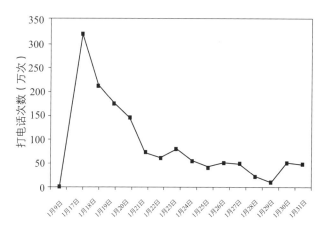

图2-36　震后白天繁忙时段打电话次数曲线图

后，有10个县被总统宣布为灾区。

运输网络受打击特别严重，桥梁、高架公路毁坏，如海湾大桥和奥克兰双层高架公路，在死亡的62人中有41人是在坍落的高架公路桥中死去的。山体滑坡也使一些路段关闭，造成几个星期的交通困难。

一些地区发生火灾，仅旧金山地区就发生了500多起火灾事故。由于饱和的通信系统和电力中断，延误了火情报告和辅助给水系统正常供应灭火用水，这是生命线系统之间相互影响的严重事例。

建筑物损坏多发生在建筑规范颁布之前建成的建筑物上，主要是一些无筋砌体建筑。据报道，大约10.5万幢公寓建筑和1325个商业机构受到不同程度的破坏，使12000多人无家可归。由于该地区经济发达，产业相对集中，因此虽然只有不到1%的产业受损，但经济损失却高达5000万美元，商业和住宅损失估计超过40亿美元。

2. 灾后救援

10月17日加利福尼亚州州长宣布进入紧急状态。根据加州请求，10月18日总统声明加州遭受了重大灾害，列举了10个县和3个市可以得到联邦政府和州政府的援助。声明使得针对受影响地区的一整套应急政策和措施起作用。

各市区主要负责人现场处理整个地区的应急反应。由于旧金山地区震前有应急准备计划，而救援工作是通过应急准备计划中的互助协议进行的，因此震后不到30min，就组织了近1200名工程技术人员投入到海湾大桥和双层高架公路的抢修抢通工作中，并且能够及时补充人力和物力，确保救援资源充足，整个救援恢复工作进展顺利。在边远地区，各社区则主要依靠自己的资源互相提供人力和设备援助。

奥克兰市震前有一个由三个人组成的应急行动中心，并具有防灾计划，做好了应付自然灾害的协调反应准备。震时中心工作人员积极参与红十字会的工作，如确定庇护所的位置和协调志愿者的工作等。同时，应急中心在请求支援设备和人员方面，得到了加州应急服务办公室的很好响应，所有要求都在合理的时间内得到满足。

旧金山市震前有一个小型应急服务办公室，直接向市长负责。应急中心依靠电视和无线电报获得受灾情况，并使用一个共用的新闻信息系统发送消息。但由于应急中心缺少办公地点，通信联络发生困难，妨碍了震前计划的执行和协调工作的很好开展。

旧金山市还有几个灾害防备和应急反应的民间组织，其中包括消防预备队和红十字金门牧师会。他们在训练有素的基础上，能对突发灾难作出迅速反应，并能组织公众提供救灾援助。面对这次地震后的大火和房屋倒塌，他们组织了成千上万的志愿者帮助消防部门疏导消防水管、传输设备和扑救大火，并从倒塌的瓦砾堆中搜救遇难者。

有组织很好的多学科工作队，负责遇难者的搜寻和营救工作。每支工作队包括一名受过大规模救援行动训练的消防人员，一名在结构安全方面训练有素的交通工程师，一名警官或执法官负责验尸，一名可提供医疗援助的护理人员。这种多学科工作队保证了救援工作安全、高效地执行，并得到了现场人员的尊重和信任。

震后按照应用技术委员会拟定和公布的破坏评估指南ATC20'对危险建筑物逐项进行的评估，有助于加快援助、重建和恢复的进程和减少次生灾害带来的人员伤亡。

三、灾害损失

1. 一般损失情况

这次地震是自1906年旧金山大地震以来加州北部所发生的最大的地震。地震波及范围南到洛杉矶，东至里诺和内华达，造成了极为严重的损失。现已确定有62人死亡，3757人受伤，12053人无家可归。损坏的计有11万余幢住宅、300多幢公寓和2575幢商业楼房。财产损失和修复费用高达60多亿美元，几乎是1906年旧金山大震损失的1倍半，成为美国有史以来灾害最严重的自然灾害。美国国会已通过救灾法案，授权款额高达30多亿美元。加州政府也决定通过增加贩卖税，筹措救灾恢复财源。由此可见，这次地震灾害损失多么严重，影响多么广大。

2. 灾害的特点

有关专家分析这次地震灾情后，认为有以下三大特点：

（1）受灾最严重地区集中在少数几处的局部地段，这次地震最严重地区大体集中于两种地方。其一是靠近地震断层断裂带的市镇，包括沃森维尔、圣克鲁斯、洛斯加托斯等地。这些地方在距离震源十余公里以内，各地水平方向的震动强度都超过0.3g，使得许多建造于19世纪中期至20世纪初期的老旧建筑物被震毁并倒塌，造成人员伤亡。另一种地方是距离震源八九十公里以外且靠近旧金山湾岸边的若干地段。这些地方的地基是由一层软弱淤泥构成的。这层软泥一方面使地面的震动产生放大作用，导致震动强度居高不下，而不随距离正常衰减，同时有显著改变震动频率的作用，增加了对若干结构物的破坏威力；另一方面，这层软泥本身的强度较低，因此易发生地基龟裂、深陷或土坡液化、喷砂等地表变化现象，消减了结构物基础的稳固性，并使地下自来水、煤气及污水管道遭受严重破坏。这种现象在旧金山的马林纳区格外显著。该处是在软泥层上填筑而成的新生地，地震时，发生严重的地表变化。由于煤气管断裂，煤气外泄而引起一场大火灾。同时，因为自来水管断裂水源中断，妨碍了救火作业，幸而邻近海湾，后来由抽取海水代替，可是延迟了救火时效。

（2）被破坏的结构物大多数老旧且抗震性不佳。以毁坏的房屋而言，几乎全都是建造于19世纪中期至20世纪初期之间。其中很多为无钢筋加固的砖造或木造建筑物，一方面因老旧而难免有梁柱腐朽现象，同时又是建造于现代建筑抗震规范颁布实行之前，因而缺乏抗震性能。以断落的高架道路及桥梁而言，虽然建造时间较晚，但也都是根据早期较低的抗震规格和观念设计建造的，显然抗震性能不够。加之如上段所述，这些结构物或因承受格外高的震动强度，或因建筑在软弱的地基上，更加重了破坏的程度。

值得特别指出的是，不论距离震中远近或地基软硬，凡是依现代建筑抗震规范和观念设计建造的各种结构物，极少受到损坏，即使有也是十分轻微。如旧金山繁华的金融区，高楼大厦林立，尽管地震时摩天大楼从一边摆向另一边，有时摆幅有两三英尺（1英尺=30.48cm）大，摆幅最大时达1m，但都安然通过这次地震的考验。这不能不归于现代地震工程设计观念的正确和有效。

（3）几处交通要道的路基和桥梁被严重破坏，使交通中断。在交通方面，旧金山湾地区空运系统安然无恙，地震后畅通无阻，并还延长为全天候24h运营，大大缓解了因道路系统中断所带来的问题。这次地震影响最大的是道路系统。据统计，共有24处道路路基或桥梁受到损坏，其中大多数地方在地震后数天内就修复开放。但有几处损坏严重，一时无法修复，如连接奥克兰与旧金山的双层海湾大桥，有一节上层桥面断落到下层桥面上，致使这座每日有26万辆汽车通行的交通要道一时中断。此外，这座大桥东端连接880号高速公路的双层高架道路的上层，有24节被震垮掉落，平叠于下层桥面，导致地震时正通过该处的车辆，如夹心饼干式地连人带车一起被压扁，使40余人丧生于此，约占该地震死亡人数的2/3。

2.2　地震灾害的城市规划启示

2.2.1　地震灾害是影响城市可持续发展的重要因素

地震是对人类生存安全危害最大的自然灾害之一，我国是世界上地震活动最强烈和地震灾害最严重的国家之一。我国陆地面积占全球陆地面积的7%，但20世纪全球大陆35%的7.0级以上地震发生在我国；20世纪全球因地震死亡120万人，我国占59万人，居各国之首。我国的抗震防灾形势依然非常严峻，地震及其他自然灾害的严重性构成了中国的基本国情之一。

分析我国近些年城市地震灾害损失情况，反映出地震对城市影响巨大，主要表现在：

（1）随着人类社会的发展，城市因地震造成重大和特大地震灾害损失呈现出越来越频繁的趋势。

（2）城市地震损失巨大，应急救援和灾后基本生活保障及安全恢复挑战愈来愈大。

（3）作为区域和城市重要功能纽带的生命线系统极易成为城市重特大地震损失的关键环节。

（4）地震引起的连锁性灾害影响巨大，防止特大灾难性损失需要引起特别关注。

（5）"低烈度、高损失"、"小地震、大损失"现象的出现，反映出城市地震灾害风险的不均等性。

因此，"预防为主、抗震防灾"是减轻地震损失的根本途径，其中城市抗震防灾规划作用突出。

2.2.2　城市规划中防灾能力不足

我国在唐山地震之后，才开始逐步完善抗震设计、抗震鉴定和加固等相关标准。1984年之后，相继出台了《城市抗震防灾规划暂行规定》等五个有关编制和审批城市抗震规划的文件。截至2001年年底，已有近70%的抗震设防的市县编制了抗震防灾规划，不少城市还逐步实施了抗震规划，提高了城市和工程建设的抗震能力，对减轻地震灾害起到了重要的作用。

尽管我国在城市抗震方面已经有了很大的改进，但还存在着一些不足和隐患。虽然我国也早已提出了"预防为主，防、抗、避、救相结合"的抗震方针，但是新中国成立以来发生过的一系列地震灾害包括唐山地震、汶川地震和玉树地震，都在警示我们实际效果并不如预期的那样好，甚至是远远偏离了我们的预期。2008年发生的汶川地震（图2-37）所造成的惨状又一次刺痛了全国人民，为我国城市安全再次敲响了警钟。

通过收集相关资料和对国内部分城市进行实地调研，发现我国现代化的城市在应对地震灾害方面还存在着一些突出问题和隐患。[91]如果这些问题不能解决好，一旦再有地震发生在城市或城市附近，也很难减轻灾害带来的损失，任何完美的灾后措施也无法挽回已经造成的损失。

一、城市规划建设选址不合理

城市用地选址前，一般都要对城市建设用地进行用地适宜性评价，以确定用地的建设适宜程度，是确定重大建设项目选址和城市空间发展方向的重要依据。但是，我国城市建设用地适宜性评价工作还处于起步阶段，也未正式出台国家的技术规范。我国城市规划

图2-37　汶川地震后的景象

建设选址的不合理表现在以下两个方面[92]-[94]：

（1）城市建设用地适宜性评定的基础资料不充分。《城乡规划法》规定：编制城乡规划时，应当具备国家规定的勘察、测绘、气象、地震、水文、环境等基础资料。同济大学主编的《城市规划原理》中指出：用地适宜性评定应从地质、水文、气候、地形等四个方面综合考虑。但是，目前一些城市在这方面做得还不甚完美，有些城市在搜集基础资料时对地表以下的地质构造、断裂带、砂土液化等要素难以掌握。比如，当前我国的断裂带制图的比例尺一般是1:10万（图2-38），而城市总体规划图纸的比例尺多为1:1万～1:2.5万，因此，断裂带的图纸仅能作为示意图，而无法确定具体的断裂带位置。

（2）城市建设用地适宜性评定指标体系不全面。目前，对用地适宜性的评定一般多考虑坡度、高程、基本农田、水源保护、地基承载力等因素，而对场地液化、滑坡、崩塌等地质条件重视不够或考虑不全面，对部分影响要素进行定性的分析或者简单叠加的评价方法，存在着较大的主观性和不合理性。

随着西部大开发的实施，西部地区城市建设规模飞速发展，而西部山地又是构造活动强烈、地质灾害易发的地区。但是，在现代规划建设过程中，社会、经济等因素已远远超过地质要素，致使地质勘探工作无法可依，处于相当被动的状态。对于丘陵或山体城市来说，面临的最大的地质灾害是滑坡、崩塌和泥石流。地震后更容易触发各类滑坡、崩塌等地质灾害。据统计，汶川地震发生后，发现地震触发新的地质灾害点12000多处，其中70%为滑坡、崩塌灾害。由于山地城市用地紧张，人地矛盾日益严峻，城市建设向山地扩展，不合理的人类活动破坏了原有稳定的地质结构，各类建筑处于地质灾害影响区，一旦发生地质灾害不可避免地造成惨重的损失。

在历次地震引发的次生地质灾害中主要有断裂带、砂土液化、滑坡、崩塌和泥石流，而在汶川地震

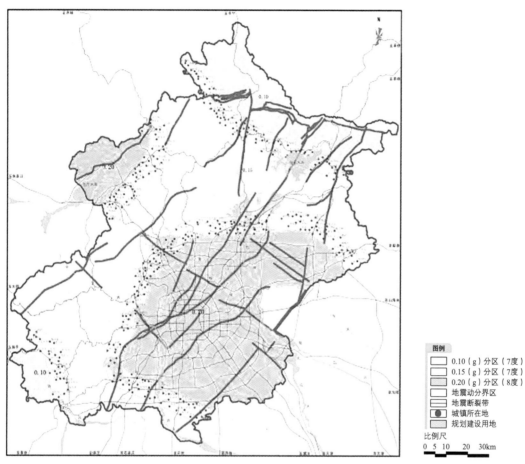

图2-38　北京市域地震断裂带区划图

中也以这五类地质灾害为主。因此，在考虑城市建设过程中，对这五类地质灾害应加强地质评估，确定断裂带、易发生液化的场地和易发生崩塌、滑坡、泥石流的影响区域，避免在危险区域进行城市建设（图2-39、图2-40）。

当年在唐山，由于城市规划中对地质灾害考虑不足，唐山市路南区基本建在一条活动断裂带的两侧和砂土液化地段，地震后建筑物倒塌造成大量人员伤亡（图2-41）。汶川特大地震是由龙门山断裂错动引起的，重灾区基本上都位于龙门山断裂带上（图2-42）。以损失最为严重的北川县城为例，有关专家分析认为，地质条件的不适宜性和规划选址的不科学是造成县城安全存在较大隐患的主要原因。北川

县是在地震中损失最为严重的县城，也是唯一位于地震烈度大于等于Ⅹ度区的县城，县城中70%以上的房屋倒塌，大量人员伤亡，基础设施基本损毁，交通、通信一度中断（图2-43）。

1952年北川县治所从原禹里镇迁移到曲山镇，更多的是考虑了曲山镇的交通优势，它位于S302和S105两条省道的交会处（图2-44）。由于对地质状况的调查不详细，或者可能当时根本就无力对城址的地质环境状况作深入调研，导致一座主要交通枢纽和中心城市竟然完全坐落在龙门山大断裂带上。

北川县位于山区，地势陡峭，地质灾害隐患大，地震引发了大量崩塌、滑坡等次生地质灾害，这些地质条件的不适宜性，造成灾区安全存在很大隐

图2-39 被泥石流掩埋的房屋

图2-41 唐山地震后的唐山市

图2-40 崩塌的石块堵塞道路

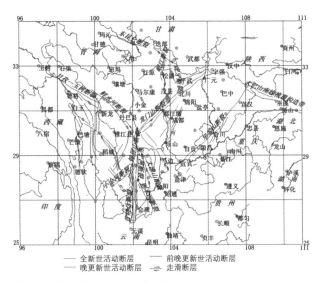

图2-42 四川省活动断裂带分布图

患。本次特大地震的震源断裂（映秀—北川断裂）从北川县城驻地曲山镇穿过，动力地质作用强烈，场地稳定性极差。地震发生后，部分场区形成地表错动，最大高差近3m，造成地表破裂缝上的建筑物破坏倒塌。

北川县城在地震中遭受毁灭性破坏，已不适宜在原址重建，灾后重建必须把城市安全放在首要位置，而城市安全又主要取决于地质条件。经专家最后讨论，北川新县城最终选在了黄土镇顺义村，命名为永昌镇。北川新县城位于老县城以南23km处，紧邻安

昌河（图2-44）。新城的选址主要从以下两个方面考虑：一是安全性，顺义村远离地震断裂带，未来受地震影响较小，场地稳定，地基土质较均匀，地下水给水工程建设影响小；二是空间性，顺义村周边没有陡峭山地，地形较为平坦，有近8km²的平坦地貌，未来发展空间较大（图2-45）。除了永昌镇之外，还有擂鼓镇、安昌镇、永安镇等几个重建的备选方案，但是擂鼓镇、安昌镇因位于断裂带上首先被否决；而永安镇发展空间小，适宜建设空间仅有1km²，最后也被放弃。

图2-43 　旧北川县城周边的地形条件

图2-45 　北川新县城总体规划用地建设适宜性评价

图例：
- 规划区范围
- 勘察区范围
- 稳定、适宜区
- 较稳定、较适宜区
- 稳定性差、适宜性差区
- 不稳定、不适宜区

图2-44 　北川县城地理位置

从此次地震灾害的发生情况来看，大多数的严重破坏情况都与建设用地的选择不当有关，不论是北川、青川还是汶川都存在这个问题。这是在我国城市建设过程中，尤其是近十几年来，快速城市化中普遍存在的现象。城市化导致人口向城市大量迁移，建设用地日益紧张，城市快速向外扩张过程中，普遍存在向山索地、向河索地的危险行为，而忽略了对地质条件的勘察和自然环境的承载力。

国内外城市建设的多次灾害经验表明，城市用地选择了不利地段，在遭受灾害后损失往往是最严重的。以地震灾害来说，凡是跨越地震断层的房屋、桥梁、道路以及其他构筑物，无论是否考虑抗震设计，均被地震断层错断或扭曲，并在近断层强地面运动的联合作用下严重破坏或完全倒毁。

二、道路规划不重视防灾需求

目前，城市的交通系统规划基本上是按照城市正常运行时考虑的，而忽略了灾害发生等非正常情况下交通系统的应急反应研究。而城市的正常运转、遭遇灾害、灾后重建等均依赖于人和物的运转与输送，与城市交通系统直接关联。据统计，在汶川地震中共有24条高速公路、163条国道和省道公路及7条铁路干线、3条铁路支线受损中断，成都等22个机场受到不同程度的损坏。

1. 对外出入口数量少，通道单一

现代化的大中城市已发展成多条高速公路的枢纽，而高等级的公路则为大城市的主要出入口，大城市间的重要交通干线也成为大城市与卫星城镇的联络干线。一般来说，城市的规模越大，在区域中的地位也越重要，城市的出入口数量就越多

（表2-16）。城市出入口中以高架桥和立交桥居多，一旦地震中某一个节点倒塌或毁坏，会影响整条道路的通行，因此对于城市出入口的选择应以国道、省道中的地面交通为主。

我国部分城市出入口干道的条数　　表2-16

城市	北京	天津	上海	西安	南京	济南	杭州	扬州	镇江	大连
干道条数	9	12	9	8	16	8	6	7	6	4

对于地处地震高烈度区的城市，应保证城市不同方向的出入口数量。通过调查与分析汶川地震中道路遭受破坏和中断的情况可知，造成灾后救援困难的主要原因是道路出口通道过于单一，道路设计中对地质、地形的综合考虑不够。虹口乡是都江堰市的重灾区之一。地震发生后，虹口乡遭受严重的破坏，虹口乡与外界联系的唯一通道虹口旅游公路——久红村至虹口段——无法通行，使虹口乡成为一座"孤岛"（图2-46）[95]。为了改善虹口乡的交通通行能力，震后又新规划建设蒲阳—虹口、龙池—虹口两条通道。所以，地震高烈度区的路网规划应坚持"多通道、多途径"的交通网络原则。

2013年4月20日，四川省雅安市芦山县发生7.0级地震，震后由于崩塌、滑坡堵塞道路，再加上灾区道路狭窄，造成了严重的拥堵，以至于急救人员和救援物资在路上拥堵了一天一夜都无法抵达重灾区，伤员也无法送出，直接影响了救援工作的开展，严重延缓了救援的速度。从图2-47可以看出，通往芦山县城只有一条S210省道，县城仅有两个出入口，一旦通往县城的路段发生拥堵或破坏就会延缓交通的通行能力。

2. 救灾道路和部分救灾设施联系不紧密

我国城市发展大多是在旧城基础上向外扩展，基础设施相对集中在中心城区，如消防站、医院、学校、物资储备库等。但是城市中心区中建筑布置密

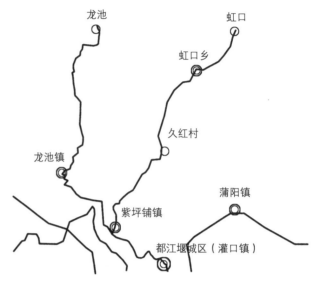

图2-46　都江堰市虹口乡道路交通图

图2-47　雅安市芦山县周边道路交通图

图2-48　道路两侧建筑高度控制不合理

集，人流集中，而道路较为狭窄，容易引发交通拥
堵。对于救灾道路的选择首先应保证一定的宽度，太
窄的道路难以支撑灾时的道路通行能力。

3. 救灾道路两侧建筑限高缺乏统一规定

在城市规划中，对建筑高度的控制多是以景观要
素的视觉分析结果为依据。一般是以景观点为中心向
外形成一个锥形控制空间，以一定的角度来控制建筑
高度，从而确保景观点的视线可达性。而对于建筑高
度的控制多是针对高层建筑，当前，在我国城市中高
层建筑大多布局在主要生活性和交通性干道、河流
两岸以及铁路站场等人流容易汇集、交通便利的地方
（图2-48）。由于用地紧张，一些高层建筑后退红线
距离不足，对建筑高度的控制又较少考虑灾害发生后
建筑倒塌的情况。

4. 城市立交桥隐患多[96]

为了解决城市拥堵，降低行人和机动车的矛盾，
许多城市热衷于发展立体交通，立交桥在城市中越来
越多。北京的立交桥数量众多，五环内目前公路立交
桥共有211座，是我国立交桥最多的城市（图2-49）。
立交桥的建设在一定程度上缓解了城市交通，对人们
的生活也产生了很大的影响。

然而，在国内外几次破坏性的地震中，城市立交
都有很严重的破坏。1971年圣费南多地震中有两座立
交桥倒塌，1989年洛马·普列塔地震中城市高架桥受
到严重破坏；1995年1月发生的日本阪神地震也出现
了城市高架桥被震倒；2008年的汶川地震中，绵竹市
有三座立交桥严重破坏。灾害时如立交桥倒塌，将会
影响一片区域的救灾，造成局部地区的通行瘫痪，桥
上或桥下的人都会遭受伤害，给救援运输工作带来极
大的困难（图2-50）。

根据对国内外的地震灾害分析可知，城市的桥
梁、有轨交通在地震中最易受到严重破坏，很难快速
修复。水路交通虽受损最小，但破坏的桥梁会阻碍水
路的救援活动。地面道路也会有不同程度的破坏，但
有一部分道路系统可以保存下来，并能承担后续的救

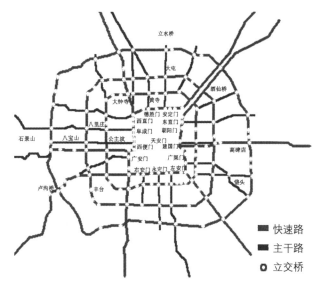

图2-49 北京市区中的立交桥

图2-50 地震后桥梁倒塌

援、疏散任务。因此，对于救灾道路的选择应首选地面交通。

三、基础设施建设不满足救灾需求

目前，有些城市片面追求城市化速度和城市的规模，认为城镇化水平越高、城市越大越好，热衷于搞形象工程、政绩工程，认为城镇化等同于现代化，忽视了城市中基础设施的同步建设，导致基础设施建设滞后，难以满足城市发展的需求。在自然灾害中，地震灾害对生命线系统的损坏最大。甚至在某一个部位发生轻度或中等程度的破坏，也会导致整个生命线工程的功能削弱或瘫痪。

1. 城市供水系统

国内外地震灾害案例表明，城市供水管网破坏严重，且影响城市救灾工作。如1906年美国旧金山地区发生的8.3级地震，使3条主要输水管道遭受破坏，城市配水管网破坏严重，消防水断绝，市区十余平方公里化为灰烬，火灾造成的损失比地震直接造成的损失高3倍。1923年日本关东7.9级地震，由于供水中断，大火将45万栋房屋化为灰烬。横滨的5条大口径给水管折断，涌出的水冲毁了桥台和民房，形成水灾。1976年的唐山地震中，给水管网全部瘫痪，经过一个月的抢修，才基本上恢复正常，严重影响了生活用水、消防用水和医疗用水。

（1）部分供水管网建设选址不当。1976年的唐山地震中，塘沽和汉沽地区由于砂土液化，供水管道破坏程度比地震震中的还要严重。1995年的日本阪神地震中，给水总管与配水管道共毁坏120多处，导致110万户用水中断，而许多毁坏的管线就发生在沿河软弱地基中。从汶川地震后收集的数据分析，可以得出管线经过地区的地质条件是影响管道破坏程度的最主要因素。对于相同条件的管道，在杂土回填、土质疏松的地段受损严重；而在土质坚实、不易液化的地段受损较轻。[97]一般来说，对于断裂、砂土液化、滑坡等地段造成管道破坏属难以抗拒的因素，多考虑避开这些地段铺设管道。

（2）许多管线建设年代久远，管道陈旧老化，已经无法满足城市的发展需要，在规划过程中没有及时进行改建。根据阪神地震震后的总结分析，大部分管线破坏发生在直径相对较小的铸铁管中，且多是接头部分发生破坏，大部分破损的接头是陈旧的铅制机械接头。我国部分城市的供水管网建设于20世纪80、90年代，当时安装的钢管和水泥管管径较小，经过二三十年的运行，老化锈蚀特别严重，正常运行过程中供水管网爆管现象频繁发生，更难以承受地震时的破坏（图2-51）。

（3）城市供水或消防供水的安全性和可靠性不高。表现如下：部分城市的水源地较少，一些中小城市仅仅布置1座水厂，不能满足未来城市快速发展的需要，一旦水厂发生破坏就会影响城市的正常运转。

图2-51 北京海淀区北沙滩桥地下管线破裂影响交通

城市中的整个供水网管的设防标准是一致的，没有对重要路段进行区别对待，对于通往医院、指挥中心、学校等地区的管网也没有提高设防和特殊的保护。另外，有的城市供水厂和加压站为单电源供电，很容易出现停电即停水的现象。

2. 城市指挥系统

我国传统的指挥模式都是针对不同的灾种和需求，比如采用110、119、120、防震、防汛等单灾种指挥控制模式。对于单灾种和一般事件，这种指挥模式灵活方便，但对于综合抗灾和特大、特殊灾害抗灾指挥控制则不够方便。

与美国、日本等发达国家相比，我国没有常设的应急管理协调中心，一般都是在灾害发生后临时成立工作组，这种形式的工作组不能保证应急管理工作的连续性，缺乏对应急处理的经验教训进行有效总结。为了使大地震等巨灾的应急指挥更加快速有效，在平时就应该建立相应的组织指挥体系，以备巨灾来临时应急指挥的切实有效，将灾害损失降到尽可能低。[98]

3. 城市消防系统

由于现代城市人口密度较高，建、构筑物分布密集，使得城市潜伏着大量的安全隐患。地震不仅直接破坏建筑物、管道设施，还会带来火灾、水灾等次生灾害。在日本阪神地震和美国洛杉矶北岭地震中，均发生了严重的次生火灾，造成大量的人员伤亡和财产损失，说明了地震对现代城市火灾的严重危害。通过实地调研和资料整理，发现我国城市消防系统中存在的一些问题，表现如下。

1）消防站数量较少，责任区面积过大

按照我国《城市消防站建设标准》的要求，城市消防站的责任区面积应控制在4～7km²内。国际上普遍规定，消防队接到报警后5min内应能到达火灾事故现场的区域内。我国根据国家的实际国情，本着从接警到到达火灾现场为15min的原则设置消防站，而实际生活中，我国消防站远远达不到国家的标准，实际上很难起到消防作用。目前，我国城市消防站数量总体偏少，责任区控制面积偏大，甚至远远超过国家标准要求（表2-17）。消防队很难争取在火灾初期就能灭火的时机，甚至失去对火灾控制的主动权。而日本东京市，2010年城市建设用地面积2188km²，消防站数量则有291座，每座消防站的责任区面积仅有7.52km²。

2）消防站布局不合理

21世纪以来是我国城市建设最快的时期，很多城市建设的中心区域发生了变化，消防站保护的重点也

我国部分城市每座消防站的责任区面积统计　　　　　　　　　　　　　　表2-17

资料来源时间	城市名称	建成区面积（km²）	消防站数量（座）	责任区面积（km²/座）
2010年	上海	2429	120	20.24
2010年	北京	1186	60	19.76
2010年	广州	952	50	19.04
2010年	天津	687	74	9.28
2010年	武汉	500	32	15.62
2010年	杭州	413	36	11.47
2010年	沈阳	412	33	12.48
2010年	长春	394	24	16.41
2010年	济南	347	26	13.35

资料来源：根据《中国城市统计年鉴（2011）》和百度网络数据资料整理。

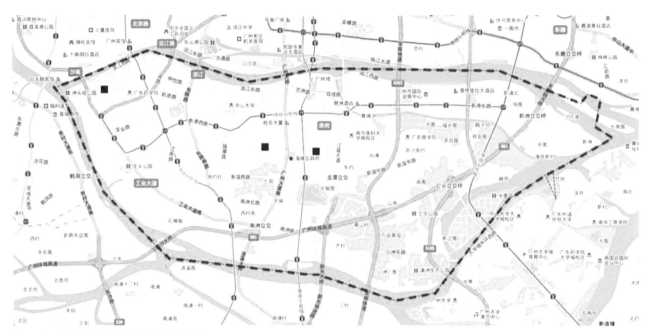

图2-52 广州市海珠区消防站布局示意图

随之发生变化，原有城市中心的消防站变得偏离城市中心区域。而原有的消防站周边的道路狭窄，人流、货流集中，易发生拥堵，不利于消防车的及时出动，由此造成消防站布局存在很大的不合理性。比如，广州市海珠区，现全区有常住人口120万人，面积90km²，却只建设了3个消防站（如图2-52所示，蓝点为消防站），一个在西部、两个在中部，分布不合理。海珠区的南部、东部都没有建设消防站，如这些地区一旦发生火灾，消防车要15～20min才能赶到现场，就会错失扑救火灾的最佳时机。

3）城市供水管网水量小，压力低

一般来说，城市供水管道都是基于生产生活用水考虑而设置，没有充分考虑消防用水的要求。据相关统计，有效扑救的火灾案例中，93%的火场消防供水条件较好；而扑救不利的案例中，81.5%的火灾缺乏消防供水，特别是很多重特大火灾的发生，大都与消防给水问题有关。[99]由此看来，做好消防给水系统是有效扑救城市火灾、减少火灾损失的关键。

我国现行《室外给水设计规范》规定：负有消防给水任务管道的最小直径为100mm，最低压力为0.1MPa。从表2-18可以看出，相当一部分大城市市政消火栓最低压力都低于规范规定的0.1MPa的要求。目前，我国许多城市现代建筑的体量不断增大，火灾的危险性不断增加，以及消防车的性能不断提高，这些规定其实也已经不适应现代消防给水的要求，也必须对现行的部分规定加以修改和改进。

部分城市消火栓入口压力 表2-18

城市名称	给水管径（mm）	最低压力（MPa）
上海	150	0.25
天津	100	0.10
重庆	100	0.10
哈尔滨	100	0.10
南昌	100	0.14
昆明	100	<0.10
成都	100	<0.10
泸州	100	<0.10
深圳	100	0.15
怀化	100	<0.10
西安	200	≥0.20

4. 医疗机构

随着我国经济的快速发展，市民对生活质量的要求不断提高，现代化医院建设的步伐在逐步加快。根据相关专家的预测，新一轮的医院建设的高潮已经到来，一些乡镇医院、县级医院以及部分综合医院，应在新一轮的扩建、改建过程中提高医院的建筑水平、医疗环境等。目前，我国的医疗机构还存在着部分问题，表现如下：

（1）现有城市医疗机构的合理布点没有纳入规划系统中，医疗系统布局不均衡，呈现中心区集中、郊区稀疏的特征。而且越高级的医院越集中在市中心，越往郊区等级越低。

（2）大部分医疗机构的抗震设防标准是相同的，如表2-19所示。对于甲类建筑，应按提高设防烈度Ⅰ度设计。对于乙类建筑，地震作用应按本地区抗震设防烈度计算。所以，在旧版标准中除三级特等医院外，绝大多数的医疗建筑都是按乙类进行考虑的，也就是按照当地的设防水平建设。在汶川地震中，由于各类医疗机构的设防标准较低，导致大部分的县级、乡镇医院都遭到了破坏，不能进行应急医疗，耽误了宝贵的救治时间。

汶川地震后，我国对《建筑抗震设防分类标准》GB 50223—1995进行了大幅度的修改。2008年7月发布了最新的《建筑工程抗震设防分类标准》GB 20223－2008。在新标准中特别指出：二、三级医院及"具有外科手术室或急诊科的乡镇卫生院"抗震设防类别应为重点设防类，而承担特别重要医疗任务的三级医院则需提高到特殊设防类。

城市防灾建筑抗震设防类别　　表2-19

类别	建筑名称
甲类	三级医院中承担特别重要医疗任务的门诊、医技、住院用房。
乙类	二、三级医院的门诊、医技、住院用房，具有外科手术室或急诊科的乡镇卫生院的医疗用房。

资料来源：《建筑抗震设防分类标准》（GB 50223—2008）。

图2-53　北京二环内医院分布

（3）较高等级的医院大都建设在城市中心繁华地段，灾时能否保证道路通畅以及周边建筑的防火、防爆都是一个非常严峻的问题。现在建设的许多医院为了增加建筑面积，提高床位数，建筑规模越来越大而占地越来越小，拥挤不堪的建筑环境隐藏较多的安全隐患（图2-53）。对于地震烈度高危险区，应适当控制医院的层高，控制建筑密度。

5. 物资储备系统

截至2005年年末，我国已设立了10个中央级储备库；在31个省、直辖市、自治区和新疆建设兵团建立了省级储备库；251个地级市建立了地级储备库，占所有地级市的75.3%；1079个县（县级市）建立了县级储备库，占所有县（县级市）的37.7%。这些储备库在自然灾害救助中发挥了不可替代的重要作用。但是从民政部对江西、湖北、河北、山西、天津等地的17个储备库进行的实地调研发现，我国城市中的物资储备还存在着一些突出的问题：

（1）物资储备库分布不均衡。目前，我国民政部在全国设立的10个中央级救灾物资储备中心，主要分布在中东部（哈尔滨、沈阳、天津、合肥、郑州、武汉、长沙、南宁、西安和成都）。然而，我国地震灾害高发区是西南地区和西北地区。灾害发生时，政府会根据灾区的实际情况，有效地组织公路运输，实现救灾物资空间转移。从2003年新疆巴楚6.8级地震救灾的实践来看，新疆地处祖国边陲，即使以最快的速度向灾区调运救灾物资也需要4天时间，仅仅依靠中央级的物资储备是远远不够的，在每个城市都应根据自身的情况修建物资储备中心。

（2）在选址布局上，有些储备库由于建设较早或缺乏规划，建在城市中心区域或密集的居民区，存在着道路狭窄、交通拥堵的问题，对救灾物资的便利运输造成了极大的不便。由于救灾物资要在第一时间运抵受灾地点，由此涉及救灾物资的快速装卸与运输，因此需要在交通便利的地方建立储备库。

（3）现有库房规模偏小。中央级救灾物资储备库库房面积平均为7250m²；省级救灾物资储备库库房面积平均为4868m²；市级、县级救灾物资储备库库房面积平均分别为1583m²和366m²。而根据调研中了解到的需求，中央级库、省级库、市级库、县级库的建筑面积需求分别为10000、6000～8000、3000～5000、500～800m²，现实情况与实际需要存在一定的差距。

汶川地震发生在山区，道路破坏严重，导致在地震初期，急需的救灾物资（尤其是食物和水）不能及时运抵灾区。埋在废墟下的人们难以获得食物和水，其中很多不是被砸死、压死的，而是饿死和渴死的。在灾中紧急救助阶段，政府是唯一的救灾物资供给者。在灾后救援期间，为幸存者提供的救灾物资的合理分配是救灾工作顺利进行的一个关键因素。

四、缺乏避震疏散场所

目前，地震预测还是一个世界性难题，通常是采取各种有效措施减轻地震灾害，其中建立避震疏散场所是降低灾害损失的重要措施之一。日本的防灾规划特别强调防灾空间和防灾公园的建设。1923年的日本关东大地震受害者超过百万人，死亡者多达14万人，而90%以上的死亡者是被地震引起的次生灾害——大火烧死的。在地震中，东京市约有130万人避难，其中到上野公园避难50万人，芝公园5万人，神川清住公园5000人。

早在1976年唐山地震期间，北京地区受地震的影响，部分民房、建筑物倒塌或损坏，为了躲避可能发生的余震，市抗震救灾指挥部有组织地安排176.6万居民疏散到公园、绿地，其中仅陶然亭公园就安置疏散居民6万人。

在5·12汶川地震发生后，公园绿地在灾后的疏散、救援以及恢复重建中的重要作用得到了体现。一个城市中只有合理分布大量的开敞空间，并配套相应的救灾设施，居民才可能在危险来临时有更多的逃生机会和更安全的避难场所，这也是建立城市疏散场所的意义。目前，我国城市中的避难场所的规划还存在着一些问题：

（1）疏散场所数量偏少，且主要以公园绿地为主。截至2008年5月，北京市已有注册公园178座，而其中仅有29座公园具备应急避难场所，且规模参差不齐，功能不尽完善。[100]这29座公园也只能容纳200万左右的居民避难使用（图2-54），相对于一个两千多万人口的国际型城市来说，29处疏散场所的数量还远远不够。成都市在汶川地震中仅遭受轻微的破坏，由于不是主震区而免遭一劫，地处城市中心的成都人民公园有效避难面积也不足5hm²，高峰时避难人数达到了5万多人（图2-55）。

疏散场所数量偏少的一个重要原因是我国城市绿地数量和总量本来就少，人均绿地面积严重不足。对城市公园绿地的规划缺乏重视，绿地建设举步维艰，城市中的绿地在数量和质量上都严重不足，无法满足灾时市民的避难疏散需求。虽然，我国的城市绿化面积连年增长，但人均公共绿地面积与国外发达国家相比严重不足。如再除去水面、陡坡、密林、建筑倒塌影响范围等用地外，可用作疏散的空间就寥寥无几了。

图2-54　北京29座应急避难疏散场所分布图

图2-55　灾后到道路上躲避的市民

另一个原因是疏散场地几乎都是选择公园绿地，场所利用形式单一，疏散场所利用不足。在北京已建成的29座疏散场所中，仅有2座是选用的广场，其余27座全部选用的公园绿地（见图2-54）。《北京中心城地震应急避难场所规划纲要》中提出避难场所主要包括公园、绿地、体育场、操场、广场等室外开放空间。当前，我国城市公园绿地短期内难以迅速增加，不能满足灾时的避难疏散。因此，规划设计时应将体

育场、操场、广场都纳入疏散场所的范围，也可把部分学校建筑加固后作为避难疏散场所。

（2）城市疏散场所分布不均匀，疏散距离过长。城市中的绿地建设大多是"见缝插针式"的，绿地间都是相互分割和独立的，用地面积较小，难以形成"点线面"结合的绿地系统。中心城区由于可达性较好，土地价格昂贵，再加上拆迁成本高，所以一直是城市高密度、高强度开发的集中区域，导致市区的人口密度高，建筑物密集。随着城市新区开发、旧区重建过程中，城市绿地出现了外移现象，城市郊区和新区的绿地面积有所增加，而中心区的公共绿地却在逐渐减少。目前，公园绿地的规划建设着力点在指标而不在质量，不少城市看上去还过得去的绿化覆盖率和绿地率，实际上在很大程度上是通过市郊的大片林木用地来体现的，根本没有考虑市民的出行距离，没有考虑绿地的服务半径是否合理。目前，北京市四环与五环之间，甚至以外地段都已经成为人口稠密、商业密集的地区，但是这些地方却没有配套建设足够的避难绿地。城市的疏散场所大都集中于三环内和北部城区，南部和东部几乎还没有建设疏散场所。

（3）部分绿地存在安全隐患，不适宜作为疏散场所。在城市灾害期间，并非所有公园绿地都适合作为避灾场所。如：高层楼下的绿地处在建筑倒塌范围内，不适宜作为避灾场所（图2-56）；公园地处山地，存在着用地坡度大、地质安全稳定性较差、容量小的问题（图2-57）；地处城市低洼地、河滨，则易受水患；所属历史文物保护地，本身需要保护；距危险品库区、工厂过近的防护绿地易受次生灾害限制。在唐山地震后，就曾有些搭建在断层、岩溶塌陷区、采煤场附近的防震棚，存在较大的次生灾害危险。而在汶川地震中，也发现某些公园存在一些问题，如青少年科技公园只有一个出入口，且四面环水，地震发生后出入口出现拥堵、踩踏现象。浣花溪公园多处草坪、广场地势较低，水面、密林

图2-56 位于高层建筑倒塌范围内的绿地

图2-57 公园内坡度较陡的绿地

面积较大，可用作避难场所的面积不多（图2-58）。人民公园西侧被商铺、高层建筑包围，不利于在公园四周形成防火隔离带（图2-59）。真正可在灾时担负避灾功能的园林绿地数量有限，与需求相比严重不足。因此，在选择疏散场所之前，也应对备选疏散场所的地质条件、周边交通情况、有无危险源等进行详细的调查。

（4）汶川地震暴露的我国城市公园建设中的另一个问题是缺乏必备的防灾设备和应急避难设施。目前我国的城市绿地的规划和研究，基本上都是侧重于生态学和经济学角度。城市绿地系统主要考虑市民的休憩、娱乐功能，没有考虑灾时的避难疏散，更不要提在场所中配置相应的供水、供电、物资等设施与设备。在日本，城市公园绿地的第一职能是"避难"，而不是休憩。在做绿地系统规划时，应考虑"平灾结合"，提高绿地的使用效率。作为同一个公园，平时是一般的城市公园，灾时作为防灾公园，这样就可以发挥更高的防灾效益、安全效益、环境效益和经济效益。

汶川地震后，极重灾城镇中的大部分房屋受到严重破坏或倒塌，已无法居住，居民急需长期固定的安置场所。此次地震受灾城市中大都没有规划和建设过疏散场所，只能利用绵竹市河滨绿带和人民公园中的草坪、广场等空地安置帐篷，市民在此居住了2个多月，为了解决灾民的生活问题，还在公园中临时增加了供水、供电和厕所等设施。

唐山地震期间，在唐山市区，公园、操场、空地、道路、建筑物废墟旁处处都有防震棚，但由于没有提前进行规划，给抗震救灾管理带来很大的困难。在没有避震疏散规划和避难场地比较紧张的情况下，北京地区许多市民离开住宅避难，秩序混乱，临时搭建的防震棚，造成城市生产、生活、交通较长时间无序，严重干扰了首都各项功能的正常运转。

五、较少主动规划防灾隔离带

地震火灾是地震的次生灾害之一，有时次生火灾造成的危害和损失比地震直接造成的都大得多。如1906年的美国旧金山地震后火炉倒塌引发大火，持续烧了三天三夜，烧毁521条街区，近10km²的市区化为灰烬；1923年的日本关东地震，引发大面积火灾，横滨市几乎全部被烧光，东京市有2/3的市区被

图2-58　浣花溪公园中可用避难面积少

图2-59　人民公园西侧被高层建筑包围

烧毁；1975年在我国的海城地震中，发生火灾360余起；1976年的唐山地震中，唐山市区共发生大型火灾5起，震后防震棚火灾452起；1995年的日本阪神地震，引发火灾137起，神户、大阪这些现代化的城市都被大火肆虐。

目前，一些城市中还分布着一些木结构或砖木结构的房屋；建筑装修大量使用的材料往往是可燃材料甚至是易燃材料；地上地下各类管线密布，且许多年久失修；一些大型的化工厂、发电站、加油站、液化站未安装或缺乏紧急情况下的安全切断装置，也容易引发重大次生火灾。据日本关东地震后的调查显示，在这场大震灾中城市的广场、绿地和公园的灭火效率比人工灭火效率高1倍以上，63%的火灾是由于城市绿地等开敞空间的存在而熄灭的，其余37%的火灾才是通过人工熄灭的。对于地震次生火灾的扑救仅仅依靠人工消防扑灭是远远不够的，还应考虑建设城市的防护隔离带，将火灾控制在一定的区域内，避免向外蔓延而形成区域性的灾害。

我国在城市规划中一般都是从景观绿化角度考虑规划布局沿河绿地廊道、道路景观带、防护绿地、较宽的城市干道等内容，这些用地在一定程度上也发挥了防灾隔离的作用。但是，在城市规划中还没有主动规划防灾隔离带，对于防灾隔离带的防护距离也没有

统一的规定，通过防灾隔离带形成的防灾区域内也没有形成一个完整的体系。

六、易燃易爆的企业隐患多

（1）易燃易爆的企业大量分布于城市的市区中，存在着较大的隐患。在2006年，对我国化工、石化项目的环境风险排查结果显示，在7500多个建设项目中，有81%设在江河水域、人口密集的区域，45%为重大风险源。《2009年中国海洋环境质量公报》显示，辽东湾、莱州湾、长江口、杭州湾、珠江口和部分大中城市近岸的海域或水域附近密布着大小化工园区。

（2）易燃易爆的企业和周边开发用地安全距离不足，周边开发的用地功能混乱，工业区与居住区混杂（图2-60、图2-61）。2004年4月15日发生的重庆天原化工厂氯气泄漏事故造成9人死亡，居住区与化工厂的间距太近是导致死亡的主要原因，城市规划的严重缺陷是酿成灾害的重要原因。2010年7月28日，南京市地下丙烯管道泄漏爆炸，造成22人死亡，而这家化工企业位于三块居民区中间，装化工原料的储罐与周边居民区不足100m。

（3）由于城市的防灾规划做得不够完善，面对灾害时只能被动地采取应急救援。应对措施不足，没有达到事半功倍的效果，疲于应对灾害。我国现行的防

图2-60　南京某加油站爆炸图

图2-61　日本3·11地震中一家炼油厂起火

灾模式是重视灾后的救援，而忽略了灾前的防灾规划，以至于灾后人员伤亡惨重，浪费大量的人力和财力应对自然灾害。毫无疑问，灾后的减灾措施是十分必要的，但灾后的措施只是一种补充。绝对不能将灾后的救援措施替代灾前的措施，这样就是本末倒置了。如果我们不能先做好灾前的防护措施，就很难减轻灾害带来的损害，任何完美的灾后措施也都无法挽回已经造成的损害。

七、规划管理职能问题

1. 行政体制不顺，条块分割

我国城市规划管理权限一直处于被严重分割的状态，尤其是在那些设区的城市、设"开发区"的城市。这种分权体制使得本来是一个整体的城市规划，在实施过程中就变成各个行政主体的自主行为。随着我国经济体制改革的逐渐深化，政府的行政事权体系也处于重组过程之中，规划管理权是政府握有的为数不多而又行之有效的调控城市经济、社会和环境发展的重要手段之一。正是由于规划管理权力如此重要，其在政府权力体系重组过程中，又经常被作为重要的交换筹码。为了达成与各个地方政府的妥协，规划行政管理权一再地被肢解[101]，由此造成的规划管理各自为政，使得城市规划和建设丧失了整体性、统一性。

这种规划分权行为既损害了城市的可持续发展，又会损害子孙后代的利益，最终会导致城市的功能结构受损、设施配套不完善、环境严重破坏和低水平的重复建设。在总体规划中确定的内容，在各分区内难以实施，即使在总规层面确定需要建设的疏散场所数量、疏散场所内所应配置的救灾设施、需要保证疏散道路的宽度，在下级规划部门里也难以实施。

2. 规划设计人员缺乏防灾意识

从总体上来说，我国从事城乡规划设计、科研和管理的人员远远满足不了迅猛发展的城市建设和规划工作的发展需要，而人才最短缺的却又是规划管理部门。无论是从数量上、质量上，还是地域分布上，都存在着许多问题。

在城市总体规划阶段，很多专业人员不管是从城市的总体空间布局，还是到各类设施的用地选址上，都很少或者没有考虑地震因素的影响。许多设计人员存在着侥幸心理，觉得地震是小概率事件，并且各专业之间相互分割，导致防灾避险的意识并不强，严重阻碍了城市的安全运行。因此，我国现阶段的任务是确保城市防灾避险规划贯彻城市总体规划的始终，尤其在城市选址或城市发展方向的选择、城市疏散场所的组织、城市交通系统的优化、城市重大危险源的布局等方面都应该全面系统地考虑。

由于对防灾意识不强，导致在防灾方面的管理制度太消极被动。南京、深圳等城市在这方面做得相当出色，在总体规划编制阶段就开始研究南京市的综合防灾规划。将防灾观念贯穿于灾前预防、灾时救助以及灾后恢复重建的全过程中，转消极应对为积极管理，转非常态下的被动为常态下的主动，需要政府普遍提高危机管理能力。

3. 应用于防灾上的经费不足

在我国许多城市，尤其是经济欠发达的一些城市，都有规划经费不足的问题。规划经费不足严重制约了规划工作的开展。在市场经济条件下，没有足够的设计经费，规划设计水平、质量也就难以提高，没有规划经费，大量须进行的规划编制、研究工作也就无法展开。如果经费都难以保证，那么应用于防灾上面的硬件设施就微乎其微了。在总规中确定的需要改建和增建的工程项目也就无法实施了，城市的防灾能力的提高也就无从谈起。

加强对防灾减灾的投入，是日本提升灾害管理能力和水平的有效措施。从1995年到2004年间，日本在灾害管理方面投入的国家预算平均每年为4.5万亿日元，约占国家总预算的5%。从1962年到2004年的40多年间，日本在灾害管理方面的预算绝对数基本处在逐年上升的趋势，当遭受特别重大的灾害时，当年的预算会显著提升，比如1995年发生的阪神大地震，使得当年的灾害管理预算比例就达到11.3%左右[102]。

在美国、西欧等发达国家，经济发达，减灾资金来源广泛，包括政府、企业、慈善机构和私人捐助等。而在我国，城市虽迅速发展但仍然无法摆脱经济底子薄的限制，城市防灾的建设不能直接产生经济效益，因此资金往往是城市防灾空间系统不健全、不完善最大的问题。在目前的城市建设中，仅人防和抗震有固定的专项资金，但是数目还是太少，而防灾意识的淡薄更是造成国家政府对城市防灾各方面投入不足。应急避难场所建设经费严重不足，导致建设力度始终不足。

八、规划管理运行的程序问题

1. 公众参与程度不够

世界上发达国家和地区的规划运行程序都非常重视"公众参与"，"公众参与"是规划运行程序设计中的法定环节。在我国，公众对于抗震防灾的参与意识相当薄弱，公众参与相当有限，而大多数的公众参与环节形同虚设，多属于"象征性参与"，难以发挥其应有的作用。[103]

城市规划管理运行过程实现公众参与，有利于从根本上遏制腐败，正如俞正声所说：公众参与城市规划是改变目前我国城市规划管理办法约束力不强，规划审批随意性大，规划缺乏严肃性和科学性，容易滋生腐败现状的根本性办法。对于城市总体规划中确定的项目，应逐步实施，并及时向公众公布实施的内容和进度。可帮助避免为了近期经济利益，而把一些公益项目改作他用。

2. 缺乏防灾训练，防灾意识淡薄

我国缺乏应对灾害的一些宣传和实质性的演练，导致人们面对灾害时惊慌失措，易引发不必要的伤亡。待避难人群对避难场所的认知程度，直接影响避难场所能否有效利用。北京市及有关区县政府从2003年开始大力投入，规划兴建各类避难场所。但是，目前投入使用的避难场所防灾减灾利用效率不高。一方面，"避难场所"作为新兴事物，还未被人们熟知；另一方面，久居城市的人们，大多亲历了城市发展过程中各类不稳定因素的各种威胁，对安全的庇护场所充满了渴望。政府和市民在应急避难场所方面，存在着"信息不对称"的情形。[104]

九、规划管理决策问题

1. 缺乏上级对下级的监督

在规划监督实践中常常出现这样一种现象："看得见的管不着，管不着的看不见"。由于缺乏上级规划行政主管部门对下级规划行政主管部门的有效监督，致使城市规划人员只能屈从于政府领导作出的违背规划原则的决策，随意修改规划和违法审批的现象

屡屡出现。在我国，一些城市建造的"形象工程"、"政绩工程"中有很多都是屈从于政府领导个人意志下的产物，而这类工程造成的损失是难以弥补的。

而在编制城市抗震防灾规划中，这些情况也是时有发生。在规划实施过程中，为了提高城市的经济效益，而压缩占用公园绿地的面积，或者把公园绿地建在城市的外围。如果发生地震灾害，市民没有及时地避灾，后果是可想而知的。

2. 缺乏责任追究制度

追责机制不健全，事后追责不力。在突发事件过后，对责任人、当事人的处理往往是以党内警告、免除行政职务的处分为主，即便是受到法律追究的，量刑也过轻，尤其对于主观失责的当事人的处理或法律惩处，应当及时向社会公示。只有带有惩罚性的制度，才能使行为及后果变得可以预期。对于违法建设项目应层层审查，找到相关审批单位，并对负责人依法进行严肃处理。这既是维护法律的尊严，也是为了保护城市的合理发展，避免城市的发展状态被任意改变和扭曲。

而日本的灾害救援制度基本上是围绕《灾害对策基本法》展开的，这部法律的核心精神就是责任观，就是对于参与救灾的社会各方面力量责任的清晰说明。《灾害对策基本法》明确行政措施并进行有效的灾害预防，使各种灾害损失降低到最小。此外，还明确了市街村的责任义务，公共机关的责任，乃至普通公民的责任。

第3章　城市抗震防灾规划体系

3.1　规划定位

3.1.1　城市抗震防灾规划与城市建设

一、编制和实施抗震防灾规划是保障城市安全和提高城市综合抗震能力的重要途径。

根据对国内外城镇建设的发展经验的研究可知，提高城镇综合抗震防灾能力的根本途径有两条：一是通过采用诸如抗震设计等抗灾技术提高单体工程的抗灾能力，二是通过编制和实施防灾规划，实现防灾资源的合理优化配置，提高城镇的系统防灾能力和应急救灾能力，亦即常说的工程措施和非工程措施（规划措施），二者是局部和全局的关系，是密切相关的。因此，编制抗震防灾规划对保障和提高城镇综合抗震防灾能力具有极其重要的意义。

城市抗震安全与减灾的流程可以用图3-1来示意。城市抗震安全与减灾工作从对灾害应对的阶段可以用灾前、灾时、灾后进行划分，灾前为城市的规划、建设、运营，主要目标和手段是通过抗震防灾规划和工程抗震设防使城市具有抵御地震灾害的抗震能力，是抗御地震灾害影响的核心途径；灾时和灾后则通过临震预警、紧急处置、应急响应和抢险救灾以充分发挥城市的抗震能力，使灾害损失降至最小。灾后

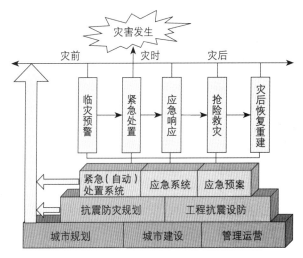

图3-1　城市抗震安全与减灾框图

的恢复重建实际上又进入了城市规划建设的进程之中。因此，城市抗震防灾规划是保障城市综合抗震防灾能力的重要支柱，实际上，对城市抗震防灾工作来说，防灾规划具有统率作用，是在工程抗震设防的基础上，通过城市布局优化和建设用地选择、工程设施及其系统的抗震要求和措施、防灾减灾基础设施建设等手段，对保障城市系统的综合抗震能力作出规划。

二、我国现代城市的发展对抗震防灾规划提出了迫切需要。

改革开放以来，我国城市化发展速度非常快，我国城市化水平从1978年的17.9%发展到2015年的

56.1%，在过去的三十多年里，平均每年的城市化率都在提高。根据城市化发展规律，到2020年，我国的城市化水平可能会超过60%，随着经济的快速发展和社会进步，我国城市化进程不断加快和加深，现代城市越来越成为社会政治、经济和文化活动最集中、最活跃的核心地域，因此也是抗震防灾问题最集中的区域。随着城市的发展，我国城市在防灾方面呈现出以下特点：

（1）城市所聚集的人口快速增长，财富迅速膨胀，城市的经济活动日益集中，产业结构急剧调整，这些因素加剧了城市软硬件环境与可持续发展之间的不平衡，基础设施显得相对滞后，一旦发生地震所造成的损失和破坏影响日益巨大，这已被近些年国内外的城市型地震所证实。

（2）现代城市高度发达，城市各种功能的实施和城市的正常运转要依赖于庞大的城市基础设施系统的正常运转。城市是一个复杂系统，随着其规模的不断增大，基础设施系统日益庞大，系统的复杂度也日益提高，由于城市防灾规划的滞后，其易损性也呈几何倍数增长，城市可持续发展对城市综合抗震能力的要求与城市基础设施相对滞后的矛盾越来越突出。

（3）城市基础设施发展很快，据统计，我国城市化水平每提高一个百分点，新增城市人口约1500万，相应的基础配套设施，需投入1200多亿元。伴随着城市的发展，不但现有生命线系统的规模不断增大，而且各种新型生命线系统不断涌现，城市轨道、磁悬浮、天然气系统等，相应的防灾问题也越来越复杂，带来的防灾压力也不断提高。

城市抗震防灾安全是城市居民生命财产和进行各种生活与生产活动的基本保障，人们对城市安全和防灾的要求日益强烈，城市抗震安全和防灾工作面临着许多新问题。这都促使政府和社会更加重视城市安全与防灾，城市抗震防灾规划的编制成为很多城市的自发行动，编制和实施城市抗震防灾规划成为保障城市可持续发展的迫切需要。

3.1.2 城市抗震防灾规划与城市总体规划

在整个城市建设发展中，城市总体规划与城市抗震防灾规划的关系十分紧密。城市总体规划是城市抗震防灾规划的依据，并对城市抗震防灾规划提出相关要求及保持城市其他各专业规划与抗震防灾规划相协调；城市抗震防灾规划是对城市总体规划进行落实，其防灾对策、措施等对城市总体规划有所制约，城市的功能分区、土地利用及各项专业规划等都应满足抗震防灾的要求。抗震防灾规划与城市总体规划的关系见图3-2。城市抗震防灾规划属于城市总体规划的专业规划，其编制坚持为城市建设和发展服务的观点，综合考虑城市工程设施的地震灾害影响，突出实用性、创新性和可操作性，强调与城市实际情况和城市建设发展需要的有机结合。

城市总体规划是为确定城市性质、规模、发展方向，通过合理利用城市土地，协调城市空间布局和各

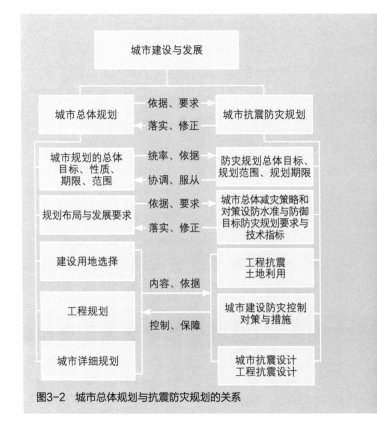

图3-2 城市总体规划与抗震防灾规划的关系

项建设，实现城市经济和社会发展目标而进行的综合部署。城市总体规划侧重于从城市形态设计上落实经济、社会发展目标，在城市发展过程中实现经济、社会、环境相互协调。城市总体规划需要全面考虑城市的规模、发展方向、经济社会发展目标、生产力与人口的合理布局等方面内容，统筹安排城市各项建设用地，安全保障是对总体规划的基本要求。

抗震防灾规划的编制应服从于总体规划的要求。其编制期限应与总体规划相一致，且防灾规划应在城市总体规划确定的城市性质、规模、建设和发展等方针原则下进行研究和编制，并应保持与城市其他各项专业规划相协调。防灾规划中抗震设防标准、建设用地评价与要求、抗震防灾措施等有关减轻城市灾害的对策、措施等又对城市规划与发展具有强制性，城市的功能分区、土地利用、建设用地选择以及有关的专业规划、工程建设等，都应该满足抗震防灾规划要求，图3-3示意了城市抗震防灾规划在城市建设发展

中的地位与作用。总之，在抗震防灾规划编制时，一方面要坚持总体规划对防灾规划的指导作用，另一方面又要在那些对城市规划发展具有强制作用的对策措施方面提出有效的、与城市总体规划相互协调的防灾规划内容和编制要求。

城市抗震防灾规划在城市规划体系中的作用可体现在以下三个方面：专业规划——抗震防灾的目标、城市用地选址、抗震防灾指标体系、措施和要求；专项规划——抗震基础设施建设，建设重点和次序，计划安排，实施保障；专题抗震研究——存在问题和薄弱环节，防灾措施和对策要求，规划分析。

在我国城市规划体系中，城市抗震防灾规划相对其他防灾规划虽发展时间不算短，但由于管理体制方面存在问题，此项专业规划以往过多地关注了城市现状的评价，对策缺乏针对性，因此需要进一步理顺与城市建设发展的关系，明确其在我国城乡规划体系中的地位和重要作用，以推动城市抗震防灾规划的发展。

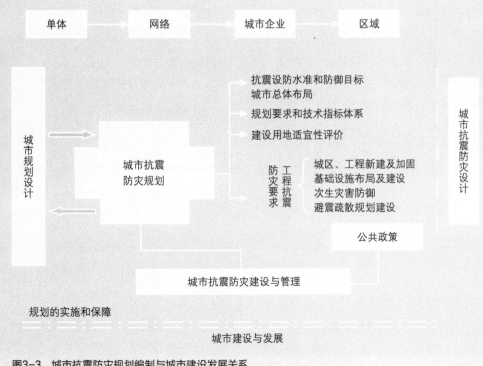

图3-3 城市抗震防灾规划编制与城市建设发展关系

3.1.3 城市抗震防灾规划与工程抗震

城市抗震防灾规划研究的是一个城市和组成城市的各个区域的综合抗震防灾能力，通常是通过对大量的单个工程对象的抗震防灾评价和分区评价，研究整个城市系统抗御灾害的能力及其发展变化趋势。研究的目的、侧重点和所采用的技术路线与单体工程的抗震评价技术是有区别的。单体工程的抗震防灾技术是针对具体的工程在规定的设防标准下保证安全，注重的是工程整体和组成部件的详细分析和控制，多采用复杂的理论分析和计算以及一整套的技术质量保证体系；抗震防灾规划研究注重的是城市的整体抗震安全，多采用典型剖析和群体预测相结合的办法，但也重视重要工程和关键环节的分析研究。因此，防灾规划在分析研究方法上大多达不到单体工程技术所要求的精度，然而这两者并不是没有关系，而是既有联系又有区别的不同层面：一方面，抗震防灾规划的研究技术路线同单体工程技术的技术路线所采用的研究分析理论和方法本质上是一致的；另一方面，单体工程防灾是抗震防灾规划研究、编制和实施的基础，提高单体工程的防灾能力是防灾规划的重要对策，也是提高城市综合抗震防灾能力的基础，抗震防灾规划则是做好单体工程防灾的充分保证，也就是说，二者是全局和局部的关系，因此是密切相关的；此外，在防灾规划中也要包含对单体工程抗震设防的重要工程技术和措施，当然这些对策与措施不仅仅是针对单体工程的，还有针对系统、全局和管理方面的。因此，抗震防灾规划的研究和编制要坚持下面两个结合：重要建筑和关键环节的重点研究与城市综合抗震能力研究的有机结合，典型剖析与群体分析和评价相结合。

3.1.4 城市抗震防灾规划的内在要求

经过多年努力，我国政府坚持以人为本、预防为主、服务为先的观念，全面贯彻科学发展观，对抗震

防灾规划管理工作不断加强。在地震应急管理体系建设、健全抗震防灾法律法规、将抗震防灾纳入国民经济和社会发展规划、加强救援队伍建设等方面做了大量工作，从而促进了我国城市抗震防灾规划管理体系的建设，城市的总体抗震防灾能力得到了明显提高。总结20多年编制城市抗震防灾工作的实践，编制和实施城市抗震防灾规划的内在要求主要表现在以下三个方面。

1. 抗震防灾规划的编制和实施是减轻地震灾害的重要措施之一。

我国是世界上地震多发的国家之一，地震的强度大、频率高、面积广、损失重。地震造成损失的原因很多，除自身有强大的破坏力外，其主要原因是：抗震防灾能力差，1980年之前建造的房屋、工程设施、设备绝大多数未进行抗震设防，抗震防灾规划未提到议事日程。我国1974年才颁布了第一本抗震设计规划，1977年颁布了抗震鉴定和加固标准，1984年之后陆续颁布了城市抗震防灾规划暂行规定等五个有关编制和审批城市抗震防灾规划的文件。根据住房和城乡建设部2013年3月份统计：截至2012年年底，我国共有234个市县完成了城市抗震防灾规划，89个市县正在编制。大大地提高了城市建设、工程建设、设备的抗震能力，对减轻地震灾害起到了重要作用，新疆柯坪、内蒙古包头就是实例。

2. 抗震防灾规划是贯彻"以预防为主，防、抗、避、救相结合"方针的重要内容。

以预防为主的中心内容，包括两个方面。一是作出成功的地震预报，特别是短临预报；二是在地震发生前采取一系列的减轻和防止地震灾害的措施。实践证明，目前我们对地震发生的时间、地点和强度三个要素都很难准确地估计。这样就会造成该防的时间不防，该防的地点不防，而不该防的时间、地点防了，实际上不会减轻地震灾害，只会增加不应有的损失。实践也证明，在地震发生前采取防止和减轻地震灾害的措施是十分有效的，因为地震造成的损失主要是

工程、设备的破坏，而城市抗震防灾规划的编制和实施，就是要提高城市抗震防灾能力，对房屋、工程设施、设备、生命线系统和防止次生灾害等内容作出规划，通过规划的实施达到减轻地震灾害的目的。

3. 城市抗震防灾规划编制和实施是保障城市安全的重要方面。

抗震防灾规划批准后，即成为该市的技术法规性文件，任何单位和个人在该市进行城市建设、工程建设时，都必须遵守城市抗震防灾规划中的各项规定和要求。同时，城市抗震防灾规划中的土地利用对甲、乙类模式要求做到对场地分区和地震动参数分区，考虑了场地土层的反应，这对城市的土地利用、规划、工程建设的场址选择都是很需要的，为合理、安全、经济的抗震设防提供了基础。

3.2　法律法规的要求

编制和实施城市抗震防灾规划是落实法律法规的重要体现。我国对抗震防灾规划法律体系建设的研究相比于国外的研究起步晚一些，国务院直到1995年才颁布《破坏性地震应急条例》，1998年颁布《中华人民共和国防震减灾法》，同年根据该法制定了《地震预报管理条例》，2002年颁布实施《地震安全性评价管理条例》，2004年颁布《地震监测管理条例》，2007年颁布《中华人民共和国突发事件应对法》和《中华人民共和国政府信息公开条例》，直到2008年第十一届全国人民代表大会常务委员会第六次会议，国务院对《中华人民共和国防震减灾法》进行了修订，并规定自2009年5月1日起开始实施。各省市以《中华人民共和国防震减灾法》为依据，结合各省市的实际情况，颁布相应的《防震减灾条例》，以推进各省市的抗震防灾工作的有序开展，进而促进抗震防灾与经济建设的协调发展。中国地震局连同住房和城乡建设部等一些部门，一起对有关抗震防灾方面的规定进行了

整合，制定了《地震行政执法规定》、《地震行政复议规定》、《地震行政法制监督规定》、《地震行政规章制定程序规定》、《建设工程抗震设防要求管理规定》、《地震安全性评价资质管理办法》、《中国地震局关于全面推进依法行政实施意见》、《地震速报技术管理规定》等相关规范性文件，基本形成了由国家法律、行政法规、地方法规、部门规章等组成的抗震防灾法律法规框架体系。

这其中专门针对城市抗震防灾规划编制的法规为2003年颁布的《城市抗震防灾规划管理规定》（建设部令第117号），它是在1984年以来颁布的五个有关文件，即《城市抗震防灾规划编制工作暂行规定》、《城市抗震防灾规划编制工作补充规定》、《关于城市抗震防灾规划编制和评审工作有关问题的通知》、《抗震设防区划编制工作暂行规定》（上述四个文件都是抗震办发文）和《建设工程抗御地震灾害管理规定》（部长令第38号）的基础上制定的，下面将对其进行介绍。

一、与以往的五个有关规定的主要不同点

《城市抗震防灾规划管理规定》是结合新的历史时期对城市抗震防灾的需求制定的，它和原来的关于城市抗震防灾规划的五个文件最大的不同是在内容上有很大的调整，有强化、弱化的，有上升和下调的，有取消和更明确的，更主要的是规定了编制内容和深度应按有关技术规定执行。

（1）明确了审批权限，将城市抗震防灾规划由单独的审批改为纳入城市规划程序一并审批。因为城市抗震防灾规划是城市总体规划的一个组成部分，是城市总体规划的一项专业规划，理应在审批上和城市规划审批相一致。

（2）调整了重点抗震城市的编制模式。1978年以来国家建委（建设部）曾先后三批确定了73个城市为全国抗震工作的重点城市，在以前的有关规定中都将全国重点抗震城市规定为按甲类模式编制抗震防灾规划。117号部长令规定是以城市的规模，并考虑地震强度的因素来决定按哪种模式规定编制，Ⅶ度区的大

城市按甲类模式，Ⅵ度区的大城市与Ⅶ度及以上中等城市按乙类模式编制。这一改变是非常重要的，其原因是当时确定重点抗震城市时主要考虑城市的地震危险性，其次才考虑其重要性和规模。地震危险性是变化的。因此，重点抗震城市实效性很强，有的其规模也就相当于一个县级市。因此，调整其编制模式是非常必要的。

（3）强化和完善了管理和执行。明确规定了修订、举报投诉制度、监督检查要求和相关处罚规定。

（4）弱化了城市抗震设防区划。原来的五个规定中有两个规定强调了地震危险性分析，中期的两个规定简化了地震危险性分析，但强调了土地利用规划，后来的规定中又明确了土地利用规划，含抗震设防区划，最后又强化了抗震设防区划。1996年出台的《抗震设防区划编制工作暂行规定》中明确规定对抗震设防区的城市都要求编制抗震设防区划，并要求除在城市抗震防灾规划中要有抗震设防区划外，还要有独立的抗震设防区划文本和图件。经过七年的实践，认为抗震设防区划的确很重要，对实现抗震设防区的安全，经济和合理的抗震设计将提供重要的设防依据。但一个很好的抗震设防区划对地震动强度，场地破坏效应和分区（主要是场地的卓越周期）及其重要的抗震计算和抗震措施的配套要求，都要求有准确的规定，这项工作是十分困难的，而且工作量大且要求有地震地质、工程地质和地震活动性及历史地震等大量的基础资料。因此，在117号部长令中把抗震设防区划作为城市抗震防灾规划中的一项重要内容，不再要求单独编制抗震设防区划，并规定了不同模式的抗震防灾规划中其抗震设防区划的内容深度都有所不同。

（5）明确了城市抗震防灾规划达到的目标。以前的五个文件中没有明确达到的目标，只在工程中有目标要求。第117号部长令明确了小震、中震和罕遇地震时达到的目标，即：当遭受到多遇地震时城市一般功能正常；当遭遇到相当于抗震设防烈度的地震时，城市一般功能及生命线系统基本正常，重要工矿企业

能正常或很快恢复生产；当遭遇到罕遇地震时，城市功能不瘫痪，重要系统和生命线工程不遭受严重破坏，不发生严重的次生灾害。

（6）在内容上也有些调整，即强化了工程建设和基础设施抗震设防要求，特别是抗震措施和实施方面的要求。

（7）取消了恢复重建和应急预案。恢复重建是综合技术经济政策、规划为一体的体现。除和城市的破坏程度、财政有关外，还和长远规划有关，是中央和地方政府决策的；应急预案是地震发生后城市各职能部门的职责问题。因此，取消恢复重建和地震应急是理所应当的。

二、抗震防灾规划的编制内容和审批

1. 编制程序

城市抗震防灾规划的编制程序大体上分为三步，即：

（1）收集资料。主要包括与城市抗震防灾有关的基础资料，如城市的经济、性质、地理位置、人口，房屋、工程设施、供电、供水、交通、供热、医疗、供油、消防等系统建筑和运行情况。又如与地震有关的城市地震地质、工程地质、水文地质、地形地貌、断层、历史地震、场地环境、地震活动性、土层分布和工程建设时的钻孔资料。此外，根据需要还需补充适当的钻孔资料和现场实测以及做一些必要的研究工作。

（2）预测各类房屋、工程设施和设备的震害和人员伤亡、经济损失。给出房屋震害程度的分布、场地稳定性评估和社会影响的评估。对重要的建（构）筑物和次生灾害严重的工程项目应进行单体工程的抗震能力分析。

（3）编制规划文本。在上述的基础资料和震害预测的基础上，选用成熟和先进的方法和软件，按国家有关规定的内容要求编制规划文本（包括：规划说明、图件、附录和管理软件等）。

2. 模式

根据城市的规模、重要性、所处地震烈度的高低

和抗震防灾要求等不同，分为甲、乙、丙三种模式：Ⅷ度和Ⅷ度以上的大城市按甲类模式编制；中等城市和Ⅵ度以上的大城市按乙类模式编制；其他城市按丙类模式编制。

不同模式其内容、深度、评审要求等都有所不同，并规定不同模式按国家规定的技术标准执行。

3. 内容

《城市抗震防灾规划管理规定》（建设部部长令第117号）和《城市抗震防灾规划标准》GB 50413—2007要求编制时应根据不同城市的特点和需要，以人为本、平震结合、因地制宜、突出重点、统筹规划，贯彻"以预防为主，防、抗、救、避相结合"的方针。强调了与城市总体规划保持一致，同步编制、实施和修订，包括城市抗震防灾的现状，地震危险程度的估计，不同地震强度下的易损性分析和震害预测以及防灾能力的估计；城市的设防标准和防灾规划的目标；建设用地的评价与要求以及防灾措施等。

1）城市抗震防灾的现状，包括建成区和规划区面积内各种建筑物的抗震设防和加固情况及存在的问题；道路、交通状况及存在的问题；公园、绿地、空旷场地和人防工程的分布及使用情况；次生灾害源点的分布及可能产生的次生灾害等。通过现状的描述，能对城市的抗震防灾能力，存在的薄弱环节，一旦遭受到设防烈度（或地震动参数）影响时的破坏状态有个基本估计。

2）地震危险程度的估计，包括对断层及历史地震的分布、地形地貌的特点、地震动参数区划和地震区划的资料的分析，综合判断对规划城市的地震危险程度和地震动参数或地震烈度，最后确定城市的防御目标。

3）城市抗震防灾能力评估，包括：根据地震危险性估计和地震强度或烈度区划、依地震动参数区划确定的该城市地震烈度或地震动参数、城市抗震防灾现状中存在的抗震问题和易损性分析结果，综合对城市的抗震防灾能力给出总评价，并给出轻重的分布，

通过抗震防灾的规划，逐步地改善抗震防灾能力，达到抗震减灾、防灾的目的。

4）城市设防标准及规划目标：一般来说，城市设防标准是以国家颁布的该城市地震烈度区划和地震动参数区划为准，在有可靠的依据时，也可调整（但是需经有权部门的批准）。规定的目标是：当遭到多遇地震时（相当于设防烈度的0.645倍或相当于50年超越概率的63.5%）城市一般功能正常；当遭遇到相当于设防烈度（即50年基准期超越概率10%）时，城市一般功能和生命线系统基本正常，重要工厂企业能正常或很快恢复生产；但遭受罕遇地震时（即50年基准期超越概率为2%～3%，相当于比设防烈度大一度）城市功能不瘫痪，要害系统和生命线工程不遭受严重破坏，不发生严重的次生灾害。以上是建设部部长令第117号规定的规划目标，但具体对一个城市可以根据经济、科学技术等发达情况提高规划的目标，包括对不同设防水准下的提高或在同水准下的某些部分的提高，但不能降低规划目标，并通过抗震防灾规划的实施来达到这一目标。

5）建设用地评价与要求，主要包括：

（1）城市抗震环境综合评价。

根据城市规划区内的发震断层，近远场地震等地震地质，地形、地貌和地震对场地的破坏效应（包括砂土液化、软土震陷、滑坡、地震断裂、泥石流、不均匀沉降等），对地震环境给出综合评价和处理防治措施。

（2）抗震设防区划。

主要包括场地适宜性分区、危险和不利地段的划分、对用地布局的抗震要求等。场地适宜性分区应综合考虑地震动强度和场地破坏效应，对用地布局的抗震要求。建设时应选择对抗震有利的场地进行建设和不同的场地适宜建设的范围，不得在危险地段进行建设，在不利地段建设时，应采取有效的抗震措施。防止场地卓越周期和上部结构自振周期相近产生共振，造成破坏加重等。同时，为城市规划、建设和工程设计提供依据和参考。

（3）各类用地上工程建设的抗震性能要求。

①对液化场地应根据液化程度和上部结构的设防类别，采取全部消除、部分消除、增加上部结构处理和可不采取措施等四种方式（见《建筑抗震设计规范》GB 50011—2010相关条目）。

②对地震时可能造成的不均匀沉降、震陷的场地，应采取夯实、换土，采用桩、筏和箱基等措施。

③对场地内存有发震断裂时，要考虑断裂对工程的影响并进行评价，一般情况下可忽略发震断裂错动对工程的影响。但对Ⅷ、Ⅸ度时土层覆盖层厚度分别小于60m和90m时应考虑最小避让距离的规定。不同重要程度建筑的避让距离规定见表3-1。

发震断裂的最小避让距离（m）　表3-1

烈度	甲	乙	丙	丁
Ⅷ度	专门研究	200	100	—
Ⅸ度		400	200	

④对泥石流和滑坡：应查明泥石流流动地段和方向，采取应急准备，防止造成损失。对滑坡体应预先进行稳定性预测，确定滑坡体位置和滑动方向，对滑坡体及其影响区采取限制建设等措施。

总之，工程建设要考虑地震环境的影响，一般来说，对软弱地基要求上部结构有较好的刚性和整体性，平面均匀对称，立面质量、刚度分布均匀，减少基础偏心和上部结构的扭转，合理设置防震缝，尽量不采用对不均匀沉降敏感的结构形式，如大跨、高层等。在这一场地的线结构如道路、管线等，应能抵抗土壤介质的地震作用；在较好场地上的工程建设，一般来说对刚性建筑不利，因此，建造刚性建筑时，应采取削弱刚度的措施，如开结构洞和缝等，或采用低刚度的材料等。当然，还有很多要求，如近远场的差别等。

（4）防灾措施。

第117号部长令非常强调工程设施和房屋的抗震防灾措施。

①基础设施防灾措施，包括：城市交通、通信、给水排水、燃气、热力、电力等生命线系统，及消防、供油网络、医疗、粮食等重要设施的现状，存在的问题，抗震能力分析，规划布局，规划措施等。这里要说明的是：过去将消防、医疗、粮食等都归纳为生命线系统，严格地说它不属于生命线系统，因为它们不是由点和线组成的串联系统。但这些系统又很重要，故称为重要设施。

②建（构）筑物的防灾措施，包括：建（构）筑物的现状，抗震设防和抗震加固措施，存在的主要问题，抗震能力的分析和规划措施等；对重要的建（构）筑物，超高建（构）筑物，人员密集的教育、文化、体育等工程和设施的布局、间距和外部通道要求等。在有条件时应有管理数据库、地震监控系统和抢排险等保护措施。

③防止地震次生灾害措施，包括：对地震可能引起的水灾、火灾、爆炸、毒、细菌蔓延、放射性辐射和海啸等次生灾害源点分布、灾害种类及危害程度、防止和控制的规划措施和对策、抢排险方案等。

④避震疏散措施，包括：市、区、街坊级的疏散道路和疏散场地确定及人员疏散方案（包括搭建临时防震棚方案及场地）。同时，根据防灾需要设置避难中心等，以及应急疏散等措施。

⑤其他措施，如对历史文化名城的文物、古迹、古建筑的保护和抗震防灾措施等。

4. 审批

城市抗震防灾规划是城市总体规划的组成部分，按照审批权限及城市总体规划的法定程序审批，审批前应由省、自治区建设行政主管部门或直辖市城乡规划行政主管部门组织的专家进行评审、技术审查。专家应包括规划、勘察、抗震及省级地震主管部门的技术人员。甲、乙类模式的抗震防灾规划评审时，应有三名以上住房和城乡建设部全国城市抗震防灾规划专家委员会成员参加。全国城市抗震防灾规划审查委员会委员由国务院建设行政主管部门聘任。

城市抗震防灾规划经专家评审未通过的不能报批，经专家评审通过的，在报批前，编制单位必须根据专家评审意见修改、补充、完善后，按城市规划审批要求报批。

三、抗震防灾规划实施和管理

1. 管理

国务院建设行政主管部门负责全国城市抗震防灾规划的综合管理。省、自治区人民政府建设行政主管部门负责本行政区域内的城市抗震防灾规划管理工作。直辖市市、县人民政府按职能分工由主管城市抗震防灾工作的行政主管部门会同有关部门组织本市城市抗震防灾规划工作，并监督实施。批准后的抗震防灾规划应向社会发布。

对城市抗震防灾规划应进行动态管理，定期检查执行情况，随时积累变化数据，对执行中的问题及时向主管部门汇报。规划、城建和施工图审查等有关部门应依法提供有关资料。

2. 实施

城市抗震防灾规划批准后，即成为该市的抗震防灾工作的技术法规文件，自批准之日起执行，解释权归市抗震办公室。按城市的职能分工由有关部门编制年度计划组织实施。实施时必须严格执行抗震防灾规划中的各项规定，对违者按《中华人民共和国城市规划法》等有关法律、法规和规章的有关规定处罚。

3. 修订

城市抗震防灾规划应根据城市的发展，基本数据和设防标准的变化，科学技术的进步等情况定期修订。修订的基本条件是：

（1）城市总体规划修订时，抗震防灾规划必须修订。

（2）城市抗震防灾规划的基础资料变化时，如城市所处区域的变化，房屋、工程设施基本数据的变化，城市的抗震设防依据的变化，国家对城市的规模、功能和性质有重大改变，城市的经济状况的变化等，城市抗震防灾规划也需修订。

（3）实施当中遇有重大问题时，如场地分区与多

数工程勘察提供的场地分类有差异时，某些规划指标过高或太低，与实际情况有较大的差异时，也需对抗震防灾规划进行修订。

在修订时，凡涉及重大问题的，修订后应按原规划的有关规定要求评审和报批。

四、有关问题考虑

1. 考虑多灾种的综合防灾要求，由单一地震灾种的抗震防灾规划向多灾种的综合防灾规划发展。

地震、风、洪水、泥石流等自然灾害，虽然灾种不同，但在防灾对策、策略和措施上有不少共同之处，而且，只有对各种灾害都有防灾规划和措施，才能综合地提高防灾能力，保障城市的安全。国内外不少研究者都很重视单灾种的减灾研究，也有少数学者对多灾种进行综合研究或以地震灾害为主考虑其他灾种的综合研究，就其水平而言还不高，特别是综合性方面。应尽快地总结经验，向编制综合减灾规划发展。

同时，多灾种的综合减灾多以自然灾害为主，随着城市的发展，各种人为的灾害、事故和突发事件造成的灾害越来越突出。这些都会危及城市安全。因此，多灾种综合防灾还应考虑人为灾害。

2. 统筹考虑村镇和区域的抗震防灾规划。

从1980年代起，建设部除对城市进行抗震防灾外，还做了村镇企业和区域的抗震防灾工作。颁布了《村镇抗震防灾规划编制指南》，并进行过编制村镇抗震防灾规划的学习培训；在区域抗震防灾规划方面，1990年代在京西北——晋冀蒙地区进行区域综合防御体系试点，并经过了验收，之后在苏鲁皖、长江三角洲地区、四川的西昌至甘孜地区、新疆的阿克苏地区也先后完成了区域抗震防灾体系。但后因建设部（住房和城乡建设部）综合管理职能的变化，这些工作也随之陷入停滞。今后对有条件的地区和地震重点监视区及大城市群应编制区域的抗震防灾规划。结合新农村建设，村镇也应编制抗震防灾规划。

3. 加强对城市抗震防灾规划的技术内容、实施和指标的研究。

如震害预测的方法、经济损失和人员伤亡估计的研究，又如某些指标特别是人均空旷场地、道路宽度（主、次干道）、房屋密度、间距、疏散半径等以及与城市规划中的指标不协调的内容。同时要加强实施规划的研究。

3.3 标准中对城市抗震防灾规划的技术要求

3.3.1 城市抗震防灾规划的防御目标

《城市抗震防灾规划标准》GB 50413—2007第1.0.4～1.0.5、3.0.2条对城市抗震防灾的防御目标作出了明确规定。

1. 基本防御目标。

（1）当遭受多遇地震影响时，城市功能正常，建设工程一般不发生破坏；

（2）当遭受相当于本地区地震基本烈度的地震影响时，城市生命线系统和重要设施基本正常，一般建设工程可能发生破坏但基本不影响城市整体功能，重要工矿企业能很快恢复生产或运营；

（3）当遭受罕遇地震影响时，城市功能基本不瘫痪，要害系统、生命线系统和重要工程设施不遭受严重破坏，无重大人员伤亡，不发生严重的次生灾害。

2. 城市抗震防御目标应不低于基本防御目标，根据城市建设与发展要求确定，必要时还可区分近期与远期目标，对于城市建设与发展特别重要的局部地区、特定行业或系统，可采用较高的防御要求。

3. 抗震防御目标高于基本防御目标时，应给出设计地震动参数、抗震措施等抗震设防要求，并按照现行《构筑物抗震设计规范》GB 50191—2012中的抗震设防要求的分类分级原则进行调整。

鉴于近几年来国内外发生的多次大地震所暴露出的问题，尤其是我国汶川地震的经验，《城市抗震防灾规划标准》GB 50413—2007进行了修订，在修订报批稿中对城市抗震防御目标作出了不应低于下列基本防御目标的规定：

（1）当遭受多遇地震影响时，城市功能正常，建设工程一般不发生破坏。

（2）当遭受相当于本地区抗震设防烈度的地震影响时，城市要害系统、应急保障基础设施和避难场所不应发生影响救援和疏散功能的破坏，其应急功能正常，其他重要工程设施基本正常，一般建设工程可能发生损坏但基本不影响城市整体功能，重要工矿企业能很快恢复生产或运营。

（3）当遭受高于本地区抗震设防烈度的罕遇地震影响时，城市需要应急保障的重要工程设施不应遭受严重破坏；要害系统、应急保障基础设施和避难建筑不应发生危及救援和疏散功能的中等破坏，其应急功能基本正常或可快速恢复；可能导致特大灾害损失的潜在危险因素可在灾后得到有效控制，不发生严重的次生灾害；应无重大人员伤亡，受灾人员可有效疏散、避难并满足其应急和基本生活需求。

同时，城市抗震防灾规划可针对下列地区或工程设施，提出遭受超越罕遇地震影响时应采取的更高防御要求和抗震防灾对策：城市建设与发展特别重要的地区；可能导致特大地震灾害损失或特大次生、衍生灾害损失的设施和地区；位于地震重点监视防御区，且地震动峰值加速度不大于0.15g（抗震设防烈度Ⅶ度及以下）的城市或城市局部地区；对保障城市基本功能特别重要的行业或系统；影响应急救援、救灾物资运输和对外疏散的工程设施；可能发生特大灾难性后果的设施和地区。

应该注意的是：鉴于现有抗震防灾规划和抗震设防区划中当采用高于基本抗震防御目标时，部分城市制定了一些比现行国家相关规范标准更高的抗震防灾要求和措施，但这些要求和措施多是对现行《构筑物抗震设计规范》的相关抗震措施进行了过细的调整，打破了该规范中相关条文的分类分级规定，依据稍显不足，因此在《城市抗震防灾规划标准》中规定应按照相关规范中的分类分级层次进行调整，以规范相应抗震措施的制定。

在进行城市抗震防灾规划时，应综合考虑我国现有各种规范标准中的防御目标要求。下面为部分标准中的相关规定。

1.《工程结构可靠性设计统一标准》GB 50153—2008

第3.2.1条 工程结构设计时，应根据结构破坏可能产生的后果（危及人的生命，造成经济损失，产生社会影响等）的严重性，采用不同的安全等级。工程结构安全等级的划分应符合表3.2.1的规定。

工程结构的安全等级   表3.2.1

安全等级	破坏后果
一级	很严重
二级	严重
三级	不严重

注：对重要的结构，其安全等级应取为一级；对一般的结构，其安全等级宜取为二级；对次要的结构，其安全等级可取为三级。

第3.2.2条 工程结构中各类结构构件的安全等级宜与整个结构的安全等级相同。对其中部分结构构件的安全等级可适当提高或降低，但不得低于三级。

2.《构筑物抗震设计规范》GB 50191—1993

按本规范进行抗震设计的建筑，其抗震设防目标是：当遭受低于本地区抗震设防烈度的多遇地震影响时，一般不受损坏或不需修理可继续使用；当遭受相当于本地区抗震设防烈度的地震影响时，可能损坏，经一般修理或不需修理仍可继续使用；当遭受高于本地区抗震设防烈度预估的罕遇地震影响时，不致倒塌或发生危及生命的严重破坏。

建筑抗震的设防目标即"小震不坏，大震不倒"的具体化。根据我国华北、西北和西南地区地震发生概率的统计分析，50年内超越概率约为63%的地震烈度为众值烈度，比基本烈度约低一度半，规范取为第一水准烈度；50年超越概率约10%的烈度即1990中国地震烈度区划图规定的地震基本烈度或新修订的中国地震动参数区划图规定的峰值加速度所对应的烈度，规范取为第二水准烈度；50年超越概率2% ～3%的烈度可作为罕遇地震的概率水准，规范取为第三水准烈度，当基本烈度Ⅵ度时为Ⅶ度强，Ⅶ度时为Ⅷ度强，Ⅷ度时为Ⅸ度弱，Ⅸ度时为Ⅸ度强。

与各地震烈度水准相应的抗震设防目标是：一般情况下（不是所有情况下），遭遇第一水准烈度（众值烈度）时，建筑处于正常使用状态，从结构抗震分析角度，可以视为弹性体系，采用弹性反应谱进行弹性分析；遭遇第二水准烈度（基本烈度）时，结构进入非弹性工作阶段，但非弹性变形或结构体系的损坏控制在可修复的范围；遭遇第三水准烈度（预估的罕遇地震）时，结构有较大的非弹性变形，但应控制在规定的范围内，以免倒塌。

3.《构筑物抗震设计规范》GB 50191—2012

1.0.2 本规范适用于抗震设防烈度为Ⅳ度～Ⅸ度地区构筑物的抗震设计。

1.0.3 按本规范进行抗震设计的构筑物，在50年设计使用年限内的抗震设防目标当遭受低于本地区抗震设防烈度的多遇地震影响时，主体结构不受损坏或不需修理，可继续使用；当遭受相当于本地区抗震设防烈度的设防地震影响时，结构的损坏经一般修理可继续使用；当遭受高于本地区抗震设防烈度的罕遇地震影响时，不应发生整体倒塌。

1.0.4 抗震设防烈度为Ⅵ度及以上地区的构筑物，必须进行抗震设计。

3.1.1 构筑物的抗震设防类别及其抗震设防标准应按现行国家标准《建筑工程抗震设防分类标准》GB 50223—2008的有关规定执行。

3.1.2 抗震设防烈度为Ⅵ度时，除应符合本规范的有关规定外，对乙类、丙类、丁类构筑物可不进行地震作用计算。

4.《室外给水排水和燃气热力工程抗震设计规范》GB 50032—2003

1.0.2 按本规范进行抗震设计的构筑物及管网当遭遇低于本地区抗震设防烈度的多遇地震影响时一般不致损坏或不需修理仍可继续使用。当遭遇本地区抗震设防烈度的地震影响时构筑物不需修理或经一般修理后仍能继续使用；管网震害可控制在局部范围内，避免造成次生灾害。当遭遇高于本地区抗震设防烈度预估的罕遇地震影响时构筑物不致严重损坏，危及生命或导致重大经济损失；管网震害不致引发严重次生灾害，并便于抢修和迅速恢复使用。

1.0.7 对室外给水、排水和燃气、热力工程系统中的下列建、构筑物（修复困难或导致严重次生灾害的建、构筑物），宜按本地区抗震设防烈度提高一度采取抗震措施（不作提高一度抗震计算），当抗震设防烈度为Ⅸ度时，可适当加强抗震措施：

1．给水工程中的取水构筑物和输水管道，水质净化处理厂内的主要水处理构筑物和变电站、配水井、送水泵房、氯库等；

2．排水工程中的道路立交处的雨水泵房、污水处理厂内的主要水处理构筑物和变电站、进水泵房、沼气发电站等；

3．燃气工程厂站中的贮气罐、变配电室、泵房、贮瓶库、压缩间、超高压至高压调压间等；

4．热力工程主干线中继泵站内的主厂房、变配电室等。

5.《铁路工程抗震设计规范》GB 50111—2006

3.0.1 按本规范进行抗震设计的铁路工程，应达到的抗震性能要求如下：

性能要求Ⅰ：地震后不损坏或轻微损坏，能够保持其正常使用功能；结构处于弹性工作阶段。

性能要求Ⅱ：地震后可能损坏，经修补，短期内能恢复其正常使用功能；结构整体处于非弹性工作阶段。

性能要求Ⅲ：地震后可能发生较大破坏，但不出现整体倒塌，经抢修后可限速通车；结构处于弹塑性工作阶段。

3.3.2 城市抗震防灾规划的分类分级指导

3.3.2.1 规划编制模式

《城市抗震防灾规划标准》GB 50413—2007中根据城市规模和地震危险性划分三类编制模式，即：

（1）甲类模式——位于地震烈度Ⅶ度及以上地区的大城市；

（2）乙类模式——中等城市和位于地震烈度Ⅵ度地区的大城市；

（3）丙类模式——其他城市。

《城市抗震防灾规划标准》GB 50413—2007（修订报批稿）中规定：

（1）大城市、特大城市、超大城市，位于抗震设防烈度Ⅶ度及以上地区（地震动峰值加速度不小于0.10g的地区）的中等城市，应采用甲类模式。

（2）第1款规定之外的中等城市，Ⅰ型小城市，位于抗震设防烈度Ⅷ度及以上地区（地震动峰值加速度不小于0.20g的地区）的Ⅱ型小城市应采用不低于乙类模式。

（3）其他城市抗震防灾规划应采用不低于丙类模式。

（4）在国家或区域政治、经济、交通和救灾方面具有中心作用的城市，位于本标准第3.0.3条第1～3款和第6款规定地区的城市，宜针对城市遭受超越罕遇地震影响时提出更高的防御要求和抗震防灾措施，抗震防灾规划编制模式为乙类和丙类时，宜采用更高的编制模式。

（5）城市分区进行抗震防灾规划时，应采用不低于按城市整体要求确定的编制模式。

《国务院关于调整城市规模划分标准的通知》由国务院于2014年10月29日以国发〔2014〕51号印发，对原有城市规模划分标准进行了调整，明确了新的城市规模划分标准以城区常住人口为统计口径，将城市划分为五类七档：城区常住人口50万以下的城市为小城市，其中20万以上50万以下的城市为Ⅰ型小城市，20万以下的城市为Ⅱ型小城市；城区常住人口50万以上100万以下的城市为中等城市；城区常住人口100万以上500万以下的城市为大城市，其中300万以上500万以下的城市为Ⅰ型大城市，100万以上300万以下的城市为Ⅱ型大城市；城区常住人口500万以上1000万以下的城市为特大城市；城区常住人口1000万以上的城市为超大城市。

3.3.2.2　规划编制工作区

《城市抗震防灾规划标准》GB 50413—2007中，根据城区重要性和灾害规模效应，对城市的不同规划和发展区域划分一至四类工作区，制定不同的抗震防灾评价及规划编制要求，这也与城市的规划发展总体思想相一致，城市的重点规划建设与发展区域，也是防灾规划的重点，需要重点制定有针对性的规划防灾要求、技术指标及相应的抗震措施，对于城市的中远期发展区域，与城市总体规划的要求相一致，注重总体防灾的编制内容和要求。

《城市抗震防灾规划标准》GB 50413—2007（修订报批稿）中规定：进行城市抗震防灾规划和专题抗震防灾研究时，可根据编制模式、不同城市地区的重要性和灾害规模效应，将城市规划区按照四种类别进行工作区划分。城市抗震防灾规划所确定的工作区类别应符合下列规定：

（1）甲类模式城市规划区内的建成区和近期建设用地应为一类工作区；

（2）乙类模式城市规划区内的建成区和近期建设用地不应低于二类工作区；

（3）丙类模式城市规划区内的建成区和近期建设用地不应低于三类工作区；

（4）城市的中远期建设用地不应低于四类工作区。

3.3.2.3　与城市总体规划、详细规划等不同层次规划要求相对应，防灾规划编制与专题研究并重

城市抗震防灾规划的编制应依据对城市地震地质

环境与场地环境、基础设施、城区建筑、地震次生灾害源等城市灾害环境和工程设施环境的充分把握，必要时需要进行专题研究以加强对城市综合抗震防灾能力的了解。

编制城市抗震防灾规划的专题研究安排要从城市的实际情况出发，针对城市规划发展的防灾决策分析、工程抗震土地利用、基础设施、城区建筑、地震次生灾害、避震疏散和防灾据点建设、防灾规划信息管理系统以及迫切需要解决的城市规划建设中的其他抗震防灾问题，在规划编制前进行。在进行专题研究时，要密切结合城市的规划发展要求，以制定与近期规划、建设和发展相匹配的抗震防灾要求和措施为重点，满足城市迅速发展变化的要求，解决城市建设与发展进程中的抗震防灾问题。

3.3.2.4　加强防灾规划内容的强制性和指导性

抗震防灾规划的内容体系应贯彻强制性和指导性相结合的原则，以增强规划的实用性和可操作性。《城市抗震防灾规划管理规定》及《城市抗震防灾规划标准》GB 50413—2007中都明确规定"城市抗震防灾规划中的抗震设防标准、建设用地评价与要求、抗震防灾措施应根据城市的防御目标、抗震设防烈度和国家现行标准确定，作为规划的强制性要求。"

需要注意的是，对于规划中的抗震防御目标、抗震设防标准、建设用地评价与要求、抗震防灾措施等应与现行国家规范标准一致，如果采用较高要求，要有充分的根据，强调规划内容规定从相关法律法规和技术标准出发，充分考虑工程建设实际情况和可能的条件，以增强规划的实用性和可操作性。

3.3.2.5　从规划编制层面上划分，大体可以分为三个层次

一是城市规划与发展的防灾要求和技术指标，二是针对各类工程设施（各子系统）的单独的防灾规划要求和措施，三是防灾资源和设施的建设规划要求，属于工程规划的范畴。在规划编制过程中，要立足于城市的变化和发展，运用动态的观点来看待和规划城

市防灾工作。要使防灾规划在长时间内起作用，其关键是要使防灾规划所依据的基础资料和信息经常与城市的实际情况保持一致，并针对不断更新的基础数据进行实时动态分析和修编，基于城市发展的基本要素和条件要求，研究城市发展和建设中的防灾规划技术指标和防灾减灾策略与对策，以满足不同阶段、不同层次城市抗震防灾的基本要求。

3.3.3 研究层次划分

随着我国国民经济的快速发展，城市的规模越来越大，城市在国民经济中的位置也发生了较大的变化。城市作为地区经济、文化、政治活动的中心，其辐射范围和影响度越来越大，因此各类规模的城市规划所涵盖的区域范围面积相对于改革开放初期都大大增加了。城市不同分区的发展程度不同，规划目标和要求也不同，灾害环境、工程设施的类型及分布特点、分区规划发展的防灾需求差异也很大。城市的建设和发展按照总体规划具有不同的发展时序和重要性，产生对抗震防灾的要求差异，从抗震防灾的角度看，城市规划区的不同地区抗震防灾需求层次和侧重点也有所差异。城市建成区灾害的规模效应比其他地区高，尤其城市中的高密度开发区和其他致灾因素比较多的地区地震易损性明显提高，在进行抗震防灾评价和规划安排时应该特别注意；城市规划的新建区、待发展区迫切需要解决的问题包括防灾基础设施建设、防灾措施的制定、土地利用适宜性评价和防灾规划技术指标的制定等。划分工作区主要是考虑不同功能区域的灾害及场地环境影响特点、灾害的规模效应、工程设施的分布特点及对抗震防灾的需求重点，区分不同地区抗震防灾工作不同层次、不同标准的需求及轻重缓急。为此，按照防灾规划的编制要求，考虑城市的总体发展要求和不同地区的用地性质，将城市规划区划分为不同类别的工作区，以便各有侧重、突出重点、统筹规划。

不同工作区的主要工作项目应不低于表3-2～表3-5的要求。

3.3.4 城市的主要防灾研究对象及评价要求

城市抗震防灾规划的研究对象是不断发展的城市系统，亦即研究区域内的与城市建设相关的地震地质和场地环境、建筑结构工程、城市基础设施等城市环境要素和建设要素以及由这些要素组成的复杂的、不断变化发展的城市复杂工程系统。城市抗震防灾规划中需要重点研究的对象分为以下几类，相应的评价要点和规划要求如下。

1. 城市用地

城市规划建设用地选择的盲目性在许多地方造成了相当大的投资和建设风险，城市用地工程抗震适宜性规划是防灾规划中对城市总体规划具有强制性的核心内容之一，应在进行城市用地抗震类型分区和不利因素评价估计的基础上，进行防灾适宜性评价，区分不同的适宜性，提出城市规划建设用地选择与相应的城市建设抗震防灾要求和对策。

2. 城市基础设施

主要是指城市的生命线系统，包括单体工程设施和由其组成的网络。在进行抗震防灾规划编制时，主要需对供电、供水、供气、交通系统以及对抗震救灾起重要作用的指挥、通信、医疗、消防、物资供应及保障系统等进行抗震防灾评价，应在加强单体工程设施抗震评价的基础上，针对供电、供水、供气、交通系统根据实际需要进行网络功能抗震评价。必要时，与这些系统相关的次生灾害影响也是研究的重点。结合城市基础设施各系统的专业规划，针对其在抗震防灾中的重要性和薄弱环节，提出基础设施规划布局、建设和改造的抗震防灾要求和措施。

3. 城区建筑

（1）重要建筑，主要包括：《建筑工程抗震设防分类标准》GB 50223—2008中的甲、乙类建筑，市级

不同类别工作区的主要工作项目——城市用地　　　　　　　　　　表3-2

工作项目及编号\工作类别	1 场地环境与勘察资料综合评估	2 用地抗震类型分区	3 地震场地破坏效应评价	4 不利地段、危险地段划分	5 用地抗震适宜性评价	6 用地限制建设对策和抗震防灾要求
一类	√	√	√*	√*	√*	√
二类	√	√	√	√	√	√
三类	√	#	#	√	√	√
四类	√	#	#	#	√	√

不同类别工作区的主要工作项目——基础设施　　　　　　　　　　表3-3

工作项目及编号\工作类别	7 应急功能保障布局和抗震防灾要求	8 应急保障基础设施抗震性能评价	9 医疗、通信、消防、救灾物资储备库重要建筑抗震性能评价	10 基础设施系统抗震防灾要求
一类	√	√*	√*	√
二类	√	√	√	√
三类	√	#	#	√
四类	√	—	—	√

不同类别工作区的主要工作项目——城区建筑　　　　　　　　　　表3-4

工作项目及编号\工作类别	11 群体建筑抗震性能评价	12 抗震薄弱区划定和评价	13 城区建筑加固改造抗震要求与减灾对策	14 新建工程抗震防灾措施	15 重要建筑工程抗震性能评价及抗震防灾措施
一类	√	√*	√	√	√*
二类	√	√	√	√	√
三类	#	√	#	√	√
四类	—	√	—	√	√

不同类别工作区的主要工作项目——其他专题　　　　　　　　　　表3-5

工作项目及编号\工作类别	16 避难人口规模、分布评价	17 救灾避难困难区评价	18 固定避难场所安全评价	19 避难场所责任区划	20 地震次生灾害防御要求与减灾对策	21 需要专门研究的特定抗震防灾问题
一类	√*	√*	√*	√*	√*	—
二类	√	√	√	√	√	—
三类	#	—	#	√	√	—
四类	—	—	#	#	#	—

注：1. 表3-2~表3-5中的"√"表示应做的工作项目，"#"表示宜做的工作项目，"—"表示可选做的工作项目。2. *表示宜开展专题抗震防灾研究的工作内容。

党政指挥机关、抗震救灾指挥部门的主要办公楼，生命线系统的关键节点、可能造成重大人员伤亡或经济损失的其他建筑等。

（2）一般建筑：根据抗震评价要求，考虑结构形式、建设年代、设防情况、建筑现状等，参考工作区建筑调查统计资料进行分类。

城区中建筑密集或高易损性区域是研究重点，在这里重点强调对城区中的这些区域进行抗震防灾评价，为城市的规划建设提供指导。

传统城市抗震防灾规划中的建筑物抗震防灾规划部分，对城市现有建筑物进行抗震性能评价与城市工程设施的抗震防灾对策脱钩比较严重，抗震加固措施常常缺乏针对性。因此，建筑物的抗震防灾评价应与城区建设的抗震防灾要求和对策的制订结合起来，城市抗震防灾的对策应突出城区评价，针对城区建设和改造的薄弱环节提出相应的抗震防灾对策，体现分清层次、突出重点、分别侧重的原则。城区建筑抗震防灾对策研究考虑以下原则：

（1）在考虑城市功能的分区基础上进行。

（2）结合抗震性能评价结果分层次进行。

（3）重点针对抗震防灾能力薄弱城区，高密度、高危险城区。

4. 地震次生灾害源点

在进行抗震防灾规划编制时，应确定次生灾害危险源的种类和分布，并进行危害影响估计或评价。

城市防御地震次生灾害规划安排应结合城市的安全生产和危险品管理工作以及消防等专业规划，从优化城市次生灾害源点布局和加强次生灾害源点抗震防灾能力、减轻灾害影响方面重点进行规划。其规划编制按照次生灾害危险源的种类和分布，根据地震次生灾害的潜在影响，分类分级提出需要保障抗震安全的次生灾害源点。对可能产生严重影响的次生灾害源点，结合城市的发展，控制和减少致灾因素，提出防治、搬迁改造等要求。

5. 避震疏散场所，防灾据点

避震疏散规划是减少人员伤亡的有效手段。避震疏散的安排应坚持"平震结合"的原则，结合城市的绿地、广场、公园、公共设施等规划，合理进行疏散场所的规划安排，加强避震疏散的抗震安全和逐步提高避震疏散条件。制定避震疏散规划的主要内容为：

（1）避灾疏散的基本技术指标要求的制定，如避灾场地的面积要求、环境要求等。

（2）避震疏散场所的抗震防灾要求，包括场地的现状评价、人均避难面积、场地的安全性、配套设施和管理要求。

（3）避震疏散道路的要求，如城市出入口数量要求、主干道和次干道要求、道路宽度要求等。

（4）避灾疏散规划安排和对策。

（5）防灾据点和防灾公园的规划建设。

在整个防灾规划的研究和编制过程中，要特别注意点线面的有机结合。抗震防灾重点主要是国家级历史保护建筑、政府指挥机关和重大工程。人员众多的公众建筑等要考虑作为防灾据点对其抗震设防和抗灾能力进行重点研究。针对线状设施与网络的工作研究内容主要是指生命线系统抗灾能力分析和功能保障措施，以减轻震后可能引发的次生灾害和损失。

3.4 城市抗震防灾规划的基本体系与技术路线

3.4.1 城市抗震防灾的基本体系

从汶川地震震害经验来看，这次地震暴露出的突出问题是工程设施破坏情况严重，救灾行动极其困难，从而造成了大量的人员伤亡和经济损失。导致这些问题的主要原因有两个：其一是工程设施的抗震设防标准考虑不足，建筑承受的荷载超过设防烈度（例如本次地震中设防烈度是Ⅶ度，但是实际地震烈度为Ⅺ度）。其二是城市规划与建设中对承担救灾功能的基础设施的设防水准明显偏低、空间布局不尽合理，致使其未能发挥有效救灾作用。因此，为避免类似灾害的重演，增强城市综合防灾能力，有效保证人民生命财产安全，迫切需要研究在城市一体化进程中城市防灾体系的建设问题。从发达国家减灾实践看，构建城市防灾体系，是减轻区域灾害损失和保证救援工作顺利开展的有效途径。

基于上述考虑，提出了在城市防灾体系建设中考虑两道防线的思路。[105]首先使区域内所有工程设施在预期的设防标准和目标下具有一定的抗灾能力，由此构成城市防灾体系的第一道防线；为确保超过设防水平灾害影响区域内的救灾功能，将城市防灾关键节点与线状或网状的基础设施有机结合起来，形成由点—线—面构成的城市救灾空间格局，作为城市防灾体系的第二道防线。在此基础上，将两道功能互补的防线有机结合构建城市防灾体系。

一、城市防灾体系初步框架

影响城市防灾能力的主要因素有两个方面，一个是城市抗御灾害的能力，另一个是城市遭受灾害影响后的应急救灾能力。所以，城市防灾体系主要包括抗灾和救灾两个子体系，其构架和关键影响因素如图3-4所示。

城市抗灾子体系减轻灾害的基本思想体现在一个"抗"字上，是属于传统单体抗灾方式的扩展，目的是将城市工程设施建设得更加安全，手段是通过提高城市各类工程的设防标准，使得城市遭受灾害影响后工程设施不发生破坏，从而保证城市的防灾能力，进而构成保证城市防灾能力的第一道防线。

城市救灾子体系减轻灾害的基本思想体现在一个"救"字上，是在城市遭受超过设防水准灾害作用后城市工程设施抗灾能力不足的情况下的一种补救措施，其目的是保证灾后救灾工作的顺利开展，

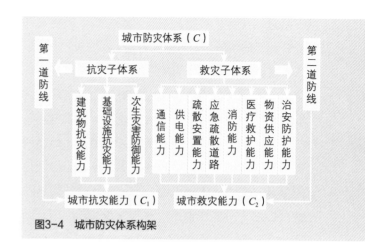

图3-4 城市防灾体系构架

通过及时有效的救灾工作来减轻城市灾害影响。如果配备了足够的防灾空间、冗余度较高（如救灾道路、供水管线等基础设施），则对于震后救灾无疑会起到重要的作用，因此可将其称为保证城市防灾能力的第二道防线。

可以看出，这两个子体系既有差别又相互交叉融合，对于保证城市防灾功能的实现都不可或缺。原则上讲要保证城市防灾能力，加强第一道防线的功能或强化第二道防线的作用都会起到一定的防灾效果。从国外的减灾实践看，单纯靠提高第一道防线的门槛，即全面提高城市设防标准是一般国家的国力难以承受的，完全依靠第二道防线的作用，当遭受极端灾害时可能会造成巨大的损失，一般都采用两者兼顾考虑的减灾策略。因此，在目前我国城市一体化的大背景下，城市防灾工作应该统筹考虑城市和乡村的防灾建设，不仅局限于单体工程设施的抗灾建设，还要充分考虑城市空间格局对救灾的作用，建设具有两道防线的城市防灾体系。两道防线建设要充分发挥各自所承担的防灾功能，在城市规划建设中一同考虑，形成一个"防、抗、救"有机结合的防灾体系。在城市防灾体系建设过程中要充分考虑防灾投入与防灾效益之间的权衡关系，既不能将有限的防灾资金全部投入到第一道防线的建设，同样将防灾资金完全投入到第二道防线的建设

也不是最佳选择，应根据不同灾害背景、经济条件及各自承担的功能等因素综合确定。

以地震灾害的防御为例来说，目前多采用第一道防线，相关的抗震防灾技术也相对比较成熟，这种途径对于提高城市防灾能力无疑是一个重要并有效的手段。但由于受到防灾资金的限制，在地震危险性分析的基础上制定了一个设防水准，但由于地震发生具有很大的不确定性，超过设防水准的事件也是可能的，所以城市不可避免地在抗震防灾方面冒有一定风险。当遭遇超过设防水准的地震影响时，突破了第一道防线，此时城市的抗震防灾能力出现不足，可能会出现不同程度的破坏。所以，为弥补第一道防线一旦被突破后造成的严重后果，需要重点保证第二道防线的有效性，即通过安排若干避灾公园和防灾据点等点状设施，交通、供水、供电、通信、医疗设施等线状基础设施，按照较高的设防标准进行建设，形成具有救灾功能的城市抗震救灾空间格局。

二、城市救灾空间布局

救灾子体系实质上是将城市防灾关键节点与线状或网状的基础设施有机结合起来，形成由点—线—面构成的城市救灾空间结构模式，它是通过提高防灾关键节点的设防标准，并利用城市规划和设计手段对这些防灾关键节点进行合理布局，从而达到增强城市防灾体系的救灾能力的目的。

针对不同的救灾保障要求和目标，提出了三级城市救灾空间结构模式，包括：区域层面、市域层面和城市层面三个结构等级，每一结构等级自成体系又相互连通，形成层层递进的态势，各结构等级之间的关系见图3-5所示。

图3-5中实际上包含三个层面的救灾空间结构模式：区域层面上，同心圆表示整个城市，空心圆表示乡镇，粗线表示城市之间相互联系的防灾关键网络，细线表示城市与乡镇联系的防灾关键网络；市域层面上，同心圆表示城市实体或乡镇，空心圆表示村庄，

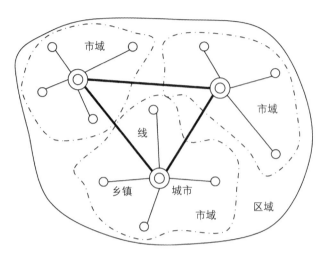

图3-5 城市救灾空间结构模式示意图

粗线表示城市或乡镇之间相互联系的防灾关键网络，细线表示乡镇与村庄联系的防灾关键网络；城市层面上，同心圆表示城市中的一级防灾关键节点，空心圆表示二级防灾关键节点，粗线表示一级防灾关键节点之间相互联系的防灾关键网络，细线表示一级与二级防灾关键节点之间的防灾关键网络。

1. 区域层面

区域层面的救灾空间结构体系建设是从城市空间发展战略角度对城市进行合理布局，形成一个有利于救灾的空间格局，在遭受巨灾影响后有效保证救灾工作的顺利进行。在城市建设过程中有意识地增强城市之间的救灾合作与协调关系，将大型防灾关键设施分散于不同城市之中，形成优势互补的关系，避免救灾资源集中于单个城市，一旦城市遭到强烈地震袭击后单个城市功能丧失而导致整个救灾工作的失效。

为了保障灾害期间区域内城市之间的联系，将城市整体作为区域救灾空间结构体系的防灾关键节点，通过城市之间的关键线路将城市连接起来，形成互补的有效救灾网络。救灾关键设施主要包括城市出入口、一级变电站、救灾干道、高压电线线路、通信塔架等。由于这些救灾关键设施所承担的救灾功能，要确保这些关键设施的防灾安全，在规划选址上严格控

制，设防标准要高于一般的工程设施，以保证区域救灾功能的有效性。

2. 市域层面

市域层面的救灾空间结构体系建设是以保障灾害发生后城市内部自救工作的进行为主要目标，从市域内城市、城区、乡镇空间形态角度构建合理的救灾空间体系。经验表明，城市的过度聚集是多种城市灾害的根源，并且对城市灾害具有放大作用，也是灾害损失不断扩大的重要原因，分散式布局对于防灾来说具有相对优势。市域层面的救灾空间结构体系是区域层面救灾空间体系的进一步延伸，也是进行城市层面救灾空间体系建设的前提。

在这个层面上将城市、城区、乡镇作为防灾关键节点进行考虑。这一层次的救灾关键设施主要有城市与城区、乡镇相联系的出入口，城市中与城区、乡镇一级变电站相联系的变电站，乡镇一级变电站，乡镇通信设施等，通过乡道、关键电力线路等并将这些设施联系起来，形成市域层面的城市救灾空间结构体系。其中，救灾关键设施抗灾设防标准可考虑略高于当地设防水准。

3. 城市层面

城市层面的救灾空间结构体系建设以保障灾害发生后人员有效疏散、安置和救治为主要目的，对具体的城市实体工程进行布局和建设。在这个层面上将城市和乡镇中的避震疏散场所、学校、二级变电站、医疗机构、消防机构、供水机构、物资保障机构等作为防灾关键节点，通过城市快速路、主干道、关键电力网络、关键供水管线等并将这些防灾关键节点相互联系，形成城市救灾空间结构。为了保证这些关键节点灾害发生后的安全性，建议适当提高其设防水准。

通过基于上述三个层面组成城市救灾空间格局的构想，实现了城市点、线、面相结合一体化的救灾网络布局，构建了具有救灾功能的第二道防线。将其与承担抗灾作用的第一道防线有机地结合起来，形成城

市防灾体系的基本框架。

3.4.2 规划的基本原则

（1）抗震防灾规划应坚持"以人为本"的规划编制指导思想，体现对生命的重视和尊重。规划的制定出发点是人，落脚点是工程，通过不断地提高城市的综合抗震防灾能力，改善承灾体的抗震性能，完善系统抗灾能力，保证民众的生活安全质量；规划措施的制定，应体现民众的需求，始于民而又归结为服务于民。

（2）抗震防灾规划应与城市总体规划相互协调。抗震防灾规划从编制模式到实施均应与城市总体规划相协调，并与城市的功能定位相一致，反映当地城市建设的实际情况和具体特点，同时对总体规划和各专业规划应有所反馈。

（3）抗震防灾规划应坚持"分清层次、区别对待、有所侧重、突出重点、统筹安排、全面规划"的编制原则。城市规划新增建设用地部分将注重土地的综合利用，建成区注重旧城和其他薄弱环节的抗震加固与改造，生命线工程和新建工程设防注重先进技术的应用以及与城市建设的结合，既应有具体指标和措施要求，也要有总体和宏观的指导原则和要求。

（4）抗震防灾规划应充分考虑城市的抗震承载力现状。城市抗震防灾规划的研究和编制工作涉及规划、建设、房管、地震、国土、交通、市政、医疗、电力、通信等许多领域，在这些领域中，有关基础资料和信息、防灾减灾等方面已经进行了大量的工作，进一步的研究必然要建立在这些领域各主管部门和技术依托单位的已有信息和成果充分利用的基础之上，进行资源整合，并针对城市建设和发展要求进行提升。

同时，抗震防灾规划应具有可操作性。规划中的抗震防御目标、抗震设防标准、建设用地选址、

各类工程和基础设施的抗震防灾措施等应充分考虑工程建设的实际情况和经济发展水平，规划实施要注意远近结合，近期规划强调各类工程设施抗震能力的提高，远期规划强调防灾空间布局和应急保障基础设施的落实。

3.4.3 规划技术路线

一般来说，城市抗震防灾规划总体技术路线可参见图3-6。城市抗震防灾规划的研究层次大致分析如下。

1. 按研究工作性质可划分为三种类型

（1）现场工作：包括现场基础资料和信息的收集与调查、补充勘察工作、现场试验和测试工作。

（2）城市抗震防灾规划的研究：包括各灾害场和灾害影响场的分析和评价，易损性和危害性分析评价，直接灾害、间接灾害和次生灾害的评价分析，城市防灾规划编制。

（3）管理系统平台的开发：包括GIS空间数据和空间模型数据库的建立、输入和维护，数字防灾技术辅助分析评价软件平台的开发和完善，辅助管理决策分析系统平台的开发和完善。

2. 从编制过程来看，大体可以分为五个层次

（1）基础资料和信息的收集、调查、补充和整理

包括：基础资料的收集与调查，补充勘察，补充测试与试验，基础资料与信息的整理和评估，承灾体抗震性能调查和评估。

编制抗震防灾规划所需要的基础资料和信息主要包括六个方面：与防灾减灾有关的城市基本情况，有关城市及附近地区的历史地震与地震地质资料，工程地质和水文地质资料，地形地貌和地形变化资料，城市建（构）筑物、工程设施和设备的抗震能力，生命线系统的现状与抗震能力等。

需要注意的是，城市抗震防灾规划所依据的基础资料和信息应满足动态分析和动态预测的需要，同时也为下一轮次的规划修编提供数据基础，避免每次规划修编都需要花费大量的人力物力重新进行基础资料的收集、调查和补充，从而减少修编工作量，加快修编的进度。

（2）空间数据库和空间分析模型数据库的建立和维护

建立城市防灾基础信息环境的空间数据库和空间分析模型数据库是应用软件系统平台进行动态管理、动态分析和动态预测并进行动态决策的基础和保证，其关键是数据组织结构的设计和建立，应充分利用GIS的空间数据库管理特性，强调信息组织的结构化和标准化，保证研究和应用各个阶段数据信息组织的协调一致性。

（3）基础研究

基础性研究的目的在于为城市抗震防灾规划的编制提供依据，主要内容包括：地震影响评价和工程抗震土地利用及适宜性评价、基础设施和城区建筑抗震防灾评价、次生灾害评估、避震疏散评价、地震伤亡与经济损失预测等等。基础研究是城市抗震防灾规划编制的基础工作。

（4）抗震防灾规划的编制

（5）基于GIS的城市抗震防灾规划管理系统

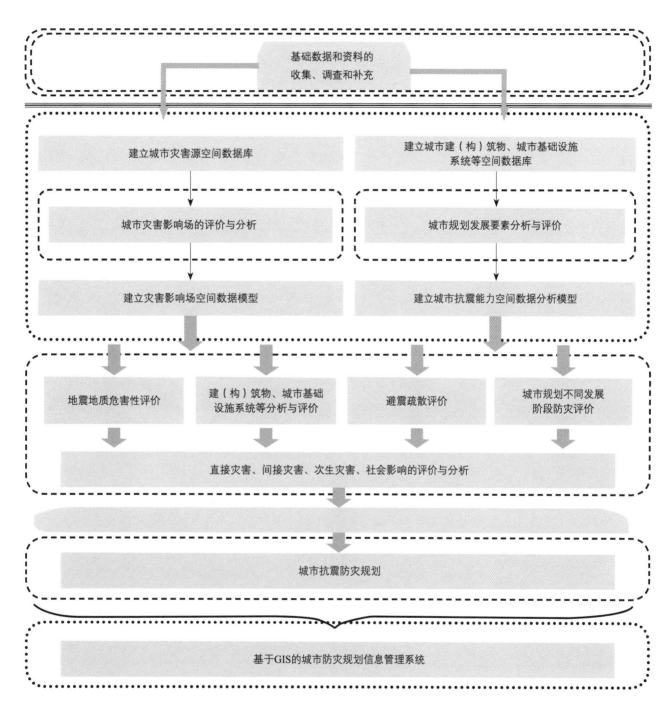

图3-6 城市抗震防灾规划编制总体技术路线图

第 2 篇　规划实务

第4章 城市抗震性能评价

4.1 城市抗震防御目标与设防标准

关于城市抗震防御目标已在第3章中作了介绍，为了实现上述防御目标，需要规划与工程处理等手段相结合，本节重点针对城市重要工程设施的设防标准进行介绍。

一、重要建筑设防标准研究

将建筑物按其重要性进行分类，并确定其相应的设防等级（或设计地震动参数），是工程抗震设防工作的一项重要内容。目前，国内外标定建筑物的安全等级都是按其重要性进行的。同一类建筑在同一个地区由于其政治、经济或文化意义上的重要性和可能造成的不同地震后果影响及恢复的难易程度不同，其设防目标和采用的设防水准也要求不同，这就是设防等级的不同。在抗震设计规范中一般表现为区分不同结构的重要性，以便从政治、经济、社会影响等方面考虑建筑物遭遇地震的后果，并对建筑物采取不同的对策以控制建筑物的破坏程度。

我国抗震规范中建筑物重要性分类及相应的设防要求

将建筑物按其重要性进行分类是各国抗震设计规范的主要内容之一，抗震设计规范的发展过程在某种意义上体现了对建筑物重要性和地震危害性认识的发展过程。如前所述，我国抗震设计规范经历6个阶段的发展，正式颁发了4本抗震设计规范，不同规范中对建筑物重要性类别的划分及设防要求的规定如下：

（1）1974年我国颁发的第一本抗震规范《工业与民用建筑抗震设计规范（试行）》TJ 11—1974（简称74规范）中建筑物的重要性类别规定：Ⅰ为特别重要的建筑物，设计烈度比基本烈度提高一度；Ⅱ为重要的建筑物，包括地震时不能中断使用的建筑物，地震时易产生次生灾害的建筑物，重要企业中的主要生产厂房，极重要的物资贮备仓库，重要的公共建筑，高层建筑等，设计烈度等于基本烈度；Ⅲ为一般建筑物，设计烈度比基本烈度降低一度，但Ⅶ度时不降低；Ⅳ为临时性建筑物，不进行抗震设防。

（2）《工业与民用建筑抗震设计规范》TJ 11—1978（简称78规范）中将建筑物按重要性分为三类：Ⅰ为特别重要的建筑物，设计烈度比基本烈度提高一度；Ⅱ为一般建筑物，设计烈度等于基本烈度；Ⅲ为次要建筑物，如一般仓库、人员较少的辅助建筑物等，设计烈度比基本烈度降低一度，但Ⅶ度时不降低。

（3）《建筑抗震设计规范》GBJ 11—1989（简称89规范）中将建筑物按照其政治、经济、社会影响的重要性分成四类（详见89规范）。与此规范相配套，1995年4月发布并于同年11月1日开始实施的国家标准

《建筑抗震设防分类标准》GB 50223—1995给出了各行业的甲、乙、丙、丁类建筑，并对甲、乙、丙、丁类建筑的设防标准提出了要求（详见各行业规范），从而取代了89规范关于建筑抗震设防分类和设防要求相应的规定。

（4）2002年1月实施的《建筑抗震设计规范》GB 50011—2001主要引用了《建筑抗震设防分类标准》GB 50223—1995，将建筑物使用功能的重要性分为甲、乙、丙、丁四个类别，并对抗震设防分类及其设防标准进行了一定的调整，修改了《建筑抗震设防分类标准》GB 50223—1995中规定甲类建筑的地震作用应按本地区设防烈度提高一度计算的规定，并着重强调了抗震措施和抗震构造措施的区别。

（5）2008年实施的《建筑工程抗震设防分类标准》GB 50223—2008将建筑工程分为特殊设防类、重点设防类、标准设防类及适度设防类四个抗震设防类别。

（6）2010年实施的《建筑抗震设计规范》GB 50011—2010中规定了建筑抗震设防分类和设防标准应按照现行《建筑工程抗震设防分类标准》GB 50223—2008确定的要求。

表4-1给出了我国建筑抗震重要性分类的发展。

我国建筑抗震重要性分类的发展　　　　　　　　　表4-1

规范		建筑重要性类别			
		甲类建筑	乙类建筑	丙类建筑	丁类建筑
《建筑抗震设计规范》GB J11—1989	分类标准	特殊要求的建筑物，如遇到地震破坏会导致严重后果的建筑，必须经国家规定的批准权限批准	国家重点抗震城市的生命线工程的建筑	甲、乙、丁类以外的建筑	次要建筑，如遇地震破坏不易造成人员伤亡和较大损失的建筑
	地震作用	应按专门研究的地震动参数确定	应按本地区的设防烈度计算，设防烈度为Ⅵ度时，除规范有具体规定外，可不进行地震作用计算	同乙类建筑	同乙类建筑
	抗震构造措施	应特殊处理	当设防烈度为Ⅵ度～Ⅷ度时，应提高一度采取抗震构造措施，当设防烈度为Ⅸ度时，可适当提高	按本地区设防烈度进行	可按本地区设防烈度降低一度采取措施，当为Ⅵ度时可不降低

续表

规范		建筑重要性类别			
		甲类建筑	乙类建筑	丙类建筑	丁类建筑
《建筑抗震设防分类标准》GB 50223—1995	分类标准	地震破坏后对社会有严重影响，对国民经济有巨大损失或有特殊要求的建筑物	使用功能不能中断或需尽快恢复，及地震破坏造成重大社会影响和国民经济巨大损失的建筑物	地震破坏后有一般影响及不属于甲、乙、丙类的建筑物	地震破坏或倒塌不会影响上述各类建筑，且社会影响、经济损失轻微的建筑。一般指存储物品价值低、人员活动少的单层仓库建筑
	地震作用	提高设防烈度一度设计	按本地区抗震设防烈度计算	按设防烈度进行	在一般情况下其地震作用可不降低，按本地区的抗震设防烈度计算
	抗震构造措施	提高设防烈度一度设计	当设防烈度为Ⅵ度～Ⅷ度时，应提高一度采取抗震构造措施，当设防烈度为Ⅸ度时，可适当提高。对较小的乙类建筑，可采取抗震性能好、经济合理的结构体系，并按本地区抗震设防烈度采取措施，乙类建筑的地基基础可不提高抗震措施	按设防烈度进行	当设防烈度为Ⅶ度～Ⅸ度时抗震构造措施可按本地区设防烈度降低一度采取，Ⅵ度时可不降低。
《建筑抗震设计规范》GB 50011—2001	分类标准	重大建筑工程和地震时可能发生严重次生灾害的建筑	使用功能不能中断或需尽快恢复的建筑	除甲、乙、丁类以外的一般建筑	抗震次要建筑
	地震作用	应高于本地区抗震设防烈度的要求，其值应按批准的地震安全性评价结果确定	应符合本地区抗震设防烈度的要求	应符合本地区抗震设防烈度的要求	应符合本地区抗震设防烈度的要求
	抗震措施	当设防烈度为Ⅵ度～Ⅷ度时，其抗震措施应符合本地区抗震设防烈度高一度的要求；当为Ⅸ度时，应符合比Ⅸ度抗震设防更高的要求	当设防烈度为Ⅵ度～Ⅷ度时，其抗震措施应符合本地区抗震设防烈度高一度的要求；当为Ⅸ度时，应符合比Ⅸ度抗震设防更高的要求	应符合本地区抗震设防烈度的要求	应允许比本地区抗震设防烈度的要求适当地降低，但Ⅵ度时不降低
	抗震构造措施	Ⅰ类场地：应允许仍按本地区抗震设防烈度的要求采取抗震构造措施 Ⅱ类场地：同抗震措施 Ⅲ、Ⅳ类场地：同抗震措施，但对设计地震基本加速度为0.15g和0.3g的地区，宜分别按抗震设防烈度Ⅷ度（0.2g）和Ⅸ度（0.4g）采取抗震措施	应允许仍按本地区抗震设防烈度的要求采取抗震措施	应允许仍按本地区抗震设防烈度的要求降低一度采取抗震构造措施，但Ⅵ度时不降低	同抗震措施
《建筑工程抗震设防分类标准》GB 50223—2008	分类标准	指使用上有特殊设施，涉及国家公共安全的重大建筑工程和地震时可能发生严重次生灾害等特别重大灾害后果，需要进行特殊设防的建筑	指地震时使用功能不能中断或需尽快恢复的生命线相关建筑，以及地震时可能导致大量人员伤亡等重大灾害后果，需要提高设防标准的建筑	指大量的除1、2、4款以外按标准要求进行设防的建筑	指使用上人员稀少且震损不致产生次生灾害，允许在一定条件下适度降低要求的建筑

续表

规范	建筑重要性类别			
	甲类建筑	乙类建筑	丙类建筑	丁类建筑
《建筑工程抗震设防分类标准》GB 50223—2008 　　地震作用与抗震措施	应按高于本地区抗震设防烈度提高一度的要求加强其抗震措施；但抗震设防烈度为IX度时应按比IX度更高的要求采取抗震措施。同时，应按批准的地震安全性评价的结果且高于本地区抗震设防烈度的要求确定其地震作用	应按高于本地区抗震设防烈度一度的要求加强其抗震措施；但抗震设防烈度为IX度时应按比IX度更高的要求采取抗震措施；地基基础的抗震措施，应符合有关规定。同时，应按本地区抗震设防烈度确定其地震作用	应按本地区抗震设防烈度确定其抗震措施和地震作用，达到在遭遇高于当地抗震设防烈度的预估罕遇地震影响时不致倒塌或发生危及生命安全的严重破坏的抗震设防目标	允许比本地区抗震设防烈度的要求适当降低其抗震措施，但抗震设防烈度为VI度时不应降低。一般情况下，仍应按本地区抗震设防烈度确定其地震作用

　　从我国抗震规范中建筑物重要性分类及相应设防标准的演变中可以看出，我国规范在经济条件的制约下，不同时期不同类别建筑的设防要求是有一定差异的，这表明对建筑结构进行抗震设防，确保建筑的安全性，在很大程度上依赖于国家的经济和科技发展水平。

　　二、不同设计基准期抗震加固设防标准的研究——我国建筑物抗震鉴定及加固标准

　　（1）我国抗震鉴定及加固标准的发展历程

　　工程结构和设施的抗震设防标准是进行工程抗震设防的基础，城市建筑物抗震鉴定和加固标准都是以抗震设防标准为依据的。我国的建筑抗震设防标准从新中国成立初期照搬苏联规范到《建筑工程抗震设防分类标准》GB 50223—2008，经历了从无到有、不断发展的过程。我国在制定新建工程抗震设计规范的同时，针对已建成房屋鉴定和加固的需要，在1975年颁发了《京津地区工业与民用建筑抗震鉴定标准》（适用于京津地区）。在1975年海城地震和1976年唐山地震后，通过现场调查和分析研究，进一步积累了抗震设防经验和加固科研成果。在抗震设计规范进行研究和修订的同时，对鉴定标准和加固规程也进行了几次修订，并逐步扩大了其使用范围，见表4-2。

我国抗震鉴定标准、加固规程的历程[106]　　　　　　　　表4-2

抗震鉴定标准	抗震加固规程	适用范围
京津地区工业与民用建筑抗震鉴定标准（1975年9月颁布）	—	京津地区试行VII～VIII度区
工业与民用建筑抗震鉴定标准TJ 23—1977	工业与民用建筑抗震加固技术措施	全国通用标准（试行）VII、VIII、IX度地震区
建筑抗震鉴定标准GB 50023—1995	建筑抗震加固技术规程JGJ 116—1998	全国强制性标准VI、VII、VIII、IX度地震区
建筑抗震鉴定标准GB 50023—2009	—	适用于抗震设防烈度为VI～IX度地区的现有建筑的抗震鉴定

从表4-2可以看出，近年我国在重视新建工程的抗震设防的同时，还重视改善和提高现有建筑物的鉴定加固、抵御地震灾害的能力。世界上130次巨大的地震，其中95%以上的人员伤亡，是由于抗震能力不足的建筑物倒塌造成的。因此，抗震鉴定加固对减轻地震时生命财产的损失是非常重要的。

（2）抗震加固设防标准的现状和问题

在现行的《建筑抗震设计规范》GB 50011—2010（以下简称《抗规》）中，一般建筑物的设计基准期均取为50年，其抗震设计采用三水准设防、两阶段设计的原则。所谓三水准设防，就是"小震不坏、中震可修、大震不倒"，小震也称多遇地震，其重现期为50年，相应的超越概率为50年63%；中震也称基本烈度地震，其重现期为475年，相应的超越概率为50年10%；大震也称罕遇地震，其重现期为1975年，相应的超越概率为50年2%～3%。在《中国地震动参数区划图》GB 18306—2015中，给出了全国各地的地面峰值加速度。

由于目前工程结构的抗震设计包含概念设计、计算设计和构造设计三部分内容，因此，新的区划图直接给出50年设计基准期下各类地震设防区的基本峰值加速度，这对于建筑结构的抗震计算而言，是十分方便的。另外，《抗规》根据三水准设防、两阶段设计的原则进一步给出了各类抗震设防区的小、中、大震的地面峰值加速度。

然而，很多情况下建筑物的设计使用年限不是50年，重要建筑物的设计使用年限可能大于50年，某些工业建筑和不准备长期使用的建筑物的设计使用年限可能小于50年。特别是对抗震加固来说，由于不同建筑物已经使用的年限不同，要使加固后的建筑物在后续服役期中具有与原设计相同的概率水准，就必须考虑建筑物的后续服役期的不同，若仍按50年设计使用年限进行抗震鉴定加固设防是不经济的，也是不合理的。[107]考虑后续服役期的不同，结构工程师们在进行抗震计算时，其峰值加速度应如何确定呢？目前国家

规范尚无直接的条文可以利用，而对于一般建筑来说，通过地震危险性分析和地震安全性评价的方法来确定设计用的地震动参数既不现实，也没有必要，因此针对建筑物的不同使用年限，应建立相应的"地震动参数"，国内目前已有两种办法可近似解决此问题。

4.2 城市用地抗震性能评价

目前，城市规划中建设用地选择依旧只考虑自然环境条件和经济要素，对于灾害对土地开发建设的限制和约束重视不足，城市安全用地无法保障。在此背景下，研究识别和评估地震、地质灾害等多灾种的综合影响，评价城市土地利用的防灾适宜程度，从而科学选择建设用地的技术方法，对合理安排城市功能布局、统一规划、制定科学决策、采取积极有效的防灾减灾措施进而确保城市安全具有重要意义。

4.2.1 评价要求和技术路线

城市用地抗震评价与土地利用规划应充分利用城市现有有关城市和区域地震环境和场地环境方面的研究结果，根据城市的特点和有关规范标准，对研究区域内的地震地质环境和场地条件影响进行评价，尽量采用现有的、先进的、比较合理和成熟的科研成果，进行城市用地抗震类型分区和有关抗震防灾要求的研究，以满足规划阶段的用地评价和选择要求（图4-1）。

一、现有地震地质、工程地质和场地环境等资料的收集、整理、补充和综合分析

（1）在收集现有资料的基础上进行整理和分析，编制钻孔分布图，建立钻孔状况表；

（2）工作区地震工程地质特征现场考察和研究。

二、城市用地补充勘察

在进行城市地震地质环境和场地环境初步评价的基础上，确定钻孔补充勘察方案，按一定的程序审查

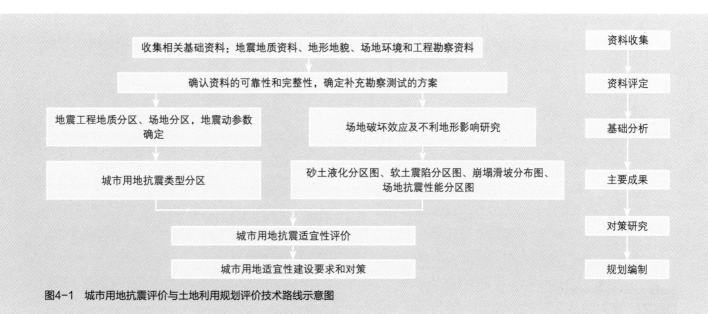

图4-1　城市用地抗震评价与土地利用规划评价技术路线示意图

确认后，进行补充勘察工作。

进行城市用地抗震性能评价时所需钻孔资料，应能满足本章的评价要求，并符合下述规定：

（1）对一类规划工作区，每平方公里不少于1个钻孔；

（2）对二类规划工作区，每两平方公里不少于1个钻孔；

（3）对三、四类规划工作区，不同地震地质单元不少于1个钻孔。

地震地质单元是指反映成因环境、岩土性能和发育规律、潜在场地效应和土地利用及相应措施方面差异的最小地质单元。一般可以规划工作区工程地质评价结果结合城市抗震防灾规划标准的评价要求进行划分和确定。

由于我国幅员辽阔，各个城市甚至一个城市不同区域的地震、工程地质特征和场地特征的变化不同，对各地区和各个城市规定统一的钻孔数量标准确实存在一定难度，因此城市抗震防灾规划标准只规定了最低要求，在具体规划编制时，可根据城市的地震环境和场地环境特点，对所需钻孔数量进行合理确定。

三、进行城市用地抗震类型分区研究

在现有的区域性地震环境评价和地震危险性分析成果的基础上，综合考虑地震安全性评价等工作在小区域范围内的研究结果，并结合工作区地质地貌成因环境和典型勘察钻孔资料，研究城市用地抗震类型分区。

四、城市用地地震破坏效应及不利地形影响分析

城市用地地震破坏及不利地形影响应包括对场地液化、地表断错、地质滑坡、震陷及不利地形等影响的估计，划定潜在危险地段。

五、城市用地抗震适宜性研究

在场地地震破坏效应分析及不利地形的影响估计的基础上，进行有利、不利和危险地段划分，提出防御场地失效破坏的对策措施，并考虑可能造成震害的地震、地质和场地环境效应，进行城市用地抗震适宜性研究，提出适宜修建、可修建、不宜修建分区以及各分区的城市建设的抗震防灾要求和对策，为城市开发的建设用地选择、方案制订提供依据。

4.2.2　地震地质和场地环境

城市地震地质和场地环境研究是城市用地抗震评

价与土地利用规划的基础工作。由于该项研究工作的复杂性，其研究应在尽可能充分收集已有研究成果的基础上进行。

一、标准方法

城市用地抗震防灾类型分区应结合工作区地质地貌、成因环境和典型勘察钻孔资料，根据表4-3所列地质和岩土特性进行。对于一类和二类规划工作区亦可根据实测钻孔和工程地质资料按《建筑抗震设计规范》GB 50011—2010的场地类别划分方法结合场地的地震工程地质特征进行。在按照城市抗震防灾规划标准进行其他抗震性能评价时，不同用地抗震类型的设计地震动参数可按照《建筑抗震设计规范》GB 50011—2010的同级场地类别采取。必要时，可通过专题抗震防灾研究确定不同用地类别的设计地震动参数。

指标是场地覆盖层厚度，用这两个指标确定钻孔所在场地的类别。剪切波速范围和覆盖层的厚度划分详见表4-4和表4-5。

场地覆盖层厚度的确定，应符合下列要求：

（1）一般情况下，应按地面至剪切波速大于500m/s且其下卧各层岩土的剪切波速均不小于500m/s的土层顶面的距离确定。

（2）当地面5m以下存在剪切波速大于其上部各土层剪切波速2.5倍的土层，且该层及其下卧各层岩土的剪切波速均不小于400m/s时，可按地面至该土层顶面的距离确定。

（3）剪切波速大于500m/s的孤石、透镜体，应视同周围土层。

（4）土层中的火山岩硬夹层，应视为刚体，其厚度应从覆盖土层中扣除。

用地抗震防灾类型评估地质方法　表4-3

用地抗震防灾类型		主要地质和岩土特性
I类	I$_0$类	坚硬岩石裸露分布区
	I$_1$类	上覆松散地层厚度小于3m的基岩分布区；破碎和较破碎的岩石或软和较软的岩石、密实的碎石出露分布区
II类		二级及其以上阶地分布区；风化的丘陵区；河流冲积相地层厚度小于50m分布区；软弱海相、湖相地层厚度5~15m分布区
III类		一级阶地及其以下地区，河流冲积相地层厚度大于50m分布区；软弱海相、湖相地层厚度16~80m分布区
IV类		软弱海相、湖相地层厚度大于80m分布区

二、抗震规范方法

1. 剪切波速和覆盖土层厚度分区

根据《建筑抗震设计规范》GB 50011—2010建筑场地类型可以划分为四类，其中 I 类划分为 I$_0$和 I$_1$两个亚类。分类标准采用双指标，一个指标是场地土层的等效剪切波速，用来确定土层的软硬程度，另一个

土的类型划分和剪切波速范围　表4-4

土的类型	岩土名称和性状	土层剪切波速范围（m/s）
岩石	坚硬、较硬且完整的岩石	$V_s > 800$
坚硬土或软质岩石	破碎和较破碎的岩石或软和较软的岩石，密实的碎石土	$800 \geqslant V_s > 500$
中硬土	中密、稍密的碎石土，密实、中密的砾、粗、中砂，$f_{ak} > 150$kPa的黏性土和粉土，坚硬黄土	$500 \geqslant V_s > 250$
中软土	稍密的砾、粗、中砂，除松散外的细、粉砂，$f_{ak} \leqslant 150$kPa的黏性土和粉土，$f_{ak} > 130$kPa的填土，可塑新黄土	$250 \geqslant V_s > 150$
软弱土	淤泥和淤泥质土，松散的砂，新近沉积的黏性土和粉土，$f_{ak} \leqslant 130$kPa的填土，流塑黄土	$V_s \leqslant 150$

各类建筑场地的覆盖层厚度（m） 表4-5

岩石的剪切波速或土的等效剪切波速（m/s）	场地类别				
	I$_0$	I$_1$	II	III	IV
$V_s > 800$	0	—	—	—	—
$800 \geqslant V_s > 500$	—	0	—	—	—
$500 \geqslant V_{se} > 250$	—	< 5	≥5	—	—
$250 \geqslant V_{se} > 150$	—	< 3	3～50	>50	—
$V_{se} \leqslant 150$	—	< 3	3～15	15～80	>80

土层的等效剪切波速，应按下列公式计算：

$$v_{se} = d_0/t \qquad (4-1)$$

$$t = \sum_{i=1}^{n} (d_i/v_{si}) \qquad (4-2)$$

式中　v_{se}——土层等效剪切波速（m/s）；

　　　　d_0——计算深度（m），取覆盖层厚度和20m二者的较小值；

　　　　t——剪切波在地面至计算深度之间的传播时间（s）；

　　　　d_i——计算深度范围内第i土层的厚度（m）；

　　　　v_{si}——计算深度范围内第i土层的剪切波速（m/s）；

　　　　n——计算深度范围内土层的分层数。

2. 场地类别分区

根据上述标准，对每个钻孔场地的覆盖土层厚度和等效剪切波速进行计算分析，并确定钻孔场地土的类型和建筑场地类别；资料丰富时，可确定剪切波速和覆盖层厚度分区，也可依据钻孔资料，并参考地震工程地质分区、地形地貌等，进行规划区建筑场地类别分区。

三、不确定性理论和方法[108]

1. 场地分类指标的不确定描述

我国现行的《建筑抗震设计规范》GB 50011—2010主要是根据场地的覆盖层厚度和等效剪切波速来进行场地类别的划分（表4-6），并根据地震动强度和场地类别来确定设计反应谱。为了表述方便，有利于从大量的数据实例和经验中提取较少的定性规则来描述表4-6中的场地类别，首先对2个指标定性表述（表4-7），将场地的覆盖层厚度分为9个语言描述等级，将等效剪切波速分为4个语言描述等级。需要说明的是，指标的语言值描述并不代表实际情况，仅仅是为等级的划分，从大量数据实例和经验中进行聚类归纳方便。通过分析，得到表4-7中两种指标对应的10条定性推理规则：

if	场地的覆盖层厚度无	and	等效剪切波速很大，	then	场地类别为 I ；
if	场地的覆盖层厚度很薄	and	等效剪切波速中，	then	场地类别为 I ；
if	场地的覆盖层厚度很薄	and	等效剪切波速小，	then	场地类别为 I ；
if	场地的覆盖层厚度较薄	and	等效剪切波速大，	then	场地类别为 I ；
if	场地的覆盖层厚度薄	and	等效剪切波速小，	then	场地类别为 II ；
if	场地的覆盖层厚度一般	and	等效剪切波速中，	then	场地类别为 II ；
if	场地的覆盖层厚度较厚	and	等效剪切波速大，	then	场地类别为 II ；

if　　场地的覆盖层厚度厚　　and　　等效剪切波速小，　　then　　场地类别为Ⅲ；

if　　场地的覆盖层厚度很厚　　and　　等效剪切波速中，　　then　　场地类别为Ⅲ；

if　　场地的覆盖层厚度极厚　　and　　等效剪切波速小，　　then　　场地类别为Ⅳ。

各类建筑场地的覆盖层厚度（m）　　　　　　　表4-6

等效剪切波速v_{se}（m·s^{-1}）	场地类别			
	Ⅰ	Ⅱ	Ⅲ	Ⅳ
$v_{se}>500$	0	—	—	—
$500≥v_{se}>300$	<5	≥5	—	—
$250≥v_{se}>140$	<3	3~50	>50	—
$v_{se}≤140$	<3	3~15	15~80	>80

等价转换后的场地类别划分和指标的语言值描述　　　　　表4-7

等效剪切波速	场地覆盖层厚度								
	无	很薄	较薄	薄	一般	厚	较厚	很厚	极厚
很大	Ⅰ	—	—	—	—	—	—	—	—
大	—	—	Ⅰ	—	—	—	Ⅱ	—	—
中	—	Ⅰ	—	—	Ⅱ	—	—	Ⅲ	—
小	—	Ⅰ	—	Ⅱ	—	Ⅲ	—	—	Ⅳ

2. 基于二维云模型的场地类别空间分布

通过对场地类别指标的不确定描述以及云对象处理，得到的指标云模型表达的数字特性，在一定程度上兼顾了场地类别划分存在的模糊性和随机性特征，反映了其之间的复杂非线性关系，并且也实现了场地分类边界上的模糊化和联系性，充分利用了最新抗震规范和文献的分类结果和思想，依次进行场地分类更能可观地反映实际情况。

对于如上的一条不确定规则，用X条件云和Y条件云发生器来构造规则生成器，这样，当确定一个输入值，就将得到一个规律性的结果。通过所归纳出的10条不确定规则，利用单规则或多规则生成器为工具，通过对输入不确定概念的操作，可得到场地类别

的分类结果（表4-8）。

四、城市缺乏钻孔资料地区评估方法[109]

1. 可利用场地信息

1）区域水文地质、工程地质、环境地质调查资料

我国国土资源部门已经进行了大量的区域水文地质、工程地质、环境地质调查工作，1∶250000的工作基本上已经覆盖了全国的城市地区，在经济较发达的城市地区一般还有更大比例尺的地质成果。

以泉州市为例，福建省闽东南地质大队于1987年编制了泉州地区工程地质调查报告，在进行泉州市抗震防灾规划工作时，在上述工程地质成果的基础上，通过进一步收集城市现有工程勘察资料、现场踏勘和

场地分类指标和场地类别的不确定概念描述值　　　　表4-8

数字特征	场地覆盖层厚度								
	无	很薄	较薄	薄	一般	厚	较厚	很厚	极厚
Ex	0	1.5	2.5	9	26.5	47.5	52.5	75	90
En	0	1.27	2.12	5.09	19.94	27.58	40.31	21.21	8.4853
He	0.2	0.5	0.5	0.5	0.5	0.5	0.5	0.5	0.2

数字特征	等效剪切波速				数字特征	场地类别			
	小	中	大	很大		Ⅰ	Ⅱ	Ⅲ	Ⅳ
Ex	70	195	375	600	Ex	1	2	3	4
En	59.45	46.71	106.17	84.93	En	1/3	1/3	1/3	1/3
He	1	2	2	1	He	0.02	0.05	0.05	0.02

补充地质勘察，根据泉州市规划区场地地形地貌、工程地质条件和岩土特性，以地震工程和抗震防灾规划的应用为目标，形成了地震工程地质分区图。一级分区以地形地貌特征为主，二级分区以岩土成因及工程特性为主，将泉州规划区划分为4个一级地震工程地质分区和10个二级工程地质分区，其中低山丘陵区包括侵蚀剥蚀低山区和剥蚀丘陵区两个地貌单元，这是因为两者有若干相似之处，合并后减小了以高程为主进行分区的局限性，有利于低山的开发利用。

低山丘陵区Ⅰ：基岩区Ⅰ₁。

波状台地区Ⅱ：基岩区Ⅱ₁，坡残积分布区Ⅱ₂。

冲洪积平原区Ⅲ：冲洪积阶地区Ⅲ₁，河漫滩区Ⅲ₂，洪积区Ⅲ₃。

滨海积平原区Ⅳ：海积阶地区Ⅳ₁，泥质漫滩区Ⅳ₂，砂质漫滩区Ⅳ₃，人工围垦区Ⅳ₄。

2）利用城市已有工程勘察资料进行场地分区

如，在进行泉州市防灾规划工作时，通过查阅大量已有工程勘察报告，并对资料缺乏地区进行补充勘察，共计取得了671个钻孔资料，其中波速钻孔229个，对这些钻孔按照抗震设防区划方法进行了建筑场地分类研究工作，作为进一步完成整个规划场地分类工作的基础。这些资料的分布见表4-9。

泉州市钻孔资料分布表　　　　表4-9

场地类别 ＼ 地质分区	Ⅰ₁	Ⅱ₁	Ⅱ₂	Ⅲ₁	Ⅲ₂	Ⅲ₃	Ⅳ₁	Ⅳ₂	Ⅳ₃	Ⅳ₄	总计
Ⅰ类	22	2	14	1	—	—	—	1	—	—	40
中硬Ⅱ类	29	—	146	—	—	8	5	—	—	—	188
中软Ⅱ类	5	—	29	67	13	18	162	18	6	27	345
软弱Ⅲ类	—	—	2	9	—	—	70	6	—	11	98
总计	56	2	191	77	13	26	237	25	6	38	671

表中有一些资料点让人觉得有不尽合理之处，如在泥质漫滩区（IV_2）有一个I类场地的钻孔，经检查这是一个泉州后渚大桥位于河漫滩的孔，基岩出露，其实这说明了工程地质分区与场地类别分区有不尽一致之处，但从规划应用角度看，着眼于一定范围的土地利用的评价，个别点上的反差不应影响整个区域上的平均结果。表中阴影部分代表场地类别和地质分区结果的主流关系。

3）现场地震工程地质踏勘和补充调查

2. 基本方法

在进行场地类别分区工作中，按照下述步骤进行：

（1）在收集到工作区内地形地貌与工程地质方面的资料及图件的基础上，结合现场地震工程地质踏勘和补充调查，利用收集到的钻孔资料和规划区内场地补充规划勘察，形成1:25000的地震工程地质分区图。

（2）根据规划区内地质环境和场地环境资料，通过比对，对收集到的勘察资料进行综合评价，选取准确性好、满足分析要求的资料；根据现行抗震设计规范和岩土工程勘察规范，对选择的资料进行重新评定；对于深度不满足要求的资料，根据现行抗震规范修编时的研究方法进行修正；对于缺乏波速测试的资料，利用收集到的和补充勘察的钻孔波速资料，给出规划区内不同土层的剪切波速考虑埋深等参数影响的统计经验公式，使这些资料可以在分析中得以充分利用。

（3）对所有钻孔资料，遵照有关技术规范和标准进行场地类别划分，然后根据工程地质勘察资料、地震地质和地形地貌等因素及其影响，结合现场踏勘成果，对满足钻孔分布的区域进行场地类别分区。

（4）对缺少钻孔资料地区，根据现场踏勘的场地信息，采用贝叶斯理论，估计场地类别，并根据其他地震地质、工程地质和场地环境的资料形成场地类别分区。

（5）经过综合评价形成整个工作区的场地类别分区。

4.2.3 场地地震破坏效应

一、地震砂土液化分区

地震砂土液化一般是指饱和松散的砂土，尤其是粉细砂，在地震动的作用下，砂土颗粒趋于密实、重新排列，瞬间处于悬浮状态、失去地基承载力的现象。砂土液化常常引起地面开裂、边坡滑移、喷水冒砂和地基不均匀沉降，导致地基失效，造成上部结构破坏。砂土液化经常发生在冲积平原、沉降盆地河流、滨海湖盆岸边饱和松散砂土发育且地下水位埋深较浅的地段。

根据震害经验，《建筑抗震设计规范》GB 50011—2010给出了一套判断砂土液化的经验方法。该方法可分为初判和详判两部分。

1. 初判

按规范，饱和砂土或粉土，当符合下列条件之一时，可初步判别为不液化或不考虑液化影响：

（1）地质年代为第四纪上更新世（Q_3）及其以前时，VII、VIII度时可初步判为不液化；

（2）粉土的黏粒（粒径小于0.005mm的颗粒）含量百分率，VII度、VIII度和IX度分别不小于10%、13%和16%时，可判为不液化土；

（3）浅埋天然地基的建筑，当上覆非液化土层厚度和地下水位深度符合下列条件之一时，可不考虑液化的影响：

$$d_u > d_0 + d_b - 2 \qquad (4-3)$$

$$d_w > d_0 + d_b - 3 \qquad (4-4)$$

$$d_u + d_w > 1.5d_0 + 2d_b - 4.5 \qquad (4-5)$$

式中 d_w——地下水位深度（m），宜按设计基准期内年平均最高水位采用，也可按近期年最高水位采用；

d_u——上覆非液化土层厚度（m），计算时宜将淤泥和淤泥质土扣除；

d_b——基础埋置深度（m），不超过2m时应采用2m；

d_0——液化土特征深度（m），可按表4-10采用。

液化土特征深度（m）　　　表4-10

饱和土类别	Ⅶ度	Ⅷ度	Ⅸ度
粉土	6	7	8
砂土	7	8	9

2. 详判

经初步判别认为需进一步进行液化判别时，应采用标准贯入试验判别法判别地面下20m深度范围内的液化；当采用桩基或埋深大于5m的深基础时，尚应判别15～20m范围内土的液化。当饱和土标准贯入锤击数（未经杆长修正）小于或等于液化判别标准贯入锤击数临界值时，应判为液化土。

在地面下20m深度范围内，液化判别标准贯入锤击数临界值可按下式计算：

$$N_{cr} = N_0 \beta [\ln(0.6d_s + 1.5) - 0.1d_w)] \sqrt{3/\rho_c}$$

（4-6）

式中　　N_{cr}——液化判别标准贯入锤击数临界值；

N_0——液化判别标准贯入锤击数基准值，按表4-11采用；

d_s——饱和土标准贯入点深度（m）；

d_w——地下水位（m）；

ρ_c——黏粒含量百分率，当小于3或为砂土时，应采用3；

β——调整系数，设计地震第一组取0.80，第二组取0.95，第三组取1.05。

3. 场地液化等级判别和分区

对存在液化砂土层、粉土层的土层，应探明各液化土层的深度和厚度，按下式计算每个钻孔的液化指数，并按表4-12综合划分液化等级：

$$I_{IE} = \sum_{i=1}^{n} \left(1 - \frac{N_i}{N_{cri}}\right) d_i W_i$$

（4-7）

式中　　I_{IE}——液化指数；

n——在判别深度范围内每一个钻孔标准贯入试验点的总数；

N_i、N_{cri}——分别为i点标准贯入锤击数的实测值和临界值，当实测值大于临界值时取临界值；当只需判别15m范围以内的液化时，15m以下的实测值可按临界值采用；

d_i——i点所代表的土层厚度（m），可采用与该标准贯入试验点相邻的上、下两标准贯入试验点深度差的一半，但上界不高于地下水位深度，下界不深于液化深度；

W_i——i土层单位土层厚度的层位影响权函数（单位为m^{-1}）。当该层中点深度不大于5m时应采用10，等于20m时应采用0，5～20m时应按线性内插法取值。

标准贯入锤击数基准值N_0　　　　　　　　　　　　　　　　　　　表4-11

设计基本地震加速度（g）	0.10	0.15	0.20	0.30	0.40
液化判别标准贯入锤击数基准值	7	10	12	16	19

液化等级与液化指数的对应关系　　　　　　　　　　　　　　　　　　表4-12

液化等级	轻微	中等	严重
液化指数	$0 < I_{IE} \leq 6$	$6 < I_{IE} \leq 18$	$I_{IE} > 18$

软土震陷指标　　　　　　　　　　　表4-13

地震烈度	7度	7.5度	8度	8.5度	9度
地基承载力标准值HT（kPa）	<80	<100	<120	<140	<160
平均剪切波速（m/s）	<90	<115	<140	<170	<200

软土地基震陷量（mm）　　　　　　　表4-14

地基土条件	地震烈度				
	7度	7.5度	8度	8.5度	9度
地基土受力深度内软土厚度大于3m	≤30	90	150	250	>350
地基土承载力标准值f_k≤70kPa					

二、软土震陷评估

在不同地震烈度地震作用下，按照《岩土工程勘察规范》GB 50021—2001和《软土地区工程地质勘察规范》（建标[1992]79号），震陷判别标准和震陷量大小判别详见表4-13和表4-14。

基于表4-13和表4-14，进行软土震陷的判别并进行分区。

软土震陷量的评价目前尚缺乏统一的标准方法，采用规范的方法，只能半定量地给出震陷量的大小，且无法考虑软弱土厚度及埋深、地下水位等因素，下面给出针对震陷区震陷量的大小用震后软化模量的思想和分层总和的简化评估方法，供规划时评估软土震陷程度的差异。具体步骤及方法如下。

1. 计算土层自重应力

$$\sigma_{zn} = \sum_{i=1}^{n} \gamma_i \Delta h_i \qquad (4-8)$$

$$\sigma_{xn} = k_0 \sigma_{zn} \qquad (4-9)$$

式中　　k_0——侧压系数；

γ_i——第i层土层的天然重度（kN/m³），地下水位以下取有效重度γ_i'（kN/m³）；

Δh_i——第i层土的厚度（m）。

2. 计算土层在地震作用下因土体惯性力作用而引起的动剪应力，按seed简化公式计算

$$\tau_{tn} = 0.65 \gamma_d \frac{\alpha_{max}}{g} \sum_{i=1}^{n} \gamma_i \Delta h_i \qquad (4-10)$$

式中　　γ_i——第i层土层的天然重度（kN/m³），地下水位以下取饱和重度$\gamma_{i,\,sat}$（kN/m³），$\gamma_d = 1 - 0.0133 h_z$，为深度影响系数；

h_z——从地面到深度z的距离（m）。

3. 计算动应力τ_{dn}和σ_{dn}

$$\tau_{dn} = \tau_{tn} \qquad (4-11)$$

$$\sigma_{dn} = C_d \tau_{dn} = 2\tau_{dn} \qquad (4-12)$$

4. 计算分层土的轴向残余应变ε_p

$$\varepsilon_p = 10 \left[\frac{\sigma_{dn}}{\sigma_{3n} C_{5n}} \right]^{1/S_{4n}} \left(\frac{N}{10} \right)^{-S_{1n}/S_{5n}} \qquad (4-13)$$

式中　　N——动力循环次数，计算中取20；

σ_{3n}——第n层的围压；$S_{5n} = S_{7n} + S_{7n}(K_{cn} - 1)$；

$C_{5n} = C_{6n} + S_{6n}(K_{cn} - 1)$；

K_{cn}——第n层的固结应力比。

5. 计算震前模量和震后软化模量

用邓肯—张模型计算震前模量E_i：

$$E_i = K_s (\sigma_3)^{n_s} \left[1 - \frac{R_f (1 - \sin\varphi)(\sigma_1 - \sigma_3)}{2c \cdot \cos\varphi + 2\sigma_3 \sin\varphi} \right] \qquad (4-14)$$

式中　　c，φ——土的凝聚力和内摩擦角；

K_s、n_s——土的模量系数和模量指数；

R_f——破坏比。

计算震后软化模量 E_{ip}：

$$E_{ip}=1/(1/E_i+1/E_p) \quad （4-15）$$

式中　E_i——地震动前土的模量；

　　　E_p——是与地震动作用相应的拟割线模量。

6. 计算总的应力状态

竖向：　　$\sigma_z=\sigma_{zn}+\sigma_{dn}$ 　　（4-16）

水平向：　$\sigma_x=\sigma_{xn}$ 　　（4-17）

7. 计算震陷量

$$\varepsilon_{zi}=\left(\frac{1}{E_{ip}}-\frac{1}{E_i}\right)[\sigma_{zi}(1-\mu^2)+\mu(1+\mu)\sigma_{xi}] \quad （4-18）$$

式中　μ——泊松比。

$$震陷量\ S_T=\sum_{i=1}^n \Delta S_i=\sum_{i=1}^n \varepsilon_{zi}\Delta h_i \quad （4-19）$$

用上述方法对钻孔的震陷量进行计算的结果表明，震陷量的大小主要与软弱土层厚度、埋深和地下水位密切相关。当地下水位相同，软弱土层厚度越厚，埋深越浅，软土震陷量越大；当软弱土层厚度和埋深相同，地下水位越浅，软土震陷量越大。与规范经验方法相比，此方法考虑了软弱土层厚度、埋深和地下水位等影响因素，给出了震陷区震陷量的大小，结果更为合理。

三、强震地面断裂震害的可能性估计[110]

活断层对城镇规划与建设具有重要影响，也是近年来具有较大争议的问题。已有研究表明，并不是所有的活断层对工程建设都会产生影响，从我国相关的规范标准的规定来看，城市工程建设需要考虑的是发震断层（《建筑抗震设计规范》GB 50011—2010）和能动断层［我国《核电厂厂址选择的地震问题（核安全法规HAF0101（1））》］，设施中需要重视强震断裂危害评价问题。了解和总结断裂场地震害规律，是解决这一问题的基础，对于城镇规划建设中场地选择和工程抗震等均具有重要意义。

下面给出一种简化的强震地面断裂概率评价方法。

1. 强震地面断裂概率评价模型

假设地震的发生遵循以 v 为年发生率的均匀

Poisson过程，设断层发生地表破坏的概率为 P_{Ru}，则断层发生地表破裂的年概率为：

$$P_1=1-\exp(-vP_{Ru}) \quad （4-20）$$

τ 年内的超越概率为

$$P_\tau=1-(1-P_1)^\tau \quad （4-21）$$

相应的重现期为

$$RP_{Ru}=-\tau\cdot[\ln(1-P_\tau)]^{-1} \quad （4-22）$$

设 S_4 为考虑覆盖层厚度 H_s 的折减系数，$P(Ru|M)$ 为震级 M 下所评价断层发生地面断裂的条件概率，$f(M)$ 为所评价断层的震级概率密度函数，m_L 和 m_U 分别为发生地表断错的需要评价的最小震级和该断层的最大震级，$f(e)$ 为随机误差项 e 的概率密度函数。断层地表破裂概率 P_{Ru} 估计公式可写为：

$$P_{Ru}=\int_0^\infty\int_{m_L}^{m_U}C_{H_s}\cdot P(Ru|M)\cdot f(M)\cdot f(e)\cdot dM\cdot de \quad （4-23）$$

通常震级 M 的概率密度函数 $f(M)$ 具有如下形式：

$$f(M)=\begin{cases}\dfrac{\beta\exp[-\beta(M-m_L)]}{1-\exp[-\beta(m_U-m_L)]} & m_L\leqslant M\leqslant m_U;\\ 0 & 其他。\end{cases} \quad （4-24）$$

式中　β——震级频度关系中的斜率。

引入随机误差项 e 是为了反映 $P(Ru|M)$ 的计算所引进的不确定性，一般可假定服从具有单位中值的对数正态分布，如下式：

$$f(e)=\frac{1}{\sqrt{2\pi}\cdot\sigma_{\ln e}\cdot e}\cdot\exp\left[-\frac{1}{2}\left(\frac{\ln e}{\sigma_{\ln e}}\right)^2\right] \quad （4-25）$$

强震地面断裂与震级关系的统计特征可根据历史地震资料统计得到。

根据对中国大陆1900年以来的340次6级以上地震发生的地面断裂的统计分析，设 M_1 为最小地面断裂发生震级，M_2 为可以考虑发生概率为100%的震级，$P(Ru|M)$ 可用下式计算：

$$P(\mathrm{Ru}|M) = \left\{ \left(\frac{M-M_1}{M_2-M_1}\right)^{b_{\mathrm{Ru}}} \cdot \left\{ \exp\left[k\left(\frac{M-M_1}{M_2-M_1}\right)^{a_{\mathrm{Ru}}} \right] - 1 \right\} \right.$$
$$M \leqslant M_1 ;$$
$$\cdot \left[\exp(k) - 1 \right]^{-1} \quad M_1 \leqslant M \leqslant M_2 ;$$
$$M \geqslant M_2 \text{。} \quad (4\text{-}26)$$

根据对中国不同地区的统计结果，建议上式的参数取值如表4-15所示。

需要说明的是，由于强震地面断裂数据少且不完整，表4-15为中国大陆地震的统计结果，其中西部强震数据数量较多，东部地区结果为根据经验认识的建议。另外，公式的形式考虑了强震地面断裂随震级变化的经验性规律，最小地面断裂震级偏于安全，取为 $6.0 \sim 6\frac{1}{4}$。

2. 覆盖层厚度影响系数 C_{H_s}

在抗震规范修订时，根据有关实验，初步给出了覆盖层厚度对断错影响的评价标准。抗震规范规定，8度、9度时覆盖层的安全厚度界限值分别为60m和90m。可给出 C_{H_s} 的计算式形式为：

$$C_{H_s} = \exp\left[-\frac{H^{a_{H_s}}}{A_{H_s}\left(\frac{M-M_1}{M_2-M_1}\right)^{b_{H_s}}} \right] \quad (4\text{-}27)$$

依据相关震害资料，经统计并采用规范数值进行修正，得到：$a_{H_s}=1.65$，$b_{H_s}=1.5$，$A_{H_s}=150.2$，方差为0.036，相关系数为0.987。

3. 地面断裂危险区域划分和避让距离的确定

基于对活动断层的破裂模式、地表破裂影响以及强震地表破裂对工程设施的破坏经验等已有认识，确定地面断裂危险区域或工程避让距离时应考虑以

下原则：

（1）地面断裂是一条带，而非简单的一条线。

（2）很多发震断裂在地表存在比较宽的破碎带，有的宽度可以达到数公里，但是活动断层的主滑动面或最新错动面或可能潜在滑动面一般只集中在较窄的范围内。当能够确定这个范围时，工程建设只需要避开这个范围即可。

（3）对于隐伏断裂，地震时其地表破裂的位置具有相当大的不确定性，与断层类型、破裂模式、场地沉积环境、覆盖层厚度等有关，即使对于那些地表有较明显印迹的断层，地震再次发生时的地面断裂位置也有较大的不确定性。工程建设的避让范围的划定应考虑这种不确定性。

从对工程建设需要避让的角度出发，提出强震地面断裂危险区域按危险程度进行三级划分：

（1）地震时发震断裂的主干断裂直接造成的地面断裂区域，规划用地时应避开。这类区域称为一级危险区域，相应的避让距离称为一级避让距离。

（2）地震时可能造成的除主干断裂之外的分支或次支断裂造成的地表破裂区域，重大工程设施应选择避开。这类区域称为二级危险区域，相应的避让距离称为二级避让距离。

（3）历史地震形成的地表破碎带，属于抗震不利地段，为强震地面断裂的三级危险区域。

故地表断裂避让距离 D 应由两部分组成：地面断裂宽度 W 和考虑一定保证概率的断裂影响宽度 ΔW。断裂影响宽度 ΔW 反映了断层破裂模式及破裂传播的不确定性，通常可假定为正态分布，一级避让距离可取2倍方差即 $2\sigma_{\mathrm{W}}$，二级避让距离可取3倍方差。在无确切分析

强震地面断裂与震级统计关系参数

表4-15

地区	a_{Ru}	b_{Ru}	k	M_1	M_2	相关系数	方差
中国大陆	2/3	2.0	1/2	6.0	8.0	0.992	0.035
中国西部	2/3	2.2	1/2	6.0	8.0	0.991	0.038
中国东部	2/3	1.4	1/2	$6\frac{1}{4}$	$7\frac{3}{4}$	0.995	0.035

资料时，可以用对中国地震地面断裂带宽度的统计分析结果来代替，综合国内外的研究和应用情况，统计方差 σ_W 可取为8.5m。避让距离和一、二级危险区可以按表4-16确定。三级危险区域根据地表破碎带的范围确定。

4. 强震地面断裂对土地利用影响的适宜性评价方法

根据中国的有关规范标准的规定，从城市规划建设角度出发，提出了工程活动断裂活动性的分级标准，见表4-17。

地面断裂危险性采用两阶段评价方法，第一阶段为初步评价，第二阶段为概率评价。

第一阶段：根据对断层活动性的已有观测、评价资料，判定是否要进行第二阶段详细评价。

下列情况可不进行第二阶段评价：①抗震设防烈度低于Ⅷ度；②断裂连续长度小于20km；③抗震设防烈度为Ⅷ度和Ⅸ度时，上覆土层厚度分别大于60m和90m；④断裂活动性属于第Ⅳ级；⑤城镇一般建设用地、断裂活动性属于第Ⅱ～Ⅳ级；⑥重要工业民用建筑用地、断裂活动性属于第Ⅲ～Ⅳ级。

其他情况，需进行第二阶段评价。

第二阶段：评价地面断裂超越概率，计算一、二级避让距离，并划定三级危险区。

5. 强震地面断裂土地适宜性评价指标

根据强震地面断裂危险性评述及对工程建设的危

避让距离D的划分表　　　　　　　　　　　　　　　　表4-16

避让距离类型	一级避让距离（m）	二级避让距离（m）
当W可以采用分析、探测明确确定时	$W+2\sigma_W$	$W+3\sigma_W$
当地面断裂位置可以明确确定，地面断裂宽度难以确定时	35	50
当地面断裂位置无法明确确定时	200（Ⅷ度时），300（Ⅸ度时）	300（Ⅷ度时），500（Ⅸ度时）
危险区域	一级	二级

工程活动断裂活动性分级　　　　　　　　　　　　　　　表4-17

断裂分类等级	划分依据				
	断裂类型	活动性描述	平均活动速率 u（mm·a^{-1}）	历史地震或古地震	潜在最大震级
Ⅰ	强全新活动断裂	全新世以来活动较强烈，或晚更新世以来活动强烈	$u \geqslant 1$	全新世以来，$M \geqslant 5$	≥6.5级
				晚更新世以来，$M \geqslant 6.5$	≥6.5级
Ⅱ	中等全新活动断裂	中或晚更新世以来活动较强烈，或全新世以来有较频繁的小震活动	$1 \geqslant u \geqslant 0.1$	晚更新世以来，$M \geqslant 5$	≥6.5级
Ⅲ	微弱全新活动断裂	中晚更新世以来有较强烈活动，或全新世以来有微弱活动	$0.1 \geqslant u \geqslant 0.01$	中晚更新世以来，$M \geqslant 4$	≥6.5级
Ⅳ	其他断裂	—	—	—	—

注：断裂平均活动速率实测时，观测标桩必须置在大气影响剧烈层以下，一般在地面以下3m。

害性认识，将强震地面断裂对建设场地的影响适宜性分为三级（表4-18）。根据地面断裂危害性概率评定结果，按照表4-19进行土地利用适宜性评价。

四、崩塌、滑坡的危害性评估

崩塌、滑坡是山区地震常见的地面破坏和震害现象。1970年1月5日云南通海7.7级地震中，位于滑坡体下方的俞家河坎村被滑坡体推出100多米，至于崩塌体滚动数百米乃至上千米的现象更是屡见不鲜的。崩塌、滑坡危害包括源区、运动区和堆积区三个区段，每个区段都会造成灾害。有时可能是毁灭性的，所到之处工业民用建筑、城镇村落、道路桥梁、农田森林都很难幸免。经验表明，崩塌、滑坡与地震强度和场地条件密切相关，明显受强烈差异性构造运动，尤其受活动强烈的断层控制。这是因为活动断裂通过处，岩石挤压破碎，节理裂隙发育，是崩塌、滑坡体的物质来源。而强烈的差异性构造活动往往形成悬崖峭壁和陡坎斜坡，是发生崩塌、滑坡的有利地形条件，而强烈地震动又是破碎岩体失去稳定性，造成崩塌和滑坡的强大动力。

强震崩塌、滑坡的判定原则：

（1）在历史强震中，崩塌、滑坡的多发地段，以及非地震时崩塌、滑坡的多发地段，可能也是未来强震崩塌、滑坡的多发地段。

（2）地形起伏变化大的悬崖峭壁、陡坎、陡坡（>30°）等部位，岩石破碎、节理裂隙发育的场地不稳定地段，发生强震崩塌、滑坡的可能性较大。

（3）6级以上地震的震中区和地震烈度达Ⅷ度以上的地区，活动断裂，尤其是发震断裂通过和交汇处的不稳定岩土发育部位，强震时发生崩塌、滑坡的可能性较大。

上述三条原则，一般不孤立存在，而是错综复杂地交织在一起，当诸不利因素组合在一起时，将增大强震崩塌、滑坡的可能性。

除此之外，还应对规划区存在的局部沟坎可能坍塌场地及人工边坡等发生强震失稳的可能性和危害性进行评估。如冲洪积扇和阶地被溪流冲刷切割形成沟

强震地面断裂影响场地工程建设适宜性 表4-18

场地适宜性分级	场地特点	工程建设适宜性
一级	强震地面主干断裂影响场地	各类工程均不应建设；长大线状生命线工程无法避开时，应评定强震地面断裂影响，并需针对强震地面断裂作用进行规划、设计和评价
二级	强震地面分支或次支断裂影响场地	重要工程不应建设，其他各类工程均不宜建设；长大线状生命线工程无法避开时，应评定强震地面断裂影响，并采取适应地表破裂位移的措施
三级	其他类别断层破碎带	重要工程不宜建设，其他各类工程宜避开；长大线状生命线工程应采取适应地表破裂位移的措施

注：划分每一类场地工程建设适宜性类别，从适宜性最差开始向适宜性好推定。

强震地面断裂影响场地适宜性分级 表4-19

断裂危险区域	适宜性分级		
	断裂概率（50年超越概率）		
	$P \geq 10\%$	$10\% > P \geq 3\%$	$3\% > P \geq 1\%$
一级危险区域	一级	一级	二级
二级危险区域	二级	二级	三级
三级危险区域	三级	三级	三级

谷陡坎，红色砂质黏性土和黏质砂土遇水浸泡易开裂、坍塌，形成俗称的"崩岗"现象；强震下可能产生液化和震陷引起局部岸边滑移；江堤、路堤等软基人工边坡，因强震砂基液化也可能造成局部边坡坍塌滑移；采石场造成的基岩陡坎、废石料堆积陡坡等，在强震下也可能发生局部崩塌、滚石现象。

在开发建设中，应避免对自然边坡的破坏，保持天然状态下的边坡稳定性，对不稳定的自然和人工边坡要加强治理和防范，以减小地震边坡失稳造成的损失。

4.2.4 工程抗震土地利用

根据《建筑抗震设计规范》GB 50011—2010的规定，选择建筑场地时，应按表4-20的标准划分为对建筑抗震有利、不利和危险的地段。在进行城市抗震防灾规划时，应在城市用地抗震类型分区和场地地震破坏效应评价的基础上进行抗震有利、不利和危险地段的划分，亦即工程抗震土地利用评价。

场地地段的划分　　表4-20

地段类别	地质、地形、地貌
有利地段	稳定基岩，坚硬土，开阔、平坦、密实、均匀的中硬土等
一般地段	不属于有利、不利和危险的地段
不利地段	软弱土，液化土，条状突出的山嘴，高耸孤立的山丘，陡坡，陡坎，河岸和边坡的边缘，平面分布上成因、岩性、状态明显不均匀的土层（如故河道、疏松的断层破碎带、暗埋的塘浜沟谷和半填半挖地基），高含水量的可塑黄土，地表存在结构性裂缝等
危险地段	地震时可能发生滑坡、崩塌、地陷、地裂、泥石流等及发震断裂带上可能发生地表位错的部位

4.2.5 工程抗震土地利用适宜性评价

在城市抗震防灾规划标准中将城市土地利用防灾适宜性划分为四类，并规定了城市用地选择的抗震防灾要求（表4-21）。城市用地抗震适宜性规划应综合考虑城市用地布局、社会经济等因素，提出城市不利地段和危险地段土地利用对策，确定城市规划建设用地选择与相应城市建设的抗震设防标准、抗震措施和减灾对策。

《城市抗震防灾规划标准》（修订报批稿）中规定城市用地抗震适宜性规划应符合下列规定：城市用地场地地震破坏效应评价时，应以地表断错，地质崩塌、滑坡、泥石流、地裂、地陷，场地液化、震陷等地震地质灾害影响评价结果为基础，划定有条件适宜和不适宜用地。城市用地抗震适宜性评价和规划对有条件适宜和不适宜用地，应明确限制或禁止使用要求和抗震防灾措施。

同时，对于规划区内的活动断层地区的土地利用规划对策应符合下列规定：

1）当规划区内存在发震断裂、能动断裂地区，相应的活断层探测评价工作包括下列结论性意见时，城市抗震防灾规划应对该地区进行抗震适宜性规划：

（1）地震活动年代和活动性，未来地震活动性发展趋势预测。

（2）断层造成地表断错的可能性及可能发生地表断错的位置和危险区范围。

（3）影响该断层地震活动性或地表断错的地质、场地等情况。

（4）应清晰地测绘和定位断层位置、可能发生地表断错的位置和危险区范围。

2）规划区内存在发震断裂、能动断裂地区抗震适宜性规划，应依据断层的地震活动性、活动年代、发生地表断错的可能性及危害程度，综合考虑建筑工程的功能、重要性、在抗震救灾中的作用及破坏后果，对城市用地进行综合控制，针对下列方面提出限制和禁止建设规划要求：

（1）抗震适宜性规划应针对应急功能保障要求、建筑使用功能、使用人员密度以及建筑规模、高度、层数、密度、间距等提出规划限制要求。

城市用地抗震适宜性评价要求 表4-21

类别	城市用地地质、地形、地貌等适宜性特征描述	城市用地选择抗震防灾要求
适宜	不存在或存在轻微影响的场地地震破坏因素，一般无须采取整治措施： （1）场地稳定； （2）无或轻微地震破坏效应； （3）用地抗震防灾类型Ⅰ类或Ⅱ类； （4）无或轻微不利地形影响	—
较适宜	存在一定程度的场地地震破坏因素，可采取一般整治措施满足城市建设要求： （1）场地不稳定，动力地质作用强烈，环境工程地质条件严重恶化，不易整治； （2）用地抗震防灾类型Ⅲ类或Ⅳ类； （3）软弱土或液化土发育，可能发生中等及以上液化或震陷； （4）条状突出的山嘴，高耸孤立的山丘，非岩质的陡坡，河岸和边坡的边缘，平面分布上成因、岩性、状态明显不均匀的土层（如故河道、疏松的断层破碎带、暗埋的塘浜沟谷和半填半挖地基），高含水量的可塑黄土，地表存在结构性裂缝等地质环境条件复杂，存在一定程度的地质灾害危险性	工程建设应考虑不利因素影响，应按照国家现行相关标准采取必要的工程治理抗震措施，对于重要建筑尚应适当加强抗震措施
有条件适宜	存在难以整治场地地震破坏因素的潜在危险性的用地或其他限制使用条件的用地，由于经济条件限制等各种原因尚未查明或难以查明： （1）存在尚未明确的潜在地震破坏威胁的危险地段； （2）地震次生灾害源可能有严重威胁； （3）存在其他方面对城市用地的限制使用条件	作为工程建设用地时，应查明用地危险程度，属于危险地段时，应按照不适宜用地相应规定执行，危险性较低时，可按照较适宜用地规定执行
不适宜	存在场地地震破坏因素，但通常难以整治： （1）可能发生滑坡、崩塌、地陷、地裂、泥石流等的用地； （2）发震断裂带上可能发生地表断错的部位； （3）其他难以整治和防御的灾害高危害影响区	不应作为工程建设用地，基础设施工程却无法避开时，应采取有效抗震防灾措施减轻场地破坏作用

注：根据表4-21划分每一类场地地震适宜性类别时，从适宜性最差开始向适宜性好依次推定，其中一项属于该类即为该类场地。

（2）抗震适宜性规划应针对可能建设的建筑工程的基础形式、结构体系以及相应的抗震设计要求、抗震措施等提出配套对策。

3）在发震断裂避让距离范围内确有需要规划建设分散的、低于三层的标准设防类、适度设防类建筑时，应按提高一度采取抗震措施，并应提高基础和上部结构的整体性，且不得跨越断层线。

4.3 城市基础设施抗震能力评价

城市抗震防灾规划中所指的基础设施与通常意义上的市政基础设施、生命线工程的含义有一定的差异。城市抗震防灾规划标准所指城市基础设施，是指维持现代城市或区域生存的功能系统以及对国计民生和城市抗震防灾有重大影响的基础性工程设施系统，包括供电、供水和供气系统的主干管线和交通系统的主干道路以及对抗震救灾起重要作用的供电、供水、供气、交通、指挥、通信、医疗、消防、物资供应及保障等系统的重要建筑物和构筑物。在地震工程研究中，通常把城市基础设施泛称为城市生命线系统或生命线工程。

4.3.1 评价要求和技术路线

一、评价要求

1. 抗震性能评价对象

标准规定，进行抗震防灾规划时，城市基础设施应根据城市实际情况，按照标准的规定确定需要进行抗震性能评价的对象和范围。

城市生命线系统的研究对象比较表　　　　　　　　　　　　表4-22

系统类别	赵成刚，冯启明等.生命线地震工程[M]	李杰.生命线工程抗震——基础理论与应用[M]	高田至郎.ライフライン地震工学[M],1991	地震与城市生命线——系统的诊断与恢复[M]，1998	ACCE.Northridge Earthquake Lifeline Performance and Post—Earthquake Response[M], 1995	地震词典[M]
能源	供电系统（发电厂、传送系统、终端系统、配置系统）和天然气系统（传送系统、储气系统、配置系统）	电力系统包括发电、输电（高压输电线路、电厂主变电站、高压变电站）、配电（中、低压配电装置及线路）三大部分。供气、输油系统	电力、煤气、石油设施	发电、变电、输电和配电设备；控制用的通信与情报系统；煤气制造、储存设备与管路、仪表等	同左	能源的生产、储备、传递系统（煤矿矿井、采油、炼油、储油、输油管道、发电厂、变电站、高压输电线等）
通信	无线电、电视和电话	通信系统核心建筑及通信设备	电话、电报、收音机、电视、邮电	有线传输线路设备、管路、电信网络系统	电话、国营与私营网络、无线电广播与电视	有线电发射台、电台、电报和电话设备等
交通	公路、快车道、铁路、机场和港口设施	道路、桥梁及工程载体	公路（隧道、桥梁）、铁路、机场、港湾	公路、铁路（隧道、桥梁）、地铁	公路、桥梁、铁路、港口、飞机场	公路、铁路、桥梁、车站、车辆、港口、船舶、机场的候机室和跑道等
给水排水	给水系统（储水池、消防、处理设备和配置系统）和污水系统（收集系统、处理设备）	供水系统（取水构筑物、水处理构筑物、水量调节构筑物、输水管渠和管网）	给水排水、河流、坝	给水排水	给水排水	—
卫生	—	—	—	—	—	医院、水库、水塔、给水排水、废品及垃圾处理厂等
物资储备	—	—	—	—	—	仓库，特别是危险品仓库

对于生命线系统的研究对象，不同的学者有不同的认识，表4-22比较了6种专著界定的研究对象。

然而，随着城市的进步与日趋现代化，城市生命线系统呈动态发展态势，因此生命线地震工程的研究对象也随时间推移而变化。近些年来，大城市出现了以高架桥与立交桥为支承物的快车道、城市轻轨铁路，许多城市兴建或者扩建地下铁路，成为城市交通系统的重要组成部分；大量局域网特别是国家骨干网和因特网的出现与蓬勃发展，已经并将继续改变通信系统的构成；此外，许多城市特别是南方的城市，水路运输十分发达，市区内有错综复杂的水路运输网，是城市生命线地震工程的重要研究对象。另外，城市消防、医疗、物资供应系统中，不仅需要研究关键建筑物的抗震能力，其救援要求、救助能力也是抗震防灾所要研究的内容。在抗震防灾规划时，可根据城市具体情况参照表4-23确定研究对象。

基础设施抗震防灾研究对象　表4-23

基础设施系统	研究对象
供电系统	城市供电指挥调度中心；电厂系统（发电主厂房及主要设备）；输变电系统（电厂的主变电站和分设在各地的主变电站）；高压输电线路
供水系统	城市供水指挥调度中心；水源取水、输水构筑物；水厂主要建（构）筑物（水池、泵站、水塔等）；供水主干管网
燃气系统	城市供气指挥调度中心；气源厂、门站、储气站、调压室等供气枢纽工程中的主要建（构）筑物和关键设施；供气主干管网
交通系统	城市交通指挥调度中心；交通枢纽工程（机场、港口、火车站、汽车站等）；主要道路、桥梁、隧道、码头、铁路等交通系统关键节点和路线
通信系统	电信（联通、移动等）、邮电、有线电视、无线、网络等系统的主要枢纽建筑物；长途光缆中继站、通信塔、微波站等主要构筑物；关键电信设备
医疗系统	主要医院的主要建筑物；城市急救系统的主要建筑物（急救中心、血站、红十字中心等）；各医疗机构救助资源
消防系统	城市消防指挥中心；各消防单位的装备；城市消防设施等
物资保障系统	城市的物资储备设施（粮库、糖库、战略物资储备库等）；物流系统等

2. 抗震性能评价层次

城市抗震防灾规划标准规定，在进行抗震防灾规划编制时，应结合城市基础设施各系统的专业规划，针对其在抗震防灾中的重要性和薄弱环节，提出基础设施规划布局、建设和改造的抗震防灾要求和措施。

《城市抗震防灾规划标准》（修订报批稿）中规定，下列基础设施的重要建筑工程应进行单体抗震性能评价：Ⅰ、Ⅱ级应急交通、供水、供电等应急保障基础设施的主要建筑工程；对城市抗震救灾和疏散避难起重要作用的应急指挥、医疗卫生、消防、物资储备分发、通信等特殊设防类、重点设防类建筑工程；燃气系统、医疗卫生系统中存放一级和二级重大危险源的建筑工程。

（1）供水系统：城市应急供水系统抗震性能评价应对取水构筑物、水厂、泵站等中的重要建筑及有条件适宜和不适宜用地上和因避震疏散等城市抗震防灾所需的地下主干管线进行抗震性能评价。对甲、乙类

模式可通过专题抗震防灾研究进行功能失效影响评价。

（2）交通系统：城市应急交通系统抗震性能评价应对主干网络中的桥梁、隧道等进行抗震性能评价。可通过专题抗震防灾研究，对连通城市重要应急功能保障对象的主干道进行抗震连通性影响评价。

（3）供电系统：城市应急供电系统抗震性能评价应对电厂、变电站及控制室等中的重要建筑和关键设备进行抗震性能评价。对甲、乙类模式可通过专题抗震防灾研究进行功能失效影响评价。

（4）供气系统：城市抗震防灾规划应对供气系统的供气厂、天然气门站、储气站等中的重要建筑进行抗震性能评价。对甲、乙类模式可通过专题抗震研究针对地震可能引起的潜在火灾或爆炸影响范围进行估计。

（5）城市抗震防灾规划对抗震救灾起重要作用的指挥、通信、医疗卫生、消防和物资供应与保障系统等中的重要建筑，可通过专题抗震防灾研究针对其抗震救灾保障能力进行综合估计。

二、技术路线

城市基础设施亦即生命线系统的基本特点是具有"系统"性，但对每一个系统又有一定的差别。总体而言，可以根据生命线诸系统构成要素（称之为节点和网段）的特点及这些要素之间的联系性质，将它们的易损性分析评价模式划分为两类：一类是节点之间的相互依赖的联系不是太强，从布局、形式上都难以形成网络，如消防、物资供应与保障、医疗及交通系统中的港口和机场等，将以"点"的抽象模型为主。对于甲类模式，必要时可在单体易损性评价的基础上，研究其功能保障可靠性和服务区域的规划和布局。另一类则是节点之间存在强烈的相互依赖关系，并由管线、路段等连接形成由"点"到"面"的复杂网络体系，如供水、供电、交通、有线通信等系统，这一类系统虽然从材料、规模、构造形式等方面各系统都存在着很大差别，但因其网络系统性质都可抽象为由点、线、面构成的网络模型，尽管不同系统的网络模型还是存在不少差别，如供水系统与通信系

统的节点联系关系将不一样，其调整控制的物理性质有一定差别，但其网络分析方法和技术途径是基本一致的，可以统筹考虑，进行网络可靠性的分析，在这类系统的分析中，对一些特殊节点如电力系统的变电站、交通系统的桥梁等，要加强进行节点的可靠性评价。基于上述分析和认识，生命线系统的主要研究技术路线见图4-2。

1. 单体建（构）筑物易损性分析评价

主要包括生命线系统中的各单体建筑物、构筑物和主要设备设施的易损性分析，可根据各系统的特点，通常以采用国内外有关标准和规范的方法为主，在评价基础上，进行破坏程度的估计，必要时可考虑地震作用的随机性和破坏状态的模糊性，一般可采用类似于"城区建筑抗震防灾规划"中的"重要建筑"的单体评价思路和方法进行。

2. 网络易损性分析

对于网络易损性分析，实际上包括两个层面的研究：一是进行单体易损性评价，包括单个网段（道路段、管段、电线、埋地电缆等）、重要节点（桥梁、提压站、变电站、交换站等）等，对于重要节点运用可靠性理论采用节点系统模型对其进行可靠性评价；二是依据现实世界的相互关系，建立各单体之间的网络拓扑关系，构建生命线系统的网络分析模型，在采用计算机辅助逻辑综合分析技术实现大规模网络的不交化、最短路径搜索等分析研究的基础上，采用广度优先搜索技术（BFS）结合网络可靠性蒙特卡洛模拟分析方法对生命线系统的多汇、多态网络系统进行可靠性评价和震害程度估计。

4.3.2　重要生命线工程设施抗震能力评价

一、供电系统

对电力系统进行抗震性能评价，主要包括对发电厂、变电站、输电线路以及有关的工程设施作出相应的单体预测，以及对整个供电网络的可靠性及功能损失进行全面的分析。

1. 供电系统中重要建筑物的震害预测

供电系统中的重要建筑物包括城市电力调度中心、电厂发电主厂房、枢纽变电站等，可参照相关标准规范中重要建筑物的抗震性能评价要求进行。

2. 高压电气设备的震害预测

变电站的高压电气设备主要有电力变压器、断路器（图4-3）、隔离开关、电流互感器、电压互感器（图4-4）、避雷器等几种类型。

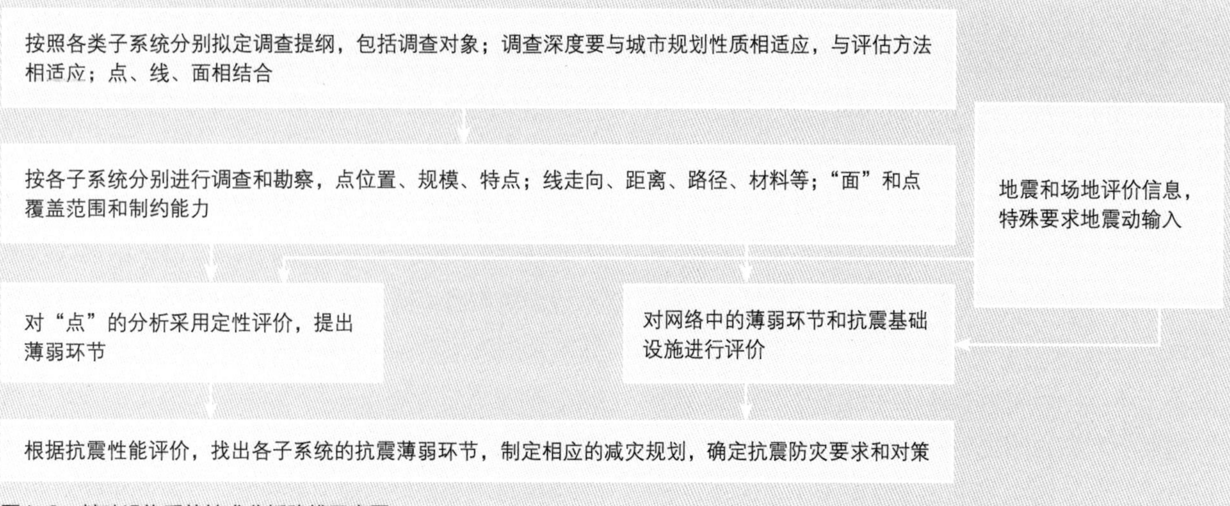

图4-2　基础设施系统技术分析路线示意图

图4-3　断路器　　　　　　图4-4　电流互感器

高压电气设备的结构形式、材料特性和运行功能上的要求均与一般土建结构的要求相差甚远，采用土建结构的评价标准很难合理地给出其破坏状态及震害对供电系统功能的影响。高压电气设备抗震性能评价的重点不是某个设备自身是否被破坏，重要的是供电系统中有多少电气设备可能遭受破坏及由此而产生的对系统供电功能的影响程度。因此，在高压电气设备的震害预测中，通常引入破坏概率的概念。此概念是指在不同强度的地震作用下，某种类型的高压电气设备发生破坏的可能性，进而可以评定其潜在破坏对系统功能的影响。

1）计算模型的选取

高压电气设备大多为由法兰盘连接而成的单节或多节瓷套管，通常安装在钢支架或混凝土支架上。在这类结构的动力计算中，各瓷套管之间的连接刚度是反映其结构动力特性的重要指标，根据对高压电气设备所采用的法兰盘构造和作用进行的分析和试验研究结果，确定对单柱式、多柱式和带拉线的体系所应采用的悬臂多质点体系或质量—弹簧体系的分析模型；高压管型母线与大电流封闭母线等长跨结构的电气装置采用多质点弹簧体系模型；变压器瓷套管常简化为悬臂多质点体系。在计算中还应计入设备法兰连接的弯曲刚度。对于具有柔性节点的多质点体系，采用具有柔性节点的有限元法，将柔性节点所产生的刚度矩阵加到通常的杆单元矩阵中，形成一种子结构的单元刚度矩阵，然后按体系进行组合，经动力凝聚后即可对各类高压电气设备

在不同强度的地震作用下的动力反应进行计算并给出各自的破坏概率。

2）设备抗震可靠性分析方法

目前常用的电气设备抗震可靠性评价方法是采用一次二阶矩法来计算高压电气设备的抗震可靠度，按照最大强度准则，其可靠概率的表达式为：

$$P_s(R > S) = \iint\limits_{R > S} f_{RS}(r,s)\,\mathrm{d}r\mathrm{d}s \qquad (4-28)$$

式中　　P_s——设备可靠概率；

　　　　R——电气设备的抗力随机变量；

　　　　S——电气设备的地震效应随机变量。

其中，电气设备的地震效应随机变量S采用《电力设施抗震设计规范》GB 50260—2013中规定的标准设计反应谱作为均值反应谱，用振型分解反应谱方法计算设备的水平地震作用。设作用在设备上的水平地震作用的最大值为：

$$F_{ij} = \xi \cdot \gamma_j \cdot X_{ij} \cdot G_i \cdot \alpha_j \,(i=1,2\cdots\cdots n；j=1,2\cdots\cdots m)$$
$$(4-29)$$

式中　　F_{ij}——j振型i质点的水平地震作用的最大值；

　　　　ξ——结构系数，按规范采用；

　　　　γ_j——振型参与系数；

　　　　X_{ij}——j振型i质点在X方向的水平相对位移；

　　　　G_i——i质点的重力荷载代表值；

　　　　α_j——相应于j振型自振周期的水平地震影响系数。

按规范采用，并在计算时采用具有柔性节点的有限元法。

电气设备的阻尼比实测值一般为0.01～0.03，而通常的标准反应谱所对应的阻尼比为0.05。因此，按上式计算的地震作用，应根据电气设备体系和电气装置的实际阻尼比乘以阻尼修正系数，其值可按规范采用。

采用振型分解反应谱法求出地震反应的最大值后，可按一般结构动力学的方法计算出高压电气设备各振型最不利截面的最大反应值，根据随机振动分析理论，并假设在峰值反应与均值反应之间存在一定的

比例关系，即可利用以下公式计算设备的最大地震作用效应：

$$\mu_s = \left(\sum_{i=1}^{m} \sum_{j=1}^{m} \rho_{ij} \cdot S_{\mu i} \cdot S_{\mu j} \right)^{\frac{1}{2}} \quad (4-30)$$

$$\sigma_s = \left(\sum_{i=1}^{m} \sum_{j=1}^{m} \frac{q^2}{p_i \cdot p_j} \cdot \rho_{ij} \cdot S_{\mu i} \cdot S_{\mu j} \right)^{\frac{1}{2}} \quad (4-31)$$

式中 μ_s 和 σ_s——分别为高压电气设备最大地震反应的均值和方差；

m——选定的参与组合的振型总数；

ρ_{ij}——振型间的相关系数；

$S_{\mu i}$ 和 $S_{\mu j}$——分别为第 i 振型和第 j 振型的最大地震作用效应的均值；

q——地震动随机过程的方差因子；

p——表示各振型反应峰值和均方根值之间的比例关系的峰值因子。

由于高压电气设备体形简单，各阶自振频率相隔较大，通常认为：

$$\rho_{ij} = \begin{cases} 0 & i \neq j \\ 1 & i = j \end{cases} \quad (4-32)$$

这样前面的公式就可简化为：

$$\mu_s = \left(\sum_{i=1}^{m} S_{\mu i}^2 \right)^{\frac{1}{2}} \quad (4-33)$$

$$\sigma_s = q \cdot \left(\sum_{i=1}^{m} \frac{S_{\mu i}^2}{p_i^2} \right)^{\frac{1}{2}} \quad (4-34)$$

过程方差因子 q 和振型峰值因子 p_i 可由下式求得：

$$q = \frac{\pi}{\sqrt{12\ln\left(\frac{\gamma^2}{\pi} T_d\right)}} \quad (4-35)$$

$$p_i = \sqrt{2\ln\left(\frac{\gamma^2}{\pi} T_d\right)} + \frac{0.5772}{\sqrt{2\ln\left(\frac{\gamma^2}{\pi} T_d\right)}} \quad (4-36)$$

式中 T_d——地震持时；

γ^2——谱参数或功率谱惯性矩。

对于宽带输入反应有：

$$\frac{\gamma^2}{\pi} \approx \frac{\omega_i}{\pi} \quad (4-37)$$

我国高压电气设备所采用的瓷件材料多为高硅瓷瓶和普通瓷瓶，但是普通瓷瓶的破坏弯矩和破坏应力较低，地震时容易遭到破坏。通常可将瓷质材料视为理想脆弹性材料，按弹性体系计算高压电气设备的抗力随机变量 R。对普通瓷件破坏应力均值取 $\mu_{普}$=14~19MPa，对高硅瓷瓶破坏应力均值取 $\mu_{高}$=26~45MPa，方差仍按规范采用。

在高压电气设备的地震效应和抗力计算中，一般将计算截面放在电气设备的根部和其他危险的截面处。因为理论分析和试验结果表明，悬臂结构的最大应力一般发生在瓷套管的根部，这与实际震害情况也是一致的。对于三角锥结构或空间杆件支架结构，其最大反应发生在绝缘架或支架的顶部，这是因为在该处结构刚度发生突变，导致应力明显增大，成为地震时率先发生破坏的部位。

在假定地震效应和抗力相互独立且皆服从正态分布的基础上，式（4-28）可表示为下式：

$$P_{S(R>S)} = \Phi(\beta) \quad (4-38)$$

式中 $\Phi(\bullet)$——标准正态分布函数；

β——可靠指标，可由下式求解：

$$\beta = \frac{\mu_R - \mu_S}{\sqrt{\sigma_R^2 + \sigma_S^2}} \quad (4-39)$$

式中 μ_R、σ_R^2——分别为电气设备抗力 R 的均值和方差；

μ_S、σ_S^2——分别为电气设备地震效应 S 的均值和方差。

当地震效应和抗力均服从对数正态分布时，可靠度指标可表示为：

$$\beta = \frac{\ln\left(\frac{\mu_R}{\sqrt{1+v_R^2}}\right) - \ln\left(\frac{\mu_S}{\sqrt{1+v_S^2}}\right)}{\sqrt{\ln\left[(1+v_R^2)(1+v_S^2)\right]}} \quad (4-40)$$

计算出电气设备在这些截面的地震效应、抗力的均值和方差后，即可根据式（4-38）~式（4-40）计算在不同地震烈度下电气设备的可靠指标和可靠概率。

3. 变电站子系统的震后可靠度预测

将变电站内各主要元器件作为系统单元，则一般可用图4-5的系统模型表示各主要单元的逻辑关系。

根据变电站元件的单体可靠性及相互逻辑关系，则可按串并联系统的可靠度求解方法计算各变电站子系统的可靠度。计算公式如下：

$$P_r^S = 1 - \left(1 - \prod_{i=1}^{r} P_{tji}\right) \qquad (4-41)$$

式中　　P_r^S——变电站子系统可靠度；

　　　　P_{tji}——第j个回路中的第i个单元的可靠度。

在上式中，实际上包含着各元件失效相互独立的假定，即一个元件的失效并不引起其他元件的破坏。然而实际情况中，电力系统中的各个元件在地震环境中存在较强的失效相关性。因此，在系统可靠性计算时，可遵循以下失效相关性假设：小震失效相互独立，中震失效部分相关，大震失效完全相关，对上式结果进行调整。

4. 供电系统功能损失评价原则

供电工程是一个网络工程，以系统的形式发挥其功能，它的震害也通过系统功能损失的形式表现出来，因此，在震害预测中，应对系统功能损失作出评价，为此，应确立供电工程系统功能损失的分级准则。

通常可以从三个方面评定地震震害对供电工程系统功能的影响。首先是对变配电功率的影响，由于变电站主控室等土建设施的破坏及电气设备等变配电设施的破坏，将导致变电站配电能力的降低以致丧失，从而直接影响供电工程功能的正常发挥；其次是对供电服务范围的影响，变配电能力的降低及输电线路的破坏等因素将使供电工程正常供电的服务范围减小，从而影响到社会生产和生活的正常运行；再者就是恢复系统正常功能所需的时间。一般来说，供电工程系统的震害越重，恢复其正常运行的所需时间就越长，城市正常运行和居民生活所受的影响就越严重。因此，恢复系统正常供电所需时间不仅反映了抢修工作的难易程度，也反映了地震

图4-5　变电站系统接线示意图

破坏对系统功能损失的影响程度。

从上述三个准则出发，根据国内外一些大地震的震害资料，可将系统功能损失划分为四个等级，见表4-24。

供电工程系统功能损失震害等级　　表4-24

震害等级	系统功能损失程度
I级	事故可以及时排除，供电功能基本不受影响，当日即可保障全部供电服务范围正常供电
II级	发电或变配电功率损失不超过20%，供电服务范围内不超过10%的地区停止供电2~3天，一周内恢复正常供电
III级	发电或变配电功率损失不超过50%，供电服务范围内不超过30%的地区停止供电10天以下，经抢修，在一个月内可恢复正常供电
IV级	发电或变配电功率损失超过50%，供电服务范围内超过30%的地区停止供电10天以上，即使经多方抢修，也需要数月或更长的时间才能恢复正常供电

二、供水系统

供水系统的抗震性能评价包括供水系统建筑物震害预测、水厂构筑物震害预测及供水管网震害预测等。

1. 供水系统建筑物震害预测

供水系统的重要建筑物有城市供水调度中心、取水建（构）筑物、水厂泵房、综合楼等。震害预测可参照相关标准规范中重要建筑物的抗震性能评价要求进行。

2. 水厂构筑物震害预测

城市抗震防灾规划中需要进行震害预测的主要水厂构筑物有清水池、沉淀池、反冲滤池等。水池的震害易损性分析需要考虑地震荷载、静力荷载、动水荷

载、动土压力等的组合作用，对典型池壁受力最不利断面进行内力分析，得到其承受的弯矩，然后计算将产生的裂缝宽度，依据裂缝宽度给出水池的易损性分析结论。具体方法如下。

1）破坏等级划分标准

钢筋混凝土水池分为5个破坏等级，各破坏等级的水池状况描述如下：

（1）基本完好：无震害，或顶盖与池壁连接处有轻微破损，池壁裂缝宽度小于0.2mm。

（2）轻微破坏：顶盖与池壁连接处有明显破损，水池壁裂缝宽度介于0.2～0.5mm之间，造成轻微渗漏。

（3）中等破坏：水池壁裂缝宽度达0.5～0.8mm，渗水严重，需采取修复措施才能继续使用。

（4）严重破坏：水池壁严重开裂，裂缝宽度达0.8～1.2mm，水向外喷涌，或立柱折断，致使顶盖局部坍落。

（5）毁坏：池壁决口、倾倒，裂缝宽度大于1.2mm，大部分顶盖坍落，需重建。

2）池壁裂缝宽度计算

裂缝出现以后，裂缝间距内纵向受拉钢筋的伸长与混凝土的伸长之间的差值，就是裂缝开展的宽度，即：

$$\varepsilon_f = (\bar{\varepsilon}_g - \bar{\varepsilon}_1) L_f \qquad (4-42)$$

式中　$\bar{\varepsilon}_g$——钢筋的平均应变；

　　　$\bar{\varepsilon}_1$——在钢筋水平裂缝之间受拉混凝土的平均应变；

　　　L_f——平均裂缝间距，由下式计算：

$$L_f = \left[6 + 0.06 \frac{d}{\mu}(1 + 2\gamma_1 + 0.4\gamma_1')\right]\upsilon \qquad (4-43)$$

式中　υ——与纵向受拉钢筋表面形状有关的系数，对螺纹和人字形钢筋，取$\upsilon=0.7$；对光面钢筋，取$\bar{\upsilon}=1.0$；对冷拔低碳钢丝，取$\bar{\upsilon}=1.25$。

　　　d——受拉钢筋直径。

　　　μ——配筋率。

γ_1、γ_1'——与截面形状有关的系数，$\gamma_1 = (b_i - b)h_i/bh$，其中$b_i$、$h_i$分别为受拉区的翼缘宽度及高度；$\gamma_1' = (b_i' - b)h_i'/bh$，其中$b_i'$、$h_i'$分别为受压区的翼缘宽度及高度。

如果用ψ来表示裂缝截面处钢筋的应变ε_g，与钢筋的平均应变$\bar{\varepsilon}_g$之间的关系，则得：

$$\bar{\varepsilon}_g = \psi \varepsilon_g \qquad (4-44)$$

ψ称为裂缝间钢筋应变的不均匀系数，由下式计算：

$$\psi = 1.2\left[1 - \frac{0.235(1 + 2\gamma_1 + 0.4\gamma_1')R_t bh^2}{M}\right] \qquad (4-45)$$

式中　M——计算截面的弯矩；

　　　R_t——混凝土的抗裂强度；

　　　b——截面宽度；

　　　h——截面高度。

规定，ψ值的上限为1.0，下限为0.4。

与钢筋的平均拉伸应变比较，混凝土的平均拉伸应变$\bar{\varepsilon}$很小，可以忽略，于是裂缝宽度δ_f可以看做裂缝间距内的钢筋的总伸长。

$$\delta_f = \delta_g L_f = \psi \frac{\delta_g}{E_g} L_f \qquad (4-46)$$

式中　δ_g——裂缝截面处纵向受拉钢筋的应力，按下式计算：

$$\delta_g = \frac{M}{0.87 A_g h_0} \qquad (4-47)$$

式中　A_g——所有纵向受拉钢筋的截面积；

　　　h_0——截面有效受拉高度。

考虑到裂缝分布开展的不均匀性，最大裂缝宽度按下式计算：

$$\delta_{ffmax} = 2.0\psi \frac{\delta_g}{E_g} L_{ff} \qquad (4-48)$$

式中　E_g——钢筋的弹性模量。

计算出裂缝宽度值后，参考水池的破坏等级划分标准，就可以得出易损性分析结果。

3. 供水管网震害预测

管段的震害预测可以采用理论方法或经验方法。理论方法又可以分为确定性的方法和概率性的可靠度方法两种。在具体实施中，可根据编制模式和收集到的供水管网资料详细程度选择采用不同的方法。

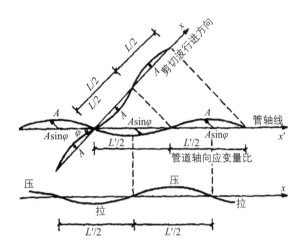

图4-6 管道在剪切波作用下的轴向变形

确定性方法以供水管段的接口变形为预测量。具体步骤如下。

1）求管段的轴向位移

按波动理论，当剪切波沿与管线成任意角 φ 行进时（图4-6），沿剪切波平面土的波动位移为：

$$Y_a = A \cdot \sin(2\pi X/L) \qquad (4-49)$$

式中　A——位移幅值，可近似取地面位移幅值；

　　　L——剪切波的波长（mm）。

则土沿管轴线方向自由变位时的位移为：

$$U_s = A \cdot \sin\varphi \cdot \sin(2\pi X'/L') \qquad (4-50)$$

式中　φ——剪切波入射方向与管轴线夹角；

　　　L'——剪切波在管轴方向的视波长：

$$L' = L/\cos\varphi$$

实际上，由于管体刚度的影响，管与周围土体之间存在一定的相对滑动，这种相对滑动一般将使管体变形小于土体变形。因此，引入传递系数 ξ，此时管道的轴向位移可用下式表达：

$$U_T = \xi \cdot A \cdot \sin\varphi \cdot \sin(2\pi X'/L') \qquad (4-51)$$

根据管道的实际震害分析，ξ 值应与场地土的剪切刚度成正比，和管道的结构刚度成反比，同时必须考虑符合在所有情况下 $\xi \leqslant 1.0$，为此，按照《室外给水排水和燃气热力工程抗震设计规范》GB 50032—2003规定 ξ 为：

$$\xi = \cfrac{1}{1 + \cfrac{E \cdot A \cdot D}{2V_{sp}^2}} \qquad (4-52)$$

式中　V_{sp}——管道埋设深度处土层的剪切波速（mm/s），应取实测波速的2/3值；

　　　E——管道材质的弹性模量（N/mm²）；

　　　A——管道的横截面积（mm²）；

　　　D——管的平均直径（mm）。

则管道的轴向应变为：

$$\varepsilon_T = \frac{dU_T}{dX'} = \xi \cdot A \cdot \sin\psi \cdot \frac{2\pi}{L'} \cdot \cos\left(\frac{2\pi X'}{L'}\right)$$

$$(4-53)$$

将 L' 代入上式得：

$$\begin{aligned}\varepsilon_T &= \xi \cdot A \cdot \sin\psi \cdot \frac{2\pi}{\lambda} \cdot \cos\psi \cdot \cos\left(\frac{2\pi X'}{L'}\right)\\&= \frac{\pi}{\lambda} \cdot \xi \cdot A \cdot \sin(2\psi) \cdot \cos\left(\frac{2\pi X'}{L'}\right)\end{aligned}$$

$$(4-54)$$

对上式求极值可知：$\varphi = 45°$ 时，

$$U_{Tmax} = \xi \cdot A \cdot \frac{\pi}{L'}\cos\left(\frac{2\pi X'}{L'}\right) \qquad (4-55)$$

2）求管段的轴向变形

由于波的不同相位，地震波对管道引起的轴向变形，应是在同一瞬间，半个视波长内管道受压，半个视波长内管道受拉。因此，对管道的地震反应可以取半个视波长内的轴向变形量：

$$\Delta L_T = (\xi \cdot A \cdot \pi/L') \int_{L'/4}^{L'/4} \cos(2\pi X'/L')dX' = \sqrt{2} \cdot \xi \cdot A$$

$$(4-56)$$

将 $A = K_h \cdot g \cdot T_g^2/4\pi^2$ 及有关参数带入上式，得：

$$\Delta L_{\mathrm{T}} = 66\xi \cdot K_{\mathrm{h}} \cdot T_{\mathrm{g}}^{2} \qquad (4-57)$$

式中　　K_{h}——水平地震系数；

　　　　T_{g}——管道埋设场地的特征周期（s）。

在接口位移破坏模型中假定管道在半个视波长内的轴向应变有各接口共同等效承担。半个视波长内管道的接头个数可由下式确定：

$$n = \frac{V_{\mathrm{s}} \cdot T_{\mathrm{g}}}{\sqrt{2}\, l_{\mathrm{p}}} \qquad (4-58)$$

式中　　l_{p}——管道的每根管子长度（mm）。

则每个接头处的平均变形量为：

$$\Delta L' = \frac{\Delta L_{\mathrm{T}}}{n} \qquad (4-59)$$

3）判断计算管道的震害程度

以管道接口在地震波作用下的相对位移 S 和接口允许位移 R 作为结构功能函数的基本变量，定义管道三种互不相容的破坏状态为：

基本完好：管体结构基本完好无损，刚性接头相对变形小于允许开裂变形极限 R_1，接头可能有少量微细裂纹，轻微渗漏。

中等破坏：刚性接头相对变形超过允许开裂变形极限 R_1，柔性接头的胶圈与管间产生滑动，多数接头产生裂纹，有渗水现象，并可能使管道压力下降。

严重破坏：接头相对变形超出渗漏允许变形极限 R_2，填料松动，胶圈接头拉出，渗漏严重。

4）根据特殊场地条件影响进行修正

历史震害表明：位于液化、跨河及软弱场地的管道一般会发生比较严重的破坏。例如：管线处于中等液化区的，其震害程度将增加20% ~ 50%。对于跨河管线，如果两岸处于严重液化区，这不仅使管线的地基处于严重液化状态，而且两岸易于发生滑坡，造成更大的危险，管线将发生严重破坏。因此，对处于不利场地的供水管段，根据上述方法得到的震害预测结果应进行修正。

4. 供水管段经验震害预测方法

管道震害分析所用的经验分析法通常是，区分场地条件、管道类型、接头形式、破坏形式、管道直径等多种因素，建立单位长度内管道的平均破坏率与影响因素之间的经验函数关系，并利用历史震害资料综合统计给出这类函数中的经验系数。应用时，确定在震害预测中输入地震动的相关参数，预测管道的破坏程度。

如美国生命线工程联合会给出了地下管线震害率的经验统计，可用于埋地管线（供水、供气、热力）的震害估计。其主要过程如下：

（1）假定管道破坏沿管线为泊松分布，则可用下式计算管线的破坏概率：

$$P_{\mathrm{f}} = 1 - \mathrm{e}^{-\lambda L} \qquad (4-60)$$

式中　　λ——平均震害率，用每千米内的破坏数表示；

　　　　L——指定计算管线的长度。

（2）求平均震害率：

美国生命线工程联合会（ALA）通过对各国近代地震中供水管线的震害数据的统计分析，于2001年提出了如下的地震管线平均震害率推荐计算表达式：

由地震波引起的震害率：

$$\lambda = 0.00475 \cdot K_1 \cdot \mathrm{PGV} \qquad (4-61)$$

式中　　PGV——地震动有效峰值速度（cm/s）；

　　　　K_1——考虑各类影响因素的调整系数。

由地面永久变形引起的震害率：

$$\lambda = 1.427 \cdot K_2 \cdot \mathrm{PGD}^{0.32} \qquad (4-62)$$

式中　　PGD——地震动有效峰值位移（cm）；

　　　　K_2——考虑管材、接头形式的调整系数。

5. 供水管网可靠性分析

生命线网络系统可靠性分析大体上可以分为确定性和数值模拟两种方法，前者建立在严格的数学理论公式基础上，能进行精确分析，但对于复杂系统，由于计算工作量太大，在实际工作中很难应用；后者以蒙特卡罗方法为代表，通过生成大量随机数来模拟每一次网络运行情况，最终得到系统的连通性评价。

供水管网可靠性分析可采用蒙特卡罗法，它是一类通过随机变量的统计试验，随机模拟求问题数值解的方法。对大型复杂网络，特别是对于概率图的可靠性来说，这种方法具有计算简便、模拟过程灵活的特点。模拟所需要的时间与网络的模拟成正比，数值解的误差随模拟次数的增加，可控制在允许的范围内。

用蒙特卡罗法求解网络的可靠性问题时可分为以下几个步骤：

（1）根据本节前述的管段震害概率评价方法，确定网络各边发生不同破坏状态的概率。

（2）利用随机数发生器产生均匀分布的随机数集，并与各边相匹配，然后通过落在各边的随机数与边的分布概率相比较，判断边的破坏状态。

（3）对这样模拟出来的网络破坏状态，依据网络的拓扑结构，进行系统的连通性检验，并记录各汇点在此次模拟中的状态。

（4）大量反复进行网络模拟，并统计各汇点的连通状态的发生频率。当模拟次数足够时，即可用频率值作为发生概率的近似值，概率分布的各种数值特征值亦可由之算出。

蒙特卡罗模拟法是以事件发生的频率近似为事件发生的概率。其实，只有当模拟数趋于无穷大时，频率才等于概率，实际上这是不可能的。因此，模拟时既要考虑模拟次数的有限性，又要考虑数值的精度。计算表明，当模拟次数在5000次以上时，基本上就能满足工程要求。

通过蒙特卡罗法计算出各节点与水源连通的概率 P 后，可以根据它评价节点的可能状态，并按表4-25来判断供水管网的可靠性。

连通概率 P 与供水管网的可靠状态关系　表4-25

概率	$P \geqslant 0.9$	$0.9 > P \geqslant 0.7$	$0.7 > P \geqslant 0.5$	$0.5 > P \geqslant 0.3$	$P < 0.3$
供水管网可靠状态	可靠	轻微不可靠	中等不可靠	严重不可靠	断水

三、供气系统

供气系统的抗震性能评价包括供气系统重要建（构）筑物震害预测、地震次生火灾和次生爆炸影响范围估计等。

1）供气系统重要建（构）筑物震害预测

供气系统的重要建（构）筑物有：城市供气调度中心，天然气门站，气源厂主要厂房，主要调压站，主要储气站的气罐（或气柜），空混站的主要设备间等。其震害预测可参照相关标准规范中重要建筑物的抗震性能评价要求进行。

2）地震次生火灾和次生爆炸影响范围估计

（1）判断管段震害薄弱环节

燃气管段和供水管道类似，以埋地管线为主，地震对埋地管线的破坏作用主要源于地表变形和地面运动。因此，震害预测可参照供水管段的震害预测方法进行。

（2）判断次生火灾和次生爆炸的灾害源点

根据供水管段的震害预测结果，可以找到在预估的地震作用水平下，发生严重破坏以上的管段位置，作为发生地震次生火灾的灾害源点。

（3）地震次生灾害影响估计

根据灾害源的数量、危险程度，可预测地震次生火灾和次生爆炸的影响范围。具体方法可参照"地震次生灾害抗震评价"一节中相应的方法。

4.3.3 网络抗震可靠性评价

一、网络可靠性算法

生命线工程系统的共同特征之一是其网络性质。不同类型的工程结构、设施相互连接，构成在空间上覆盖一个较大区域范围的工程网络。考察生命线工程系统的抗震性能，不仅要考虑各个生命线工程结构的抗震性能，而且要考察作为整体的工程网络系统的抗震性能。[111]

生命线工程作为一个复杂的网络结构，研究的重点主要集中在连通可靠性分析和功能可靠性分析两个问题上。下文主要介绍生命线工程网络连通可靠性问题。

网络系统可靠性最有效的方法是直接产生不交最

小路或者不交最小割。S.Hasanuddin Ahmad[112][113]提出了一种求解网络可靠性的直接生成不交最小路算法，该算法通过逐步构造不交分枝，沿着分枝拓展直接求得网络系统的不交化最小路集。该文只简述了适用于小型网络的理论，其树状拓扑结构也无法表述大型网络。武小悦[114]根据Ahmad算法，结合交互计算的思想，提出了一种计算单向小型网络的直接不交最小路的方法，但该方法的求解过程存在漏项的缺陷，且只适用于特殊类型的单向小型网络，对于大型网络该方法依然无法回避NP-Hard问题。贾进章[115]利用武小悦算法及截断误差理论，求解了大型单向网络可靠度的近似解，但其所依据原理本身存在漏项的缺陷，截断误差的大小和网络可靠性的精度无法控制，其结果是不准确的。因此，王威[116]在大型复杂网络可靠性近似算法和复杂网络简化、分解技术研究的基础上，参考Ahmad的直接不交化算法和武小悦的交互式算法的思路，引入直接不交最小割，利用不交最小路和不交最小割两端逼近精确解的方法，提出了一种可以求解大型复杂生命线工程网络的可靠度的DDMR（Direct Disjoint Minimal Routes）算法。

在进行工程网络系统的可靠性分析时，要明确网络系统的最小路集和最小割集。每个最小路集表示网络系统正常工作模式，每个割集表示网络系统故障模式。

网络是节点和线（弧）的二元组合。节点间由线（弧）连接称关联，两节点间连线有方向时称为弧；由节点和弧组成的图称为有向图；由节点和线组成的图称为无向图；只有流出弧与其节点关联的节点称为输入节点或起点；只有流入弧与其节点关联的节点称为输出节点或终点；其余称为中间节点。

连通起、终点的弧列称为路；连通起、终点的所有路的弧（线）列的集合称为路集（Path set）；最小路集是个路集，但任意去掉其中一弧（线）后，剩下的弧列不成为路者称为最小路集（Minimal path set，MPS）。

能使起、终点分割成不连接的两部分的弧列称为割，而所有割的集合称为割集（Cut set）；最小割集是割集，但任意去掉一个弧后剩下的弧列不成为割集者称为最小割集（Minimal cut set，MCS）。

表4-26给出了一般生命线工程网络可抽象为一点权或边权系统。

二、供水管网的连通可靠性分析

供水管网是由配水源（泵站、高位水池或水塔）、用水户和管线三部分组成的相互有联系的系统。系统中某一个部件的损坏，都有可能影响到整个系统的正常运行。只研究一段管道的地震可靠性，不足以反映整个系统的运行状态。因此，除了对各根管道进行抗震性能评价以外，还必须对整个网络的连通可靠性进行评价。

生命线系统网络模型四要素的含义及网络类型　　　　　　　　　　　　　　　　表4-26

生命线系统分类	节点	线路	流量	网络类型	
				网络图类型	赋权形式
电力系统	电厂、变电站	供电线路	电压、电流	有向图	点权网络
水系统	水源地、水厂、泵站	供水管线	供水量、压力、流速	有向图	一般赋权网络
煤气系统	煤气、储气罐	供气线路	供气流量、压力	有向图	一般赋权网络
交通系统	车站、港口、码头、机场	交通线路（大型桥梁、隧道等）	运输通行量	有向图	边权网络

1. 供水管网简化模型

首先将系统进行网络模拟，将水厂、高位水池、两条或两条以上管线汇交点及重要用水处等模拟为节点，而节点之间的管线模拟为连杆。其中，将水厂记为源点，用户终端、集中用水点等记为汇点。一般来说，节点部件是一个复杂结构或一个小系统，这就给评价带来了困难，但节点构件具有备用系统或相对于管线具有较高的地震可靠性，因此在网络分析时可以仅考虑主要部件连杆的震害状态矩阵。

2. 蒙特卡罗法计算管网系统连通可靠性

蒙特卡罗模拟法是通过随机变量的统计试验，随机模拟求解问题解的数值方法。它不是按传统的观点去求解模型，而是在一定的假设条件下模拟模型的运行状态，然后根据模型运行结果，进行预测分析和系统评价。对大型复杂网络，特别是对生命线网络的可靠性来讲，蒙特卡罗法具有计算简便、模拟过程灵活的特点，模拟试验花费的时间与图的规模成正比，数值解的误差随模拟次数的增加可限制在允许的范围内。

使用蒙特卡罗模拟算法评价供水网络可靠性的基本想法是利用管线的破坏概率分布特征，通过大量的随机模拟，近似再现网络各边的破坏概率状态。而在每次模拟中，进行网络的连通性检验，判定源、汇点间连接状况，通过计算汇点处于各种状态的频率，获取对汇点与源点连通性的概率评价。

3. 震后渗漏量预测

在历次破坏性地震灾害中，供水管网的漏失都很严重。"5·12"汶川特大地震灾害中，绵竹市由于地震造成80%左右的管网破裂，供水系统无法提供高供水压力，城市管网漏失率高达85%；彭州市主城供水生产系统完整，运行基本正常，但管网漏损大，震前实际日均供水3万t左右，震后日均供水陡增至5万t以上，漏失率近达50%。

在震后维修期间，供水管网处于带渗漏供水状态，此时的漏失率远远高于供水管网正常运行状态下的漏失率，在计算用水量时需谨慎处理。

1）典型渗漏分析模型

典型渗漏分析模型有两类，一类为点式渗漏模型；另一类为一致渗漏模型。点式渗漏模型通常用于供水管网的抗震分析中。假定渗漏发生在管段中间，渗漏面积可以通过埋地管线的结构受力反应分析确定（或在概率意义上确定），此时渗漏量的大小只与渗漏点的水压有关。一致渗漏模型认为地下供水管网的渗漏位置不能确定、渗漏面积更不能确定，但是管网的总体渗漏水平可以通过水厂供水量与用户记录用水量的差值得到的渗漏总量来推算。整体的渗漏流量不是平分在每根管线或每个节点上，各部分渗漏流量的大小与管网局部的水压有关，同时服从于整体渗漏水平的限制。

上述两类模型在应用中各有优点。点式渗漏模型是一种理论模型，具有预测功能，广泛应用于对震后供水管网功能预测和供水管网的抗震可靠度分析。一致渗漏模型更为真实地反映日常运行中的供水管网工作状态，但是由于在历次地震震害记录中没有管网整体渗漏水平与地震动参数之间的关系，一致渗漏模型在供水管网震后功能预测中未得到应用。

最早的一个点式渗漏模型是1983年Eguchi提出的。但是，由于Eguchi假设管线破坏处水压力为零，所以Eguchi点式渗漏模型只能反映管线一分为二的严重破坏情况。1983年，Trautmann引入渗漏等效直径D_2，将原有管段用图4-7所示的三个管段来表示。当管径为D_0的管段在地震中无破坏时，D_1趋于D_0；当管段破裂时D_2趋于D_0。所以，D_2/D_1反映了管段破坏的严重程度。Trautmann模型的缺点是将管网的原有规模扩大了许多，因为管网中的每根管都变成了三根管。

冯启民等提出了一个假设的点式渗漏模型，即在人为规定管段的水流方向的前提下，假设管段一旦破坏，破坏发生在下游节点，这可能不符合有渗漏供水管网的真实工作状态。

Shinozuka将管段不规则的渗漏孔用有相同面积

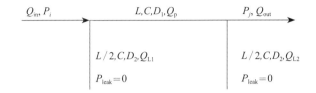

图4-7　Trautmann模型

的等效圆孔来模拟，用水力学中圆形冲水口的流量压力关系来反映渗漏点处渗漏流量和压力之间的关系。S模型较Trautmann模型简单，在流分析中处理也较为方便，至今在美国仍广为应用。但S模型中渗漏点的渗漏流量与压力之间的关系用圆形冲水口的流量压力关系来反映，这是不尽合理的。试验表明：流量与压力之间的关系与出流口的形状密切相关。管段在地震中破坏，破坏面总是呈极不规则的形状，不规则形状较圆形出水口对水流的摩擦阻力大得多。

若采用中国点式渗漏摸型（C模型）分析震后带渗漏管网，可取：

$$A_L = \begin{cases} 0, & S < R_1 \\ \pi D(S - R_1), & R_1 \leqslant S \leqslant 2R_2 \\ A, & S > 2R_2 \end{cases} \quad (4\text{-}63)$$

式中　　D——管段直径（m）；

　　　　S——管段接头变形（m），可按本文所述方法计算；

　　　　R_1、R_2——管段接头变形极限。

因此，采用C模型分析的震后渗漏流量可表示为：

$$Q_L = 0.421\pi D(S - R_1)\sqrt{H_L} \quad (4\text{-}64)$$

式中　　H_L——渗漏点水压（m）。

震后渗漏流量的计算需要计算参数渗漏点水压H_L，因此需要对供水管网进行功能分析（又称水力分析或流分析），这种分析是在已知管网拓扑结构、管段属性、管网各节点期望用水值、水源点出水压力等参数条件下，计算管网中各管段的传输流量、流速及节点水压的过程。但是在规划阶段，这些数据有些还是未知的，而且某管段的水压值有很大的不确定性，精确计算具有很大的难度。因此，计算震后供水管网

的漏失量需找到更适合规划采用的简便的计算方法。

2）震后漏失系数

影响由地震引发的渗漏流量的因素大致有：地震强度、设防烈度、城市供水系统抗震能力、城市场地情况。

当管道跨越断层或穿越河流时，在地震作用下破坏的概率会大大增加。若地基显著不均匀或在地震动下液化、震陷，管网也极易严重变形而损坏。

震后漏失系数K_e是对遭遇不同强度地震作用的城市供水系统在不同阶段漏失率的估计值。K_e参考值如表4-27所示，表中只考虑了地震强度和设防烈度的影响，可根据城市场地等其他具体情况选用。

阶段 强度	混乱期	应急期	修复期	完善期
小震	15~35	15~25	15~25	15~25
中震	40~70	35~60	20~40	15~25
大震	50~100	50~80	40~60	20~30

K_e参考值（％）　　　　　表4-27

注：表中"小震"指遭遇预估设防烈度小震地震作用；"中震"指遭遇预估设防烈度地震作用；"大震"指遭遇预估设防烈度罕遇地震作用。该漏损系数不包括正常状态下的漏损，具体计算时，应综合平时漏损情况采取。

三、交通系统连通性分析中的瓦砾问题考虑

城市道路两边有各种各样高低不同的建筑物或构筑物，这些工程结构的新旧程度、抗震能力都有很大的差别，有些工程在基本地震烈度与罕遇地震作用下可能会产生破坏甚至倒塌，随之产生的瓦砾堆积会使道路的有效宽度减小，甚至完全堵塞，从而影响道路的通行能力。特别是一些老旧城区，道路狭窄，房屋老损，抗震能力很差，震后房屋极易倒塌，堵塞交通，使震后的疏散和救援都会产生很大的困难。这种现象在唐山大地震后的唐山市随处可见。所以，如果能够根据历史震害经验和对现有的结构类型进行分析，预测出由于瓦砾堆积造成的路段通行概率值，为道路的改建、扩建，震后疏散、救援方式提供必要的

依据，并采取必要的措施，就可以达到尽可能减小震害的目的。

路边建筑震后对交通的影响程度与下列因素有关：道路宽度、路边建筑高度和建筑物距路边距离、建筑结构类型与抗震能力及地震烈度。一般情况下，按照抗震要求设计施工的工程结构，震后不易产生中等程度以上的破坏。而结构整体较差，设计不合理、施工质量差的工程以及老旧危房，震后易倒塌。建筑垃圾侧落的距离与工程结构的高度以及地震烈度有关。一般来说，房屋越高，地震烈度越大，建筑瓦砾散落的距离越远，对道路的影响越大。当地震烈度不大时，房屋震动的振幅不大，即使局部构件或附属物掉落，也不会对道路通行造成很大影响。对于路段通行概率的预测，需要估计建筑破坏瓦砾对道路通行的影响。建筑破坏瓦砾通常可只考虑发生严重破坏和毁坏建筑物的影响。因此，估计建筑破坏瓦砾堆积对道路通行的影响需要首先计算统计出各种功能的建筑在地震作用下，发生严重破坏或毁坏的数量，然后确定沿街不同建筑在不同地震烈度下的破坏状态，下面给出近似按照瓦砾堆积量进行通行概率估计的经验方法。

（1）道路两旁建筑物破坏瓦砾堆积量估计：

道路两旁建筑物破坏瓦砾堆积量与道路两旁建筑物的破坏状态直接相关。简化分析时，可采用瓦砾影响建筑破坏面积比来进行估计。瓦砾影响建筑破坏面积比Ψ_i可采用各类建筑在不同地震烈度下，严重破坏面积百分比的1/2和倒塌面积百分比之和来估计。然后计算道路两旁各类建筑中发生严重破坏和倒塌的沿道路的立面面积之和A_i，再乘以建筑倒塌影响系数$\overline{\omega}$（通常可取1/2～2/3）。总瓦砾堆积量可估计为：

$$\Omega = \overline{\omega} \sum_{i=1}^{3} A_i \cdot \Psi_i \qquad (4-65)$$

（2）近似估计时，可由总土方量计算出瓦砾阻塞密度，然后与临界瓦砾阻塞密度进行比较，来确定路段的通行概率，判断如下：

当$Q \leqslant Q_c$时，$P_w = 1.0 - \dfrac{Q}{Q_c}$；

当$Q > Q_c$时，$P_w = 0$。

式中　　Q——瓦砾阻塞量密度；

Q_c——临界瓦砾阻塞量密度。

其值分别定义如下：$Q = \dfrac{\Omega}{l \times b}$，$Q_c = \dfrac{\Omega_c}{l_c \times b_a}$，其中$l$、$l_c$为路段的长度和标准计算长度，$b$、$b_c$为路段的有效宽度和标准有效宽度，通常$b_c$值计算同$b$。

道路的有效宽度b主要由道路两侧建筑物距路边距离$2b_a$和行车道宽度b_0组成。很明显，如果瓦砾散落在人行道内，就几乎不会影响车辆的通行，但是如果散落到行车道内，也不一定完全堵塞，所以如果将整个宽度考虑在内的话，就可以通过概率的值来反映堵塞的情况，所以引入了有效宽度，也就是上述整个宽度，其计算公式为：

$$b = 2 \times b_a + b_0 \qquad (4-66)$$

根据历史震害资料，就目前车辆的越障能力和清障机械的效率而言，对于路长400～1200m情形，当瓦砾总量超过5000m²时，道路就几乎丧失了供车辆通行的功能。在此，取标准路段长l_c为800m；标准路段宽b_c为15m，建筑物距离路边宽度为5m；临界阻塞量Ω_c为5000m²。所以

$$Q_c = \frac{5000}{800 \times (15 + 2 \times 5)} = 0.25 \qquad (4-67)$$

沿街建筑倒塌形成的瓦砾堆积对道路通行能力的影响主要与该路段的瓦砾堆的总土方量Ω、道路长度l_c、有效宽度b有关，只要知道了道路本身及道路两旁建筑的参数就可以计算出该路段的通行概率P_w，然后结合道路本身震害及桥梁的震害就可以给出最终的路段通行概率值，从而进一步进行网路的连通性和可靠性分析。

4.4 城区建筑抗震能力评价

所谓城区抗震能力是指一个城市确保其地震安全

的能力。建筑物抗震能力评价应充分利用城市现有有关城市和区域地震环境方面的研究结果，根据城市的特点和有关规范标准，尽量采用现有的、先进的、比较合理和成熟的科研成果，进行城市建筑抗震分区和有关抗震防灾要求的研究。

4.4.1 评价要求和技术路线

城区建筑区通常分为重要建筑和一般建筑。重要建筑应包括对城市抗震防灾具有重要作用的各类建筑物，泛指时也包括各基础设施系统中的重要建筑物；一般建筑是指城市分布量大面广的各类建筑，通常进行群体建筑抗震性能评价。

一、城区建筑抗震能力评价要求

1. 重要建筑物

根据建筑的重要性、抗震防灾要求及其在抗震防灾中的作用，城区建筑抗震性能评价应对下列重要建筑进行单体抗震性能评价：

（1）《建筑抗震设防分类标准》GB50223—2008中的甲、乙类建筑；

（2）城市的市一级政府指挥机关、抗震救灾指挥部门所在办公楼；

（3）其他对城市抗震防灾特别重要的建筑。

对于具体城市抗震防灾规划，城市的重要建筑通常包括：

（1）对抗震救灾或维持城市功能起重要作用的房屋：主要包括《建筑抗震设防分类标准》中所列的甲、乙类建筑，市级指挥机关，金融中心的建筑等。

（2）国家级历史保护建筑：是城市历史和文化的结晶，需要加强防灾保护的研究。

（3）城市的重要或关键部门：这些部门在城市防灾中的重要作用，其建筑物一旦破坏会影响城市防灾指挥和抢险能力，主要包括建设局、交通指挥中心、公安局、地震局等重要部门的办公楼、指挥中心，金融中心，重要的科研基地等建筑。

必要时，城市抗震防灾规划时还可以对以下建筑物专门考虑：

（1）骨干建筑：包括地震时可能产生重大人员伤亡或重大财产损失，或震后可以作为防灾据点的，在现行规范中被定为丙类的大型公共建筑。例如：学校教学楼、影剧院、大型商场、体育场馆、博物馆等。这类建筑实际上在现代社会经济发展条件下越来越成为政府可以掌握的重要防灾资源，必要时考虑其作为防灾据点的抗震安全和保障要求。

（2）高层建筑：由于层数越高，受地震影响较大，且往往人员密集，防止地震次生火灾要求较高，通常也可以专门研究。

2. 一般建筑物

对位于有条件适宜和不适宜用地上的建筑和抗震能力差的建筑类型进行群体抗震性能评价。进行城市群体建筑抗震性能评价时，可根据抗震评价要求，参考工作区建筑调查统计资料，考虑结构形式、建设年代、设防情况、建筑现状等因素及用地抗震性能评价结果进行分类，采用分类建筑抽样调查与群体抗震性能评价相结合的方法进行抗震性能评价。

在进行群体建筑分类抽样调查时，城区建筑的评价预测单元划分可根据城市具体特点进行，既要考虑覆盖面同时要求各预测单元中的各种类型的建筑抽样和总量有一定程度的均衡。若某种类型的建筑在小范围内不足以统计推断，可局部扩大评价预测单元。不适宜用地上的建筑和抗震能力薄弱的建筑是评价重点。在建筑结构类型较单一小区，可采用较低抽样比例；对已有抗震能力评价资料的工作区，可补充新的资料进行估计；对于按照旧抗震设计规范设计的区域，可根据不同抗震设计规范的变化整体评价；对于按照现行抗震设计规范设计的建筑，可只针对存在的抗震问题进行评价。一般来讲，抗震能力评价预测单元可采用行政区域作为评价预测单元或根据不同工作区的重要性及其建筑分布特点按下述要求进行划分：

（1）一类工作区的建成区预测单元面积不应大于2.25km²；

（2）二类工作区的建城区预测单元面积不大于4km²。

而抽样率应满足评价建筑抗震性能分布差异的要求，并符合下述要求：

（1）一类工作区不宜小于5%；

（2）二类工作区不宜小于3%；

（3）三类工作区不宜小于1%。

其他工程设施的群体分类抽样调查宜根据工程设施特点按照本条要求进行。

二、城区建筑抗震能力评价具体内容

（1）对重要建筑物进行抗震性能评价：结合近年在建筑物震害预测方法领域的研究成果，根据对重要建筑物数据资料的收集情况，合理选择适当的预测方法对重要建筑物进行单体震害预测，得到重要建筑物的震害易损性矩阵。

（2）对一般建筑物进行抗震性能评价：根据一般建筑物在建造年代、结构形式、场地条件等方面的不同特点将建筑群划分成若干个区域，每一个区域视为一个预测单元（一般可以以居民委、街道或者道路围成的街区来划分），在每个预测单元内按照上节介绍的抽样比例和要求进行抽样后，对样本建筑进行震害易损性的计算，并将得到的易损性矩阵推而广之到各个预测单元，最终得到各个单元的抗震性能评价结果。

（3）对老旧建筑进行抗震性能评价：对于数量不多的老旧建筑，可采取和重要建筑物类似的方法进行抗震能力评价；对于数量较多的成片老旧建筑，则可采取和一般建筑物类似的方法进行预测单元的抗震性能评价，其中在抽样比例和覆盖程度方面应该比一般建筑物的要求提高一个级别，并且着重考虑使用现状对建筑物抗震能力的影响。

4.4.2 城市建筑物抗震能力评价方法

城市抗震防灾规划研究中，发展了许多抗震能力评价方法，各类方法的适用条件不同，各有特点，在选择时应仔细加以区分。下面对常见的抗震能力评价方法进行介绍。

一、结构破坏状态的划分

在震害预测过程中，一般将建筑物的破坏状态分为五个等级：基本完好，轻微破坏，中等破坏，严重破坏和倒塌。这些状态可以用多个指标来定义和描述，其中包括了主观性的模糊变量和确定性的物理量。[117]

结构物都是由许多个部件、构件组合而成的。如梁、柱、墙、楼板和屋面系统，这些部件和构件使用的建筑材料在我国主要有钢筋混凝土和砖、石砌体等。结构物的破坏通常是由构件及其连接的破坏引起的。

关于结构构件破坏状态和建筑结构整体破坏状态通常按照表4-28和表4-29中所列的标准进行划分。

构件破坏等级 表4-28

破坏等级	钢筋混凝土构件	砖墙	砖柱	屋面系统和楼板
Ⅰ级	破坏处混凝土酥碎，钢筋严重弯曲，产生了较大变位或已折断	产生了多道裂缝，近于酥碎状态或已倒塌	已断裂，受压区砖块酥碎脱落或已倒塌	屋面板（或楼板）坠落或滑动，支撑系统弯曲失稳，屋架坠落或倾斜
Ⅱ级	破坏处表层脱落，内层有明显裂缝，钢筋外露略有弯曲	墙体有多道显著裂缝或严重倾斜	断裂，受压区砖块酥碎	屋面板错动，屋架倾斜，支撑系统变形明显
Ⅲ级	破坏处表层有明显裂缝，钢筋外露	墙体有明显裂缝	柱有水平通缝	屋面板松动，支撑系统有可见变形
Ⅳ级	构件表层有可见裂缝，对承载能力和作用无影响	同左	同左	有可见裂缝或松动

结构震害等级和相应的震害指数 D 的范围

表4-29

震害等级	宏观现象	震害指数	指数范围
毁坏	大部分构件为Ⅰ级或Ⅱ级破坏，结构已濒于倒毁或已倒毁，已无修复可能，失去了结构设计时的预定功能	1	$0.85 < D$
严重破坏	大部构件为Ⅱ级破坏，个别构件有Ⅰ级破坏，难以修复	0.7	$0.55 < D \leqslant 0.85$
中等破坏	部分构件为Ⅲ级破坏，个别构件有Ⅱ级破坏现象，经修复仍可恢复原设计的功能	0.4	$0.3 < D \leqslant 0.55$
轻微破坏	部分构件为Ⅳ级破坏，个别构件有Ⅲ级破坏现象	0.2	$0.1 < D \leqslant 0.3$
基本完好	各类构件均无损坏，或个别构件有Ⅳ级损坏现象	0	$0 < D \leqslant 0.1$

表4-30给出了砖结构和钢筋混凝土结构在不同破坏等级下的宏观现象。

不同震害等级的宏观现象

表4-30

震害等级	砖结构	钢筋混凝土结构
基本完好		
轻微破坏		
中等破坏		
严重破坏		
毁坏		

二、单体建筑物抗震能力评价方法

1. 评判标准

在抗震性能评价时，通常需要根据分析计算结果判定结构的破坏状态，亦即俗称的震害预测。

采用某个物理量的极限状态来表示结构的破坏状态，这个物理量应该能够表征结构的抗震能力，且结构的破坏与之紧密相连。这个物理量称为结构的抗力，它可以是结构的内力，也可以是结构的变形或延伸率。

图4-8所示是输入地震动参数I与结构抗力δ的关系曲线。结构所处的状态是由结构的地震反应δ与结构地震反应的抗力值δ_i的关系决定的。五态破坏准则为：

当$\delta<\delta_1$时，结构处于基本完好，用D_1表示；

当$\delta_1<\delta\leq\delta_2$时，结构处于轻微破坏状态，用$D_2$表示；

当$\delta_2<\delta\leq\delta_3$时，结构处于中等破坏状态，用$D_3$表示；

当$\delta_3<\delta\leq\delta_4$时，结构处于严重破坏状态，用$D_4$表示；

当$\delta_4<\delta$时，结构处于毁坏状态，用D_5表示。

对于框架或框剪结构，可根据结构的屈服强度系数或变形能力，来判断结构在设定地震烈度下的震害情况，并给出结构薄弱层的位置，为今后的抗震加固提供依据。

按结构有限元分析计算得到的建筑物层间变形为主要指标的震害预测判别建议见表4-31和表4-32。

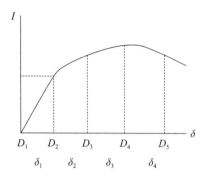

图4-8 输入地震动参数与结构抗力之间的关系

对于多层砌体结构，有关研究通过针对唐山、海城等多层砌体房屋震害的分析，给出了对应于不同破坏状态极限剪力系数的指标，如表4-33所示。

2. 有限元建模分析方法

进行建筑物抗震性能评价，可以直接利用现有结构分析理论所建立的软件系统工具，进行较为详尽的抗震能力评价。具体方法为：

（1）根据收集的重要建筑的竣工图资料，提取结构的计算参数，如结构各层平面布置尺寸、梁柱截面尺寸、各层混凝土强度和钢筋强度、场地类别等。

（2）建立结构二维或三维有限元模型。结构振动分析模型采用杆系模型，以梁、柱、剪力墙肢作为分析的基本单元。

框架结构震害等级与层间位移角θ的关系   表4-31

基本完好	轻微破坏	中等破坏	严重破坏	毁坏
$\theta<1/400$	$1/400\leq\theta<1/250$	$1/250\leq\theta<1/125$	$1/125\leq\theta<1/50$	$\theta\geq1/50$

框剪结构震害等级与层间位移角θ的关系   表4-32

基本完好	轻微破坏	中等破坏	严重破坏	毁坏
$\theta\leq1/500$	$1/500\leq\theta<1/300$	$1/300\leq\theta<1/150$	$1/150\leq\theta<1/100$	$\theta\geq1/100$

砌体结构层间极限剪力系数ξ与震害等级的关系   表4-33

基本完好	轻微破坏	中等破坏	严重破坏	毁坏
$\xi\geq0.95$	$0.75\leq\xi<0.95$	$0.55\leq\xi<0.75$	$0.35\leq\xi<0.55$	$\xi<0.35$

（3）分析计算。

（4）结构破坏状态的判定。

3. 采用承载能力谱分析方法

采用承载能力谱分析是目前评价结构抗震性能的一种常用的有效方法。它在结构分析模型上施加按某种方式模拟地震水平惯性力作用的侧向力并逐步单调增大，使结构从弹性阶段开始，经历开裂、屈服直至结构破坏倒塌。结构易损性分析的步骤如下：

（1）根据现场调查的资料提取结构的力学特性参数，建立结构的平面或空间有限元模型。

（2）利用结构分析软件对所选用的有限元模型进行非线性静力推覆分析，得到结构静力等效基底剪力（V）和结构顶点位移（δ）。

（3）将等效基底剪力（V）转换为谱加速度（S_a），将结构顶部位移（δ）转化为地震动谱位移（S_d）。

（4）建立地震动的需求谱。将《建筑抗震设计规范》GB 50011—2010使用的结构地震影响系数曲线（$\alpha-T$曲线）也转化为谱加速度和谱位移的曲线，转化关系为：

$$S_{amax} = \alpha_{max} \quad (4-68)$$

$$S_a(T, \xi) = \omega^2 S_d(T, \xi) \quad (4-69)$$

式中　　α——地震影响系数；

　　　　ω——结构自振频率；

　　　　T——结构自振周期；

　　　　ξ——结构阻尼比。

由于规范的地震影响系数曲线是弹性的设计谱，如果考虑结构的非弹性效应的影响，可利用加速度折减因子及速度折减因子分别将弹性反应谱进行修正。

（5）将结构的能力谱曲线和需求谱曲线迭加在一起，以此确定结构在输入地震作用下的谱位移，如图4-9所示。

（6）建立图4-10所示的用谱位移表示的结构超越基本完好、轻微破坏、中等破坏、严重破坏和倒塌五种破坏状态概率的曲线，$D_1 \sim D_5$分别表示5种破坏状态。

（7）根据结构在预估地震作用下的谱位移和结构超越不同破坏状态概率的曲线就可以确定结构在设定地震动下的震害预测结果。此外，对Ⅰ类结构进行脉动测试是预测此类结构地质易损性的一个重要的补充手段。

4. 考虑主余震影响的抗震性能评价

地震的发生是由于很复杂的地质因素引起的，大震发生后跟随着余震是普遍出现的现象，但是国内外现有的震害预测方法还只是考虑单震的情况，实际上相当于只考虑主震的情况。由于多次地震作用下结构的累积损伤效应，余震对结构破坏程度的影响十分明显，因此只考虑主震的结构抗震设计是不完善，也是不安全的。下面将采用IDARC程序说明评价过程和评价方法。

1）IDARC程序简介

IDARC程序属于平面分析程序。结构模型是由一系列平行的平面框架结构和横向连梁构成，其中采

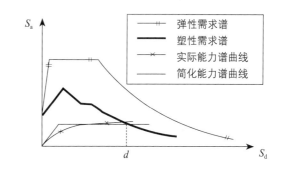

图4-9　能力谱法示意图

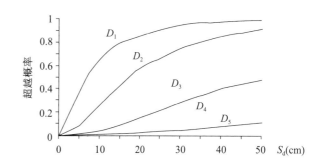

图4-10　结构超越不同破坏状态的易损性曲线

用了梁柱单元、剪力墙单元、一维杆件单元、横向连梁单元及约束弹簧单元。由于采用刚性楼盖,假定同一楼层处各节点具有同一水平侧移自由度。IDARC程序在分布柔度杆单元中采用了三参数控制的三线性恢复力模型,可较灵活地模拟钢筋混凝土的强度、刚度退化特性及"钳夹"效应。该程序具有Push-over分析、动力时程分析、静力循环加载分析等功能。

2)基于延性系数的能力谱方法基本原理

该方法的核心原理是基于延性系数的能力谱方法。建筑结构在强烈地震作用下不可避免地要出现某种程度的破坏,因此,许多国家均采用分级设防的结构抗震设防标准,通俗地称为"小震不坏,中震可修,大震不倒"。为了满足这些设防标准,结构应当设计成:当遭遇多遇地震时,具有适当的强度和刚度以满足正常使用极限状态;当遭遇中等地震时,具有适当的强度和延性以满足变形控制极限状态;当遭遇强烈地震时,具有适当的强度、刚度和延性以满足最终极限状态。可见,采用考虑延性和变形的基于性能的抗震设计方法能有效地控制中震或大震下的结构损伤和破坏程度。

目前,在预测工程场地未来地震动强度时存在许多不确定因素,因此工程界广泛采用具有统计意义的设计反应谱方法来确定地震作用的大小。然而,在中震或大震情况下,必须考虑结构进入弹塑性变形阶段,否则按反应谱方法确定的地震作用会非常大,使结构设计很不经济,所以有必要建立弹塑性反应谱。

延性系数能力谱方法引用力的折减系数(结构性能系数)R,采用等价线性化方法近似考虑结构的非线性特征。R的物理意义为:在相同的外荷载作用下,结构所承受的弹性力同实际承受的非弹性力的比值。

3)Push-over方法

当前,世界各国在建筑结构抗震设计中,广泛采用底部剪力法和振型分解反应谱法等简便而易于实施的分析方法,但是历次地震震害表明对建筑结构进行大震下的变形验算也是十分必要的,因为弹性分析并不能真实地反映结构在强震作用下的响应。另一方面,弹塑性时程法虽被认为是结构弹塑性分析比较合理、可靠的方法,由于其分析技术复杂,计算工作量大,许多问题在理论上还有待改进(如输入地震动及构件恢复力模型等),因此应用尚不普遍。静力弹塑性分析(Push-over)方法最早是1975年由Freeman等提出的,以后虽有一定的发展,但未引起更多的重视。1990年代初美国科学家和工程师提出了基于性能及基于位移的设计方法,引起了日本和欧洲同行的极大兴趣,Push-over方法随之重新激发了广大学者和设计人员的重视,纷纷展开各方面的研究,一些国家抗震规范也逐渐接受了这一分析方法,如ATC-40,FEMA273&274,日本、韩国等国的规范,逐步成为结构抗震能力评估的一种较为流行的方法。

Push-over的应用范围主要集中于对现有结构或设计方案进行抗侧力能力的计算,进而估计其抗震能力。这种方法从本质上说是一种静力非线性计算方法,与以往的等价静力计算方法不同之处主要在于它将设计反应谱引入了计算过程和对计算结果的工程分析。其大致步骤是:根据房屋的具体情况施加某种分布的水平力,逐渐增加水平力使结构各构件依次进入塑性。因为某些构件进入塑性后,整个结构的特性会发生改变,因此又可以反过来调整水平力的大小和分布。这样交替进行下去,直到结构达到预定的破坏(称为结构或变形超限)。这种方法的优点在于:水平力的大小是根据结构在不同工作阶段的周期由设计反应谱求得,而分布则考虑了结构振型的特性。

IDARC程序中的拟静力分析与Push-over分析的原理相同,因此,我们完全能够采用拟静力循环加载曲线的反向段,来代替第二次地震作用下的结构反应曲线,通过两次相同的能力谱方法的应用,可以得到两次地震作用下结构的累积损伤,进而对建筑物进行震害预测。

5. 简化评价方法[117]

1）砖混结构

砖结构抵抗地震力的构件主要是墙体。震害表明，墙体的破坏主要是剪力引起的，墙体的抗剪强度是砖结构抗震能力的主要标志。墙的密度愈大，抵抗地震的能力愈强，采用楼层单位面积的平均抗剪强度作为砖结构房屋的抗震能力指标，它的楼层抗力可以用下式表示：

$$R_s = \alpha \frac{\sum F_k}{2A_s} R_\tau \quad (4-70)$$

式中　F_k——第s层楼第k片墙的断面积（cm²）；

　　　　A_s——第s层楼的建筑面积（m²）；

　　　　α——楼层地震剪力折算系数，由式（4-71）或式（4-72）计算；

　　　　R_τ——墙体抗剪强度（×10N/cm²），由式（4-73）计算；

（1）地震剪力折算系数

$$\alpha = \frac{2n+1}{3\sum_s^n i} \quad (4-71)$$

式中　i——楼层序号；

　　　　s——计算楼层序号；

　　　　n——总楼层数。

若假定地震力沿结构高度按倒三角形分布，在相同地震剪力作用下，第s楼层的地震剪力折算系数可按式（4-72）计算。

$$\alpha = \frac{\sum_1^n i^2}{\sum_1^n i \cdot \sum_1^n i} \quad (4-72)$$

（2）砌体抗剪强度

考虑正压力砌体的抗剪强度，可近似用下式计算：

$$R_\tau = 0.14(n-s+1) + 0.014R_m + 0.5 \quad (4-73)$$

式中　R_m——砂浆强度等级。

通过对震害资料的分析，得到砖结构某一楼层的震害指数与它的抗力有下列关系：

$$\begin{aligned}
&\text{Ⅶ度：} D_s(7) = 1.977 - 0.006R_s\\
&\text{Ⅷ度：} D_s(8) = 1.975 - 0.005R_s\\
&\text{Ⅸ度：} D_s(9) = 1.866 - 0.004R_s\\
&\text{Ⅹ度：} D_s(10) = 1.740 - 0.003R_s
\end{aligned} \quad (4-74)$$

考虑到结构的质量和设计标准等因素对结构抗震能力的影响，式（4-74）中的结果应按下式进行修正：

$$D_{sm}(I) = D_s(I)\left[1 + \sum C_i\right] \quad (4-75)$$

式中　C_i——考虑到设计标准、构造措施、施工质量等因素对建筑抗震能力的影响，对抗力的修正系数，由表4-34确定。

　　　　$D_{sm}(I)$——修正后的s楼层的震害指数，按表4-35确定楼层的破坏等级。

为了使式（4-75）的修正不受零值和负值的影响，在式（4-74）的计算结果里，如有等于或小于零的数值时，在使用式（4-75）修正时，D_{sm}均取0.05计算。利用式（4-74）、式（4-75）可以求出一座建筑各楼层的震害等级，根据各楼层的破坏等级，利用表4-36可以判断出整座建筑的破坏等级。

砖结构的修正系数C值　　　　表4-34

条件	修正系数C_i	
	满足	不满足
（1）墙的间距符合现行的抗震设计规范要求	0	0.10
（2）刚性楼板，刚性屋顶	0	0.15
（3）结构无明显质量问题	0	0.20
（4）平面和立面规整	0	0.10
（5）符合《工业与民用建筑抗震设计规范》TJ 11—1978要求	−0.35	0
（6）符合《工业与民用建筑抗震设计规范》TJ 11—1974，不符合（5）	−0.20	0

多层砖房构件破坏等级   表4-35

破坏等级	砖墙	屋面系统和楼板
Ⅰ级	产生了多道裂缝，近于酥碎状态或已倒塌	屋面板（或楼板）坠落或滑动，支撑系统弯曲失稳，屋架坠落或倾斜
Ⅱ级	墙体有多道显著裂缝或严重倾斜	屋面板错动，屋架倾斜，支撑系统变形明显
Ⅲ级	墙体有明显裂缝	屋面板松动，支撑系统有可见变形
Ⅳ级	有可见裂缝或松动	有可见裂缝或松动

结构震害等级和相应的震害指数   表4-36

震害等级	宏观现象	震害指数	指数范围
毁坏	大部分构件为Ⅰ级或Ⅱ级破坏，结构已濒于倒毁或已倒毁，已无修复可能，失去了结构设计时的预定功能	1	$0.85 < D$
严重破坏	大部分构件为Ⅱ级破坏，个别构件有Ⅰ级破坏，难以修复	0.7	$0.55 < D \leqslant 0.85$
中等破坏	部分构件为Ⅲ级破坏，个别构件有Ⅱ级破坏现象，经修复仍可恢复原设计的功能	0.4	$0.3 < D \leqslant 0.55$
轻微破坏	部分构件为Ⅳ级破坏，个别构件有Ⅲ级破坏现象	0.2	$0.1 < D \leqslant 0.3$
基本完好	各类构件均无损坏，或个别构件有Ⅳ级损坏现象	0	$0 < D \leqslant 0.1$

2）钢筋混凝土结构

钢筋混凝土结构是近些年来一种重要和主要的建筑结构形式。一般分为框架、剪力墙及框剪结构三种。钢筋混凝土结构在我国的震害经验、特别是带有统计性的震害经验不多。该类结构的地震反应与其层间屈服承载能力密切相关。对该类结构通常先确定其薄弱楼层的延伸率，然后兼顾现行的建筑抗震设计规范和抗震鉴定标准以及影响震害的因素进行修正，最后用修正得到的 $\mu_{\max}$ 作为其震害的判断指标，从而确定结构的震害情况。

（1）钢筋混凝土框架结构

①楼层地震剪力的计算

结构的基本周期按下式确定：

RC框架（含框剪）结构：

$$T_1 = 0.41 + 0.00087 H^2 / \sqrt[3]{B} \quad (4-76)$$

RC剪力墙结构：

$$T_1 = 0.045 + 0.041 H / \sqrt[3]{B} \quad (4-77)$$

式中　H——房屋的高度（m），不包括屋面以上特别细高的突出部分；

　　　B——验算方向的房屋的宽度（m）。

考虑到所分析结构的实际情况并为了简化计算，地震作用可采用底部剪力法。结构基底剪力为：

$$F_{\mathrm{EK}} = 0.85 \alpha_1 \cdot \sum G_i \quad (4-78)$$

式中　F_{EK}——结构基底剪力即总水平地震作用的标准值；

　　　G_i——第 i 层楼重量，取结构和构配件自重标准值和各可变荷载组合值之和。

　　　α_1——地震影响系数。

②第 i 层的地震剪力

$$V_{\mathrm{e}}(i) = \sum_{i=i}^{n} F_i = \frac{\sum_{i=i}^{n} G_i H_i}{\sum_{j=1}^{n} G_j H_j} F_{\mathrm{EK}} (1 - \delta_n) \quad (4-79)$$

式中　H_i——i 层楼屋面到地面的距离；

　　　δ_n——顶部附加地震作用系数。

以上各参数可依据《建筑抗震设计规范》GB 50011—2010进行取值。

③层间屈服承载力计算

由于钢筋混凝土框架结构承受水平地震作用的主要构件是柱子，考虑到实际设计中一般都为强柱弱梁，可以近似认为无论是强梁弱柱型还是强柱弱梁型，只要柱子出现塑性铰结构就进入屈服状态。因此，对于框架结构层间屈服承载力为各层柱子承载力之和，即

$$V_y = \sum_{i=1}^{m} V_y(i) \qquad (4-80)$$

式中　　V_y——框架层间屈服剪力；

　　　　m——结构每一层的柱子根数；

　　$V_y(i)$——框架某一层第i根柱的屈服强度。

$$V_y(i) = [M_u^u(i) + M_u^l(i)]/H \qquad (4-81)$$

式中　　$M_u^u(i)$——第i根柱上端的有效极限弯矩；

　　$M_u^l(i)$——第i根柱下端的有效极限弯矩；

　　　　H——结构的层高。

柱端屈服弯矩的大小，取决于柱截面受压区高度x'和作用在柱上的轴压力N。对于多层框架结构的柱子，一般的轴压比在0.2～0.7之间，此时柱的极限弯矩计算公式可近似简化为：

$$M_{cu} = 0.8 A_s f_{yk} h + 0.1 b h^2 f_{cmk} \qquad (4-82)$$

式中　　M_{cu}——柱的极限弯矩

　　　　A_s——受拉钢筋面积

　　　　f_{yk}——钢筋屈服强度标准值

　　　　b——柱截面宽度

　　　　h——柱截面高度

　　　　f_{cmk}——混凝土抗压强度标准值

（2）钢筋混凝土剪力墙结构

剪力墙结构体系多用于高层建筑。在水平地震作用下，剪力墙的弯曲破坏将先于剪切破坏。因此，在正常配筋下，剪力墙结构体系所具备的抗弯屈服承载力将是衡量其抗地震能力的标志。

①抗剪屈服承载力计算

对于剪力墙结构，认为受压区混凝土高度$x > h_f'$，其抗弯屈服承载力可近似用下面的公式计算：

$$M_{wu} = f_{cmk}[\xi(1-0.5\xi)bh_0^2 + (b_f'-b)h_f'(h_0-0.5h_f')]$$
$$+ f_{yk}'A_s'(h_0-a_s') + M_{sw} - N(\frac{h}{2}-a_s) \qquad (4-83)$$

计算时可以取$\xi = \xi_b$

M_{sw}相当于腹筋对受拉钢筋截面的弯矩之和。

$$N = f_{cmk}bx + f_{cmk}(b_f'-b)h_f' + f_{yk}'A_s'$$
$$- f_{yk}A_s + f_{sw}'A_{sw}' - f_{sw}A_{sw} \qquad (4-84)$$

式中　　A_{sw}'——受压腹筋面积；

　　　　A_{sw}——受拉腹筋面积；

　　　　b_f'——按剪力墙结构的规定来取值。

腹筋受拉还是受压应按混凝土的受压区高度确定，$x \leq \xi_b h_0$且$x \geq 2a_s$。

②弹性地震弯矩的计算

通过上面对框架结构的分析可知，采用底部剪力法可求得各层所承担的弹性地震剪力为：

$$V_e(i) = \sum_{k=i}^{n} F_k = \frac{\sum_{k=i}^{n} G_k H_k}{\sum_{j=1}^{n} G_j H_j} F_{EK}(1-\delta_n) \qquad (4-85)$$

由于底部剪力法是把结构受力按倒三角分布的，对于某一层i，其受力如图4-11所示。

$$Ve(i) = \frac{1}{2}qH_i, \text{即} q = Ve(i) = \frac{2}{H_i} \qquad (4-86)$$

根据剪力墙结构抗震设计方法，在该地震剪力作用下，剪力墙所能承担的弹性地震弯矩为：

$$Me(i) = \frac{1}{3}qH_i^2 = \frac{2}{3}V_e(i)H_i \qquad (4-87)$$

（3）钢筋混凝土框—剪结构

在地震作用下，框剪体系中的剪力墙首先破坏。因此，一般来说，剪力墙破坏是框剪结构体系破坏的主要标志。只要算出剪力墙分担的地震作用及其水平变位，即可判断框剪结构体系的破坏程度。当然，如果剪力墙数量很少，大部分地震作用由框架承担，这时就应以框架破坏作为框剪结构体系破坏的标志。所

以，在该结构体系中，水平地震作用由框架还是由剪力墙来承担，取决于表征两者刚度之间比例关系的刚度特性值。

图4-11 第i层底部受力示意图

刚度特性值的计算：

$$\lambda = H\sqrt{\frac{C}{\beta E_w I_w}} \quad (4-88)$$

式中 β——框架和剪力墙刚度降低系数，当现浇结构$\beta=1$时，装配式结构$\beta=0.8\sim0.9$；

  H——结构总高；

  $E_w I_w$——剪力墙部分总刚度，为各片剪力墙刚度之和；

  C——框架部分总刚度，为各框架柱抗推刚度之和：

$$C = \sum K_c = \alpha i_c \frac{12}{h^2} \quad (4-89)$$

式中 i_c——柱的线刚度，$i_c = \frac{EIC}{h}$（h为柱高）。

当$\lambda \geq 2.5$时，即剪力墙承担的结构底部弯矩M_w小于结构底部弯矩M_0的50%时，结构整体侧向变形以剪切型为主，剪力墙作为第一道防线被破坏后，即将其分担的地震作用转嫁给框架，所以应按框架部分承担全部地震作用进行抗震验算，并以框架的破坏程度代表整个框剪体系。

当$\lambda < 1.4$时，剪力墙承担的结构底部弯矩$M_w \geq 0.7M_0$，结构侧向整体变形为弯曲型。此时，可按剪力墙承担全部结构地震弯矩M_0计算其破坏程度，并以此代表整个框剪体系的破坏状态。

当$1.4 \leq \lambda < 2.5$时，结构的侧向整体变形为弯剪型，剪力墙与框架共同承担侧向地震作用，但剪力墙承担大部分。因此，应以剪力墙所分担的地震作用对其进行抗震验算，并以此作为判断框剪结构破坏轻重的标志。具体计算时，可先按图4-12查取比值$\frac{M_w}{M_0}$，乘以结构底部弯矩M_0后，得到剪力墙应承担的地震作

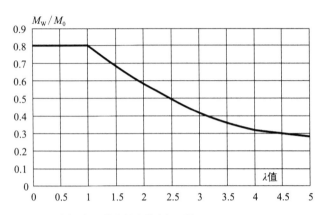

图4-12 倒三角形荷载剪力墙弯矩系数

用M_w，再计算剪力墙部分在M_w作用下的破坏程度。

总之，框剪结构的抗震计算，可根据剪力墙承担的地震作用大小，分别按框架结构或剪力墙结构进行，计算中采用的地震作用根据刚度特征值按上述三原则确定。计算方法见框架和剪力墙的计算方法。

①屈服承载力系数的确定

第i层屈服承载力系数可由以下公式确定：

框架结构：$\xi_y(i) = V_y(i)/V_e(i)$ （4-90）

剪力墙结构：$\xi_M(i) = M_{wu}(i)/M_e(i)$ （4-91）

②薄弱楼层的判别

采用ζ值最小法，取求得的承载力系数中最小或较小值所对应的楼层为薄弱层，一般不超过2~3处。

③延伸率的计算

楼层的延伸率按下式计算：

$$\mu_{max} = \frac{1}{\sqrt{\xi_{min}}} e^{\alpha(1-\xi_{min})} \quad (4-92)$$

对于楼层屈服强度系数沿结构均匀分布，当$\xi \geq 0.5$时，α取1.1；对于楼层屈服强度系数沿结构均匀分布，当$\xi < 0.5$时，α取1.9；对于楼层屈服强度系数沿结构不均匀分布，α取2.6。

考虑到设防烈度、施工质量、建筑物现状等都对抗震能力有一定的影响，为了能对建筑物的抗震能力给出综合评定，需要对上式进行修正（表4-37）：

$$\mu = (1 + \sum C_i)\mu_{max} \quad (4-93)$$

延伸率的修正系数　　　　　　　　　　　　　　　　　　表4-37

条件	修正系数 C_i	
	满足	不满足
现浇钢筋混凝土结构沿高度断面无突变	0	0.20
平面对称	0	0.20
施工质量良好	0	0.20
符合规范《建筑抗震设计规范》GB 50011—2010的要求	−0.25	0
符合规范《工业与民用建筑抗震设计规范（试行）》（TJ 11—1974）、《工业与民用建筑抗震设计规范》TJ 11—1978的要求	−0.20	0
已按规范《建筑抗震设计规范》GB 50011—2010的要求加固	−0.25	0

最后，结构的震害情况按计算的 μ 值参照表4-38判断。

震害等级与延伸率的关系　　　　　　　　　　　　　　　表4-38

结构类型	震害程度				
	基本完好	轻微损坏	中等破坏	严重破坏	倒塌
框架结构	$\mu \leqslant 1$	$1 < \mu \leqslant 3$	$3 < \mu \leqslant 6$	$6 < \mu \leqslant 10$	$\mu > 10$
剪力墙结构，按剪力墙结构计算的框–剪结构	$\mu \leqslant 1$	$1 < \mu \leqslant 1.5$	$1.5 < \mu \leqslant 3$	$3 < \mu \leqslant 5$	$\mu > 5$

三、群体建筑物抗震能力评价方法

对于群体建筑物的震害预测方法，归纳起来大致可分为三类，即理论方法、经验方法、理论和经验相结合的方法。[118]～[126]为了叙述方便，将国内现有经验方法进一步概括分为经验总结法、直接统计法、当量统计法、专家评估法、理论法、震害潜势法、动态分析法及类比预测法共八种方法分别进行介绍。

1. 震害经验总结法

中国地震局地质所的王立功等在徐州市的震害预测中首先提出用易损性分析法，这是在对过去的地震宏观经验分析的基础上提出来的。该法把对地震作用的分析和震害预测的过程结合起来，从地震地质和城市现状两个方面各选择一系列影响地震灾害的因素，根据各因素的具体情况，评定相应的易损性指数，取各因素易损性指数之和作为该方格的综合易损性指数，然后参照历史震害经验评定地震灾害的程度。这个方法简易、直观、易于掌握，但

震害预测提供的信息较少，上述各因素之间以及各因素与震害程度之间的因果关系有待于深入分析。

机械委员会第六设计院的陶谋立在安阳北关小区单层厂房震害预测中提出了树状图分析法。该法按照《工业与民用建筑抗震鉴定标准》TJ 23—1977的有关规定，对厂房的屋盖、天窗、屋架、柱和墙等部位的结构特征，分析有利因素及不利因素，参照过去的震害经验，估计各部位在不同烈度下的震害，从而得到厂房的震害程度的估计。作者按照经验确定的预测分析步骤，根据逻辑推理的原则，编成树状判别分析图。该法思路清楚，对影响单层厂房抗震性能的因素考虑比较全面，预测结果有一定的可靠性，但震害预测过程烦琐，工作量较大，较适合于单体建筑的震害预测。

2. 直接统计法

直接统计法在国内和国外都有广泛的应用。这类方法有三个共同特点：第一，强调建筑物按结构类型的合理分类。我国的多数震害预测技术研究者按抗震

设计惯例，把建筑物分为多层砖房、单层厂房、单层空框房屋、钢筋混凝土框架、内框架等。第二，这类预测方法的建立主要依靠对震害经验的规律性认识，而关键的环节是立足于足够数量的、针对性强的建筑物震害资料，或者说能提供一定数量和质量的统计样本。第三，是运用适当的数学工具建立具有一定可靠性的震害预测数学模型。

1）用多元回归分析建立的单层厂房震害预测方法

机械委员会设计研究总院的吴育才在单层厂房震害预测中，选择了排架柱高度和上下柱断面尺寸等影响房屋抗震能力的结构参数，取震害指数N与上述诸参数的关系式为：

$$N = C_0 W C_1 b C_2 d C_3 H C_4 \beta C_5 \alpha C_6 \left(\frac{L}{90} \right) C_7 \qquad (4-94)$$

式中　W、b、d、α、β、L——不同的结构参数值；

C_0、C_1……C_7——利用一批已知上述各参数值的单层厂房在一定烈度下的震害样本用多元回归分析求出它们的数值。

也就是说公式（4-94）表达了在某烈度下震害与房屋结构参数的关系。房屋震害程度可按震害指数N依据表4-39确定。

震害指数和房屋震害程度对应关系表　表4-39

震害指数	0～20	21～40	41～60	61～80	81～100
震害程度	基本完好	轻微破坏	中等破坏	严重破坏	倒塌

对于不同烈度和不同场地类别的情况，则需要对N值进行调整。

（1）单层砖柱厂房

对于单层砖柱厂房可以通过逐步回归统计法求得各地震烈度下的震害指数N。

$$N = 4777 \frac{H^{1.5309} (L/90)^{0.5347}}{d^{1.2825} (70 f_m)^{1.6412}} + 10 \qquad (4-95)$$

式中　H——地面至屋面下弦间的高度（m）。

L——房屋的计算长度（m）；当厂房只一端有山墙时，取 $L = 2L_0$，L_0 为厂房的实际长度或横隔墙至伸缩缝的距离。$L > 90m$ 或两端无山墙时，取 $L = 90m$。当屋面为石棉或镀锌薄钢板屋面且无望板时，$L = 3L_0$。

f_m——砖柱的砖砌体强度（MPa）；

按上式求出N值，适用于Ⅷ度Ⅱ类场地，其他情况按表4-40调整。

砖柱厂房的破坏程度，按调整后的N值，参照表4-41所列范围确定。

场地类别调整值　表4-40

烈度	Ⅸ度	Ⅸ度	Ⅸ度	Ⅷ度	Ⅷ度	Ⅶ度	Ⅶ度	Ⅶ度
场地类别	Ⅲ	Ⅱ	Ⅰ	Ⅲ	Ⅰ	Ⅲ	Ⅱ	Ⅰ
修正值	+60	+40	+20	+40	-10	+10	-30	-40

震害指数与破坏等级关系　表4-41

破坏等级	基本完好	轻微损坏	中等破坏	严重破坏	倒塌
N值	0～20	21～40	41～60	61～80	81～100

（2）单层混凝土柱厂房

单层混凝土柱单层厂房的震害预测亦采用逐步回归法，其归一化的震害判别系数的计算见下式：

$$N = 0.2674 \frac{H^{1.9319} \beta_h^{0.1446} (L/90)^{0.0194}}{h^{1.4497}} + 10 \qquad (4-96)$$

式中　　N——震害判别系数；

　　　　H——房屋高度（m）；

　　　　h——排架柱断面高度（m）；

　　　　β_h——上、下柱截面高度比；

　　　　L——房屋长度（m）。

2）用多元判别分析建立的多层砖房震害预测方法

中国建筑科学研究院抗震所的李荷等在多层砖房震害预测中选择了屋盖结构形式、楼盖结构形式、房屋总高度、承重墙砂浆强度等级、砖墙面积率、施工质量和场地土等因素，按下式计算一组对应各震害程度的判别函数值：

$$\left. \begin{aligned} Y_1(x) &= C_{01} + C_{11}x_1 + \cdots + C_{71}x_7 \\ &\qquad \cdots\cdots \\ Y_5(x) &= C_{05} + C_{15}x_1 + \cdots + C_{75}x_7 \end{aligned} \right\} \qquad (4-97)$$

式中　　Y_1——基本完好；

　　　　Y_2——轻微破坏；

　　　　Y_3——中等破坏；

　　　　Y_4——严重破坏；

　　　　Y_5——倒塌；

x_1，$x_2 \cdots\cdots x_7$

　　　　——屋盖结构形式等结构参数值；

C_{01}，$C_{11} \cdots\cdots C_{71} \cdots\cdots C_{05}$，$C_{15} \cdots\cdots C_{75}$

　　　　——判别系数，是利用一批已知上述结构参数在一定烈度下的多层砖房震害样本，用多元逐步判别分析法求得其具体数值。

震害预测时，根据房屋结构情况确定 x_1，$x_2 \cdots\cdots x_7$ 值，利用式（4-97）计算 $Y_1(x) \cdots\cdots Y_5(x)$，比较出最大的一个判别函数 $Y_i(x)$，根据 Y_i 的大小即可确定在某烈度下的震害程度。

3）老旧民房的模糊综合评判预测法

老旧民房震害是多因素综合作用的结果，而度量震害等级的基本完好、轻微破坏、中等破坏、严重破坏及倒塌本身就是模糊概念，所以用模糊综合判别法对老旧民房进行震害分析是科学和合理的。天津市地震工程研究所的金国梁等利用唐山地震资料，采用三个影响因素，用正态分布曲线模拟统计资料，以计算值作为模糊数学中的隶属度。

老旧民房震害主要基于以下因子：房屋长度 x_1，老旧程度 x_2，层数 x_3。设因子论域和评语论域分别为：

$$\begin{aligned} X &= \{x_1, x_2, x_3\} \\ Y &= \{y_1, y_2, y_3, y_4, y_5\} \end{aligned} \qquad (4-98)$$

r_{ij} 为只考虑单因子 x_i 作用时，发生等级 y_j 破坏的可能性大小，$0 \leqslant r_{ij} \leqslant 1$，$i=1,2,3; j=1,2,3,4,5$，这里的 r_{ij} 是根据震害资料商榷的，是可以调整和修正的。一般地 $\sum\limits_{j=1}^{5} r_{ij} \neq 1$，则：

$$R = \left\{ \begin{matrix} r_{11}, r_{12}, r_{13}, r_{14}, r_{15} \\ r_{21}, r_{22}, r_{23}, r_{24}, r_{25} \\ r_{31}, r_{32}, r_{33}, r_{34}, r_{35} \\ r_{41}, r_{42}, r_{43}, r_{44}, r_{45} \\ r_{51}, r_{52}, r_{53}, r_{54}, r_{55} \end{matrix} \right\}，是 X 到 Y 的一个模糊变换。$$

于是，$B = A \times R = \{b_1, b_2, b_3, b_4, b_5\}$，其中 b_i 为模糊算子，通常选择 Zadeh 算子较为适宜。由于一般情况下 $\sum\limits_{j=1}^{5} r_{ij} \neq 1$，所以对 B 进行归一化处理得到 $B^* = \{b_1^*, b_2^*, b_3^*, b_4^*, b_5^*\}$，其中 $b_j^* = \dfrac{b_j}{\sum\limits_{j=1}^{5} b_j}$。

由于 y_1、y_2、y_3、y_4、y_5 定义的震害指数分别为 0、0.2、0.4、0.7、1，所以综合判别指数为：

$$I = 0 \times b_1^* + 0.2 \times b_2^* + 0.4 \times b_3^* + 0.7 \times b_4^* + 1 \times b_5^*$$

$$(4-99)$$

老旧民房震害等级与震害指数关系 表4-42

震害等级	基本完好	轻微破坏	中等破坏	严重破坏	毁坏
震害指数	$I \leq 0.1$	$0.1 < I \leq 0.3$	$0.3 < I \leq 0.55$	$0.55 < I \leq 0.85$	$I > 0.85$

考虑场地条件、砂浆强度等影响因素进行修正之后得到最终的震害指数I并按表4-42判断结构的震害等级。

以上三种方法的可靠性，主要决定于所利用的震害资料的质量与数量。在进行震害预测的结构参数调查时，一般不需要取得建筑物的设计资料。因此，工作量小、应用方便。该方法适用于群体建筑的震害预测。

3. 当量统计法

工程力学所的杨玉成等人提出的一种多层砖房震害预测方法，就是以墙体抗震强度系数K_{ij}作为判据，利用过去的震害资料，经统计得到其与破坏程度的关系。抗震强度系数是按剪切变形的假定求得的抗震强度与地震剪力的比值。

用这个关系预测破坏程度当然是一种对结构抗震性能反应更细的方法。但震害预测时必须取得建筑物的设计图，工作量必然加大。因此，基本上是适合单体建筑震害预测的方法。

4. 专家评估法

专家评估法，顾名思义，就是根据若干高级地震工程专家的经验性判断意见进行地震震害评估的一种方法。它的关键工作之一是编制清单资料，最后根据专家的各级建议，再用统计方法进行归纳。我国的沈建平与肖光先、杨玉成等也成功地建立了专家评估系统，并对哈尔滨等城市进行了震害预测。很明显，专家评估法是以专家们的主观经验和有限资料为依据作出的一种近似估计。它的优点是结合当地的实际情况，如地震危险性、建筑结构类型、经济发展状况等，给出较为符合实际情况的预测结果。它历时长，规模大，无法直接引用，对不同国家、不同地区也存在相当的不确定性。

5. 震害潜势分析

建筑物震害预测是以地震危险性分析和抗震设防区划的结果为依据的。地震危险性分析考虑震源特性、地震活动性和地震波传播衰减规律，抗震设防区划考虑场地条件对地震动强度和频率特性的影响，给出城市各分区以概率为基础的地震动和反应谱曲线，比按基本烈度考虑提供了更丰富的信息。因此，震害预测的方法以能适应这个前提条件为适宜。

为了解决各类建筑物震害预测的经验性模型中使用烈度，而抗震设防区划的结果是地震动的参数这一矛盾，中国建筑科学研究院抗震所的刘锡荟等提出了以模糊集理论为分析工具的震害潜势分析方法。分析中，在考虑随机性的基础上，又考虑了地震烈度、场地分类和震害程度等方面的模糊性，用模糊逻辑和近似推断模型，利用历史地震资料，建立了地面运动参数和场地条件与用震害潜势所表示的破坏程度的关系，近似推断模型有如下形式：

若〔(X是$\underset{\sim}{G}^6$)、(Y是$\underset{\sim}{S}^I$)〕，则（Z是$\underset{\sim}{D}^6 I$）且若〔(X是$\underset{\sim}{G}^6$)、(Y是$\underset{\sim}{S}$Ⅱ)〕则（Z是$\underset{\sim}{D}^6$Ⅱ）

……

且若〔(X是$\underset{\sim}{G}^7$)、(Y是$\underset{\sim}{S}$Ⅱ)〕则（Z是$\underset{\sim}{D}^7$Ⅱ）

……

且若〔(X是$\underset{\sim}{G}^{10}$)、(Y是$\underset{\sim}{S}$Ⅲ)〕则（Z是$\underset{\sim}{D}^{10}$Ⅳ）

X是地震强弱程度，以PGA表示，Y是场地土类别，Z是震害；$\underset{\sim}{G}$是以PGA为基础变量的各烈度的模糊集；$\underset{\sim}{S}$是以场地类别为基础变量的模糊集；$\underset{\sim}{D}$是以Ind为基础变量的对应各烈度和场地的震害度的模糊集。

烟台以及邯郸、宝鸡的震害预测就是应用震害潜势分析与逐步判别分析的多层砖房震害模型，逐步回归的单层厂房震害预测模型和模糊综合评判的老旧民房震害预测系统。这个方法兼顾群体和个体的信息，震害预测过程简单明确，适合城市抗震防灾的需要。

6. 结构反应分析法

中国建筑科学研究院的高小旺等对钢筋混凝土框架房屋，采用考虑结构弹塑性位移反应和结构变形能力统计特征的可靠度方法，依据唐山震害建立了结构反应与震害程度的关系。同时，也对内框架、底层框架抗震砖房等房屋的震害预测方法进行了研究。这类震害预测方法的关键是建立结构反应与房屋震害程度的关系。解决这个关键问题，一种途径是对相当多的震害进行分析；另一种途径是分析结构的破坏机理，需要进行大量的理论分析和试验研究。

7. 动态分析法

当某类结构的震害矩阵反映这类结构的抗震能力，如考虑了此类结构物随时间的发展对其震害矩阵的影响时，则构成的矩阵称为动态震害矩阵，即震害矩阵的概率表达式中考虑了时间因子t的影响，这就是动态分析法的主要特点。尹之潜等认为：现有震害预测方法都是按现有社会状态进行计算分析的，适合于近期地震的实际情况。由于若干年后，城市房屋结构类型和数量有所改变，旧房被淘汰，抗震力大的房屋占越来越大的比例，总体抗震能力向好的方向发展，震害矩阵也应有所改变。所以动态震害矩阵形式表达为：

$$P[D_j|I,t] = \int_0^\infty f(R,t)P[D_j|R,t]dR \quad （4-100）$$

式中　$P[D_j|I,t]$——t年份结构的震害矩阵；

　　　　t——时间；

　　　　$f(R,t)$——抗力随时间变化的概率密度分布函数；

　　　　$P[D_j|R,t]$——单体结构的破坏概率。

8. 类比预测法

建筑物震害类比预测方法的理论基础来源于人们对历次地震中建筑物震害情况的认识，即相同结构类型建筑物在具有相同设防烈度、相同场地条件，且几何体形与使用状况等相似情况下的震害状况大体相同。

震害类比预测方法的基本原理是利用加权海明距离来度量两幢建筑物之间的相似程度，公式如下：

$$d(X,Y) = \sum_{i=1}^n \omega_i |x_i - y_i| \quad （4-101）$$

式中　　$d(X,Y)$——海明距离；

　　　　X、Y——两幢不同的建筑物；

　　　　x_i、y_i——建筑物需要类比的参数；

$\omega_i(i=1,2\cdots\cdots n)$——权重，表示每个因素的重要程度。

从上面的公式可以看出，不论X、Y如何取值，恒有$d(X,Y) \geqslant 0$。距离越大，则二者差异越大；距离越小，则二者差异越小；如果$X=Y$，则$d(X,Y)=0$，即二者相同。

如上所述，如果已知一个地区N幢建筑物单体$S_j(j=1,2\cdots\cdots N)$的震害预测结果，则建筑物X的震害预测结果与建筑物S_β的震害预测结果相当，$\beta \in [1,N]$，只要满足：

$$d(X,S_\beta) = \min_{1 \leqslant j \leqslant N} d(X,S_j) = \min_{1 \leqslant j \leqslant N} \sum_{i=1}^n \omega_i |x_i - S_{ji}|$$
$$（4-102）$$

4.4.3　城市既有建筑物抗震薄弱环节评价

一、建筑物的震害评价与抗震能力指数

在进行城市建（构）筑物在地震中的抗震能力和破坏情况的评价时，可以采用如下破坏等级和破坏指数的关系，如表4-43所示。

破坏等级和破坏指数　　　表4-43

破坏等级	基本完好	轻微破坏	中等破坏	严重破坏	毁坏
破坏指数(d_j)	0.05	0.2	0.45	0.7	0.9

相应于房屋的破坏指数，可以定义房屋的抗震能力指数，它是指结构在地震作用下保持完好、不发生破坏的能力。通过公式（4-103）可以得到结构抗震能力等级和抗震能力指数的关系，见表4-44。

抗震能力等级和抗震能力指数 表4-44

抗震能力等级	强	较强	中等	较差	差
抗震能力指数(D_j)	$0.9 < d_j \leq 1$	$0.7 < d_j \leq 0.9$	$0.4 < d_j \leq 0.7$	$0.2 < d_j \leq 0.4$	$0 \leq d_j \leq 0.2$

$$D_j = 1 - d_j \qquad (4\text{-}103)$$

其中D_j为衡量结构抗震能力的指数，分为强、较强、中等、较差、差五个等级。

某类结构在某一地震烈度下的平均抗震能力指数由公式（4-104）计算。

$$D(I) = 1 - \sum_{j=1}^{5} P(d_j | I) d_j \qquad (4\text{-}104)$$

式中　　$P(d_j | I)$——某类结构在I烈度下发生d_j级破坏的比例（一般取面积比值）；

　　　　d_j——结构的破坏指数；

　　　　$D(I)$——某类结构在I烈度下的抗震能力指数。

二、城市建筑物抗震薄弱环节分析

1. 重要建筑物薄弱环节分析

对于重要建筑物，一般通过建立结构的有限元模型或半经验半理论的方法进行。判断结构抗震能力的高低主要依据抗震设计规范中"小震不坏、中震可修、大震不倒"的三水准设防要求进行。

一般认为，评价重要建筑抗震能力不足的标准为：在遭遇中震（相当于设防烈度的地震）作用下，重要建筑出现中等以上破坏，在遭遇大震（罕遇地震）作用下，结构出现严重破坏或毁坏。

2. 群体建筑物的薄弱环节分析

通过对群体建筑物进行震害预测，可以得到城市各类结构在遭遇不同大小地震作用下发生各类破坏状态的比例。

判断城市群体建筑薄弱环节的标准为：

严重薄弱部分——群体建筑物在设防烈度低一度（即小震）地震作用下出现局部或全部毁坏；

较严重薄弱部分——群体建筑物在设防烈度地震作用下出现局部或全部毁坏；

一般薄弱部分——群体建筑物在设防烈度高一度（即大震）地震作用下出现局部或全部毁坏。

4.5 地震次生灾害抗震评价

地震次生灾害是指由于地震造成的地面破坏、城区建筑和基础设施等破坏而导致的其他连锁性灾害，如火灾、水灾、爆炸、有毒有害物质污染、泥石流、滑坡、海啸及瘟疫等。随着我国城市化进程的加快，城市人口增加，城市中各种工程设施大量增加、形式也越来越复杂，财富向城市日益高度集中，城市的易损性越来越高。城市中存在大量重大危险源，这导致火灾、爆炸、毒气扩散等事故频发，在遭受地震影响时，相应的地震次生灾害发生的危险将更加严峻。历史震害经验也表明，地震次生灾害带来的人员伤亡与经济损失有时要远大于地震本身。

与地震造成的直接灾害不同的是，地震次生灾害是由地震触发并由人为或社会的原因造成的，可以采取适当的抗震减灾措施来降低其危险程度。此外，地震次生灾害的影响不仅仅局限在其灾害源所在的位置，如果有合适的媒介和环境，这一灾害会蔓延到更广阔的区域。

《城市抗震防灾规划标准》（修订报批稿）规定：城市抗震防灾规划应按城市可能发生的地震次生火灾、爆炸、水灾、毒气泄漏扩散、放射性污染、海啸和地震地质灾害等类型，分类制订防治对策，必要时应进行专题抗震防灾研究。城市抗震防灾规划时，应针对重大危险源布局，次生灾害危险源的种类、分布和防护措施，城市消防规划和措施进行调查，综合估计地震次生灾害的潜在影响。

对地震次生灾害的评价应满足下列要求：

1）地震次生火灾评价应划定高危险区。甲类模式城市可通过专题抗震防灾研究进行火灾蔓延定量分析，给出影响范围。

2）地震次生水灾的评价应列出城市中需要加强抗震安全的重要水利设施或海岸设施，并应制订抗震要求和防灾措施。

3）地震次生灾害防御应按城市可能存在的爆炸、毒气扩散、放射性污染等次生灾害种类，分类分级提出需要保障抗震安全的城市重要地区和次生灾害源点。

4）城市地表断错，地质崩塌、滑坡、泥石流、地裂、地陷等地震地质灾害应以城市地质灾害防治有关专业规划和建设用地地质灾害危险性评估结果为基础，结合城市用地安全评价和适宜性规划采取综合防治对策。

5）特大灾难性事故影响评估应确定可能发生特大灾难性影响的设施和地区。下列设施或地区宜作为重点评估对象：

（1）核材料生产储存设施，核设施。

（2）水面高于城市用地标高、一旦决堤、溃坝短时间内可能淹没城市大范围地区的水库、湖泊、堰塞湖等大面积水域。

（3）抗灾能力不足的、储存规模特别大的重大危险品贮罐区、库区、生产企业、尾矿库等。

（4）灾害的耦合影响、耦合效应或连锁效应可能特别突出的地区。

4.5.1　评价要求和技术路线

地震次生灾害防御规划的编制过程大体分为以下四个阶段：次生灾害源调查、危险性评估、防御能力评估、规划编制，其编制流程如图4-13所示。其中，次生灾害源在地震作用下对城市的可能影响、危害程度估计及防御能力的评估是制订地震次生灾害防御规划的基础工作，在评估过程中考虑到各种地震次生灾害都有其自身特点，所以在具体评价过程中需要针对各种次生灾害分别进行。通过其危险性评估和防御能力的评估，找出城市在防御地震次生灾害方面的薄弱环节，并在此基础上制订行之有效的措施和对策。

一、现状调查及次生灾害种类选择

以往次生灾害的经验教训表明，在地震荷载作用下，次生灾害的发生至少需要两个条件，其一是有次生灾害源的存在，其二是有发生次生灾害的外界条件。所以，在进行城市地震次生灾害防御规划编制时，首先要做的工作就是摸清影响城市安全的各类次生灾害源点。针对不同城市的特点和次生灾害源的种类，对次生灾害源的现状、规划及分布位置等进行调查。调查方式可采用实地调查和查阅资料相结合的方式，考虑到一般情况下，次生灾害的发生与结构的地震破坏直接相关，因此调查和收集资料时，要重视现场勘察，同时应注意收集有关的设计资料，以确保资料的可信性和可靠性。

二、危险性评估

所谓危险性评估，即是以保障安全为目的，按照科学的程序和方法，对系统中固有的或潜在的危险及严重性进行预先的安全分析与评估，并在条件许可的前提下以既定指数、等级或概率值给出定量的表示，为制订基本的防护措施和安全管理提供科学的依据。常用的危险评价方法有定性评价方法、指数评价方法和概率评价方法等。

由于城市地震次生灾害种类繁多，危险性评价方法也不尽相同，其危险性评价涉及诸多学科，是一个比较复杂的过程，难度大。另外，对于编制城市地震次生灾害防御规划层面来说，对各种次生灾害进行详尽的建模分析和评价是不现实也是没必要的。所以，对城市次生灾害的评估主要侧重于定性的评价，只对有特别要求的情况进行专题研究。

三、抗御能力评估

历史震害经验表明，次生灾害发生后的危害大

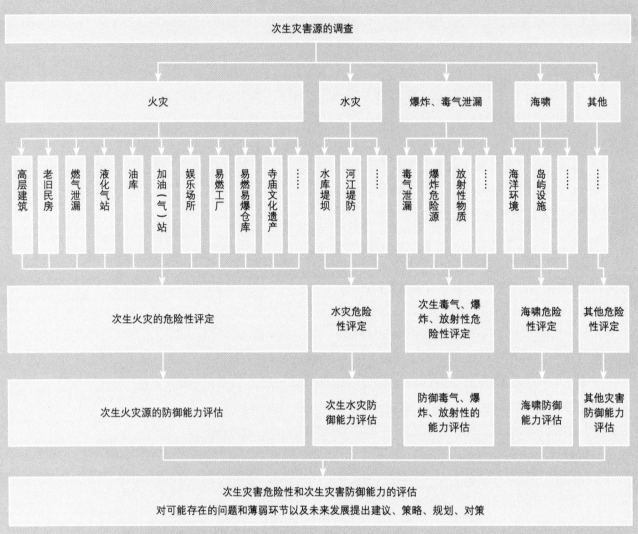

图4-13 地震次生灾害防御规划编制流程示意图

小与后果至少取决于两个条件，其一是次生灾害源的抗御灾害发生与扩大蔓延的能力，其二是城市社区的防御次生灾害的能力。城市抗御地震次生灾害的能力可以作为地震次生灾害的减缓因子予以考虑。

此部分主要是在次生灾害源危险性评估的基础上，进一步分析各类次生灾害源本身的抗震能力大小，从中找出弱点，以便进一步分析应对次生灾害的对策。另外，对城市防御次生灾害的能力进行调查与评估，主要包括城市消防能力、抢险机构或组织的健全性、抢险队的抢险能力等。

四、规划编制

综合考虑地震次生灾害对城市的危险性影响和城市抗御次生灾害的能力的评估结果，有针对性地制订地震次生灾害的防御规划。规划中应指出需要进行抗震加固的灾害源点；制订有针对性和可操作性的各类次生灾害防御对策和措施；规定各相关职能部门的责任；对可能产生严重影响的次生灾害源点，结合城市的发展，控制和减少致灾因素，提出防治、改造搬迁等要求。

4.5.2 城市地震次生灾害源的类型分析

一、城市地震次生灾害源分类

灾害源是指在人类生产、生活过程中存在的各种危险源。在地震次生灾害中，灾害源是各种具有潜在危害的事物，如城市中的加油站、油库等。其往往存在一定的隐蔽性，一般只有在发生事故时才会明确显现出来；由于缺乏对灾害源的了解，人们往往不会意识到灾害源的潜在危害，平时也没有做好灾害防御工作；灾害来临时很容易导致伤亡事故、财产损失。

灾害源按在事故发生时的作用可以分为两类；一类为事故发生的根源，是事故发生的主体，该类灾害源主要是各种能量的载体；另一类灾害源是事故发生的诱因，主要是指事故发生的人为因素、管理因素、环境因素等。其中，前一种属于工程层面的灾害因素，后一种属于管理层面的致灾因素。在此仅讨论分析前一种致灾危险源，下文将该类危险源统称为致灾危险源。常见的致灾危险源有以下几种：

（1）生产、储备、供给能量的装置、设备，产生供给人们生产、生活活动能量的装置、设备是典型的能量源，如变电所、油库、加油站等。

（2）能量源。城市中的超市、仓库、化工企业的存储厂房等场所内存有大量可燃物质，富有能量大，是震后火灾易发的场所。

（3）一旦失控产生巨大能量的装置、设备、场所，这些危险源在正常情况下，安全运转，进行正常的能量转换，但在意外情况下可能释放出巨大的能量，造成事故，如化工企业事故，化学药品很多为可燃物质，如遇明火很容易引起火灾、爆炸。

（4）一旦失控可能发生能量积蓄的装置、设备、场所，正常情况下，这类危险源中多余的能量可以被释放到环境中去，从而使系统处于安全状态，但在地震作用下可能因为设备的损坏，使能量积聚，突然释放，引起事故，如加油站中容易发生静电蓄

积的储油罐等。

从地震引发次生火灾角度来看，上述危险源均可能在地震后造成危险。从历次地震灾害中可以发现，地震次生火灾的原因复杂而多样，主要有以下七类：

（1）炉火引起火灾。包括民用炉火和工商业用炉火，由于地震动，炉具倾倒、损坏，引起火灾。

（2）电气设施损坏引起火灾。强烈地震时电气线路和设备都有可能损失或产生故障，有时还会发生电弧，引起易燃物质的燃烧，产生火灾。

（3）化学制剂的化学反应引起火灾。化验室、实验室、化学仓库里的化学试剂，品种多、性质复杂。强烈地震时，各种化学试剂发生碰撞或掉在地上，容器或包装破坏，化学品剂脱出或流出。有的在空气中可自燃，有些性质不同的化学品剂混合，产生化学反应，引起燃烧或爆炸。

（4）高温高压生产工序的爆炸和燃烧。有些生产工序，特别是化工生产中的聚合、合成、磷化、氧化、还原等工序，一般都具有放热反应和高温高压特点，极易产生爆炸和燃烧。地震时往往停电、停水，正在进行生产的工序，由于停电造成停止搅拌和失去冷却水的控制，温度和压力骤然上升，当超过反应容器耐温耐压极限时，就可能产生爆炸和燃烧。

（5）易燃、易爆物质的爆炸和燃烧。易燃易爆物质有气体、液体和固体三种。主要有天然气、煤制气、沼气、乙炔气、石油类产品、酒类产品、火柴、弹药等。地震时，盛装上列物品的容器或管道可能损坏，物品脱出或泄出，如遇火源，即可起火。有些物质，例如火柴、弹药，地震时由于撞击和摩擦，可能产生爆炸和燃烧。有些液体，如石油，地震时因管道或容器损坏，液体高速流动，产生很高的静电，在喷入空间时，与某些接地体之间形成很高的电位差，引起集中放电，引燃液体形成爆炸。该类火灾往往规模大，损失严重。

（6）烟囱损坏。强烈地震对烟囱的破坏是很大的，由于烟囱破坏，烟火很容易飘出户外，引

起火灾。

（7）防震棚火灾是震区的一类较普遍的火灾。主要是人们缺乏防火知识，思想麻痹，用火不慎造成的。防震棚多是简易临时建筑，搭建很快，很少考虑安全防火措施；建筑材料一般为易燃材料；防震棚内空间小，各种物品靠得很紧，火灾易于蔓延；防震棚密度很大，消防通道狭窄，又没有必要的消防器材和设备，一旦着火，难于灭火，易形成"火烧连营"，造成重大损失。

二、危险源辨识

致灾危险源的危险性主要表现为事故造成后果的严重程度。危险源对居民人群造成伤害的严重程度与灾害源作用于人体的能量的大小、集中程度及作用时间的长短、频率有关；危险源具有的能量越大，造成的人员伤亡、财产损失越严重，作用时间越长，造成的伤害越严重。

评价致灾危险源的危险性时，主要从以下几方面来考虑。

1. 危险源所包含的能量值

致灾危险源导致的事故后果的严重程度主要取决于事故时意外释放的能量或危险物质的多少；危险源具有的能量越多，造成危害的可能性越大。

2. 危险源释放能量的强度

危险源释放能量的强度是指灾害发生时单位时间内释放的量；在危险源具有相同能量的情况下，释放量越大，能量或危险物造成的伤害越严重。

3. 危险源性质

不同种类的危险物质（能量），构成伤害的机理不同，其后果也不同。危险物质的危险性主要取决于自身的物理、化学性质；危险物质爆炸、燃烧、引起中毒等不同的致灾形式，由于致灾机理、破坏形式不同，引起的灾害严重程度不同。

4. 危险源释放能量后的影响范围

灾害发生后，危险源释放出的能量或危险物质影响范围越大，可能遭受其作用的人或物越多，灾害造成的损失也将越大。

三、城市地震次生火灾危险源分析

历史地震现场调查结果表明，地震次生火灾是发生最为频繁、损失最为严重的次生灾害；在此将根据灾害源的不同类别对其进行辨识。

1. 城市中的房屋抗震薄弱区

城市中的薄弱区主要是指由抗震性能比较差的城市房屋构成的区域，主要包括建设年代比较早、抗震性能差的老旧民房、工厂、仓库等建筑；震后薄弱区域震害一般都很严重，是次生火灾的多发区。城市薄弱区次生火灾严重，原因分析如下：老旧民房内次生火灾源多，震后起火概率大；城市中的很多工厂、企业，设备陈旧老化，抗震性能较差；城市中的旧仓库，也是地震的次生灾害源。

2. 震后燃气泄漏

石油液化气、煤气都是经高压后的易燃易爆气体，正常条件下正确使用，不会有什么危险，但在地震发生的条件下，将可能成为发生次生火灾的重要因素源。主要原因是：地震时强烈的地面运动，使建筑物发生破坏或倒塌，可能损坏建筑物内的煤气管线、阀门或炉灶，即使房屋不倒塌破坏，由于强烈晃动，也可能使供气系统破坏，使煤气或石油液化气直接喷出，由于压力较高，气化形成的气体一般地可相当于被液化体积的250倍左右，很快会充满附近的封闭空间，这时遇上偶然的火花，如电器短路闪出的火花、其他明火等，立即会酿成火灾，有时可能会发生爆炸。

民事火灾中因燃气造成的火灾屡见不鲜，历史震害也有很多这方面的实例。例如，日本阪神大地震时的火灾，不少是因燃气泄漏造成的，神户东滩区御影滨町一座液化石油气贮罐因管道破坏，紧急切断阀失灵，无法关闭，引发大火，仅神户的新长田车站附近，就有7000多家被烧。震后调查表明，阪神地震火灾大部分不是发生在地震当时，而是在地震发生的第二、第三天，一个重要原因，是燃气泄漏，人们又急于恢复供电，造成合闸后打出的电火花而发生火灾，火灾多发，难于扑灭，烧毁了100万 m²的建筑，死亡者中有10％的人因火灾罹难。神户大学一调查小组调查了131起可查询的火灾，有69起基本查明火因，其中22起是因燃气泄漏而引起的，约占所有原因的1/3。

3. 城市中的汽车油气站

近年来，我国经济发展迅速，交通运输伴随经济的发展日趋发达；交通运输的发展带动了加油站的发展。中国入世后，国外大型加油企业也开始进入中国市场，加油站发展迅速。加油站的发展为交通运输提供便利的同时，也带来了一定的火灾隐患，加油站消防安全问题日渐突出。

加油站储罐容积越大，级别越高，发生火灾的危险越大。汽车加油加气站由加油岛、加油机、办公生活用房、配电发电机房、油库、仓库等几部分组成。地震时，往往造成油库、办公生活用房、配电发电机房、加油机的破坏并引发火灾。

油库破坏成为加油站火灾的火灾源。油库破坏后，燃油大量泄漏，并大量挥发，使加油站的油蒸气浓度过高，极易达到爆炸极限，如遇到明火、火花可能发生爆炸，并引起火灾，还有可能影响到加油站周围的建筑。配电发电机房的破坏是震后加油站火灾的另一原因；地震造成配电发电机房破坏后，很容易造成线路短路，再者有些加油站电气设备由于使用的时间过长，使绝缘层老化、破损，致使用电设备着火。

办公生活用房中存放着很多办公用品等易燃物品，成为潜在火灾源；地震还有可能造成加油机、输油管线的破坏，使油品、燃气泄漏，如遇静电、火花等很容易造成火灾。

4. 储量规模大且集中的油库

讨论油库安全，防止事故的发生，关键在于发现危险因素所在，并控制危险因素形成事故的条件，以便采取有效的预防措施，防止事故的发生和扩大，因此我们应该对事故致因机理理论进行分析；从20世纪初至今，世界各国已有许多专家将事故发生全过程中的各种因素上升到理性层面来认识，并从中不断找出事故产生的规律和特点。

事故致因理论已由原来的单因素理论、双因素理论发展到至今的三因素理论。三因素理论认为：工人（人）、机具（机）、环境构成了生产过程的硬件系统，为不断提高生产过程的安全能力，就需不断提高人、机、环境三者的安全品质匹配，不断提高人、机、环境系统本质的安全水平，只有这样才能减少事故的发生。大量统计资料表明，在各类事故中由于人的行为失误导致的事故占主导地位（94％），而物的不安全条件却占次要地位（6％）。油库事故的主要原因也归结为这两个要素。但是当地震时，由于地震作用库区的设备可能受到损害，油罐可能破坏，此时物的不安全条件导致事故的概率增大。在油库灾害事故中，主要是油库火灾和爆炸；燃烧和爆炸的发生需要可燃物质、氧及点火能量。点火能量是油库发生火灾和爆炸的重要因素，它主要来源于雷电、静电、碰撞、人为火源和生产操作失误。地震时，由于库区设备、油罐的破坏，大量油气泄漏，再者震时的静电积聚、物品碰撞、用电设备破坏等情况都有可能点燃油气，引发火灾。

5. 商场、娱乐场所等公共场所

商场、娱乐场所等公共场所是火灾的多发地。这些地方由于人员多，一旦发生火灾往往带来很大的人员伤亡。公共场所容易发生火灾，原因如下：商场、娱乐场所等地方，存在大量的易燃物品，一旦引燃会发生大规模火灾；很多公共场所用电设备多，用电量大，电器线路负荷大，常常引起电器火灾；很多公共场所内部布置不合理，疏散通道被堵塞，带来火灾隐患，地震时，不利于人员的疏散撤离；很多公共场所内，消防设施不完备，消防系统不完善，有些消防设备，由于长年不检修，不能正常使用等。

6. 高层建筑

高层建筑容易引起震后火灾的原因分析如下：

按规定高层建筑的安全通道（楼梯间）不得少于

2个，32m以上的高层建筑需设防烟楼梯间，这些都是为满足防灾，特别是防火要求。但目前大部分高层建筑都为敞开式楼梯间，有的甚至只有一个楼梯间。由于高层建筑内，有大量易燃的装饰材料和高分子合成材料制成品，容易引发地震次生火灾。高层建筑一旦发生火灾，其电梯间、楼梯间、管道井、电缆井都会形成烟囱效应，成为火灾后有毒烟气的蔓延上升通道。一般烟气的垂直扩散速度（约在3～4m/s）大大高于水平扩散速度（0.5～0.8m/s），一座高100m的高层建筑，一旦低层发生火灾，烟气在30s内即可扩散到顶层。高温烟气携带火星，使火灾迅速蔓延。人员密度大的高层建筑，发生地震火灾时，电梯即使可用也不能作为疏散通道，人员只能通过楼梯疏散，由于层数多、垂直疏散距离长，火灾燃烧产生的大量有毒烟气在向上蔓延过程中，会使逃难人员窒息晕倒，造成大量伤亡。

目前，建造的许多高层建筑的自动报警系统，防烟、排烟设施，自动喷淋系统，或没设置，或不完善。一旦发生地震火灾，顶层人员出不来，下不去，只能等待外界营救，但是就目前的消防力量而言，很难满足高层建筑在地震时发生火灾营救的要求。

4.5.3 次生火灾危险性评估

一、次生灾害危险性评价

地震次生火灾是指由于地震直接或间接引起的火灾。地震次生火灾是火灾的一种，但不同于一般民事火灾。地震次生火灾有其自身的特点。地震之后，城市正常供水供电系统遭到破坏，消防系统因此受损，再加上交通堵塞，通信中断，消防工作难以有效进行；城市地震火灾往往起火原因复杂，具有多发性、密集性，人们难以预防，因此全面扑救很难。由于地震引发的众多的次生灾害及人员伤亡，使救灾工作交织在一起，更增加了火灾的扑救难度。因此，相对于一般民事火灾，地震次生火灾破坏更

加严重，给社会带来的损失也更为巨大。

地震次生火灾是地震次生灾害的主要灾种。而且，地震次生火灾不仅仅只发生在地震的当天，根据日本的震后火灾统计数据，甚至有统计到震后10日内所发生的火灾，原因是大地震后仍会断断续续发生一些余震与地震后的通电都有可能造成震后火灾。进行火灾危险性评估，目前主要用到的有以下几种方法：

（1）点计划法：点计划法是选定合于达到评估目的的要素，分别给予一定的点数或分数，再通过各项要素之结合比较，从而求出整体危险度的评估方法。

（2）逻辑树分析：如果要避免火灾之危害达到某种特定水平是所求的目标，则一般简单可行的方法是事件树分析法，常用的事件树分析法有：错树分析法、决定树分析法和层次分析法。

（3）概率型模式：一般几乎只要有涉及概率运算的模式，都称为概率型模式。

（4）仿真模式：仿真模式的主要目的是模仿事件的过程，其可以整合系统或模式的参数，在进行模式仿真时，模式的参数依照事先界定好的法则运作，执行这种模式的最大好处是成本花费低且不会使人面临任何危险。

（5）统计型模式：统计型模式系运用各种数据，利用各种适当的统计方法来解释或预估火灾发生的危险、火灾造成人身、财物的危险等。

二、次生火灾次数及用水量评估

地震次生火灾发生次数的估计方法，目前国内外的调查研究归纳起来主要有三类。

1. 通过回归分析给出起火数目和房屋倒塌率的关系的方法[127]

（1）小林式 I：$\varphi = 0.00356\theta + 0.00001$ （4-105）

（2）小林式 II：$\varphi = 0.00056\ln\theta + 0.00275$ （4-106）

（3）河角法：$\ln\varphi = 0.684\ln\theta - 5.807$ （4-107）

（4）青木式：$\ln[-\ln(1-\varphi)] = 0.606\ln$
$$[-\ln(1-\theta)] - 60149$$ （4-108）

（5）水野法：$\lg\varphi = -3.13 + 0.54\lg\theta$ （4-109）

式中　　φ——地震火灾发生率（次/万m^2）；

　　　　θ——地震房屋倒塌率。

2. 通过回归分析给出起火数目与地面加速度峰值的关系的方法[128]

（1）修正的美国模型：

$$y = -0.025 + 0.592x - 0.289x^2 \qquad (4-110)$$

（2）国内的统计模型：

$$y = -0.11749 + 1.34534x - 0.8476x^2 \qquad (4-111)$$

式中　　y——起火点数；

　　　　x——地面加速度峰值（PGA）。

3. 概率模型法[129]

1）李杰的概率模型：

$$\lambda_f = \frac{\rho}{\rho_c}\mu_m A_m + \rho A \qquad (4-112)$$

式中　　A——小区建筑面积；

　　　　A_m——中等破坏以上面积；

　　　　ρ——小区民事火灾发生率；

　　　　ρ_c——整个城市民事火灾的平均火灾发生率；

　　　　μ_m——A_m条件下的火灾密度，$\mu_m=0.051$次/万m^2。

2）赵振东的方法

给出了单体建筑起火概率的计算公式，根据此公式计算出单位面积建筑物的起火点数，再乘以城市的建筑总面积，根据四舍五入的方法来确定城市的起火点数目n。

要选择一种很完美的预测模型就目前而言还是相当困难的，现有的研究成果所得出的地震次生火灾预测值都是决策者根据震前所掌握的知识和信息作出的一种主观估计，是经验判断值。而地震发生后城市处于高度紊乱状态，次生火灾的发生也伴随着交通、电力、给水等生命线工程和各类建筑物的灾害程度的不同及救灾进程而呈现为动态变化的过程，利用上述任何一种方法得到的预测结果都不能很准确地反映出真实的状况。但是由于城市在设定地震烈度下次生火灾次数的估计是为消防规划服务的，这就不需要十分准确的数字，可以利用现有的各种模型分别估算火灾次数。

对室外消防用水量的规定可见表4-45，从表中可以看出，室外消防用水量与城镇、居住区的规模以及同一时间火灾次数有关系。而上述预测方法预测的是地震次生火灾发生的次数，同一时间火灾次数的预测尚待解决。

城镇、居住区同一时间内的火灾次数和一次灭火用水量　　表4-45

人数N（万人）	同一时间内的火灾次数（次）	一次灭火用水量（L/s）
$N \leqslant 1.0$	1	10
$1.0 < N \leqslant 2.5$	1	15
$2.5 < N \leqslant 5.0$	2	25
$5.0 < N \leqslant 10.0$	2	35
$10.0 < N \leqslant 20.0$	2	45
$20.0 < N \leqslant 30.0$	2	55
$30.0 < N \leqslant 40.0$	2	65
$40.0 < N \leqslant 50.0$	3	75
$50.0 < N \leqslant 60.0$	3	85
$60.0 < N \leqslant 70.0$	3	90
$70.0 < N \leqslant 80.0$	3	95
$80.0 < N \leqslant 100$	3	100

表4-45中的标准是基于民事火灾发生情况下建筑物周围消火栓应提供的供水量，但是地震导致的次生火灾由于多方面因素的影响会同时引发多处，如危险源油库、仓库、加油站等就是引发地震次生火灾的重要因素。灾害来袭后，一方面要保证基本的灭火能力，即满足表中规定的民事火灾的灭火用水量。另一方面，要考虑地震灾害对于火灾发生的放大影响。而我国制定的一次火灾灭火用水量标准实际上只考虑满足城镇基本安全需要，同时又考虑到了国民经济发展水平制定的。如前所述，地震导致的次生火灾由于多方面因素的影响会同时引发多处。所以，按照表中规定的消防用水量尚不能满足危险地区次生火灾扑救的需要。并且，通过与其他国家的消防用水量比较发现，我国消防用水量标准比美、日等发达国家要低得多。例如，美国2万人口的城市消防用水量标准为44～63L/s，而

我国仅为15L/s，是我国相应指标的4倍之多，日本为112L/s，更高出我国的7倍之多。基于我国的国情，同时又考虑到人民生命安全的要求，震后次生火灾用水量可以在民事火灾一次灭火用水量的基础上增加30%。这一浮动比例可以根据城市规模以及人口数量确定。对于较发达、城市人口较多的城市，可以考虑增加40%及以上；而对于欠发达、人口较少的地区可以考虑增加20%以上。同时，可将增加后的用水量作为新建城区的防灾管网的设计依据之一。

4.5.4 其他次生灾害评估

一、爆炸

地震会加大爆炸灾害的可能性，爆炸灾害通过爆炸冲击波、热辐射作用造成人员的伤亡及工程设施的破坏。

一般地震区的军工厂都考虑了抗震设防，即使没有设防的厂（库）房，也多采取了加固设施，因此厂房的抗震性能较一般工厂要好。但化工企业及一般工业生产中有压力容器和储存气体或液化气体设备的地方，容易出现地震引起的气体爆炸。所以，化工企业是地震引起爆炸的重点防范单位。

二、滑坡、泥石流

我国是一个多山的国家，山地、丘陵和高原约占全国总面积的三分之二。在这些地区，地震一般都伴随不同程度的滑坡、泥石流等地质灾害。唐山地震、海城地震等国内城市地震都导致了大范围的滑坡。1989年洛马·普列塔地震导致了1000多处滑坡和崩塌，这次地震中有一处约1000m³土石坍落的滑坡阻断了一条公路达四个星期。1995年阪神地震也在60处引发滑坡，其中最大的一处滑坡导致了长100m、宽50m的土体崩塌滑落，堵塞了河道，冲毁并覆盖了12幢民房，致使34人丧生。

1. 地震滑坡和泥石流分类

由于地震的触发和促进作用，造成两种类型的滑坡和泥石流：

（1）由于地震的触发作用，震时出现大量的滑坡和泥石流；

（2）地震使斜坡产生新的破坏，促使滑坡的形成，继地震后陆续发生，称为后发性滑坡、泥石流。

2. 地震滑坡和泥石流的形成条件

地震滑坡、泥石流在形成上和天然滑坡、泥石流无甚差别。

（1）形成滑坡的基本条件是：具有可滑动体、具备滑动面（滑带、软弱带）、存在临空面、有利的外部条件（应力状态、水的作用、振动）。

（2）形成泥石流的基本条件是：有充足的松散固体物质来源、适宜的地形（陡峻山坡、沟谷河床）、充足的水分和水动力条件。

总体上影响地震滑坡、泥石流的因素有：地质构造、地形、地层、岩性和风化层厚度、植被、水等。

3. 地震滑坡、泥石流的危险性评估

关于地震滑坡、泥石流的抗震能力评估，目前尚缺乏统一的、有效的定量分析方法，仍处于经验判断的认识阶段。所以，在进行地震滑坡、泥石流的危险性评估时，主要根据城市的地震地质灾害小区划来进行评估。如果城市没有这方面的资料，可以根据历史发生情况和目前可能发生滑坡、泥石流的分布点数目和规模来进行评估。

三、海啸

首先从总体上来说，中国大陆沿海遭遇大海啸的可能性非常小。[130]

海啸分越洋海啸和本地海啸两种。并不是所有的海底地震都会引发海啸。总体上说，海底发生地震的频率要比海啸发生的频率高得多。只有当海底地震、火山喷发造成了海底塌陷滑坡、地裂缝剧烈运动，海水水体中才会产生能量巨大的波，传播出去就形成海啸波。

海啸产生的根本原因是海底在一瞬间突然发生了大量固态物质运动，造成它上部的海水向外运动。而海底的大量固态物质要发生突然运动，主要可能源自三种方式：

（1）海底大地震的发生；

（2）大型的海底火山喷发；

（3）海底大型滑坡。

地震：中国南方海域容易发生大地震或特大地震的地区集中在菲律宾和印度尼西亚地区。但绝大部分地震震中和中国大陆之间都存在有岛弧，即使地震产生海啸，也很难影响中国大陆。唯独菲律宾西侧的地震直接面向中国，这是第一个可能产生海啸的发源地。

已有文献研究表明：

（1）从海底地形地貌、断裂规模及活动性、地震分布、震源机制解的分析中可知，南海北、西、南以及中部都不具备引发地震海啸的条件，只有台南—菲律宾地震带东西两侧的贝尼奥夫带的地震活动，且又是以倾滑型占优势的6级以上地震，才有可能引发海啸。

（2）统计资料表明，1977～2004年27年间，台南—菲律宾的60次6级以上的地震仅有1次地震引发海啸，年发生率为0.04，而自1627～1991年的364年间曾经发生过20次地震海啸，年发生率为0.05，其中发生在吕宋岛和吕宋岛西海域的4次地震，引发了海啸，直接面临南海，对菲律宾造成了一定的破坏。即：1645年11月30日8.0级，1934年2月14日7.9级，1949年12月29日7.2和1983年8月17日6.5级地震。

（3）上述4次引发海啸的6～8级地震，并未对我国东南沿海诸省以及港澳地区产生影响。可能有两个原因，一是海啸规模（分5个等级）不够大，如海啸规模$mh=-1$，波高50cm以下，无破坏；海啸规模$mh=0$，波高100cm左右，破坏极小等。推测这4次海啸规模mh在$-1\sim0$之间。二是由于东沙群岛的阻挡，抑或是东南沿海大陆架太宽，摩擦阻力太大而消减了海啸的能量。其中缘由仍未查清，值得深入探讨。

（4）虽然目前菲律宾地震海啸未对我国东南沿海诸省以及港澳地区产生影响，但台南—菲律宾地震带仍是强震活跃地带，马尼拉海沟仍是贝尼奥夫俯冲带，属断裂构造非常活动地带，未来若发生更强烈地震，马尼拉海沟断裂错距加大，有可能引发更大规模的海啸，那时就有可能对我国东南沿海诸省以及港澳地区产生影响，切不可掉以轻心，要吸取2004年苏门答腊西南海域8.7级地震教训，防患于未然。

火山：菲律宾和印度尼西亚是火山极为活跃地区。和地震的情况相类似，绝大多数火山被岛弧隔开，在岛弧背向中国大陆的一侧。但岛弧链在印度尼西亚的巽他处，被巽他海峡（Sunda Strait）所中断。而巽他海峡是整个岛链火山活动最为激烈的地区，也是世界上火山最为活动的地区，如果产生海啸，海啸波可以无阻挡地传播到中国沿海。

海底滑坡：中国南海海底地形有非常陡峭的起伏，深处可达几千米，浅处只有几十米。这个特点当观察世界海底地图时就会显得格外明显，这样的地形存在着发生大型海底滑坡的可能性，是可能影响中国的海啸的发源地。

虽然中国处在环太平洋地震带上，但从中国海域的海底地质构造看，极少会发生导致海底地壳纵向位移的地震。黄海、东海、南海海底的特点，决定中国海域中几乎不会发生严重的本地海啸。通俗地讲，海啸和海底运动的纵向位移密切相关，而横向位移则和海啸的关系不大。

越洋海啸是发生在深海的海啸。海啸波在深海中传播，能量损耗很少，所以智利的大海啸可以传到日本东部海域酿成灾难。最近的印度洋海啸波及范围这么广，也是这个原因。

但中国有岛链保护，海啸波通过岛链会损耗大量的能量。同时，中国有宽广的浅水大陆架，海啸波在浅水中移行，能量将发生巨大损失。专门的试验显示，越洋海啸传播到中国近岸，能量将损失90%以上。1960年太平洋发生大海啸时，日本的浪高为7～8m，而我国长江口的浪高仅20cm。

综合各种历史资料和现代的科学观测，从公元前47年到2002年，中国一共发生过29次海啸。其中9次肯定是海啸，13次为高度可疑的海啸。这些海啸基本上都不具有危害性。国际上的海啸等级叫做渡边伟夫等级，从$-1\sim4$共分6级。4级最高，波高不小于30m，造成500km以上的岸段严重受损。−1级最小，波高低于0.5m，没有或只有微量损失。中国的海啸绝大多数属于−1级。只有台湾省附近海域在1867年发生过2级海啸。

不过，国际上的海啸专家还是把中国列为海啸的危险区之一，特别是我国台湾海域和印尼北部的南海海域，原因就是中国处在西太平洋地震带上。

4.6　避震疏散与场所安全性评价

避震疏散一般分为两种，第一种为在短临地震预报后，对居住在预测地震破坏严重以上房屋的人有组织地疏散到安全地带，第二种为在地震发生后，对已造成居住房屋严重破坏或中等破坏，如遇余震或滞后效应加重震害的房屋内居民有组织地疏散到安全地带。但就其内容、原则等都是一样的。城市抗震防灾规划时，重点是按预测的震害对短临地震预报后的避震疏散作出规划。城市避震疏散场所应按照紧急避震疏散场所和固定避震疏散场所分别进行安排。甲、乙类模式城市应根据需要，安排中心避震疏散场所。

4.6.1　评价要求和技术路线

城市避震疏散规划时，重点需要解决以下几个方面问题，一是疏散场所的布局，二是疏散场所的规模，三是考虑疏散场所地震时的安全性的选址，四是合理的疏散通道。因此，在《城市抗震防灾规划标准》（修订报批稿）中规定了避震疏散的评价要求：

1）城市抗震防灾规划时，应对避震疏散人口数量及其分布情况进行估计。

2）避震疏散人口数量及其分布情况，可根据城市的人口分布和城市可能的地震灾害估计，依据震害经验进行确定，并宜考虑市民的昼夜活动规律和人口

构成的影响。

3）应进行避难场所与应急通道资源调查和安全评价，并应符合下列规定。

（1）对城市避难场所与应急通道应考虑用地地震破坏、地震次生灾害、其他重大灾害等可能对其抗震安全产生的严重影响进行评价。

（2）用作避难的建筑应进行单体抗震性能评价。

（3）甲类模式城市可通过专题抗震防灾研究，结合城市的详细规划对避震疏散进行模拟仿真分析，制订规划控制要求和防灾措施。

城市避震疏散场所评价技术路线如图4-14所示。

各类避震疏散场所评价的主要内容和要求如下。

1）紧急避震疏散场所

其评价主要内容和要求如表4-46所示。

2）固定避震疏散场所

其评价主要内容和要求如表4-47所示。

3）中心避震疏散场所

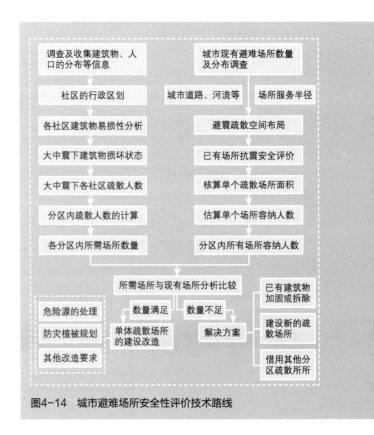

图4-14　城市避难场所安全性评价技术路线

紧急避震疏散场所设置要求 表4-46

项目	技术评价指标	备注
类型	城市居民住宅附近的小公园、小花园、小广场、专业绿地、基础设施用地、高层建筑物中的避难层以及抗震能力强的公共设施	大多数是地震灾害发生后 3min ～5h用作紧急避灾的临时场所或用作就近疏散
交通设施	道路宽度不小于 5m，有不少于两个不同方向的进出口，便于人员与车辆进出	考虑到城市的部分地区房屋密集，若房屋倒塌破坏，应扣除瓦砾堆积物的影响范围
救灾道路要求	应具备不小于5m宽度的道路，保证救灾需要	应保证有效净宽，容许消防和救灾车辆的进出
服务范围	服务半径500m左右，步行大约10min之内可以到达	考虑避灾人员的承受能力和人员的流动需要
规模	一般不小于1000m²	考虑不少于500人
避灾面积要求	一般不小于 1～2m²	保证避灾人员一定的活动空间
防火带	一般不小于30m	考虑潜在火灾的影响规模
基础设施要求	临时用水、排污、供电照明设施以及临时厕所	满足避灾人员的基本生活需求和防火要求
其他	土地坡度不大于 30°；与发震断层距离大于15m；无危险性的次生灾害源	考虑其他防灾要求

固定避震疏散场所设置要求 表4-47

项目	技术评价指标	备注
类型	面积较大、人员容置较多的公园、广场、操场、体育场、停车场、空地、绿化隔离带等。灾时搭建临时建筑或帐篷，是供灾民较长时间避震和进行集中性救援的重要场所	大多数是地震灾害发生后用作中长期避灾的场所
交通设施	疏散场所内路宽不小于5m；应至少有不同方向的两个进口与两个出口，便于人员与车辆进出，人员进出口与车辆进出口宜分开；进出口应方便残疾人、老人和车辆的进出	可以利用交通工具进出和保证物资运输
救灾道路要求	应具备不小于 5m 宽度的道路，保证救灾需要	应保证有效宽度，容许消防和救灾车辆的顺畅进出
服务范围	服务半径 2～3km，步行大约1h之内可以到达	考虑避灾人员的承受能力和人员的流动需要
规模	不小于2000m²，最好选择短边250m以上、面积10000m²以上的地域	可以利用较大面积进行物资运送、储存以及满足联络、医疗、救援的需要
避难面积要求	人均有效面积按 3.5 m²进行安排	满足避灾人员一定的生活活动空间需求
次生灾害影响状况	危险源远离场所 600m以上，有灭火设施	—
防火带	与周围易燃建筑物或其他可能发生的火源之间设置30～120m的防火隔离带或防火树林带	考虑潜在火灾的影响规模，如果避震疏散场所的四周都发生火灾，面积 50hm²以上基本安全，两边发生火灾 25hm²以上基本安全，一边发生火灾时 10hm²以上基本安全。应当有水流、水池、湖泊和确保水源的消火栓。临时建筑物和帐篷之间留有防火和消防通道。严格控制避震疏散场所内的火源。防火树林带设喷洒水的装置

续表

项目	技术评价指标	备注
基础设施要求	用水、排污、供电照明设施以及卫生设施，设置灾民栖身场所、生活必需品与药品储备库、消防设施、应急通信设施与广播设施、临时发电与照明设备、医疗设施以及畅通的交通环境等	满足避灾人员的长期生活需求，发挥避灾场所的救援功能，满足各种防灾要求。避震疏散场所内的栖身场所可以是帐篷（冬季是防寒帐篷）、窝棚或简易房屋，能够防寒、防风、防雨雪，并具备最基本的生活空间。物资储备库应确保避震疏散场所内居民3天或更长时间的饮用水、食品和其他生活必需品以及适量衣物、药品等
其他	土地坡度不大于 14°； 与发震断层距离大于 15m	考虑其他防灾要求

中心避震疏散场所除满足固定避震疏散场所的要求外，还应设置抗震防灾指挥机构、情报设施、抢险救灾部队营地、直升机场坪、医疗抢救中心和重伤员转运中心等。应急功能用地规模按总服务人口50万人不宜小于20hm²，按总服务人口30万人不宜小于15hm²。

4.6.2　避震疏散人员估计

根据人员活动情况，将人一天的时间划为：上班赶路时间（6~8点）、上班时间（8~16点）、下班回家时间（16~19点）、晚间休息时间（19~次日6点）。利用下式计算地震发生在一天不同时段内的死亡人数：

$$\{M_d(I)\} = b\sum_s m_s P_s[D_j \mid I, I_D]\{d_j\}_s$$
$$= b\sum_s m_s P_s[D_r \mid I, I_D] \quad (4-113)$$
$$m_s = cm_{sD} \quad (4-114)$$

式中　　$\{M_d(I)\}$——不同烈度死亡人数向量；

m_s——易损性s类结构地震时室内实际人数；

m_{sD}——易损性s类结构的设计容量或通常室内人数；

$P_s[D_r|I,I_D]$——按烈度I_D设计的易损性s类结构，在地震烈度为I时的死亡率；

$P_s[D_j|I,I_D]$——易损性s类结构设计烈度为I_D的震害矩阵；

$\{d_j\}_s$——易损性s类结构j级破坏的死亡

比向量；

c——人口密度折减系数，见表4-49；

b——室外人员死亡系数，取1.1~1.2。

同理，受伤人员计算公式为：

$$\{M_e(I)\} = e\sum_s m_s P_s[R_r \mid I, I_D] \quad (4-115)$$

式中　　e——室外人员受伤系数，取1.1~1.3。

$P_s[R_r|I,I_D]$——按烈度I_D设计的易损性s类结构，在地震烈度为I时的受伤率，参见表4-48。

一、计算不同时段死亡人数

$$d_n = A_1 d_1 \rho + A_2 d_2 \rho + A_3 d_3 \rho \quad (4-116)$$

式中　　A_1——A或A_R建筑中毁坏的面积；

A_2——A或A_R建筑中严重破坏的面积；

A_3——A或A_R建筑中中等破坏的面积；

A——预测区的住宅、公共建筑、宾馆、工厂里车间的建筑面积之和；

A_R——预测区的住宅、宾馆、公寓和招待所的建筑面积之和；

d_1——毁坏房屋内的死亡率；

d_2——严重破坏房屋内的死亡率；

d_3——中等破坏房屋内的死亡率；

ρ——房屋内人员密度（单位面积上的平均人数）。

死亡比、重伤率与房屋破坏程度的关系　表4-48

房屋破坏状态	死亡比	受伤率
完好	0	0
轻微破坏	0	1/10000
中等破坏	1/100000	1/1000
严重破坏	1/1000	1/200
毁坏	1/30（白天为 1/60）	1/15～1/8

计算人员密度时，分住宅及其他房屋，时间分为 6～8点、16～19点、8～16点、19点到次日6点（主要考虑城市人员，农村人员可以根据城市作适当的调整）。

6～8点和16～19点：

$$\rho = 0.4 \cdot \frac{m}{A} \qquad (4\text{-}117)$$

8～16点：

$$\rho = 0.75 \cdot \frac{m}{A} \qquad (4\text{-}118)$$

19～次日6点：

$$\rho = 0.8 \cdot \frac{m}{A_R} \qquad (4\text{-}119)$$

式中　m——预测区内的总人口数；

　　　A——预测区的住宅、公共建筑、宾馆、工厂里车间的建筑面积之和；

　　　A_R——预测区的住宅、宾馆、公寓和招待所的建筑面积之和。

二、计算不同时段重伤人数（表4-49）

$$d_n = A_1 w_1 \rho + A_2 w_2 \rho + A_3 w_3 \rho + A_4 w_4 \rho \qquad (4\text{-}120)$$

式中　A_1——A或A_R建筑中毁坏的面积；

　　　A_2——A或A_R建筑中严重破坏的面积；

　　　A_3——A或A_R建筑中中等破坏的面积；

　　　A_4——A或A_R建筑中轻微破坏的面积；

　　　A——预测区的住宅、公共建筑、宾馆、工厂里车间的建筑面积之和；

　　　A_R——预测区的住宅、宾馆、公寓和招待所的建筑面积之和；

　　　w_1——毁坏房屋内的重伤率；

　　　w_2——严重破坏房屋内的重伤率；

　　　w_3——中等破坏房屋内的重伤率；

w_4——轻微破坏房屋内的重伤率；

ρ——房屋内人员密度（单位面积平均人数）。

不同时段内人口密度折减系数　表4-49

时间划分			6～8点	8～16点	16～19点	19～次日6点
城市	工作日	A	0.40	0.20	0.40	0.80
		B	0.15	0.75	0.40	0.05
		C	0.10	0.20	0.45	0.20
		D	0.30	0.50	0.35	0.10
	节假日	A	0.70	0.50	0.55	0.85
		B	0.05	0.50	0.10	0.05
		C	0.10	0.50	0.65	0.35
		D	0.35	0.55	0.50	0.15
农村	工作日	A	0.70	0.50	0.80	0.90
		D	0.10	0.05	0.05	0.01
	节假日	A	0.70	0.20	0.60	0.90
		D	0.15	0.10	0.10	0.01

注：A. 住宅、公寓、集体宿舍、宾馆、旅社等；
　　B. 办公室、医院门诊、写字楼、车间等；
　　C. 网吧、影院、娱乐场所、酒吧、餐厅、健身房等；
　　D. 公用建筑、机场候机室、车站候车室等。

三、计算无家可归人数

预测一次地震后造成无家可归人员数目的计算与建筑物破坏程度有关，可用以下公式估计：

$$M = \frac{1}{a}\left(\frac{2}{3}A_1 + A_2 + \frac{7}{10}A_3\right) \qquad (4\text{-}121)$$

式中　A_1——地震时毁坏的住宅建筑面积；

　　　A_2——严重破坏的住宅建筑面积；

　　　A_3——中等破坏的住宅建筑面积；

　　　a——人均居住面积。

在计算避震疏散人数时可以使用以上无家可归人员的结果。

4.6.3　避震疏散模拟分析基本原理

通过避震疏散场所的规划，给予民众确定的避灾场所，使得在灾害一旦发生时，民众能自觉且有效地进行疏散，做好震时救灾工作。

根据不同预测单元建（构）筑物破坏的程度，用统计法估计不同区域可能疏散的人口数量和半径，进而确定避震疏散场所的需求数量，进行避震疏散场所的安排和设置。

当一个城市或企业遭到强烈地震袭击、地面建筑产生一定规模的震害时，往往需要对受灾群众进行避震疏散。如果此时的抗震救灾指挥机构健全，则可按照避震疏散规划有组织地进行疏散工作。如果此时的抗震救灾指挥机构已经瘫痪，避震疏散就会处于无组织状态，成为群众自发疏散了。有组织和无组织，其疏散结果必然是不同的。[131]

一、有组织疏散

有组织避震疏散场所分配的数学模型，是运筹学中的一种线性规划模型，其形式如下：

$$\min F = \sum_{i=1}^{m} \sum_{j=1}^{n} C_{ij} X_{ij} \qquad (4-122)$$

$$\sum_{j=1}^{n} C_{ij} = A_i \ (i = 1,2 \cdots\cdots m)$$

$$\sum_{i=1}^{m} X_{ij} = B_j \ (j = 1,2 \cdots\cdots n)$$

$$X_{ij} \geq 0 \ (i = 1,2 \cdots\cdots m; j = 1,2 \cdots\cdots n)$$

式中　　F——目标函数，这里为全市疏散人员的总出行量最小；

　　　　C_{ij}——第j居住区到第i场地的距离；

　　　　X_{ij}——第j居住区分配到第i场地的人数；

　　　　A_i——第i场地的容纳量；

　　　　B_j——第j居住区的疏散人数。

上式通常称为线性规划的运输问题，且有最优解，较好的解法是"表上作业法"。有组织疏散能够使疏散场地得到合理、充分的利用，但如果场地分布不合理，将使一些居住区人员的疏散路线过长，由此，可以统筹考虑城市与企业抗震防灾规划中的场地布局问题。

二、无组织疏散

无组织避震疏散场所分配的数学模型，采用非线性规划中的引力模型，其形式如下：

$$Q_i = K \sum_{j=1}^{n} \frac{B_j D_i}{\sum_{i=1}^{m} D_i}$$

$$D_i = A_i f(d_{ij}) \qquad (4-123)$$

$$K = \sum_{i=1}^{m} Q_i / \sum_{j=1}^{n} B_j$$

式中　　Q_i——第i场地的输入人数；

　　　　B_j——第j居住区的疏散人数；

　　　　D_i——第i场地的吸引度；

　　　　A_i——第i场地的容纳量；

　　　　d_{ij}——第j居住区到第i场地的距离；

　　　　$f(d_{ij})$——距离函数的倒数，常用的有负幂函数 $f(d_{ij}) = 1/d_{ij}^x$（x在$1\sim3$之间取值）或负指数函数$f(d_{ij}) = 1/\exp(xd_{ij})$（$x$在$0.01\sim0.03$之间取值）。

由上式可知，无组织疏散是依靠各场地对人们的吸引程度，即场地的大小和到达的难易来实现的。这可能会出现一些建筑面积密度较大地区的场地的输入人数超过了原规划数量，过于拥挤，而另一些建筑面积密度较小或城市周边的场地还有较大的富余量，甚至一些居住区的群众找不到疏散场地等现象。因此，进行城市抗震防灾规划研究的目的便是加强避震疏散场所规划布置的合理性，促进有组织疏散，减少城市的灾害损失。

三、避震疏散路线的选择

避震疏散路线是确定将灾区人员从受灾地点转移到达安全地带的路径。根据灾情的发展及其对疏散路线的影响范围，疏散路线可分为四个等级。

一级疏散道路：一般指道路宽度大于等于15m，在中震及大震作用下道路破坏情况均为基本完好，不受到灾情影响的疏散路线。

二级疏散道路：对于道路宽度大于等于15m，在中震作用下道路破坏情况为轻微破坏，对于道路宽度大于等于8m并小于15m，在中震作用下道路破坏情况均为基本完好。此等级疏散道路具有一定的安全条件，如次生火灾和泄漏的有毒气体不足以威胁到疏散道路的人员的生命安全。

三级疏散道路：对于道路宽度大于等于15m，在中震作用下道路破坏情况为中等破坏，对于道路宽度大于等于8m并小于15m，在中震作用下道路破坏情况均为轻微破坏，对于道路宽度大于等于4m并小于8m，在中震作用下道路破坏情况均为基本完好。此等级道路可作为紧急逃生的疏散路线，是以疏散人群对次生灾害（如火灾、有毒气体）的最大耐受能力作为判别路线的可通行性的依据。此等级疏散道路需纳入加固与改造计划。

四级疏散道路：对于道路宽度大于等于8m并小于15m，在中震作用下道路破坏情况均为中等破坏，对于道路宽度大于等于4m并小于8m，在中震作用下道路破坏情况均为轻微破坏。此等级道路经改造可作为紧急逃生的疏散路线，也是以疏散人群对次生灾害（如火灾、有毒气体）的最大耐受能力作为判别路线的可通行性的依据。此等级疏散道路须尽快安排进行加固与改造。

最佳疏散路线的求解，从实质上讲就是求解安全的最短疏散时间。最短的疏散路径并不等于最短的疏散时间，这是因为道路的通行难易程度不一样的缘故。例如，同样长的道路，宽阔公路与狭窄小路的通行速度显然不同。对于工厂四周的道路，影响人员或车辆行走速度的因素有道路本身的平坦程度、宽度、车流量、地震破坏情况、风速等。对这些因素用通行难易度系数表示，使其与道路的实际长度相乘后，得到的长度为"当量长度"。最短疏散路线，是指"当量长度"最短的路线。同一人或车辆通过"当量长度"相同的两条疏散路线的时间是相同的。

为了求得统一的"当量长度"，首先应定义疏散路线的通行难易程度系数，其计算方法为：

$$K = v_1 / v_2 \quad （4-124）$$

上式中，K 为疏散路线的通行难易程度系数；v_1 为人或车辆在一般公路上的通行速度；v_2 为人或车辆在疏散路线上的通行速度。疏散路线的"当量长度"值为：

$$L = \sum_{i=1}^{n} K_i L_i \quad （4-125）$$

式中　n——疏散路线中通行难易程度系数不同的路径的个数；

K_i——第 i 条路径的通行难易程度系数；

L_i——第 i 条路径的长度。

4.6.4　避震疏散场所的抗震安全性评价

传统上，避震疏散通常按照就地疏散、集中疏散、远程疏散来进行。本书在总结我国避震疏散研究和实践的基础上，合理借鉴日美等发达国家的做法，根据《城市抗震防灾规划标准》GB 50413—2007的相关规定，避震疏散场所按照紧急避震疏散场所、固定避震疏散场所和中心疏散场所来进行规划，这样分类可以更好地做到"平灾结合"，加强避震疏散场所的管理，促进城市避震疏散规划工作的进行。

避震疏散规划应确保避震疏散途中和避震疏散场所内避震疏散人员的安全，对各种避震疏散场所及其应急基础设施，应进行安全可靠性分析。用作避震疏散场所的场地、建筑物应保证在地震时的抗震安全性，避免二次震害带来更多的人员伤亡。避震疏散场所还应符合城市防止火灾、水灾、海啸、滑坡、山崩、场地液化、矿山采空区塌陷等其他防灾要求。

避震疏散场所的抗震安全评价包括：

（1）地震地质环境安全。避震疏散场所应避开地震活动断层、岩溶坍陷区、矿山采空区和场地容易发生液化的地区以及地震次生灾害（特别是火灾）源，不在危险地段和不利地段规划建设避震疏散场所。对于能发生液化或轻微液化和松软地基的场所需采取必要措施进行改良，确保灾后各种基础设施能够正常使用，即使局部场地受灾也不严重影响整个疏散场所的安全及防灾功能的发挥。

（2）自然环境安全。避震疏散场所不会被地震次生水灾（河流决堤、水库决坝）淹没，不受海啸袭击；地势平坦、开阔；北方的避震疏散场所应避开风口、有防寒措施，南方应避开烂泥地、低洼地以及沟渠和水塘较多的地带；台风地区应避开风口。

（3）人工环境安全。避震疏散场所必须远离易燃易爆、有毒物品生产工厂与仓库、高压输电线路、有可能震毁的建筑物；有较好的交通环境、较高的生命线供应保证能力以及必需的配套设施，应设防火隔离带、防火树林带以及消防设施、消防通道，应设突发次生灾害的应急撤退路线，有伤病人员及时治疗与转移的能力。

对场所周边易燃易爆危险源的危及区应进行评估，以决定该疏散场所能否在震时使用。周边易燃易爆危险源的划定对象包括油气站（库）、涉及危险品的工厂等。油气站（库）包括加油站、油气库、液化石油气储存站等；涉及危险品的工厂主要是生产压缩气体、各类易燃溶剂、打火机等的工厂，还包括液体化学危险品、固体化学危险品（烟花、爆竹及硝酸盐类）、大型民爆器材仓库等。

（4）避震疏散场所的基本设施保障能力。

（5）避震疏散场所各种工程设施的抗震能力。

（6）防止火灾、水灾、海啸、滑坡、山崩、场地液化、矿山采空区塌陷等其他防灾要求。

4.6.5 避震疏散场所选址和布局模型

城市避震疏散规划是城市抗震防灾规划中的重要组成部分。有了完善、合理的避震疏散规划，一旦发生预估等级以上的地震灾害，抗震防灾指挥部门就能够快速、有秩序地按照避震疏散预案对受灾群众进行疏散和安置，避免由于人员混乱引起的一系列问题，有利于社会稳定和抗震救灾工作的顺利进行。

城市避震疏散场所选址就是要确定避震疏散场所的空间分布（设施位置和设施的服务区域）和规模（设施数量和设施服务能力大小），并决定避震疏散场

所所提供的合适的服务水平。而网络型优化选址模型可以同时决定避震疏散场所的位置与服务范围。常用的网络型优化选址模型主要有：覆盖模型（位置集合覆盖模型和最大覆盖模型）、p中值模型和p中心模型、备用覆盖模型等。

一、位置集合覆盖模型

位置集合覆盖模型（Location Set Covering Model，LSCM）的数学模型由Toregas等人最早提出，其目标是确定所需服务设施的最少数目，并配置这些服务设施使所有的需求点都能被覆盖到。

设K为需求点的集合，第k需求点的最大距离（或最长疏散时间）限制为l，候选避震疏散场所的集合为$J \subseteq K$，d_{kj}为需求点k和候选避震疏散场所点j之间的距离（或最长疏散时间）。记a_{kj}为二元值系数，当$d_{kj} \leqslant l$时，也即避震疏散场所j能覆盖需求点k时，$a_{kj}=1$；否则，$a_{kj}=0$。设决策变量y_j为二元值变量，当候选避震疏散场所j被选中时，$y_j=1$；否则，$y_j=0$。则能覆盖全部需求点所必需的最少避震疏散场所数量和位置可由下列位置集合覆盖模型决定：

$$\min z = \sum_{j \in J} y_j$$
$$\text{s.t.} \sum_{j \in J} a_{kj} y_j \geqslant 1 \quad \forall k \in K$$
$$y_j \in (0,1) \quad \forall j \in J$$

式中，目标函数使设置的避震疏散场所数最小；约束保证每个需求点至少被一个避震疏散场所覆盖；约束限制决策变量y_j为（0，1）整数变量。

如果每个候选避震疏散场所的成本不同，记c_j为候选设施点j的费用，则约束条件不变，目标函数变为：

$$\min z = \sum_{j \in J} c_j y_j$$

本质上，LSCM是最小化设置所有避震疏散场所的总成本，并保证一个公平的覆盖。每个避震疏散场所覆盖一组需求点，所有需求点是同等重要的，对每个需求点，使用一个单一的、静态的覆盖距离（或时间）。

二、最大覆盖模型

集合覆盖模型的一个重要的变形为最大覆盖问题（Maximum Covering Location Problem, MCLP），由 Church 和 ReVell 提出，在实际实施决策中，覆盖全部需求点可能会导致过高的财政支出，如果由于资金预算的限制，无法覆盖全部的需求点，只能确定 P 个避震疏散场所，则最大覆盖模型的目标是选择 p 个避震疏散场所的位置，使覆盖的需求点的价值总和（人口或其他指标）最大。

记 ω_k 为需求点 k 的权重（人口数量），设 x_k 是二元值变量，当第 k 需求点被覆盖时，$x_k=1$；否则，$x_k=0$。记 a_{kj} 为二元值系数，当 $d_{kj} \leqslant l$ 时，也即避震疏散场所 j 能覆盖需求点 k 时，$a_{kj}=1$；否则，$a_{kj}=0$。设 y_j 为二元值变量，当候选避震疏散场所 j 被选中时，$y_j=1$；否则，$y_j=0$。

$$\max \quad z = \sum_{k \in K} \omega_k x_k$$
$$\text{s.t.} \sum_{j \in J} a_{kj} y_j - x_k \geqslant 0 \quad \forall k \in K$$
$$\sum_{j \in J} y_j = p$$
$$x_k, y_j \in (0,1) \quad \forall k \in K, \forall j \in J$$

式中，目标函数使被覆盖的需求点的价值总和最大；约束保证选定的避震疏散场所覆盖需求点 i；约束指定被选择的避震疏散场所数为 p；约束限制决策变量 x_k 和 y_j 为（0,1）整数变量。

三、p 中值模型

p 中值模型（p-Median Model），p 中值问题最早由 Hakimi 提出，如果从服务设施的使用"效率"角度考虑，选址决策的目标是选择 p 设施，使各个需求点至 p 服务设施之间的总加权距离最小，即为 p 中值问题。

设 $\omega_i d_{ij}$ 为节点 i 和 j 之间的加权距离，y_j 为二元值变量，当候选避震疏散场所 j 被选中时，$y_j=1$；否则，$y_j=0$。设二元值变量 x_{ij} 反映需求节点 i 指派给候选避震疏散场所 j 的情况，当需求节点 i 指派给避震疏散场所 j 时，$x_{ij}=1$；否则，$x_{ij}=0$。p 中值问题的整数线性规划

模型为：

$$\min \quad z = \sum_{i \in I} \sum_{j \in J} (\omega_i d_{ij}) x_{ij}$$
$$\text{s.t.} \sum_{j \in J} x_{ij} = 1 \quad \forall i \in I$$
$$x_{ij} - y_j \leqslant 0 \quad \forall i \in I, \forall j \in J$$
$$\sum_{j \in J} y_j = p$$
$$x_{ij}, y_j \in (0,1) \quad \forall i \in I, \forall j \in J$$

式中，目标函数使各个需求点至 p 个避震疏散场所之间的总加权距离最小；约束指派需求点仅给一个避震疏散场所；约束保证仅对一个设置的避震疏散场所指派需求点；约束保证选定的避震疏散场所数量为给定的 p。

四、p 中心模型

p 中心模型（p-Center Model），P 中心问题也是由 Hakimi 提出，从城市防灾减灾服务设施的"公平性"考虑，为了避免某些人口稀少的区域被"忽略"而降低提供这些区域的服务水平，选址决策的目标应确定 p 设施，使各个服务设施服务需求点的（加权）最大距离为最小，这即是 p 中心问题。

设 D 为需求点至设定的避震疏散场所的最大距离，y_j 为二元值变量，当候选避震疏散场所 j 被选中时，$y_j=1$；否则，$y_j=0$。设二元值变量 x_{ij} 反映需求节点 i 指派给候选避震疏散场所 j 的情况，当节点 i 指派给避震疏散场所 j 时，$x_{ij}=1$；否则，$x_{ij}=0$。p 中心问题的数学模型为：

$$\min z = D$$
$$\text{s.t.} \sum_{j \in J} x_{ij} = 1 \quad \forall i \in I$$
$$x_{ij} - y_j \leqslant 0 \quad \forall i \in I, \forall j \in J$$
$$\sum_{j \in J} y_j = p$$
$$D - \sum_{j \in J} x_{ij} d_{ij} \geqslant 0 \quad \forall i \in I$$
$$x_{ij}, y_i \in (0,1) \quad \forall i \in I, \forall j \in J$$

式中，目标函数使最大距离 D 最小；约束指派需求节点仅给一个避震疏散场所；约束保证仅对设置的

避震疏散场所指派需求点；约束保证选定的避震疏散场所数量为给定的p；约束定义任何需求点i与最近避震疏散场所j之间的最大距离。

五、备用覆盖模型

备用覆盖模型（Backup Coverage Model，BACOM），备用覆盖模型由Hogan和ReVelle使用覆盖的概念对最大覆盖模型进行了修改，使得每个需求点都必须被服务设施覆盖一次的同时，目标是使被两次覆盖的需求点的总价值最大。

设变量u_i，如果需求点i被覆盖两次，$u_i=1$；否则，$u_i=0$。记整数（0,1）变量x_j表示是否在被候选避震疏散场所j设置服务设施，则备用覆盖模型为：

$$\max \quad z = \sum_{i \in I} \omega_i u_i$$
$$\text{s.t.} \sum_{j \in J} a_{ij} x_j - u_i \geq 1 \quad \forall i \in I$$
$$\sum_{j \in J} x_j = p$$
$$u_i, x_j \in (0,1) \quad \forall i \in I, \forall j \in J$$

式中，目标函数使被两次覆盖需求点的总价值最大；约束保证各个需求点必须被设置的避震疏散场所覆盖到；当$u_i=0$时，需求点i被覆盖一次；当$u_i=1$时，需求点i被覆盖至少两次；约束为避震疏散场所的预定设置总数为p。

4.6.6 避震疏散责任区的划分方法

严重地震灾害是城市全域性灾害，规划建设的避震疏散场所覆盖整个城市。每一个避震疏散场所有其指定的避难疏散责任区，即收容避难疏散人群的地域范围。责任区之间由相邻避震疏散场所的边界分开。规划各个避难疏散责任区就是规划一个个避震疏散场所。全部避震疏散责任区构成城市避震疏散场所系统。

规划避震疏散场所责任区的任务是根据城市地震灾害预测方法科学计算出城市建筑易损性矩阵，构建避震疏散场所的评价综合指标，计算各避震疏散场所的覆盖半径，确定其最大影响范围。

通常，规划城市避震疏散场所的主要依据是主观判断，一般按社区划分，虽然比较简单，但缺乏科学依据。下面采用责任区相关复合指标确定每个责任区的覆盖半径，再计算各责任区的加权距离，使用加权Voronoi图（WVD）方法确定责任区域，并与常规Voronoi图（OVD）方法得出的结果进行比较。[132]对于局部新增或减少的避震疏散场所，还可以利用WVD的局部动态特征进行局部更新，避免重复规划。

一、责任区范围的影响因子与加权计算

避震疏散场所的责任区域范围受自然、社会及其自身基础的制约和影响，具有不同覆盖半径（影响范围）。覆盖半径一般指人步行或使用简易工具在1h内可到达的直线距离。参照场所周边网格震害指数、道路的薄弱环节分析以及周边的道路实际状况，覆盖半径一般不超过2000m。因此，先通过定性和定量的方法，选择多种指标对避震疏散场所责任区覆盖半径进行综合评价，给出权重向量。

为此，选用七个因素构成评价体系。这七个因素为：A_1——场地情况，A_2——地形，A_3——场所主要类型，A_4——救灾路线，A_5——避震疏散场所可利用的面积，A_6——次生灾害影响状况，A_7——基础设施状况。组织专家参加评分，每个因素分极好（5分）、好（4分）、一般（3分）、较差（2分）和极差（1分）五个等级。避震疏散场所的责任区影响因子的具体内容和得分等见表4-50。

关键是确定避震疏散场地责任区范围影响因子的权重。根据层次分析法（AHP）引入合理的标度，比较各因子之间的相互关系，构造判断矩阵，求解判断矩阵的最大特征值λ_{max}和它对应的特征向量。建议的影响因子权重参见表4-51。

避震疏散场地初始2000m的责任区覆盖半径指的是以场地外轮廓开始的缓冲距离。根据以上方法计算最终的各避震疏散场所加权覆盖半径，再与场地自身

避震疏散场地责任区影响因子　　　　　　　　表4-50

因子	内容	得分	说明
场地情况	有利地段	5	《建筑抗震设计规范》GB 50011—2010第4.1条
	不利地段	2	
	危险地段	1	
地形	好	5	土地坡度不大于15°
	中	3	土地坡度大于15°，不大于30°
	差	1	土地坡度大于30°
场所主要类型	公园	4	大面积绿地和较完备的基础设施（水、电设施较完善）
	操场	3	市中心及镇中心的学校一般位于人口密集区，学校有空旷的操场、完备的基础设施
	空旷场地	3	一般为路旁未使用的空地或大型绿化带，基础设施不完备，但面积较大，容纳人数较多
	体育场	5	指较大型的体育活动中心，有较大的空间和完备的基础设施，并有良好的抗震能力
	停车场	3	较大的空旷场地和完备的基础设施
	广场	5	大型的空旷场地，基础设施完备，交通极为方便
救灾路线	宽度≥15m	5	避震疏散地进出口处道路有效净宽能满足顺畅的交通往来，保证物资的顺利抵达，并且满足设防烈度下道路完好或轻微破坏
	宽度≥8m	3	以避震疏散场地进出口处道路有效净宽能满足消防车进入为准，并且满足设防烈度下道路完好或轻微破坏
可利用面积	≥15000m²	5	指避震疏散场地内可作为避难区的实际面积，除去场所内水域、道路、树林、房屋，高差大的山等占地面积
	≥10000m²	4	
	≥5000m²	3	
	<5000m²	2	
	<3000m²	1	
次生灾害影响状况	好	5	在设防烈度下避震疏散场所所在单元网格震害指数一般处于0～0.6之间，避震疏散场所建筑的可燃性低，与周围建筑的距离满足防火隔离带要求，不处于火灾易发区，远离危险源，有确保水源的消火栓等
	中	4	在设防烈度下避震疏散场所所在单元网格震害指数一般处于0.3～0.8之间，场所建筑物的可燃性较低，与周围建筑的距离满足防火隔离带要求，远离危险源，有确保水源的消火栓等
	合格	3	在设防烈度下避震疏散场所所在单元网格震害指数一般处于0.6～1.0之间，场所建筑的可燃性高，与周围建筑的距离基本满足防火隔离带要求，处于火灾易发区或与危险源距离较近，有确保水源的消火栓等
基础设施状况	好	5	满足避震疏散人员在相应类别场地内生活用水、消防用水，临时供电和通信联络的基本生活要求，可发挥相应避震疏散场所的救援功能
	中	4	满足避震疏散人员在相应类别场地内生活用水、消防用水需要、基本满足临时供电和通信联络等的基本生活要求，经过短时设施安置可发挥相应避震疏散场所的救援功能
	合格	3	满足避震疏散人员在相应类别场地内一定时间内的生活用水、消防用水需要，基本满足临时供电的基本生活要求，需经过较长时间的设施整治才可发挥相应避震疏散场所的救援功能

说明：（1）灾害影响状况——在评价前需要进行城市的群体建筑易损性分析，属于城市抗震防灾规划里的一项主要内容；
　　　（2）其他项需要进行实地调查统计。

影响因子权重 表4-51

代码	名称	权重
A₁	场地情况	0.0755
A₂	地形	0.0584
A₃	场所主要类型	0.0428
A₄	救灾线路	0.1983
A₅	可利用面积	0.3415
A₆	灾害影响状况	0.1209
A₇	基础设施状况	0.1627

某公园的基本参数和加权距离计算 表4-52

场地名称	场地地形	场地主要类型	救灾线路	可利用面积	次生灾害影响	基础设施	总得分	场地半径（R_1）	加权半径（R_2）	加权距离（R）
某公园	有利地段	好	公园	15	23000m²	好	中	4.794	306m	1918m	2224m
得分	5	5	4	5	2	5	4				
计算过程	$R = R_1 + R_2 = 306 + 2000 \times (5 \times 0.0755 + 5 \times 0.0584 + 4 \times 0.0428 + 5 \times 0.1983 + 5 \times 0.3415 + 5 \times 0.1209 + 4 \times 0.1627)/5 = 2224m$										

的半径（不参与七因子权重计算）相加，得出参与WVD多边形相互比较的加权距离。

某市主要建成区面积约为50km²，经调查可设39个避震疏散场所，根据上述方法对各场地进行七个影响因子的调查统计。表4-52为其中某公园的基本参数和加权距离的计算过程。

二、基于WVD的避震疏散场所责任区划

按照表4-52的计算方法，得到某个城市39个避震疏散场地的加权距离，场地分布情况如图4-15或图4-16所示。图中数字代表该场所的加权距离。图4-15为基于OVD的场地责任区划分，即每一场地与相邻场地的影响范围相同，分界线在两场地正中间；图4-16是以加权距离为权重的基于WVD的场地责任区划分，界线大部分为曲线，并远离加权距离大的场地。

显然，图4-15中相邻责任区边界上的位置到两边相应场地的距离相等，责任区内的任意点到该场地的距离相对邻近场地为最短，与场地的实际状况无关。这种划分方案虽然保证了责任区内避震疏散人员到该场地距离最短，但忽略了场地的承受能力，无法保证避震疏散要求。图4-16中加权距离大的场地比图4-15中相同场地责任区覆盖面积大，即与邻近场地相比具有较大的影响范围，在该责任区内的避震疏散人员均可到该场地进行避难。

比较图4-15和图4-16，可以得出基于WVD的场地责任区划分更加合理。例如：比较同一场地的责任区——图4-15中的A区和图4-16的B区，场地责任区半径为1600m，但A区的面积较大，并且其西侧南北两个方向的区域均超出了该场地的圆形缓冲区，显然是不尽合理的，而B区在该场地的圆形缓冲区范围内。

采用本方法确定城市防灾避震疏散场所责任区，不仅综合考虑了自然、社会、场地自身的七个影响因子，而且运用WVD方法还能考虑场地之间的空间临近关系，直观地反映场地的责任区覆盖范围，为规划建设城市避震疏散场所提供科学简便的方法。在实际运用中，由于权值并不能反映各因子的真实情况，还要进一步考虑区域内的路网情况、人口分布、河流湖泊等其他因素，并在WVD的基础上人为地进行责任区范围的调整，以制定更合理的责任区。该方法还可以为新增或减少避震疏散场所等专项规划和空间布局提供科学依据。

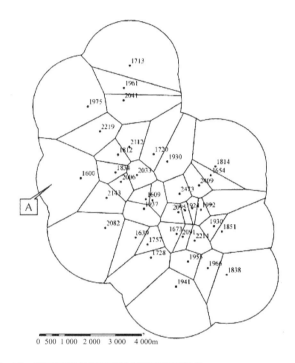

图4-15　基于OVD的避震疏散场所责任区划分

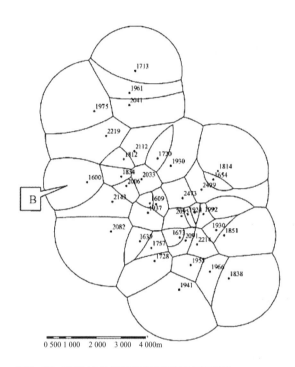

图4-16　基于WVD的避震疏散场所责任区划分

第5章 规划结构与内容

5.1 规划原则和目标

5.1.1 规划原则

城市抗震防灾规划应以《中华人民共和国城乡规划法》、《中华人民共和国防震减灾法》等法律法规为依据，结合国家有关政策和规范的最新发展，在充分了解和把握城市的灾害环境、工程设施特征和社会经济情况的基础上，结合国内外有关防灾规划和土木工程、城市规划、公共管理等相关学科的成熟技术和最新科研成果，突出实用性、创新性和可操作性。为此，在抗震防灾规划研究和编制过程中，应坚持以下基本原则：

（1）重视四个"结合"：有关法律法规和技术标准相结合，与过去编制城市抗震防灾规划的成功经验相结合，与适应城市迅速变化特点的防灾新要求、新思路相结合，与新技术、新方法的有机结合。

（2）坚持与城市总体规划相互协调的原则，密切结合城市建设与发展过程中的普遍问题和防灾要求。

这是《城市抗震防灾规划管理规定》中所规定的，也是实践经验和教训的总结，是保证防灾规划可实施性的重要方面，实际上在城市抗震防灾规划标准中在防灾规划的编制内容和要求等多方面都体现了这

一点，并在总则中明确规定了"城市抗震防灾规划的范围和适用期限应与城市总体规划保持一致。对于《城市抗震防灾规划标准》GB 50413—2007第3.0.12条2～4款规定的特殊情况，规划末期限宜一致。城市抗震防灾规划的有关专题抗震防灾研究宜根据需要提前安排。应纳入城市总体规划体系同步实施。对一些特殊措施，应明确实施方式和保障机制。"当总体规划与城市抗震防灾规划编制时间不同造成规划范围和适用期限有差异时，通常可以采用多种方式弥补，可根据国家规划编制的有关规定和城市的具体情况由抗震防灾规划主管部门确定。城市抗震防灾规划是其总体规划的组成部分，该规划所确定的城市抗震设防标准、城市用地评价与选择、抗震防灾措施是总体规划中的强制性内容，纳入总体规划实施有其法律效力保证。城市抗震防灾规划中通常需要由专业部门实施的一些特殊措施，可根据不同政府部门的管理要求明确实施方式和保障措施。

（3）城市现状和发展并重，体现新时期城市抗震防灾规划的时代要求，强调实用性、可操作性和适度的前瞻性，针对城市的不同规划发展阶段和不同的规划与建设层次要求，发展城市抗震防灾规划研究、编制和实施的相关技术。

（4）认真贯彻"以预防为主，防、抗、避、救相

结合"的方针，坚持"分清层次、区别对待、有所侧重、突出重点、统筹安排、全面规划"的规划编制原则，立足于为城市工程建设服务的指导思想。

（5）坚持"以人为本"的原则，体现对生命的重视和尊重，规划的制定出发点是人，落脚点是工程，保障民众的抗震安全和提高城市综合抗震能力是规划目标的两个方面。规划措施的制订，应体现民众的需求，始于民而服务于民。

5.1.2　规划目标

应该注意到，城市抗震防灾规划目标与防御目标是有区别的。防御目标一般指城市在预期强度地震影响下城市需达到的目标或需实现的功能，在第3章中已有介绍，而城市抗震防灾规划目标是与城市设定防御标准对应的长期目标。城市中防灾风险存量往往非常大，在规划期内一次性解决问题存在相当的难度，而且城市防灾建设是一项长期不能中断的事项，因此提出了在规划中确定城市防灾体系建设规划目标的要求，这也与《城市总体规划编制审批办法》中的规定相一致。

城市防灾体系建设规划目标实际就属于城市防灾规划目标，一般来说包括下述层面的要求：不同水准

突发灾害的有效应对；设防标准明确并得到有效落实；防灾安全布局合理、防灾设施体系完整并得到持续有效保持；存量风险管理、减低和消除的风险控制体系；具有完备的规划防灾管控体系；具有协调一致的管理机制。在此规划目标的指引下，城市抗震防灾规划的主要任务可包含以下几个方面：

一是建设改造形成合理的城市抗震防灾防御体系，表现为防灾空间合理布局及防护，灾害防御设施的基本保护，应急保障基础设施和应急服务设施的有效支撑，以应急保障基础设施形成支撑城市防灾救灾能力的骨架，以应急服务设施形成有效的基本生活保障空间；二是对重要城区和建设工程的重点防御，从而达到预期水准地震下的基本防御目标；三是城市重大灾害风险的防御与降低，以用地安全选择和防治、防灾工程设施防护和合理的安全分隔有效控制和减轻灾害的发生和蔓延；四是城市抗震防灾能力的持续提升，以工程设施抗震能力的持续改善增进城市的防灾能力基础，对抗灾薄弱区、救灾疏散困难片区、次生灾害高风险区等进行综合整治。城市抗震防灾综合防御体系是在建设工程抗震设防基础上，起到防御重大和特大灾害的二道防线的作用，是灾后应急救援和恢复重建的基本支撑。

同时，灾害发生时，特别是重大或特大灾害发生

时，区域城市之间的应急救援保障需要予以重点关注。城市出入口及应急交通等应急保障基础设施布局，需要考虑灾时相邻城市或区域之间的快速协作互救。

5.2 规划依据

在进行城市抗震防灾规划时，应依据国家相关法律法规和技术标准的规定。下面给出部分供依据或参考的法律法规和技术标准。

一、与防灾减灾有关的法律

（1）《中华人民共和国城乡规划法》

（2）《中华人民共和国建筑法》

（3）《中华人民共和国防震减灾法》

（4）《中华人民共和国突发事件应对法》

二、与防灾减灾有关的行政法规

（1）《城市抗震防灾规划管理规定》（建设部第117号令）

（2）《建设工程质量管理条例》

（3）《建设工程勘察设计管理条例》

（4）《地震安全性评价管理条例》

（5）《建设工程抗御地震灾害管理规定》（建设部第38号部长令）

（6）《超限高层建筑工程抗震设防管理暂行规定》（建设部第59号部长令）

（7）《超限高层建筑工程抗震设防管理规定》（建设部第111号部长令）

（8）《城市规划编制办法》（建设部第14号部长令）

三、与防灾减灾有关的规范性文件

（1）国家建委《关于确定建设项目的基本烈度和设计烈度的意见》

（2）国家建委、邮电部《关于地震区邮电通信建筑设计烈度的通知》

（3）国家建委、国家地震局《关于地震基本烈度鉴定工作的规定》

（4）国家建委、财政部、国家劳动总局《关于抗震加固工作的几项规定（试行）》

（5）国家建委、财政部《关于加强抗震加固计划和经费管理的暂行规定》

（6）国家建委、财政部《抗震工作经费管理试行办法》

（7）城乡建设环境保护部《设备抗震加固暂行规定》、《地震基本烈度Ⅵ度地区重要城市抗震设防和加固的暂行规定》、《抗震加固技术管理办法》、《城市抗震防灾规划编制工作暂行规定》、《城市抗震防灾规划编制工作补充规定》

（8）建设部《地震基本烈度Ⅹ度区建筑抗震设防暂行规定》

（9）建设部、国家计委《新建工程抗震设防暂行规定》

（10）建设部《抗震设防区划编制工作暂行规定》、《关于加强村镇建设抗震防灾工作的通知》、《建设部破坏性地震应急预案》

（11）《中华人民共和国建设工程抗御地震灾害管理条例》（草稿）、《城市抗震防灾规划管理规定》（征求意见稿）

（12）建设部《城市规划编制办法实施细则》

（13）建设部、国家文物局《关于贯彻落实〈国务院批转建设部、国家文物局关于审批第三批国家历史文化名城和加强保护管理请示的通知〉的通知》、《历史文化名城保护规划编制要求》

四、技术标准

（1）《城市抗震防灾规划标准》GB 50413—2007

（2）《建筑抗震设计规范》GB 50011—2010

（3）《建筑抗震鉴定标准》GB 50023—2009

（4）《建筑抗震设防分类标准》GB 50223—2008

（5）《中国地震动参数区划图》GB 18306—2016

（6）《构筑物抗震设计规范》GB 50191—2012

（7）《电力设施抗震设计规范》GB 50260—2013

（8）《核电厂抗震设计规范》GB 50267—1997

（9）《岩土工程勘察规范》GB 50021—2009

（10）《室外给水排水和燃气热力工程抗震设计规范》GB 50032—2003

（11）《铁路工程抗震设计规范》GB 50111—2006

（12）《水电工程水工建筑物抗震设计规范》NB 35047—2015

（13）《水运工程抗震设计规范》JTS 146—2012

（14）《公路工程抗震规范》JTG B02—2013

（15）《其他有关的技术规范和标准》

五、城市有关资料

（1）城市发展规划及相关规定

（2）城市总体规划及相关专项规划

5.3 规划内容

5.3.1 城市抗震防灾规划的主要内容

城市抗震防灾规划应包括下列内容。

一、总体抗震要求

（1）城市总体布局中的减灾策略和对策；

（2）抗震设防标准和防御目标；

（3）抗震设施建设、基础设施配套等抗震防灾规划要求与技术指标。

二、城市用地抗震适宜性

（1）规划区内城市用地抗震类型分区、场地破坏影响（断裂、液化、滑坡等）及不利地形影响估计，危险地段划分；

（2）土地利用防灾适宜性规划，包括用地布局，场地防灾适宜性（如适宜、不宜、危险建设场地等）评价，城市规划建设用地选择与相应的城市建设抗震防灾要求和对策。

三、城市抗震防灾要求和措施

（1）重要建筑、超高建筑的防灾要求和措施；

（2）规划区新建工程建设防灾要求和措施；

（3）基础设施规划布局、建设与抗震改造的规划要求和措施；

（4）建筑密集或高易损性城区的改造要求和措施；

（5）火灾、爆炸等次生灾害源的抗震防灾要求和措施；

（6）避灾疏散场所及通道的布设、建设与改造规划要求与措施。

四、规划的实施和保障

5.3.2 城市抗震防灾规划内容体系建议

根据国家有关法律法规及技术标准要求，在总结各地城市抗震防灾规划编制与实施经验的基础上，提出以下防灾规划内容体系作为各地编制城市抗震防灾规划的建议。

一、总则

编制规划的指导思想、编制原则、编制依据、防御目标，规划范围及适用期限，规划背景和规划过程，规划的批准和实施，术语解释。

二、基本要求

包括城市总体抗震设防要求，设防水准，人口密度、房屋间距等规划总体防灾技术指标，其他城市抗震防灾基本要求。

三、城市用地

对规划区内的场地环境进行地震工程地质调查和评价的基础上，提出土地利用抗震防灾有关规定，城市用地的适宜性要求和措施。

成果图件主要有：

（1）已经收集的和补充勘察的场地勘察资料分布图；

（2）地震场地破坏效应分区图；

（3）城市用地抗震类型分区；

（4）城市用地防灾适宜性分区。

四、新建工程抗震设防

城市新建工程的抗震设防要求、规划、设计、建设、施工、维护管理等抗震防灾要求。

五、城市基础设施

供电、供水、供气、交通及对抗震救灾起重要作用的指挥、通信、医疗、消防、物资供应与保障等基础设施，分别进行现状分析、震害预测和损失分析、抗震薄弱环节分析，制订规划要求和抗震防灾措施。

成果图件主要有：

城市基础设施各系统抗震性能评价及抗震防灾规划。

六、既有建筑抗震加固与改造

既有建（构）筑物现状调查，易损性分析，抗震薄弱环节分析，抗震加固确定原则、标准，抗震加固要求，抗震加固计划和安排，抗震加固管理。

成果图件主要有：

（1）建（构）筑物抗震性能评价图；

（2）既有建（构）筑物的抗震加固规划图。

七、城区建设和改造

城区建设和改造的总体要求与对策，重点改造城区及改造要求，城区建设的抗震防灾要求，近期重点建设与改造城区及抗震防灾要求。

成果图件主要有：

（1）城区抗震性能分区评价图；

（2）城区建设改造规划图。

八、地震次生灾害防御

次生灾害源的建设和管理，次生灾害防御应急与队伍管理，防止、减轻次生灾害的规划措施等。

成果图件主要有：

（1）潜在次生灾害危险源点分布图；

（2）次生灾害危险源点改造规划图。

九、避震疏散

调查城市可用作避震疏散的用地面积、容量和附近的交通情况，研究在设防烈度地震和罕遇地震作用下的城市破坏影响和受灾人数，确定城市避震疏散总体要求，避震疏散场所、道路的抗震防灾要求，避震疏散场所的安排，避震疏散场所和道路的建设改造要求，避震疏散场所的管理和避震疏散宣传教育等。

成果图件主要有：

（1）避震疏散用地和避灾据点分布图；

（2）避震疏散责任区划分图。

十、地震应急和恢复重建

制定城市地震应急和恢复重建的原则和抗震防灾要求。

十一、近期主要抗震防灾工作

城市近期的主要抗震工作及安排。

十二、规划的实施和保障

城市抗震防灾机构、法规与制度建设、技术科研、队伍建设、宣传培训、经费投入保障等防灾规划实施和保障的要求和措施。

十三、修订和解释

城市抗震防灾规划的修订和解释有关事项。

5.3.3 城市抗震防灾规划的强制性内容

为了保障城市的防灾安全性，我国多部法律法规均提出了强制性要求，如《城乡规划法》规定：规划区范围、规划区内建设用地规模、基础设施和公共服务设施用地、水源地和水系、基本农田和绿化用地、环境保护、自然与历史文化遗产保护以及防灾减灾等内容，应当作为城市总体规划、镇总体规划的强制性内容。

《城市规划编制办法》明确规定：编制城市规划，对涉及城市发展长期保障的资源利用和环境保护、区域协调发展、风景名胜资源管理、自然与文化遗产保护、公共安全和公众利益等方面的内容，应当确定为必须严格执行的强制性内容。城市总体规划的强制性内容包括：城市防灾工程，包括：城市防洪标准、防洪堤走向；城市抗震与消防疏散通道；城市人防设施布局；地质灾害防护规定。

《城市抗震防灾规划管理规定》规定：城市抗震防灾规划中的抗震设防标准、建设用地评价与要求、抗震防灾措施应列为城市总体规划的强制性内容，作为编制城市详细规划的依据。

《城市抗震防灾规划标准》（修订报批稿）规定，以下要求应列为强制性内容：

（1）抗震设防标准。

（2）城市用地限制建设和不适宜建设范围及相应的限制使用要求和用地防灾管控措施。

（3）城市出入口、应急通道、应急供水保障基础设施、中心避难场所和固定避难场所等抗震防灾设施的布局、应急功能保障分级、规划用地控制要求、规划控制技术指标和保障措施。

（4）城市重要应急保障对象的抗震防灾设施配置和空间安全保障的规划控制要求。

（5）建筑密集且高易损性城区、救灾避难困难区的城市改造规划要求和防治措施，重大危险源和火灾、爆炸等次生灾害高风险区防护要求及需特别提出的抗震防灾措施，可能造成特大灾难性后果的设施和地区的规划措施。

5.4 城市防灾空间规划

5.4.1 规划原则和目的

随着我国经济的快速发展，城市化程度的提高，城市建设在单位土地上的聚集程度比以往任何时候都高，建筑物间的活动空间相对减少。就我国来说，大中城市，特别是大都市的建设，受土地价格的约束，建筑物间的活动空间越来越小，北京、上海等大城市的人口密度已列世界前茅。社区本身的防火、通风、采光、休闲娱乐场所的能力降低，用于灾民逃生的通道和应急避难的安全场地严重不足。城市交通越来越立体化，更加复杂，一旦发生严重破坏性灾害，城内与外界的交通有可能中断，一些生活必需的物资短期内供应将非常紧张，也会给灾害救援带来很多困难。建筑单体及设防工程的研究是目前城市防灾研究的重点，而基于城

市空间的防灾研究还很少，远不能满足实际防灾需要。而这方面的研究将直接关系到如何在发展稠密的建筑环境中，使城市空间能够充分发挥防灾减灾功能，以减轻突发灾害来临所造成的人员、财物损失，提高城市的人居环境质量。因此，在我国社会经济飞跃发展，城市化进程加快的情况下，对城市空间的防灾功能研究应给予充分重视，使城市空间与防灾系统能够良好地结合，创造出真正可持续发展的城市空间。

城市防灾空间布局即是通过城市规划和设计手段对各防灾分区中的防灾空间有机组织和协调的过程，通过规划和设计使城市形成能够有效保障防灾救灾功能的空间结构与形态。城市抗震防灾空间布局主要解决的问题有两个，一个是城市各类型防灾空间分布在城市哪个位置，另一个是这些防灾空间应当配置多少数量。如何在城市规划设计过程中将防灾空间的布局合理化，使其既能顺应总体规划发展的要求，又能有效保证城市的抗震防灾安全性，提高城市的防灾救灾功能是需重点解决的问题。

5.4.1.1 基本思路

针对地震灾害可有效实施对内、对外的疏散、救援的目标，使城市可以安全往来，保障城市交通的安全，为保障居民的基本生活提供依托，重点通过城市防灾空间布局的引导、城区建筑的加固改造（不易燃化、抗震能力提高）、基础设施的加固改造建设、避难空间（场所和道路）的保障、救灾据点的加固改造建设等，形成以城市防灾分区为特点的防灾保障型城市。城市的防灾空间布局应具备以下功能：

（1）城市机能的分散布置，通过城市防灾用地布局引导城市防灾空间布局的合理化；

（2）防止次生灾害的蔓延，保证抗震救灾工作的便利施行；

（3）确保城市防灾救灾骨干基础设施功能，满足应急救援的需要；

（4）支持城市安全恢复重建机制的建立和规划的有效实施。

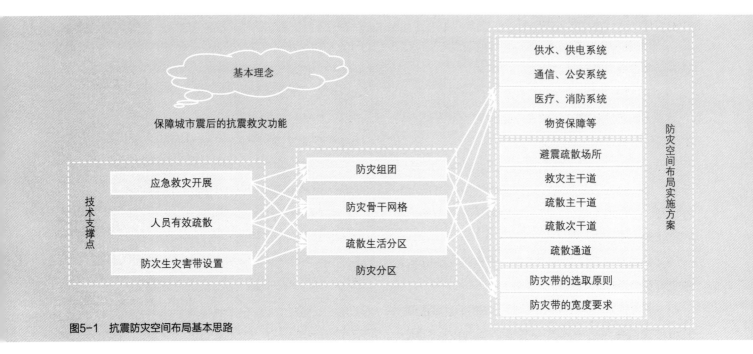

图5-1　抗震防灾空间布局基本思路

历史震害经验表明，具有较高设防水准的工程在遭遇地震灾害后具有较好的表现，也就是意味着如果全面提高单体工程的设防标准，可以减少工程的破坏从而降低地震灾害损失。但是提高工程设防标准无疑会增加工程的造价，需要投入大量资金，这对于量大面广的城市工程来说，如此之大的投入是一般国家国力难以承受的。所以，通过城市抗震防灾空间的合理布局，在城市规划和建设过程中从震后抗震救灾功能角度确定防灾关键基础设施，并根据其承担的功能确定其相应的设防标准，以增强城市灾后应急救灾能力，可以弥补极端灾害下由于工程超过设防标准后破坏的不足，从而达到增强城市防灾减灾能力的目的。

在具体进行城市抗震防灾空间布局时，以保障城市抗震救灾功能为基本理念，以保障应急救灾工作开展、保证震后人员有效疏散、防止次生灾害蔓延作为要解决的基本问题，通过防灾组团、救援骨干网格、疏散生活分区三级防灾分区为依托，重点研究解决城市抗震防灾空间的合理布局与配置问题，切实有效地保证城市抗震救灾功能的实现。[133]其基本思路如图5-1所示。

5.4.1.2　规划原则

为了指导城市抗震防灾空间的合理布局，有效保证城市抗震防灾功能，在进行城市抗震防灾空间布局时一般应该遵循如下原则。

1. 基本原则

预防为主，综合防御（防、抗、救、避相结合）；平灾结合，突出重点、统筹安排；全面设防，依法监管；坚持"以人为本"、体现对生命的重视和尊重，规划的制定出发点是人，落实点是工程，通过改善承灾体的抗灾条件，完善系统抗灾建设，不断地提高城市的综合抗震防灾能力。

2. 安全底线原则

应注重研究城市可持续发展的抗震防灾安全保障因素，以保障城市在巨灾、大震、中震情况下的城市抗震防灾功能和居民生命安全为前提，重点研究城市抗震防灾对城市规划和建设的限制性条件，合理规划城市抗震防灾安全空间架构和布局，确保城市防灾救灾骨干基础设施功能，满足应急救援的需要。

3. 与城市现有规划体系有机协调

为了保证震后的应急救援顺利进行，需要确定震后的救灾道路布局、疏散场所布局、次生灾害隔离带分布、消防布局、震后医疗救援布局以及防灾关键基础设施布局等，这些救灾物质空间的布局则应与城市的道路规划、绿地规划、消防规划、医疗卫生规划、供水规划及其他相关专项规划相协调，在此基础上进行资源整合，防止防灾资源的重复建设、造成浪费。

4. 因地制宜与均衡布局原则

结合城市现状防灾空间的分布，统筹考虑城市所面临的地震灾害风险对规划布局、用地选择、防灾设施建设等方面的要求，进行统筹规划和合理布局。另外，考虑城市可持续发展对抗震防灾的需求，抗震防灾空间在城市中尽量做到均衡布局，以满足远期城市发展的需求。

5. 处置、应急和恢复综合考虑的原则

统筹考虑地震灾害紧急处置、应急救援和安全恢复的要求，合理确定城区及工程设施的设防标准，合理规划布局，做到安全、经济和效率的统一，保障城市在地震灾害发生后应对各个阶段的防灾救灾能力。

6. 支持城市安全恢复重建机制的建立

在进行城市抗震防灾空间布局时应考虑震后城市恢复重建的需求，配备相应的资源，作为灾后重建家园和复兴城市的基础。例如，可以考虑建设相应规模的中心疏散场所，不仅作为灾民疏散安置的场所，而且可以作为城市重建的据点。

5.4.1.3　震后应急救灾分析

震后应急救援和安全恢复行动实施的时间和规模，对城市防灾基础设施的规划建设规模具有决定性作用。有计划的灾后应急救援和安全恢复行动，会加快抢险救援进程，促进城市基础设施系统功能的尽快恢复，减少人员伤亡，避免次生灾害的发生。因此，考虑应急恢复行动的要求，对编制合理有效的城市抗震防灾规划、提高城市综合抗震防灾能力至关重要。

由于我国目前尚没有统一的应急恢复行动的法定条件，而《中华人民共和国突发事件应对法》明确规定了"城乡规划应当符合预防、处置突发事件的需要，统筹安排应对突发事件所必需的设备和基础设施建设，合理确定应急避难场所"。因此，通过梳理我国当前应急活动的经验和以往灾害应急恢复的情况，借鉴国外先进国家的成熟做法，统筹考虑地震灾害应急恢复活动的技术条件设定，主要从影响规划布局和工程规划安排的要求出发，设定了震后不同时期的应急反应考虑（表5-1）。

震后不同时期地震应急反应考虑　　　　　　　　　　　　　　　　　　　　表5-1

震后时期	时序	发震期	混乱期	紧急避难期	紧急恢复期	避难救援期	避难生活期	恢复重建期
	时间	0~10min	10min~1h	2~5h	10h~2天	3~10天	10~30天	30天以上
现象	可能发生震害的特点	1）建筑物破坏 2）次生灾害爆发：起火、泄漏等 3）人员伤亡 4）交通混乱 5）水电停止	1）火灾发生 2）各种机能瘫痪 3）建筑物倒塌 4）紧急对策施行	1）火灾蔓延 2）危险因素形成 3）避难行为出现 4）资讯紊乱	1）城市全面火灾发生 2）人心恐慌 3）伤亡陆续增加 4）人员大规模向避难地集中	1）市区救灾 2）物资缺乏 3）救护行动 4）移往收容地 5）受困者营救	1）秩序恢复平稳 2）灾后恢复开始 3）临建搭建 4）恢复重建物资进入 5）现场清理	1）恢复重建 2）城市功能恢复 3）居民生活稳定
行动原则	—	指挥控制 掌握灾情 初期灭火	紧急处置 紧急保障 消防行动	避难行动 紧急救助 紧急恢复	待援救助 救护行动 秩序恢复	滞留生活 物资供给 水电等恢复	生活恢复	恢复重建

续表

震后时期	时序	发震期	混乱期	紧急避难期	紧急恢复期	避难救援期	避难生活期	恢复重建期
	时间	0~10min	10min~1h	2~5h	10h~2天	3~10天	10~30天	30天以上
避震疏散场所	中心	★	★☆※	★☆※	★☆●◎※	★☆●◎※○▲	★☆●◎※○▲	○□
	固定			◎	◎※■○	○▲※■	○▲□	○□
	紧急	◎	◎○	◎○	○			
道路交通	救灾干道	◎	◎■※	◎○■※	◎○■●※◇	○●◇□	○●◇□	□
	疏散主干道	◎	◎	◎○■	◎○■※	○◇	○●◇□	□
	疏散次干道	◎	◎	◎	◎○■	○■	○◇	□
	疏散通道	◎	◎	◎			◇	□
航空	—	◆■	■	●	●◇	●◇	●□	□
铁路	—	◆	■	■	■◇	◇	◇□	□
消防	救灾	◆※	◆※	◆※■	■※◇	○◇	○□	
	救援				○	○	○	
医疗	临时		○	○	○▲	○▲		
	中长期				○▲	○▲	○▲□	▲□
物资	接收储存		○	○	○●	○●	○●	□
	发放		○	○	○	○	○	□
供水	—	◆	■	■	※■◇○	※◇▲○	▲◇□	□
排水	—				※	※▲	▲◇	□
供电	—	※◆	※■	※■	※■◇	※◇○▲	※◇○▲	□
燃气	—	◆		◇	◇	◇▲	◇▲□	□
危险源	—	◆		◇	◇	◇	□	□
建筑	—				◇	◇▲	◇▲	□
公安	—	◆	◆○	○	○	○	○	□
备注	（主要行动）★市级及以上指挥；☆区级及以下指挥；●外部救援；○对内救援；◆紧急处置；◇震害鉴别及处置；※紧急保障；◎避难；▲震后安置；■紧急恢复；□恢复重建							

5.4.1.4 抗震防灾空间配置标准

如前所述，随着我国经济快速发展，城市的高速发展和土地的高强度利用使得城市抗震防灾空间建设规模不足，社区中缺乏广场和绿地等休闲场所，城市防灾空间被占用的现象也非常严重，如北京市海淀区某居民小区发生火灾后就因为私家车占用消防通道，消防队员用了半个小时抬走12辆车后，才打通通道抵达火场。

所以，在进行城市抗震防灾空间布局时需要考虑各类防灾空间的配置标准问题，根据城市面临的实际地震灾害风险确定防灾空间的配置数量，以保证抗震救灾目标的顺利实现。在实际规划过程中，从以保证每个防灾分区配置足够数量的防灾空间为基础，从而保证整个城市应对地震灾害的能力角度进行抗震防灾空间布局。

5.4.2 城市防灾分区规划

5.4.2.1 基本布局对策

城市防灾分区是进行城市抗震防灾空间布局的依托，重点进行配套的疏散场所、基础设施的规划，提出配套的技术指标和技术要求，在此基础上，进行城市防灾对策制订。

针对三级防灾分区要保障的抗震救灾功能，实现既定的三水准目标，城市抗震防灾空间也需要按照不同的功能进行合理分级。根据各级防灾分区对不同类别抗震防灾空间的需求，结合城市抗震防灾空间的现状及规划建设情况进行相应的防灾空间布局与配置，以达到城市抗震减灾功能的实现。

表5-2所示为对应于各防灾分区需要重点保障的各级防灾空间，通过这些抗震防灾空间的建设达到三水准的防御目标。

城市防灾空间布局对策 表5-2

分级	防灾组团	救援骨干网格	疏散生活分区
避震疏散	依托分中心疏散场所	重点固定疏散场所	依托固定疏散场所
交通保障	以救灾干道为主干，保障分中心疏散场所可达	由救灾干道、疏散主干道形成救援骨干网络，保障城市固定疏散场所可达	疏散次干道与救援骨干网络交互连通，保障居民的安全疏散
供水保障	具备应对巨灾情况下的供水保障预案和对策	依托城市救援骨干网络，形成城市供水保障基本网络系统	根据固定疏散场所分布，考虑社区分布和疏散要求，具备应对大震和中震情况下的供水预案和对策
医疗卫生保障	保障巨灾下的紧急医疗用地，与分中心疏散场所相对应，规划安排医疗保障措施，通常可安排三级医院作为对口救援	保障大灾下的紧急医疗，与重点固定疏散场所相对应，规划安排医疗保障措施，通常可安排二～三级医院作为对口救援	保障灾害发生时的紧急医疗用地，根据固定疏散场所的分布，规划安排对口医疗救援对策
防灾救援	市区政府指挥、可调用及外来救援力量的防灾救援紧急用地	区级政府指挥、可调用及外来救援力量的防灾救援紧急用地	消防、公安对口救援对策
物资保障	物资保障方案，物资紧急储藏用地，物资运输和分发对策		

5.4.2.2 城市防灾分区

一、城市抗震防灾空间结构体系

城市抗震防灾空间是保障城市抗震防灾目标实现的构成要素，也可以理解为城市的抗震防灾资源，要使其充分发挥防灾救灾功能需要对其进行合理的配置。城市抗震防灾空间结构体系是进行各类抗震防灾空间组合的基础，是有效保障城市的防灾救灾功能和目标的基本手段。按照应对不同规模地震灾害影响的要求将城市划分为不同的层次，并针对不同的层次分别配置防灾空间，形成有利于抗震救灾的空间格局，以保证城市遭受地震灾害影响后达到预期的防灾水平。

建立城市抗震防灾空间结构体系的核心思想即是分级，将城市按照不同规模的范围划分为不同层次，并将城市各类抗震防灾空间进行合理分级，根据震后的应急需求确定关键节点和关键网络，依托于各级防灾分区进行抗震防灾空间布局和提出抗震设防、加固等要求，以此来应对城市遭遇不同规模地震灾害的影响。

二、抗震防灾分区概念

城市抗震防灾空间布局主要包括两个大的方面，第一个方面是防灾空间的数量需求的规划，即需要规划建设多少数量的各类城市抗震防灾空间才能满足城市防灾安全的要求；另一个方面是如何在最小建设成本下使其满足防灾的需求，这就需要确定这些防灾空间如何合理分布于城市中的何种位置，也就是各类防灾空间的布局。然而，以城市总体为对象进行抗震防灾空间布局有其不足之处，如不能兼顾城市不同区域的灾害风险、不能充分利用现状防灾空间、不能明确不同规模地震影响下的城市功能等。所以，在进行城市抗震防灾空间布局前需要对城市进行分区划分，按照城市应对不同规模地震灾害影响的要求将城市划分为不同的规模与层次，即引出了防灾分区的概念。

应该指出，城市抗震防灾空间布局是在综合考虑城市地震灾害风险区划及城市现状特点等实际情况的基础上，以面积大小不同的空间单元为具体对象布置抗震防灾空间和应急救灾资源的，通过满足城市各个不同单元对抗震救灾的需求从而达到满足城市总体需求目标的。综合上述分析，防灾分区应定义为：城市防灾分区是为了保障城市应对地震灾

害影响后实现抗震防灾目标而划定的空间单元，是进行抗震防灾空间布局的基础，按照不同规模地震灾害影响要达到的防灾救灾功能而划分为不同的规模和层次。

我国台湾地区安全都市的建设从防灾生活圈做起，内容分为防灾区划、火灾延烧防止地带、避难场所、避难路线、救灾路线、防灾据点六项。防灾目标是制定周密的城市防灾主体规划与细部规划，建立完整的防灾避难生活圈系统，灾时市民可以在生活圈内完成避难行动，城市功能正常运转。在台北市中心区域防灾规划中就规定了96个直接避难生活圈，66个间接避难生活圈，防灾生活圈以避难场所为中心，每个可容纳3万~5万人，防灾生活圈之间用火灾延烧防止带分隔，形成相对独立的街区。

三、抗震救灾功能目标

为此，针对超过设防水准地震影响后的防灾救灾对策进行了研究，提出以巨灾、大震、中震来表示城市可能遭遇的地震灾害规模及影响。其中，大震、中震与《建筑抗震设计规范》GB 50011—2010中的概念一致，而巨灾是指城市遭遇的地震影响超过罕遇烈度地震的影响，是一种极端灾害的情况。

我国目前缺乏统一协调的城市抗震防灾、应急救援、恢复重建的目标，因此在进行规划时，考虑到国内外城市的主要做法和我国法律法规的要求，制定相适应的城市抗震防灾目标。

《城市抗震防灾规划管理规定》对城市抗震防灾规划编制应达到的基本目标作了规定：

（1）当遭遇多遇地震时，城市一般功能正常；

（2）当遭遇相当于设防烈度的地震时，城市一般功能及生命线系统基本正常，重要工矿企业能正常或者很快恢复生产；

（3）当遭受罕遇地震时，城市功能不瘫痪，要害系统和生命线工程不遭受破坏，不发生严重的次生灾害。

《城市抗震防灾规划标准》GB 50413—2007对城

市抗震防灾的基本防御目标做出了规定：

（1）当遭受多遇地震影响时，城市功能正常，建设工程一般不发生破坏；

（2）当遭受相当于本地区地震基本烈度的地震影响时，城市生命线系统和重要设施基本正常，一般建设工程可能发生破坏但基本不影响城市整体功能，重要工矿企业能很快恢复生产或运营；

（3）当遭受罕遇地震影响时，城市功能基本不瘫痪，要害系统、生命线系统和重要工程设施不遭受严重破坏，无重大人员伤亡，不发生严重的次生灾害。

为了与我国现行的《构筑物抗震设计规范》GB 50191—2012、《城市抗震防灾规划管理规定》（建设部117号令）和《城市抗震防灾规划标准》GB 50413—2007对城市防御地震灾害的目标要求相协调，本文以上述目标作为基本目标，立足于构建防灾保障型城市的总体目标，从保障城市应对不同规模地震灾害影响的抗震救灾功能角度设定了保障城市抗震防灾能力的三水准目标，具体可以描述为：

（1）巨灾发生情况下，保证城市救灾的进行——外部救援力量可达，对外疏散可实施；

（2）大震发生情况下，城市防灾救灾基本功能正常——防灾基础设施可有效维持运转，人员可以有效疏散，市民可以保证基本生活，城市可以有计划地恢复；

（3）中震发生情况下，以城市自救为主，城市基础设施系统可维持城市基本运转，城市可快速恢复，居民基本生活可得到保障，保证城市的基本功能正常。

四、防灾分区划分原则

城市防灾分区的划分应使各个分区形成相对独立的防灾单元，不仅是进行城市抗震防灾空间布局的依托，还起着为阻隔火灾蔓延、组织疏散救援、进行安全管理等防灾救灾行动创造良好条件的重要作用。为使市形成以防灾分区为基础的防灾保障型城市，从

根本上提高城市的综合抗震防灾能力，一般来说应按照下述原则进行划分。

1. **区域总体和综合统筹原则**

综合考虑区域—城市—城区（组团）—街道（社区）抗震防灾资源的整合共享，提高城市的抗震防灾能力，按照分层次、分等级的方式进行划分。

2. **事权明晰原则**

应加强城市政府的抗震防灾调控职能，按照城市—区（组团）—街道（社区）抗震防灾管理体系的要求，依据城市总体防灾布局和各级政府的区域位置、防灾减灾基本情况，确定不同层级的防灾要求和管理要求。

3. **地震灾害风险区划响应原则**

由于城市自身特性，不同区域面临的地震灾害风险有所不同。为了将有限的防灾资源最优化配置，实现防灾投资的效益最大化，应根据城市地震灾害风险区划的实际情况进行防灾分区的划分，做到有的放矢。在划分过程中应充分考虑各分区所能承受的风险，既要避免出现某些防灾分区由于风险过大而需配备大量的防灾空间（如在城市的建成区或老城区规划建设较大面积的疏散场所一般是难于实现的），又要避免有的防灾分区风险较小而现状防灾空间却建设过多造成资源的浪费。

4. **防止次生灾害蔓延，便于救灾工作实施**

结合城市自身的特点，综合考虑抗震救灾工作便于管理与实施，防灾分区界限应结合行政区划和道路情况综合考虑，也可以是天然形成的屏障作为分界线，例如城市中的河流、山脉、湖泊等，以防止次生火灾的蔓延，形成相对独立的防灾单元。

五、分级标准及救灾功能

依据既符合城市空间层次，又有利于城市防救灾管理的原则，将城市防灾空间系统划分为城市级、区级、社区级三个结构等级，每一结构等级自成体系又相互连通。这种等级体系易于理顺各级别防灾空间体系的主要内容和目标，建立良好的防救灾管理机制。

根据城市防御地震灾害的目标及抗震救灾功能要求，依据前述的划分原则将城市抗震防灾分区划分为三级，分别为防灾组团分区、救援骨干网格分区和疏散生活分区，空间结构分区规模的考虑主要依据于城市救灾的实施和防止地震次生灾害的要求，各级防灾分区既自成体系又相互联系，并且分别保证不同规模地震灾害影响下的抗震救灾功能，从而形成合理的城市抗震防灾空间结构。把疏散生活分区作为城市防灾基本单元，由防止次生灾害蔓延防灾带相互隔离，进一步形成救援骨干网格分区和防灾组团分区。

1. 防灾组团分区

从城市防灾安全角度来看，组团式城市空间结构由于城市功能分散在城市不同地区，所以在防灾方面具有较好的优势。此类城市空间结构特征实际上是一种多中心的结构，是一种分散的集中，城市由独立的团块组成，组团内部结构紧凑，有完善的服务设施。从阪神地震的经验来看，正是因为神户市多核心的城市结构使受灾范围缩小到一定的程度，也为救援、重建提供了基地。唐山市在震后重建中采用分散城市功能，开辟城市新区，发展次中心城市，形成由各相距25km的3个中等城市规模的城区组成，其间有便捷的铁路、公路联系形成组团式的分散型城市布局，对于抗震防灾是十分有利的。

根据城市的城市建设用地条件和现状城市形态，规划应体现防灾分散式结构布局的特点，通过划分防灾结构分区的方式，以保障城市出入口、（市、区）中心疏散场所、救灾干道、市级指挥中心、医疗救援、物资储备等的抗震安全性为首要任务，重点解决

巨灾的可达性和对外对内救援工作的实施，考虑分区面积在80～100km²左右。

2. 救援骨干网格分区

救援骨干网格分区保障城市疏散生活分区与城市救灾干道网络的联通，每个骨干网络网格大致20～40km²，在规划建设用地密集区考虑15～20km²。根据城市防灾规划的理念和原则，依据规划目标，根据城市出入口的设置和规划，规划城市的救灾干道和疏散主干道作为城市防灾空间分割的骨干网络，形成城市的防灾空间骨架，城市救灾干道作为城市的防灾主轴。同时，考虑阻止地震次生灾害的蔓延，形成城市次生灾害蔓延隔绝带状骨架。

因此，城市防灾空间骨干网络的作用为：

（1）城市避难、救援、救护的骨干通道；

（2）阻止次生灾害蔓延；

（3）城市灾后指挥场所、疏散场所、消防医疗等救灾据点等相互联系的骨干网络；

（4）城市供水、排水、供电等生命线基础设施保障网络形成的主要依托骨架。

3. 疏散生活分区

每个分区大致在4～15km²，并规划固定疏散场所作为震时的保障依托，配置必要的防救灾设施，形成相对独立的防救灾系统，与城市消防、医疗卫生等救援力量相结合，形成震后保障体系，疏散生活分区类似"防灾生活圈"，可作为城市应急疏散的基本单位。

各防灾分区的主要划分技术要求及救灾功能见表5-3所示。

城市防灾分区分级技术标准　　　　表5-3

分级	防灾组团	救援骨干网格	疏散生活分区
抗震救灾功能	巨灾发生情况下，保证城市救灾的进行	大震发生情况下，城市防灾救灾基本功能	中震发生情况下，以城市自救为主，城市的基本功能正常
权限要求	全市统一协调，区级政府负责管理	全市统一协调，区级政府负责管理	市、区政府协调管理，街道（镇）级政府负责

续表

分级	防灾组团	救援骨干网格	疏散生活分区
防护分隔	天然分割，救灾干道，防护绿地	疏散主干道	天然分割，疏散次干道
面积	80~100km²左右	20 ~ 40km²	4 ~ 15km²

5.4.3 应急保障基础设施规划

5.4.3.1 道路系统

应急道路系统在地震发生后是第一个进入救灾工作环节的角色，其安全程度和功能发挥直接影响到救灾工作的时效。1991年美国洛杉矶发生地震时，由于政府反应迅速、决策正确，因而有效地降低了地震造成的各项损失，其中的紧急交通控制与管理系统和交通信息系统对预防和消除交通拥堵，特别是保障救灾道路的畅通，起到了十分重要的作用。

一、防灾等级

按照城市防灾空间骨干网格的布局要求，城市防灾空间道路划分为四级：

救灾干道：城市进行抗震救灾的对内对外交通主干道，为城市防灾组团分割的防灾主轴，需要考虑巨灾影响的可通行；

疏散主干道：连接城市中心疏散场所、指挥中心、一、二级救灾据点以及疏散生活分区等的城市主干道，构成城市防灾骨干网络，需要考虑大震影响的安全通行；

疏散次干道：城市防灾骨干网格内部连接固定疏散场所、大型居住组团或居住区、三级防灾分区所依托的救灾据点的城市主、次干道，需要考虑中震情况下的疏散通行和大灾情况下的次生灾害蔓延阻止；

疏散通道：城市居民聚集区与城市救灾据点的连接通道。

二、防灾保障要求

在进行道路系统布局时，应综合考虑以下因素：

（1）应考虑城市防灾骨干网络、防止次生灾害蔓延的要求，综合考虑城市防灾分区的构建，形成良好的城市防灾结构布局形态；

（2）考虑城市用地的场地破坏因素，救灾干道、疏散主干道应选择场地破坏因素小的用地，保障道路在灾后的可靠性；

（3）救灾干道可结合城市防灾备用地统筹考虑有效宽度等技术要求；

（4）救灾干道、疏散主干道应尽可能与城市出入口相连，并形成互连互通的网络形式；

（5）考虑消防救援、危险品运输路线的统一合理安排。

三、规划原则和技术路线

1）应急道路系统规划应遵循以下原则：

（1）城市应急道路系统规划需围绕城市道路，结合地铁、轻轨、市郊铁路、航空和船舶运输系统等进行；充分考虑主要道路系统、轨道交通系统与城市中心区、各居住区、对外交通枢纽、危险源分布点、应急避难场所、消防站和医院的有效衔接。

（2）考虑灾时的交通需求和特点，注重应急道路系统与其他防灾减灾设施的配合与协调。

（3）注重加强应急道路系统的布局结构和道路节点的灾时可靠性和应变能力，提高应急道路的应急交通管理水平，增强应急道路系统的抗灾能力。

2）技术路线可参考图5-2。

四、控制技术指标

1）城市出入口应保证满足灾时外部救援和抗灾救灾的要求，应建立多方向多个城市出入口。根据《城市抗震防灾规划标准》GB 50413—2007对城市出入口

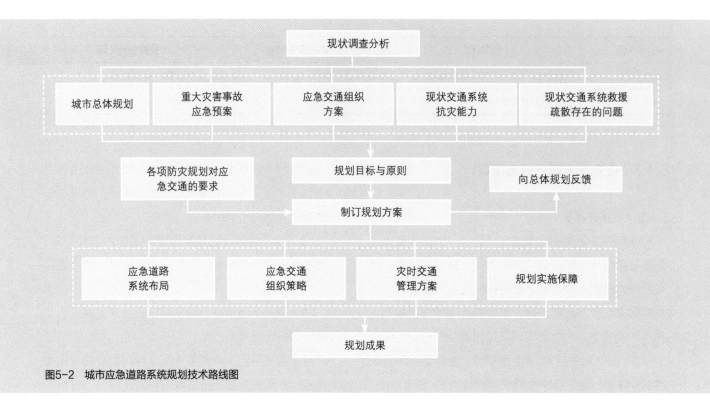

图5-2 城市应急道路系统规划技术路线图

数量的要求，中小城市不宜少于4个，大城市和特大城市不宜少于8个。另外，城市出入口的桥梁应采取提高一度进行抗震设防或考虑桥梁垮塌后通行宽度满足救灾干道的要求，以保证大震抗倒塌的要求。

2）城市疏散道路应保证两侧建筑物倒塌堆积后的通行，并满足：

（1）若道路两旁有易散落、崩塌危险的边坡、地震中易破坏的非结构物和构件，应及时排除，同时提高道路上桥梁的抗震性能。

（2）疏散道路的抗震有效宽度应满足以下要求，即，救灾干道不小于15m；疏散主干道不小于7m；疏散次干道和疏散通道不小于4m。城市疏散道路宽度可按以下公式计算：

$$W = H_1 \times K_1 + H_2 \times K_2 - (S_1 + S_2) + N \qquad (5\text{-}1)$$

式中　　W——道路红线宽度；

　　　　H_1、H_2——两侧建筑高度；

　　　　K_1、K_2——两侧建筑物可能倒塌的瓦砾影响宽度系数；

　　　　S_1、S_2——两侧建筑距道路红线距离；

　　　　N——抗震有效宽度。

两侧建筑物可能倒塌的瓦砾影响宽度系数按照通常震害经验，倒塌建筑物为1/2～2/3左右。按照现行抗震设计规范建造的建筑物可能倒塌瓦砾影响宽度系数按房屋结构类型不同，应满足下列要求：一般情况下，不得小于1/2～2/3；对钢筋混凝土结构，可不小于1/2；对高层建筑可不小于1/3。考虑到各级城市疏散道路的设防和抗震救灾要求的不同，对于两侧按照现行抗震设计规范进行设计建造的房屋，在城市规划设计时可按下述规定考虑：

①救灾干道应满足考虑双侧建筑物同时倒塌时的畅通，此时瓦砾影响宽度系数按1/2考虑；并且满足单侧较高建筑物倒塌时的畅通，此时瓦砾影响宽度系数按2/3考虑。

②疏散主干道应满足考虑双侧建筑物同时倒塌时的畅通，此时瓦砾影响宽度系数按1/3考虑；并且满足单侧较高建筑物倒塌时的畅通，此时瓦砾影响宽度

系数按1/2考虑。

③疏散次干道应满足考虑单侧较高建筑物倒塌时的道路畅通，此时瓦砾影响宽度系数按1/2考虑。

④防灾街区疏散通道应满足考虑单侧较高建筑物倒塌时的道路畅通，此时瓦砾影响宽度系数按1/3考虑。

对于未进行抗震设防的房屋，应考虑两侧建筑物倒塌时的震时交通要求；对于按照乙类房屋进行抗震设防的房屋，可降低一级考虑。

（3）若城市疏散道路宽度不能满足上述第（2）条规定，可通过提高道路两旁建筑物的抗震性能来达到，即救灾干道两侧建筑物应提高一度采取抗震措施；疏散主干道两侧建筑物宜提高一度采取抗震措施。

（4）城市新建工程，房屋间距除满足城市规划规定的间距外，作为抗震疏散道路两侧房屋之间的间距，还应满足疏散道路的宽度规定。

3）设防要求：

（1）救灾干道的桥梁应采取提高一度进行抗震设防或考虑桥梁垮塌后通行宽度满足救灾干道要求，满足大灾时的通行要求；

（2）疏散主干道上的桥梁设计时，应考虑桥梁垮塌后通行宽度符合要求；

（3）救灾干道和疏散主干道应采取防止场地破坏效应的措施，必要时可考虑提高一度进行抗震设防。

4）辅助通道的使用：

当个别区域应急道路不能满足要求时，可以采用增设辅助通道的方式解决。辅助通道是指在应急通道瘫痪后能够起到应急作用的通道，规划辅助通道需考虑各种灾害情况下对应急通道可能造成的破坏，并制订相应的交通解决方案，辅助通道为救援疏散任务的完成提供了最后保障。

5.4.3.2 供水系统

应急给水是指地震灾害发生后，供应维持公众生存的最低生活水准及应急救灾所需的水。由地震而引起的断水惨景在历次城市地震中均有发生，有时，由地震灾害断水而造成的损失和影响，超过地震本身的损失和影响，已有不少国家做过报道。目前，随着生活水准的提高，管道用水普及率越来越高，不少城市的管道用水普及率已经达到90%以上。与此同时，家庭用水设备也越来越完善，人的生活和水的关系越来越密切，水不仅成了人们生存的必需品，也成了人们舒适生活的必需品，因此，灾时一旦停水，将影响公众的基本生活安全，对灾后应急救灾活动也会产生巨大影响。

一、防灾等级

在参考我国与城市供水相关规范、标准《建筑工程抗震设防分类标准》GB 50223—2008、《室外给水排水和燃气热力工程抗震设计规范》GB 50032—2003的基础上，根据城市震后应急救灾的需求，对城市供水管网的防灾等级进行了划分，其主要目的一是节省工程建设费用，二是满足震后应急需求。

城市供水系统通常由三部分构成：给水水源，给水工程，给水管网。给水水源和给水工程的建设应严格按照国家标准、规范进行，本章重点讨论通过对给水管网的防灾等级的合理分类，保障城市灾后应急供水的需要和供水安全。

1. 防灾重要性的考虑

从地震灾害发生后的应急保障角度看，每种管线的防灾等级以及设防目标的确定主要考虑其重要性和防灾应急保障功能的设定。举例来说，用于灾后应急救援、消防救灾的管线不论其规模和能力，都要比那些仅仅为了满足普通用水需要的管线更重要。因此，用于灾后应急救援、消防救灾的管线应该比那些灾后纯粹用于普通用水供应的管线设定更高的防灾等级。

表5-4根据供水管网在灾后应急反应和应急恢复中的重要性进行了供水管线的防灾重要性划分，规划中在确定管网重要性分类时，主要应考虑管线在管网中的关键作用和防灾救灾的重要性，包括：①服务对

供水管线防灾重要性分级   表5-4

分级	重要性分类	破坏后果	重要性描述
I	极重要	极严重	灾时及灾后功能不能中断，城市应急救灾和安全恢复必需的重要管线
II	很重要	很严重	供应大量用户的管线，一旦破坏对城区具有重大经济影响或发生影响生命安全的次生灾害的管线
III	重要	严重	供水系统中不属于 I 、II 、IV 级的普通管线
IV	一般	不严重	一旦破坏对公众生命安全影响甚微，对灾后的供水系统保障功能以及应急反应和恢复不产生影响，大面积的破坏导致长时间（数周或更长）的恢复时，不会显著损害城市其他灾后生活或恢复活动的正常进行

象的重要性；②对消防、医疗救助、物资保障以及其他防灾救灾活动的重要作用；③一旦破坏的后果严重性，包括产生次生灾害（浸蚀、水灾淹没、生命威胁）的危险性和后果；④一旦破坏对应急反应和避难疏散的影响程度。

I 级管线：在设防标准要求时，能够保证灾后应急救灾和安全恢复的顺利进行，保证灾后正常功能，这类管线通常包括：

（1）供应灾后应急救援所需要的、必须保持功能和运行的城市重要工程设施的管线及其附属设施及设备。

（2）保存有危险有毒、易燃易爆物品的重大危险源场所或设施，一旦发生泄漏和爆炸会对公众和周围环境产生严重次生灾害。

（3）主要包括输水管线和主要配水管线，一旦破坏可能发生高压水泄漏或可能导致次生水灾，阻碍应急恢复或紧急疏散的进行或影响前面列出的该类管线所保障供应的城市重要工程设施的转移。

（4）该类管线的供应对象通常为一旦损坏难以恢复的工程设施，该类管线一旦发生破坏，将会损害该类管线所应保障供应对象的正常运行功能，否则应列为 II 级管线。

（5）维持需要保证灾时可靠的专用消防灭火系统水压的管线。

（6）供应重要行政或经济中心的管线，一旦破坏

会显著影响国际、国家、省的政治经济活动。

（7）该类管线在设防水准地震下的平均破坏率低于0.013处/km。

II 级管线：供应大量用户（人口）的管线，一旦发生破坏会实质危害公众生命和财产安全的管线，通常包括：

（1）供应居民、工业、商业类或其他用户的超过1000个服用节点，没有冗余供应的管线；

（2）连接泵站和水池的骨干输配水管线；

（3）供应应急反应所需要的工程设施的管线；

（4）II 级管线主要包括输水管线和主要配水管线，一旦破坏可能发生高压水泄漏或可能导致次生水灾，阻碍应急恢复或紧急疏散的进行或影响前面列出的该类管线所保障供应的城市重要工程设施的转移；

（5）该类管线的供应对象通常为一旦损坏难以恢复的工程设施，否则应列为 III 级管线；

（6）该类管线在设防水准地震下的平均破坏率低于0.013～0.026处/km。

III 级管线：一般用途的供水管线，包括供水系统的未被列入 I 、II 、IV 级的普通管线，在设防水准地震下平均破坏率低于0.10～0.20处/km。

IV 级管线：一旦发生破坏对人民生命财产安全产生的危害很低的管线。这类管线主要供应农业用途、某些临时设施或较小的储存设施。提供居民用

水的该类管线其服务节点不超过50个，且不供应任何级别的灾后消防活动用水。该类别管线可能也包括原水输水管线，但管线破坏不会影响局部城区的灾后运行，这些城区拥有其他适合的储水设施或水源，当供水管线破坏时管线的修复时间不会影响城区的灾后运行。

在确定城市供水管线的重要性类别时，不必太局限于服务节点的数量，这个数量是各个城市的平均数量要求，针对特定城市应具体考虑确定合适的数量指标。对于一个拥有1000km供水管线的城区，大致上1%～5%的管线为Ⅰ级，10%～20%的管线为Ⅱ级，75%～85%的管线为Ⅲ级，大约5%或更少的管线为Ⅳ级。

需要注意的是：

（1）城市供水系统较低功能层次的管线，当其供应对象抗震重要性较高时，应按较高级别设计，除非其供应对象被隔离或搬迁。

（2）之所以把供应社会或经济中心的管线防灾等级设定为最高，是因为考虑到一个城市的社会经济灾后恢复实际上很大程度上依赖于行政和经济中心的恢复，这些城区恢复的时间越长，灾害危害对经济产生的效应就越大，很快扩展到城市的大部分地区，乃至从城市扩展到省、国家范围。

（3）难以恢复的管线包括那些埋地很深，位于铁路、江河、高速公路、主干路（街道），或正常或紧急情况下难以接近的工程设施下面的管线。重点考虑主要运输走廊，一旦管线破坏需要修复，将可能导致运输走廊的关闭，会产生严重的经济影响，阻碍应急救援和避难疏散。

（4）分支管线的考虑

对于Ⅰ级管线的分支管线，按照要求也应该按照Ⅰ级管线进行设计，当该分支管线不考虑其上级重要管线的保障要求时，其重要性并不突出，在规划和建设时应避免产生这样的情况，通常可以采用隔离的方式进行，也就是安装隔离阀，当分支管线发生破坏时将其关闭隔离出来就可以了，这样可以将分支管线的防灾等级降低。

2. 冗余管线的考虑

当所设置的冗余管线满足下面要求时，冗余管线可以提高震后管线功能保障的可靠性：

（1）单根管线的破坏或泄漏不可能导致其他冗余管线的破坏。

（2）所有的冗余管线可供应最低的灾后所需要的供水量。最低供水量的水平通常包括居民和最主要的经济活动用水。

（3）冗余管线在空间上具有足够避开潜在场地破坏效应区域的距离，一旦场地破坏发生，每根冗余管线不应遭受同样大小的场地位移（不在同一个场地变形分区）。

供水管线及其冗余管线可以按较低的防灾等级采取防灾措施，如表5-5所示。

考虑冗余管线情况下可采取的防灾等级　　表5-5

管线防灾等级	冗余度		
	0	1	2
Ⅰ	Ⅰ	Ⅱ	Ⅲ
Ⅱ	Ⅱ	Ⅲ	Ⅲ
Ⅲ	Ⅲ	Ⅲ	Ⅲ
Ⅳ	Ⅳ	Ⅳ	Ⅳ

二、防灾保障要求

1. 水质要求

灾后紧急情况下，为扩大供水量，应急给水水源选择范围可以很广。因此，确保水源以及应急供水点的水质是应急给水安全的关键问题。应针对灾后的情况加强水质监测管理，如增设消毒设备及在这些贮水设施上加设小型简易滤水器，以确保应急给水水质。

严密监视作应急给水水源的水质变化，防止水质污染造成疾病流行，这是应急给水的一个重要环节，也就是说，应急给水不单是一个量的问题，也有质的问题。从给水系统一开始恢复供水，卫生防疫部门和供水部门对水源井、水厂和管网水就要经常进行化验分析。当条件不具备时，可因陋就简地进行投氯消毒。

2. 供水保障方式的选择

灾后应急供水可选择的方式主要有：应急关键管网、应急供水车、应急供水据点（设施）。

在城市建设设防标准较高、可保障大灾供水功能和供水安全的应急关键管网，是近年来国内外城市防灾安全规划研究和实践的重要方向，通过建设或改造形成灾后可迅速恢复的关键管网，与应急供水点形成城市的骨干应急供水网络，对保障灾后供水及保证供水安全具有重要意义。其重点是防灾目标和标准的确定和关键管网规模的选择。

应急供水车运输是传统防灾救灾中作为灾后应急供水保障的主要手段。需要考虑到供水关键管网可以维持功能时，对重要救灾场所的应急供水运输，这些场所包括指挥机关或场所、中心疏散场所、大规模的固定疏散场所、应急医疗救治场所、外援栖息地、大规模次生灾害发生危险区、重要的供电、通信等基础设施保障场所等。另外，还需要考虑到一旦供水关键管网发生破坏城市总体应急供水的要求，这时通常需要考虑外部应急供应和城市供水分发的统一要求。应急供水车可以考虑正常情况下城市供水车的拥有要求、灾后可供改造的车辆估计和数量要求、区域协助救援的要求统筹规划安排。在考虑应急供水车运输时，还需要考虑道路连通性保障，因此，需要规划应急供水路线，结合城市应急道路系统统筹考虑，必要时还需要考虑道路阻塞瓦砾堆积物的清除要求。

应急供水据点是进行城市供水分发的主要依托，是灾后初期公众获取供水保障的主要形式。应急供水据点可划分为两个层次：固定应急供水据点和紧急供水据点。固定应急供水据点主要是针对固定救灾场所需要的供水要求考虑平灾结合的原则进行规划建设，这些场所包括：指挥机关或场所、中心和固定疏散场所、应急医疗救治场所、外援栖息地、大规模次生灾害发生危险区、消防供水保障点、次生火灾危险源点、重要的供电、通信等基础设施保障场所及其他灾时需要保障用水的场所。紧急供水点主要考虑固定应急供水据点和关键管网无法覆盖的区域，通常可考虑固定应急供水据点2km以外的区域，灾时计划安排时还需要考虑居民对缺水情况的反应统筹确定。供水据点可采用供水关键管网保障、修建应急水池、应急水井等方式保障，并且需要考虑应急供水槽、净水设施场所等的统一规划安排。

三、控制技术指标

1. 设防要求

根据管线的防灾等级，根据国内外的相关管线防灾设计规定，确定其抗震设防要求。

Ⅰ类：抗震防灾必需管网，震后应急反应恢复所必需的供水管网，在给定的地震作用下需要保障震后功能和正常运行，需要提高一度进行抗震验算和采取抗震措施；

Ⅱ类：抗震防灾关键管网，服务大量用户的关键管网，在突发事件和发生破坏时，对社区造成显著的经济影响或对人们的生活、财产造成实质损害，抗震设计按照1.5倍设计基本地震加速度进行；

Ⅲ类：抗震重要性中等，大多数供水系统中的普通给水管网，除Ⅰ、Ⅲ、Ⅳ类管网外的所有管网，需按本地设防烈度进行抗震设计；

Ⅳ类：抗震重要性很低，管网破坏对人们生活灾害影响很低，不必考虑震后功能保障、应急反应和恢复，在较长的恢复期（数周或更长）内次生灾害不会对社区的经济生活状态造成实质性的损害，通常不要进行抗震设计或降低一度进行抗震设计和验算。

2. 应急用水定额

灾后应急供水的规划指标是根据我国城市给水排

水相关规范，并借鉴日美等国家的应急应对做法制定的。

从医学角度来讲，人维持其生命所需的水量因各人的身体情况及生活环境有所差异，但成年人大约在 2~2.5L/（人•日）。因此，震后城市给水部门必须供给出这些最低限度的水量。参考国外一般规定的震后最少供水量为3L/（人•日）。这个数不是各城市自来水公司应急给水的规定值，而是必须确保供应的量，它是人体维持生命最低的用水限量，各城市供水部门根据可能，应力求将该数值提高，或尽量缩短这种供水量的供水时间（表5-6）。

应急给水期间的供水量　　　　　　　　　　　　　　　　　　　　　表5-6

应急阶段 \ 内容	时间	供水量 （L/（人·日））	水的用途	给水方法
混乱期	震后2～3日	3～5	维持饮用、医疗	自储、应急
修复期间	震后4～7日	20～30	维持饮用、清洗、医疗	应急
	震后7日～1月	100～130	维持饮用、清洗、浴用、医疗	由已修复管道供给
完善期	震后1个月到完全或绝大部分恢复原状	>130	维持生活较低用水量以及关键节点用水量	—

四、供水防灾关键节点

依据城市供水管网系统防灾重要性等级划分准则，选取供水系统防灾关键节点时主要考虑以下几个方面：服务对象的重要性；对消防、医疗救助、物资保障以及其他防灾救灾活动的重要作用；一旦破坏的后果严重性，包括产生次生灾害（浸蚀、水灾淹没、生命威胁）的危险性和后果；一旦破坏对应急反应和避难疏散的影响程度；系统重要性，节点或管线在网络拓扑结构中所处位置的枢纽程度。

供水防灾关键节点应综合考虑上述几个因素，并结合城市供水相关规范的规定和城市防灾目标的制订进行合理选择，使防灾关键管网更具代表性，能够更加有效地发挥抗震防灾"骨干"作用。因此，城市供水系统防灾关键节点包括以下三个部分。

1. 供应灾后应急救援所需要的、必须保持功能和运行的城市重要工程设施及其附属设施及设备

1）应急救援所需要的医院和紧急医疗卫生场所

《建筑工程抗震设防分类标准》GB 50223—2008第4.0.3条规定了医疗建筑的抗震设防类别，选取特殊设防类和重点设防类的医疗建筑为供水防灾关键节点，包括二、三级医院的门诊、医技、住院用房，具有外科手术室或急诊科的乡镇卫生院的医疗用房，县级及以上急救中心的指挥、通信、运输系统的重要建筑，县级及以上的独立采供血机构的建筑，部分工矿企业的医疗建筑。

2）应急救援所需要的中心疏散场所和固定疏散场所

根据《城市抗震防灾规划标准实施指南》，固定疏散场所包括面积较大、人员容纳较多的公园、广场、操场、体育场、停车场、空地、绿化隔离带等。固定疏散场所在灾时搭建临时建筑或帐篷，是供灾民较长时间避震疏散和进行集中性救援的重要场所。中心避震疏散场所是指规模较大、功能较全的固定疏散场所，内部一般设抗震防灾指挥机构、情报设施、抢险救灾部队营地、直升机场、医疗抢救中心和伤员运转中心等。

3）应急准备和反应所需要的设施、设备

（1）要求供水才能保证正常运行的发电厂或发电

站以及其他必要公共设施；

（2）铁路建筑中，Ⅰ、Ⅱ级干线的行车供水建筑，位于抗震设防烈度为Ⅷ、Ⅸ度地区的铁路枢纽的行车供水建筑。另外，按比照原则，Ⅰ级工矿企业专用线枢纽的五所一室，也划为乙类，列为防灾关键节点。铁路建筑中的乙类建筑主要是五所一室和特大型候车室。Ⅰ、Ⅱ级干线以年客货运量划分，由铁道设计规范和铁道行政主管部门规定。特大型站，按《铁路旅客车站建筑设计规范》GB 50226—2007的规定，指全年上车旅客最多月份中，一昼夜在候车室内瞬时（8～10min）出现的最大候车（含送客）人数的平均值，即最高聚集人数大于10000人的车站。

4）政府应急通信中心

（1）国际海缆登陆站、国际卫星地球站，中央级的电信枢纽（含卫星地球站）以及塔高大于250m的混凝土结构或塔高大于300m的钢结构形式，中央级、省级的电视调频广播发射塔建筑中非单独性的供水建筑；

（2）中央级、省级广播中心、电视中心和电视调频广播发射台的主体建筑以及发射总功率不小于200kW的中波和短波广播发射台、广播电视卫星地球站、中央级和省级广播电视监测台与节目传送台的机房建筑和天线支承物的供水建筑；

（3）大区中心和省中心的长途电信枢纽、邮政枢纽、海缆登陆局，重要市话局（汇接局，承担重要通信任务和终局容量超过五万门的局），卫星地球站，地区中心，以及抗震设防烈度为Ⅷ、Ⅸ度的县及县级市的长途电信枢纽楼的主机房和天线支承物的供水建筑（说明：对于移动通信建筑，可比照长途电信生产建筑示例确定其抗震设防类别，并进一步确定其是否可列为关键节点）。

5）航空控制塔，飞行控制中心，应急飞行器起落架及场所

6）保证国家安全所需要的重要建筑物

（1）采煤生产建筑中，产量3Mt/年及以上矿区和产量1.2Mt/年及以上矿井的供水系统；

（2）大型油、气田主要供电、供水建筑（说明：采油和天然气生产建筑中的乙类建筑，主要是涉及油气田、炼油厂、油品储存、输油管道的生产和安全方面的关键部位的建筑）；

（3）大型非金属矿山的供水系统的建筑（说明：矿山建筑中的乙类建筑，主要是涉及生产及人身安全的关键建筑和救灾系统建筑）；

（4）大中型冶金企业的生产和生活用水总泵站；

（5）特大型、大型和中型化工和石油化工生产企业的供水建筑；

（6）大中型冶金企业、大型和不容许中断生产的中型建材工业企业、大型浆板厂和洗涤剂原料厂等大型原材料生产企业中的动力系统中的全厂性的能源中心、供水建筑；

（7）大中型航空、航天企业，大型彩管、玻壳生产厂房以及大型的机械、船舶、纺织、轻工、医药等工业企业等主要的动力系统供水建筑。

7）给水建筑工程中，20万人口以上城镇、抗震设防烈度为Ⅷ、Ⅸ度的县及县级市中的主要取水设施和输水管线、水质净化处理厂的主要水处理建（构）筑物、配水井、送水泵房、中控室、化验室等

给水工程设施是城镇生命线工程的重要组成部分，涉及生产用水、居民生活饮用水和震后抗震救灾用水。地震时首先要保证主要水源不能中断（取水构筑物、输水管道安全可靠）；水质净化处理厂能基本正常运行。要达到这一目标，需要对水处理系统的建（构）筑物、配水井、送水泵房、加氯间或氯库和作为运行中枢机构的控制室和水质化验室加强设防。对一些大城市，尚需考虑供水加压泵房。

水质净化处理系统的主要建（构）筑物，包括反应沉淀池、滤站（滤池或有上部结构）、加药、贮存清水等设施。对贮存消毒用的氯库加强设防，避免震后氯气泄漏而引发二次灾害。

这里所指"主要",指在一个城镇内,当有多个水源引水、分区设置水厂,并设置环状配水管网可相互沟通供水时,仅规定主要的水源和相应的水质净化处理厂的建(构)筑物为乙类设防,而不是全部给水建筑。现行的给水排水工程的抗震设计规范,要求给水排水工程在遭遇设防烈度地震影响下不需修理或经一般修理即可继续使用。

2. 保存有危险有毒、易燃易爆物品的重大危险源场所或设施,一旦发生泄漏和爆炸会对公众和周围环境产生严重次生灾害

承担研究、中试和存放剧毒的高危险传染病病毒任务的疾病预防与控制中心区段供水系统。

3. 重要行政或经济中心

重要行政或经济中心一旦破坏会显著影响国际、国家、省的政治经济活动。因为一个城市的社会经济灾后恢复实际上很大程度上依赖于行政和经济中心的恢复,这些城区恢复的时间越长,灾害危害对经济产生的效应就越大,很快扩展到城市的大部分地区,乃至从城市扩展到省、国家范围。

五、防灾关键管网及建设要求

由于城市的布局和建设情况千差万别,利用上述方法计算出所有连接供水源点和防灾关键节点的最优路径以后,必定会出现各种不同的情况,防灾管网的确定需视具体情况而定。可能出现的工况有:

(1)各条最优路径形成树状网形式,这种形式会降低防灾关键管网的供水安全性,因此需要结合网络具体形式选取少量管线并入防灾关键管网,使其至少部分形成网状形式;

(2)各条最优路径恰巧形成网状网,这是最理想的工况;

(3)各条最优路径形成环状网与树状网结合的形式,此时需视具体情况判定是否需要添加管线来充实防灾关键管网。

防灾关键管网的建设要求:

(1)按照设防要求进行管道的设计和施工;

(2)在防灾关键管线的两端管线安装隔离阀,当分支管线发生大面积漏水时及时关闭隔离阀,以保证重要节点的供水功能;

(3)必要时进行抗震改造加固。

5.4.3.3 供电系统

地震后的供电是必不可少的,无论是抢救伤员、组织救灾,还是恢复人民正常生活和工农业生产,都离不开电力的供给。许多大地震震害经验表明,供电系统严重震害会造成其他生命线系统功能丧失,如唐山地震发生后,唐山地、市全域停电,以电为动力的设施与设备全部失去原有的功能,给水排水系统的泵停止运转,全市停水;电话系统与交通信号系统完全瘫痪,造成震后灾情不能及时传递,汶川地震也表明了这一点。对于高度现代化的城市来说,大面积停电会产生严重的、甚至灾难性的后果:公众的日常生活将被打乱,人们将因缺乏照明而陷入黑暗的恐慌、因没有空调而忍受炎热高温的煎熬、因交通信号系统的瘫痪而造成交通堵塞,飞机、地铁将陷入停顿,人们因通信网络的中断而求援无助,而商业活动可能因计算机数据丢失等原因而遭受巨大损失,银行、商场将无法营业,金融活动被迫停止,特别是医院病人将因停电原因导致死亡,另外还有因停电而造成化工企业爆炸或有害物质泄漏、引发工矿企业事故、引起社会骚乱等。

供电系统的各个环节是一个相互联结的网络,并且与其他系统的关联程度都比较高,属于生命线系统中的要害系统。影响电力系统抗震能力的因素主要包括三类:供电系统所依赖的建(构)筑物的抗震能力;供电系统中多个子系统的抗震能力,如供电设备的抗震能力;供电系统中各个站点之间连接方式的合理性、可靠性和冗余能力。

一、规划内容

对于供电系统在进行抗震防灾规划时的重点是:

(1)保证电力系统在地震作用下的功能不丧失或基本不丧失,重要的是制订保证电网稳定和安全的防

灾对策，对于重要的部门，应提出进行应急供电保障的策略和对策；

（2）对可能导致大面积、长时间停电的电力枢纽如主电厂、核心变电站和超高压输电线路及系统调度楼等重要工程和设施，制订相应的保障措施和应急对策；

（3）针对不同建筑、设施的易损性分析，找出薄弱环节，制订详细的减灾对策。

二、规划技术要求

（1）防灾的重点是建筑物。在地震灾害中，电缆和其他输电线路破坏的主要原因是建筑物倒塌，因此电力系统建筑物必须严格遵守有关的设计、施工规范。按照我国的建筑分类，一类建筑应按一级负荷要求供电，二类建筑按二级负荷供电，按国家有关的规范执行。城市的电信枢纽大楼、电力调度中心、广播电视楼、综合防灾指挥机构、水源厂、热源厂、主要医院可按二类建筑考虑，但层数较多或建筑面积较大的，可划为一类建筑。而且在上述供电级别的配制下，加设柴油发电机组作为各建筑物内重要负荷的应急电源，对防灾减灾信息传递、存储有重大意义的用电设备，还应配制容量足够的不间断电源（UPS电源）。禁止应急柴油发电机和UPS电源接入与防灾减灾无关的其他用电负荷。其他各类建筑物的配电设计要求，均应遵守国家有关规定。

（2）建立城市电网调度中心，完善电网调度自动化功能。建立城市电网调度中心，有助于监测城市主要电站的运行，调控电力分配，沟通与上一级调度室的联络，加强电力调控功能和自动化水平，发挥平时和灾时的电力调度和组织指挥作用。

（3）变电站和配电网宜采用双侧电源联络线供电方式或环线网络接线方式，以保证灾时供电的可靠性。

（4）电力系统室外布线尽可能埋地敷设，埋地干线应优先采用共同沟。埋地敷设可以减轻受灾程度，也有利于城市景观建设。

（5）城市主要变电站间的电力通信应设有两个以上相互独立的通信通道（二者采用不同的通信方式），并应组成环形或有迂回回路的通信网络。城市主要变电站间的电力通信以及城市电力调度中心和被调控变电站的电力通信必须有可靠的电源，至少有一路工作电源和一路直流备用电源。

（6）主要变电站在城市的布局应适当分散。合理分散有助于防止多台设施在较小的地域内同时破坏，即使一台变压器破坏，还可以由其他的设施支援或补救，或通过迂回或冗余回路供应电力。

三、防灾保障要求

1. 供电设施的选址原则

规划新建的电力设施应切实贯彻安全第一、预防为主、防消结合的方针，满足防火、防爆、防洪、抗震等安全设防要求。

城市发电厂的布置应满足发电厂对地形、地貌、水文地质、气象、防洪、抗震、可靠水源等建厂条件的要求，并根据发电厂与城网的连接方式，规划出线走廊。

城市变电所规划选址，应根据城市总体规划布局、负荷分布及其与地区电力系统的连接方式、交通运输条件、水文地质、环境影响和防洪、抗震要求等因素进行技术经济比较，还应考虑对周围环境和邻近工程设施如：军事设施、通信电台、电信局、飞机场、领（导）航台、国家重点风景旅游区等的影响和协调。同时，还应满足城市环境、安全消防职能部门的要求。

2. 供电设施备用率的保证

城网中各电压层网容量之间，应按一定的变电容载比配置，各级电压网变电容载比的选取及估算公式，应符合现行《城市电力网规划设计导则》的有关规定，避免容载比过小以及不满足系统"N-1"要求造成的电网适应性差、供电"卡脖子"现象而影响电网安全供电。

作为城市生命线系统的城市电网规模应与城市电源同步配套规划建设，达到电网结构合理、安全可靠、经济运行的要求，保证电能质量，满足城市用电需要，并要保证在灾区发生设施部分损毁时，仍具有一定的服务能力，备用设施投入运作以维护城市最低需求。

3. 供电设施安全保障

随着城市用电量的急剧增加，市区负荷密度的迅速增高，市区用地日趋紧张、选址困难和环保的要求，使得减少电厂、变电站占地和加强环保措施已成为当前迫切需要解决的问题。

通常可在不影响电网安全运行和供电可靠性的前提下，通过改进布置方式、简化结线和设备造型等措施实现变电所户内化、小型化，从而达到减少占地、改善环境质量的目的，但同时还应考虑有良好的消防设施，按照安全消防标准的有关规范规定，适当提高能源建筑的防火等级，配置有效的安全消防装置和报警装置，妥善地解决防火、防爆、防毒气及环保等问题。

通过管线地下化可大大提高输电可靠性，城市电力线路电缆化是当今世界发展的必然趋势，地下电缆线路运行安全、可靠性高，受外力破坏可能性小，不受大气条件等因素的影响，还可美化城市，具有许多架空线路代替不了的优点。可考虑在城市用地紧张、高压线路集中区域建设地下电缆隧道，既可解决高压架空走廊与日益紧张的建设用地的矛盾，又可为城市提供部分避灾空间。

5.4.3.4 通信系统

作为城市生命线系统的重要组成，通信系统是保证城市生活正常运转的重要基础设施，其在城市防灾体系中所处地位则更是不容忽视，灾前的险情预报，灾时的人员与物质的疏散，抗灾、救灾时的指挥组织，与外界救援的联系等主要依赖于城市通信系统。

目前，我国通信行业形成了中国电信、中国移动、中国网通、中国联通、中国卫通、中国铁通等多种电信网络以及有线电视网、信息化专网共同组成的多元化通信格局。不同运营商均按公司化运作，各营运商网络和机楼要求彼此独立，因其市场规模和现有机楼的情况不同，对机楼需求的数量和规模不一样。在进行规划时，应从城市发展的角度综合考虑机楼的设置方案。

一、规划内容

通信系统的抗震防灾规划制定的目的是保障地震时系统的畅通，避免阻断，其重点是：

（1）应急通信系统的配置和可靠性的最低要求；

（2）城市长途通信枢纽布局、通信网络的多路化、通信设施的抗震防灾配置要求的规划；

（3）制订通信系统建筑与设备的减灾对策和措施，对需要加固和改造的制订相应的计划和策略。

二、安全保障建设技术要求

1. 提高通信设施的抗灾能力

根据用户预测构建完善的通信机楼及管网系统，使之在满足通信发展需求的前提下满足防火、防爆、防洪、抗震等安全设防要求，其中城市重要的市话局和电信枢纽的防洪标准不低于百年一遇，广播电视、邮电通信局所的布置应满足对地形、地貌、水文地质、气象、防洪、抗震等条件的要求。

2. 实施通信线路地下化

城市通信线路地下化，被证明是一种有效的防灾手段，可以不受地面火灾和强风的影响，减少战争时的受损程度，减轻地震的影响，大大提高其可靠度。城市通信管网综合汇集，采用管线共同沟敷设更能方便维护和保养，城市通信线路地下化是保证通信安全的发展方向。在通信管道设置中，应避开容易坍方和冲刷的地段。

3. 探索防灾原则下的通信设施建设方案

目前倡导的"大容量、少局址"的通信局址设置原则，满足了城市用地紧张的要求，顺应了通信技术发展的潮流，但基于城市公共安全角度，降低了系统本身的抗灾能力，因此应积极探索防灾原则下的通信设施建设的新思路，探讨通信设施分址建设的可行方案，以更好地解决灾时通信保障的问题。

三、应急救灾方案

（1）灾害发生后，立即组织通信系统抢险救灾队伍，检查系统设施的灾情，积极组织抢修，尽快恢复各级领导之间、各级救灾指挥部之间的通信联系，采取有效措施提高通信系统的恢复率，减少通信线路的拥堵，使更多的居民、企事业单位和关心灾区的人们能够利用信息网络进行信息交流。

（2）重视利用移动通信。我国移动通信网正在蓬勃发展。因为移动通信网是无线通信设备，灾时可以灵活、方便地传递呼救信息与报警信息。应确保移动通信系统建筑与设施的设防标准，移动通信网基站的工作人员灾时要坚守岗位，保证移动通信系统畅通。

（3）启动卫星通信设备。设置车载卫星地面站和便携式移动卫星地面站，灾时开展卫星通信服务。掌握卫星通信设备的数量、质量和放置地点，制订灾时调动方案。

（4）提供语音存储信息服务。局部地区发生灾害后，向灾区居民问候安危的电话和其他信息量会骤增，给灾后的信息系统造成很大的压力。由于严重灾害后大部分居民转移到临时避难所，利用电话或其他信息设备传递安危信息的难度较大，为此可把居民的安危信息灾后存入电子计算机系统中，根据来电的要求，利用语音服务系统回答安危信息，缓解通信系统的压力。

（5）利用联结于因特网的PC机从灾区向国内外发送信息。

（6）利用现代通信技术，在灾区设置灾害相关信息告示牌，接受国内外电子计算机终端的信息访问。

（7）充分发挥公用电话的作用，但应解决公用电话灾时的电源供应和硬币收纳箱装满后停止工作等问题。

（8）在避难所设置免费电话，供避难的居民使用。

5.4.4 灾害防御设施规划

5.4.4.1 防止次生灾害蔓延防灾带

城市安全防护和分隔是当前较通行的做法，通过道路、绿化带将城区分隔成若干组团，形成相对独立的分区和街区；或与危险地带分隔，由此可以将发生的重大火灾、危险品泄漏、重大传染病和社会非正常活动等灾害源控制在一定的范围内，并易于采取有效防治措施。城市防灾组团分区、防灾骨干网络分区、疏散生活分区的分界构成了城市的防止次生灾害蔓延防灾带的主要骨架，主要由城市的救灾干道、疏散主干道、疏散次干道、铁路、河流、山川等天然界线构成，是防止次生灾害蔓延整治的重点。通过城市防灾空间结构的构建和整治，形成以疏散生活分区为基本防灾空间单元的城市防灾空间布局，作为城市防止次生灾害蔓延的主体防灾带骨架。

按照城市抗震防灾空间结构体系的构架，把城市防止次生灾害蔓延防灾带划分为三级：组团防灾带，骨干防灾带，疏散生活圈防灾带。其主要技术要求见表5-7所示。

1. 组团防灾带

需要综合考虑防止大规模次生灾害蔓延要求，紧急疏散、救援备用地，外部大规模救援交通，对外大规模疏散交通。

基本要求：宽度应不低于40m，平均宽度50～60m。

按照日本地震次生火灾的研究，可以有效防止大规模地震次生火灾隔离带的宽度需要40m。我国对文物建筑等重要建筑的防火隔离带规定通常为30～50m。因此，组团防灾带的有效宽度考虑为40m，同时需要满足巨灾情况下的紧急救援和避难的要求。

2. 骨干防灾带

考虑在大地震下城市次生灾害蔓延防止、疏散和

防止次生灾害蔓延带技术要求　　　　　表5-7

分级	组团防灾带	骨干防灾带	疏散生活圈防灾带
主要功能	组团防灾分割，巨灾防灾备用	防灾骨干网络，满足巨灾下次生灾害蔓延防止要求	在防灾骨干网络包围的地区，满足大灾下次生灾害蔓延防止要求
设置要求	8~12km网格	4~5km网格	1.5~4km网格
界线形式	优先采用用作城市救灾干道的城市道路，通常采用：城市快速路，高速公路；铁路；河流、山川等天然界线；城市绿化带	优先采用用作疏散主干道的城市道路，除上级设置外，通常还可采用：城市主干道	优先采用用作疏散次干道的城市道路，除上级设置外，通常还可采用：城市次干道

救援要求。宽度应不低于28m。

3. 疏散生活圈防灾带

考虑中震下城市次生灾害的蔓延防止，中长期疏散和救援安全。宽度应不低于24m。

次生灾害蔓延防灾带的设置宽度考虑两方面的因素：重大次生灾害源点的布局要求和次生火灾蔓延防止要求，下面着重说明一下防止次生火灾的宽度设置。防止次生灾害蔓延防灾带的设置需要考虑以下因素：

（1）火灾蔓延方式。

（2）消防救灾能力的削弱。

（3）防火分割。

（4）建筑物的防火性能。

（5）地震后建筑物的破坏情况，通常中等破坏建筑物外部围护构件可能发生破坏，防火性能下降，严重破坏建筑物对其防火能力影响较大，倒塌后的瓦砾堆积物对火灾蔓延基本没有防止效果。

（6）风速。

5.4.4.2 消防系统

消防系统包括消防站和必要的消防设施。消防站分普通消防站和特勤消防站两类；普通消防站分标准型普通消防站和小型普通消防站两种。根据住房和城乡建设部发布的《城市消防站建设标准》（建标[2011]152号），城市消防站的设置与规划布局应符合以下标准：

1）所有城市均应设立标准型普通消防站。城市建成区内现有消防站责任区面积过大且设置标准型普通消防站确有困难的区域，可设立小型普通消防站；小型普通消防站是普通消防站的特例。

2）省（自治区）人民政府所在城市、人口在50万以上（含50万）的其他城市，以及经济较发达地区的城市应设特勤消防站。

3）城市规划区内普通消防站的布局，应以接到报警后5min内消防队可以到达责任区边缘为原则确定。

4）消防站的责任区面积按下列原则确定：

（1）标准型普通消防站不应大于7km²，小型普通消防站不应大于4km²。

（2）特勤消防站兼有责任区消防任务的，其责任区面积同标准型普通消防站。

5）消防站应设在责任区内适中位置和便于车辆迅速出动的临街地段。

6）消防站的主体建筑距医院、学校、幼儿园、托儿所、影剧院、商场等容纳人员较多的公共建筑的主要疏散出口不应小于50m。

7）责任区内有生产、贮存易燃易爆化学危险品单位的，消防站应设置在常年主导风向的上风或侧风处，其边界距上述部位一般不应小于200m。

8）消防站车库门应朝向城市道路，至城镇规划道路红线的距离宜为10~15m。

9）设在综合性建筑物中的消防站，应有独立的功能分区。

应该指出，上述标准是对于正常运行的城市而言的，在地震发生后，可能会发生次生火灾，以此为标准建设的消防站势必不能满足震后的需求。并且，消防部门在灾后还承担了挖救埋压人员的任务，对消防队员的数量要求也有必要相应增加。据此，应该根据城市的震害预测结果，综合考虑房屋的破坏情况和地震次生火灾的发生规模，在常时标准基础上相应增加。消防系统的防灾规划的编制要点是贯彻"平灾结合"的原则，在平时消防规划和应急预案的基础上，重点考虑以下问题：

（1）对于较强的地震突发灾害，应从中远期防灾规划的角度，制订消防机构的分布、消防设施的布局和设置等对策；

（2）对有潜在火灾危险源点的工程设施（如危险品工厂、仓库等）提出制订消防协同管理的策略和应急对策；

（3）对重点消防车库、器材库和指挥系统的建筑制订提高和改善其抗震能力的对策和措施；

（4）对于消防通道，其净宽不应小于3.5m，净空不应小于4m，转弯半径不应小于8m，尽头式消防通道应设回车道或不小于15m×15m的回车场。高层建筑、易燃易爆工厂、仓库、易燃可燃材料场所，甲、乙、丙类液体储罐区和液化石油气储罐区、集贸市场等，均应有两条以上不同方向直通的消防通道，并有足够的消防车同时停放出水、回旋的余地。

5.4.5 应急服务设施规划

5.4.5.1 指挥机构

指挥中心在地震灾害发生后是进行灾害救援的核心组织，可以根据应对巨灾、大震、中震的需求，结合指挥机构体系的建立，分别按照城市、防灾组团、疏散生活分区三级体系选取行政区政府、办公机关为依托进行建设，按照城市规模设置1~2处城市级综合指挥中心，各防灾组团分别设置1处，在疏散生活分区中结合社区居委会的现状有选择性地进行建设。考虑到巨灾发生后有些指挥中心可能遭受破坏，所以应结合避震疏散场所的建设预留应急指挥空间，保证震后救灾工作的顺利、有序进行。

5.4.5.2 医疗机构

破坏性地震会造成一定程度的人员伤亡，灾后迅速救治伤员是救灾过程中和搜救幸存者并存的两大紧急任务。在医疗力量强的城市，医护人员较多，医疗设备较齐全，伤员能够得到及时的救护，从而使死亡人数大大降低；而在医疗力量弱的城市，由于医护人员相对缺乏，设备落后、陈旧，可能会出现大量伤员因延误治疗时间而死亡的情况。医生数量的多少和医院的床位数量直接关系到人民群众的生命安全，同时这也是提高城市应急救灾能力的途径之一。

医生数量需求：设不考虑地震情况下城市人口所需医生的数量为N_m，在基本地震烈度破坏下的重伤人员为d_m，则考虑抗震救灾需求的医生数量为$N = N_m + d_m$。N_m以中华人民共和国卫生部规定的千人口医师数1.0人的指标为依据。

病床数需求：设不考虑地震情况下所需床位数为N_n，在基本地震烈度破坏下的重伤人员为d_m，则考虑抗震救灾需求的床位数量为$N' = N_n + d_m$。N_n以中华人民共和国卫生部规定的千人口床位数2.8张的指标为依据。

一、医疗机构布局原则

分析国内外几次大震的医疗救援情况，考虑未来可能发生的地震灾害，针对我国目前医疗机构设置规划中的实际问题，本文作者总结出在城市抗震防灾规划中医疗机构设置布局要注意的几点：

（1）便利的交通条件。医疗机构要临近城市主干道或是抗震防灾规划中的防灾干道；对于重点保障的医疗机构（后面把医疗机构划分为重点保障和一般保障两类）还需要有通达城外的主干道路相连。这主要是为了在震时，对内的医疗救援不会因交通通行能力下降而受阻，使医疗救援队伍第一时间赶到集中伤亡点或是危重伤病员第一时间送达医疗机构救治；在大震、巨震时，重点保障的医疗机构可以对伤员进行简单处理后，运送到城外的避难点或是其他城市的医疗救援机构，以起到伤病员中转站的作用，或是接受外部医疗资源的援助，在本城市起到医疗资源的中转与调配作用。这些都需要医疗机构必须有良好的交通可达性，所以城市医疗机构特别是重点保障医疗机构的设置，以临近城市主干道路或是防灾干道为宜，这是震时决定救灾机构能否起到救灾作用最主要的因素之一。这一项要和城市路网系统的抗震防灾规划联系起来，使系统间形成一个有机的整体，相互联系，各自发挥其作用。

（2）临近城市主干供水网，主干电路网。震时城市的供水系统、供电系统遭到破坏，导致供水、供电中断是比较普遍的现象，而医院正常的医疗救护又离不开水电的供应。一般的医院都有自备水源、自备发电机，但是自备的水电毕竟功率小、保证的供应量小、持续时间短，只能起到解燃眉之急的作用。而震时医疗需求的量激增，所需的水电量比平时大出很多，所以在震时通达城市医疗机构的水电中断之后不能完全依靠自备的水源、电源，要考虑到这些备用设备供应不足的问题，需要尽快恢复正常的水电供应。临近城市主干管网的医疗机构就比远离城市主干管网的医疗机构中断水电供应的可能性小，即使中断也可以尽快修复。只要城市供水、供电系统的主干线路不是遭受毁灭性破坏，医疗机构（尤其是重点保障的医疗机构）就可以尽可能地保障水电的供应，降低非医疗机构破坏导致的医疗资源减少。这一项要和城市市政供水系统、供电系统的抗震防灾规划联系起来。

（3）注意医院选址，避开潜在的次生灾害。在选择建造医疗机构的场址时除了要在医疗机构规划设置上遵循医疗机构设置规划的指导原则，还要从抗震防灾角度注意场地的选择，坚持地震区建筑物选址的大原则：选择有利地段、避开不利地段、不选择危险地段。对于重要的抗震救灾机构的建筑场地要进行场地液化、地表断层、地质滑坡、震陷及不利地形等建设用地的抗震适宜性评价。

除此之外，医疗机构还要注意其所在地有可能产生的次生灾害影响，城市次生灾害主要有：火灾、化工厂毒气泄漏、水质污染、洪灾、传染疾病传播等。在医疗机构布局时，要充分调查分析场地周围潜在的次生灾害源，避免震时由于次生灾害的影响而使医疗机构不能正常运转。这一项主要是和城市次生灾害源的防灾规划联系起来，防止次生灾害对其功能发挥的影响。

（4）有备用的医疗转移地。在大震、巨震情况下，医疗机构遭受一定的破坏加之医患人员的心理恐慌，对伤病人员的救治基本就是转移到户外进行，此时就需要有备用的医疗救助转移地，建立临时的医疗救治点。可以结合城市避震疏散场地的规划，把避震疏散场地、备用医疗救治转移地的建设综合起来，使其具有在震时安置灾民生活的条件和建立临时医疗救助点的条件。这一项主要是和避震疏散场地的规划建设联系起来。

二、医疗机构布局方式

（1）点—线—面的布局方式。这里的点特指医疗救援点，线特指城市主干道路，面特指震时本医疗机构负责的救援覆盖区域和避震疏散场地。这是一种分院、分块、分区域救援的模式，根据医疗机构的地理位置、医疗水平、抗震能力、医疗资源量和地区的医疗需求量、疏散场地的规模综合配置医疗机构负责救援的区域，这是一种综合了医疗机构、防灾干道、抗震薄弱区域、避震疏散场地的防灾救灾布局方式。在震时指挥系统失灵时医疗机构仍可以有的放矢，在灾前划定的救援区域内独自为战，第一时间投入该区域救援。这样根据实地情况指定医疗机构、救援区域、疏散场地等,可以更加科学合理地分配医疗资源,形成一个相对独立、有序的救援单元。建立了这种分院、分块、分区域的救援模式之后,为了促进该救援模式的实施,医疗机构的布局以贯彻这种防灾救灾方式的实施为目的。

图5-3所示为一个防灾组团内分院、分块、分区域救援模式示意图,围成的几大块表示划分的相对独立的防灾救灾区域,该区域的人口疏散到其中的避震疏散场地;长方格表示负责该区域人口疏散的避震疏散场地,其要达到中心避难场所的类别;十字号表示医疗救助机构,根据区域的医疗需求量、容纳的避震疏散人口给该区域分配不同的医疗资源;大粗十字号表示重点保障的医疗机构,在大震、巨震时一般的医疗机构遭受比较大的损失,主要靠重点医疗机构的救治和起对外转运伤员中转站的作用。对重点保障医疗机构防灾布局时要有更严格的要求。

(2)点—线—面—线的布局方式。这里的点特指医疗救援点;线特指城市主干道路;面特指避震疏散场地;线特指:通达城外的救灾干道。该种救援方式是在较大破坏力的地震发生时,医疗机构可以通过城市干道转移到较大的避震疏散场地建立临时医疗救助点;同时根据伤病员的具体伤情、城市

医疗需求量、医疗资源供应量情况等,具备把在医疗点经过简单处理的伤病员运送到城外的能力;亦可接受外部的医疗援助,把外部的医疗资源注入、补充到城市内急需的医疗机构内,这是一种综合城市医疗系统、道路系统、避震疏散场地的防灾规划应急措施。

(3)点—线—多点的布局方式。这里的点特指医疗救助点;线特指城市主干道路。该种布局方式是为了方便城市各个医疗机构间可以相互转运伤病员,震时具有相互支援和分配医疗资源的能力。这需要城市的卫生主管部门相互协调各医疗机构,建立统一的卫生救援调度模式。

(4)面—线—面的布局方式。这里的面特指避震疏散场地;线特指城市主干道路。在发生较大破坏力地震的情况下,医疗机构一般都需要转移到避震疏散场地避震救灾,需要建立临时的医疗救助点进行医疗救援。各个避震疏散场地间通过道路相互连接,不仅可以实现生活物资的转运分配,还可以有利于临时建立的医疗点间相互转运伤病员和进行医疗资源的分配调度。这是一种综合了避震疏散场地和道路系统的防灾救灾规划应急措施。

5.4.5.3 物资保障机构

2000年全国防震减灾工作会议上国务院领导在强调建立反应迅速、突击力强的地震紧急救援系统时指出,地震重点监视防御区的地方人民政府要建立地震应急救援物资的储备系统;有关人民政府要高度重视这项工作,认真落实地震应急储备专项资金,储备城市地震应急救援工作所需的设备和专用救生器械,以及应急水源和食品等生活必需用品,还应建立应急储备管理制度。

灾后充分稳定的物资供应不但有利于恢复重建工作,还有利于社会秩序的稳定。由于市场经济的运作,灾后的物资支援系统不能被城市规划所规范。可以参照日本经验:与物流中心签约,规定灾害发生时,食物及生活用品禁止对外贩卖,而是优先出售给

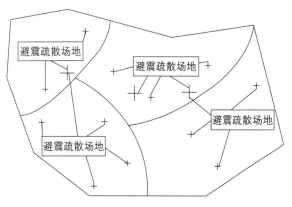

图5-3 分院、分块、分区域救援模式示意图

政府，并且不得随意哄抬物价。

物资供应和保障系统防灾规划的基本目标是在城市遭受较严重的地震灾害时，能够在一定时间内维持城市的基本生活保障，其重点为：

（1）维持城市物资供应和保障的应急对策；

（2）城市生活物资储备对策，抢险救灾物资的保障对策和使用规定。

历史震害经验表明，粮食、水、帐篷、棉被是地震发生后的最紧急和最基本需求。

（1）救灾粮食的数量：设在基本烈度下的受灾人员数量为 b，粮食以每人每天1斤计算，基本烈度破坏时应急期设为10天左右，则在基本烈度破坏下的粮食数量的理想值为 $10b$；

（2）应急用水的供应能力：设多辆供水车的总载水量为 aL，在基本地震烈度破坏下的无家可归人员数量为 b，应急用水以每人每天6L计算，则在基本地震烈度破坏下的应急用水供应能力的理想值为 $6b$；

（3）棉被的数量：设在基本地震烈度破坏下的无家可归人员为 b，以每人1床棉被计算，则在基本烈度破坏下的棉被数量的理想值为 b；

（4）帐篷的数量：设在基本地震烈度破坏下的无家可归人员为 b，以每个 $12m^2$ 的帐篷可容纳8人计算，则在基本地震烈度破坏下的帐篷数量的理想值为 $b/8$。

5.4.5.4　避难疏散场所

避难是灾害发生后人的第一行为，避难疏散场所是城市抗震防灾空间中最为重要的组成部分，其他救援活动所需的功能空间常常都以避难空间的设置为基础，或与避难空间相结合设置。我国台湾1999年9月21日发生的大地震中有超过10万人需要露宿避灾。日本关东大地震时，在上野公园和芝公园避灾的市民有55万左右，两个公园的避灾人数约占东京市避灾总人数的一半。日本阪神大地震后，31万多人在1100多个避灾所避灾，其中神户市的27个公园成为市民避灾所。在唐山大地震期间，由于没有疏散避难空间的规划，北京市数百万人离开住宅避难，避难秩序相当混乱，仅中山公园、天坛公园和陶然亭公园就涌入17.4万人。大街小巷搭满了防震棚，造成城市生产、生活、交通较长时间无序，治安、消防管理也十分困难，严重干扰了首都各项功能的正常运转。由此可见，城市防灾建设首先应确保足够的城市开放空间，设置足够的避难场所，在城区中合理地分布，以供市民避灾、救援之用，以满足城市各个分区的避灾要求。1949年新中国成立后，党和政府在抓国家经济建设、提高人民生活水平的同时，还注意做好防御自然灾害、保护人民生命财产安全的工作。每次地震后，党和政府迅速派出部队赶赴灾区抢救伤员、搭建帐篷、运送救灾物资。但是，这只是灾后的救援行动，随着我国防灾减灾工作深度和广度的拓展，防灾工作不断有新的内容，城市设立应急避险场地，就是新的内容之一。

5.4.5.5　救灾备用地

历次地震的震害经验表明，在进行城市规划时要预留城市救灾备用地，以备应急，应对地震时建设临时或永久性安置房的避灾需要。有关研究表明，特别是人口密度大、建筑密集的大城市，在规划中应预留救灾备用地，这是建立城市防灾体系的重要内容之一。

城市遭遇重大地震灾害后，救援队伍、机械、器材和物资会大量运入，伤亡人员会运出，需要若干大的开敞空间作为城市救灾行动集散地；此外，如遇到救灾避灾的特殊需要，修建临时救灾指挥所、临时医院、临时住宅、临时仓库等，均需要预留救灾备用地，以备不时之需。

救灾备用地可结合城市避难场所的建设进行，但需具备便捷的对内对外交通条件，重点安排在城市主要道路出入口、港口和机场附近，也可以结合城市组团防灾带统筹考虑。

救灾备用地要具备简易建筑的建设条件和安全的环境条件，保证物资储存库房的建设和安全。救灾备用地还要考虑重大传染病临时医院的建设需要，这类用地要预留在相对封闭的地区，与外界交通单一，周围环境易于建隔离设施。

救灾备用地的预留需要考虑以下因素：

（1）城市遭遇重大灾害时，救援队伍栖息地，救援机械、器材和物资储存地，公众疏散用地；

（2）遇到救灾避灾的特殊需要时，灾后应急医疗、临时救灾指挥、临时仓储、直升机等应急交通的备用地；

（3）灾后应急临时住区建设用地；

（4）具备便捷的对内对外交通条件，与城市主要道路出入口、港口和机场灾后连接方便；

（5）对于临时重大传染病医院，应考虑其特殊需要，这类用地要预留在相对封闭的地区，与外界交通单一，周围环境易于建隔离设施。

第6章　规划组织与实施

6.1　规划编制组织

按照建设部第117号部令的要求，国务院建设行政主管部门负责全国的城市抗震防灾规划综合管理工作。省、自治区人民政府建设行政主管部门负责本行政区域内的城市抗震防灾规划的管理工作。直辖市、市、县人民政府城乡规划行政主管部门会同有关部门组织编制本行政区域内的城市抗震防灾规划，并监督实施。

在117号部令实施十年来的实际工作中，城市组织编制部门分化为规划、抗震（建设）和地震部门，其中抗震部门作为牵头部门要多一些，规划部门其次，但近几年规划和地震部门逐渐增多。

按照117号部令，抗震防灾规划的技术审查由省级建设行政主管部门组织，实际工作中，由规划管理处室主持审查为多，但大多只是形式上的，抗震管理处室负责实际工作仍为多数。

6.2　规划实施

6.2.1　有关规定和规划实施的主体分析

按照现行抗震防灾规划管理规定，城市抗震防灾

规划的编制由2003年前的住房城乡建设部门改为城乡规划部门负责，相应的各地省级技术审查管理也大都由传统的抗震管理处室变为规划管理处室。由于管理规定未明确规划的实施部门，而且城乡规划部门通常难以负责和进行专业规划的实施工作，造成了编制部门不负责实施，负责实施部门不明确，传统城市建设部门也逐步在摆脱实施的责任和要求。

按照现行规定，城市抗震防灾规划是通过省级住房和城乡建设部门统一技术审查来确保编制质量，并要求省、自治区人民政府住房和城乡建设部门应当定期对本行政区域内的城市抗震防灾规划的编制和实施情况进行监督检查。此种要求改变了2003年之前由部、省、市三级管理的模式。

抗震防灾规划的实施缺少部门推动。抗震防灾规划的编制和实施属于公益事业，其编制和实施需要以政府作为推动主体带动社会广泛参与，我国目前缺少日、美等发达国家的从上到下的强力驱动机制，抗震防灾规划实施中涉及用地、市政设施等监管体制不健全，规划内容的落实困难。分析原因，一方面中央和省市缺少专项补助经费支持，也缺少类似日、美以中央减灾项目进行集中支持的牵引机制，1995年的中央补助中断后抗震防灾规划编制情况便急转直下；另一方面，由于2000年前后抗震工作的低靡，地方抗震防

灾规划编制和实施经费处于一事一议状态，缺少纳入财政预算的正常渠道；再者，规划的编制和实施基本靠管理人员个人推动以及偶发特大地震灾害的一时带动，人走政息、灾过事淡基本成为常态，专门管理人员的编制的严重短缺造成了抗震工作的缺位。

随着原建设部从1990年代逐步降低抗震工作的管理层级，各地抗震机构和部门编制均大幅削弱，有专门人员负责抗震管理的地方目前已经很少，具有专门机构的地方更是少之又少。随着政府抗震管理的削弱，专门抗震科研机构相继撤销，专门对抗震防灾规划进行研究和实践的人员日渐凋零，这可能使住房和城乡建设部的抗震工作步入恶性循环的不利局面。

目前，117号部令将原来由建设抗震部门负责的抗震防灾规划工作调整到了由规划部门负责，尽管住房和城乡建设部三定方案已将该项工作重新调整回了工程质量安全监管司，但由于部令仍未修改，地方上出现了规划部门不想管、没有能力管，建设抗震主管部门不能管、缺少动力管的局面，此种管理体制进一步淡化了抗震防灾规划对总体规划和相关专业规划的强制性作用的发挥，甚至出现了不少地方建设部门认为抗震防灾规划属于地震部门或应急部门的工作的错误认识，大大影响了抗震防灾规划的编制和实施工作。在全国相当多的地方把抗震防灾规划主动或被动地推到地震或应急部门，使得规划的内容和要求出现了较大偏差。目前，抗震防灾规划的审查管理集中在专业规划层面，对其他形式的抗震防灾规划缺乏管理。而且，由于规划的审查规定由规划部门组织，超过一半的城市抗震防灾规划的技术审查未按规定进行审查，审查专家组成多集中在城市规划行业，难以承担技术把关任务。

6.2.2 规划实施的重点问题

国内外经验表明，城市抗震防灾能力的改善通常是一个长期的过程，不能一蹴而就，规划的分期建设

和实施安排及保障对策对城市抗震防灾能力的有效改善具有至关重要的影响，也对城市抗震防灾规划的可操作性影响很大。因此，在规划实施中需要按照"区分轻重缓急、先解决重点工程、后解决一般工程"的原则对城市抗震防灾建设与改造提出分期要求。

规划分期建设和实施本质上是通过对各类建设工程的实施建设时序的合理安排，不仅使得城市抗震防灾能力的改善持续有效，与城市建设的发展时序相协调，与城市总体规划及其他相关规划的近期建设安排相结合，而且还要使得防灾规划实施过程中突发灾害一旦发生应急救灾能力可得到最大程度保障，且不因时序安排失当导致重大人员伤亡和经济损失，特别是避免灾难性损失发生。

基于上述认识，给出了抗震防灾规划编制分期建设安排要求，供规划编制时参考。

6.2.2.1 近期抗震防灾建设

通常来说，近期建设安排包括下列内容：

（1）影响城市近期规划建设的崩塌、滑坡、泥石流、严重地面塌陷等城市不适宜和有条件适宜地段的灾害防治、既有工程设施治理和搬迁。

（2）重要建设工程、超限建设工程、新建工程规划和建设的防灾要求和措施的落实和监管。

（3）防灾设施的建设与加固改造。

（4）火灾、爆炸等次生灾害源的防灾要求、防灾措施的落实和监管。

（5）灾害高风险区的改造，如建筑密集或高易损性城区加固改造，人员密集的公共建筑的加固改造。

（6）避难场所及疏散通道的建设与改造。

以下给出了针对城市不同系统的近期抗震防灾安排建议。

一、城市建设抗震防灾规划实施的各项管理制度，以及配合实施的管理体制

二、城区建筑

（1）重要建筑物的抗震评估与加固改造安排。

（2）对城中村建筑和棚户区的抗震安排。

三、基础设施

1. 供电系统

（1）需重点保障变电站的抗震鉴定与加固；

（2）老旧电力线路的整改；

（3）避震疏散场所的供电系统配套设施建设；

（4）地震应急供电与抢修预案。

2. 交通系统

（1）救灾干道、疏散主干道上的桥梁抗震鉴定安排；

（2）救灾干道和疏散主干道的抗震有效宽度保障措施。

3. 供水系统

（1）供水管段抗震薄弱环节改造；

（2）提高管网抗震性能的措施；

（3）供水系统地震应急、抢修预案。

4. 医疗卫生系统

（1）医院建筑物进行抗震鉴定与加固安排；

（2）重点保障医院的重要医疗设备抗震措施要求；

（3）地震应急预案与应急演练要求。

5. 消防系统

（1）易发次生灾害地区的消防设施建设工作；

（2）高层建筑中消火栓、消防带及灭火器的整修；

（3）必备的地震灾害处置特种设备要求。

6. 通信系统

（1）通信系统重要建筑及附属设备的抗震安全性评定；

（2）地震应急预案；

（3）有通信保障要求的单位应急通信能力建设要求。

7. 物资保障系统

（1）地震应急预案；

（2）外来物资中转与城市内部物资分发用地安排。

四、地震次生灾害防御

（1）危险品单位的防御措施和要求；

（2）危险品安全监管部门地震次生灾害的防御应急要求和措施；

（3）次生水灾防御抗震设施建设。

五、避震疏散

（1）避震疏散体系规划建设与疏散场所管理规定的要求；

（2）避震疏散场所设计与建设安排。

6.2.2.2　远期抗震防灾建设

以下给出了针对城市不同系统的远期抗震防灾安排建议。

一、城区建筑

（1）历史保护建筑和历史风貌建筑抗震鉴定及加固安排；

（2）重要建筑物的抗震评估与加固改造安排。

二、基础设施

1. 供电系统

（1）对110kV及以上变电站的变电设备的抗震加固安排；

（2）应急发电设备的配置要求。

2. 交通系统

疏散次干道、疏散通道震后畅通性的排查安排。

3. 供水系统

（1）避震疏散场所建设进行供水系统配套设施建设的要求；

（2）水厂、泵房、水池及供水管网使用状况的排查，重点针对抗震不利因素产生（如水池产生裂缝、建筑物有不均匀沉降等情况）要及时安排抗震鉴定及加固。

4. 医疗卫生系统

（1）便携的医疗设备建设安排；

（2）救护人员应急救援培训要求。

5. 消防系统

地震灾害处置的特种装备、培训与演练要求。

6. 通信系统

通信设施长期抗震防灾能力建设安排。

三、地震次生灾害防御

（1）城市建设区重大危险源的防护要求；

（2）防洪设施的抗震鉴定与维修安排。

四、避震疏散

完善避震疏散场所，并满足固定避震疏散场所的技术指标要求。

6.3 城市抗震防灾规划的信息管理系统

6.3.1 GIS技术在防灾减灾中的应用与发展现状

一、GIS技术发展现状

GIS是地理和信息学科结合与交叉的产物。GIS是为特定的应用目标而建立，在计算机硬件、软件及其网络支持下，对有关空间数据进行预处理、输入存储、查询检索、处理、分析、显示、更新和提供应用的空间信息系统。[134]

世界上第一个地理信息系统是加拿大测量学家R.E.Tomlinson于1963～1971年建立的用于自然资源管理和规划的系统，此时的地理信息系统是以绘图功能为主。1970年代计算机的发展带动了GIS的研究和应用，据统计在1970年代大约有300多个GIS系统投入使用。1980年代，GIS软件有了突破性的发展，出现了ARC／INFO等一批著名的商业化软件。1990年代，GIS已经成为一门产业，投入使用的GIS系统几乎每2～3年就翻一翻，且应用于越来越多的学科。据美国《GIS World》统计，一个城市是否使用GIS技术已经成为这座城市管理水平的重要标志。地理信息系统已经成为地区规划、发展的重要工具。目前，国内外应用最广的GIS系统主要有ArcInfo和MapInfo。

在我国，1970年代是GIS的起步阶段。1980年代，GIS进入试验阶段，主要研究数据规范和数据标准、数据处理、模型分析开发等，并建设了一批全国性的地理信息系统。1990年代，GIS进入了全面发展阶段，尤其沿海地区经济的发展、土地的有偿使用等推动了GIS在我国的应用，各种专题地理信息系统应运而生，大中小城市的城市信息系统、土地信息系统纷纷投入使用。值得注意的是，在1990年代，我国开始了开发具有自主版权的工具型GIS软件，目前比较成熟的有MapGIS、GeoStar等。城市在规划、发展、环境等方面越来越需要分析处理城市空间信息，城市地理信息系统随之进入到我国越来越多的城市。GIS已成为我国城市政府进行城市管理的重要技术平台。从2001年开始，由建设部牵头进行了城市数字化工程，推动了GIS技术的应用。[135-138]

二、GIS技术在国外防灾减灾领域应用研究现状

防灾规划管理系统是以GIS工具软件为基础的二次开发系统，存储并管理研究地区各种综合防灾的空间数据以及描述这些空间数据的属性特征，并通过GIS技术结合防灾分析模型，实现对各种灾害的分析和管理，为防灾减灾服务。

GIS在抗震减灾领域的应用仅仅是近十几年的时间。1991年，第四届国际地震区划会议上发表了一批有关GIS应用的论文。主要有美国的Borcherdt等用GIS研究旧金山湾区的局部场地条件对地震动的影响；Boyle等用GIS结合专家系统和数据库管理系统，进行地震危害性分析。仅仅几年之后，1996年的第五届国际地震区划会议上有关GIS的论文如雨后春笋般涌现。此时GIS的应用不仅表现在地震危险性分析方面，还广泛应用到地震工程领域的各个方面。

1994年，洛杉矶Northridge地震的应急反应中，GIS的优势得到充分发挥。从震后资料的收集、管理，到地震损失评估、重建的工作中，GIS实时、准确地为公众提供了大量信息，成为GIS在抗震减灾领域的成功应用范例。

1995年，美国的ABAG（Association of Bay Area Governments）认为在大地震发生后，交通系统对减少地震经济损失方面有十分重要的作用，因此，对旧金山湾区附近的交通系统进行了易损性评估。项目的建设目标是：①用GIS研究一套合理的区域交通结构易损性方法；②将地震分析模型融入区域交通规划；③加强有关机构在GIS与抗震规划工作中的合作。目前，该项目已经完成并得到了很好的应用（http://gis.abag.ca.gov）。

近年来，在美国和日本发生的大地震促使美国等国家进一步研究如何有效、可信地评估社会经济的影响。1997年，美国加州大学地震工程研究中心组织完成了"大地震对社会经济影响方法研究"，其中斯坦福大学进行地震危险性和危害性的评估，加州大学洛杉矶分校提供地理、地质分析模型，加州大学伯克利分校研究有关震后社会经济影响。作为NCEER的"现有高速公路设施的地震易损性"项目的一部分，Smart Werner等分析了高速公路系统的地震损失，研究了一种新的地震危害性（SRA）方法，应用到田纳西州Memphis的高速公路系统中，其中GIS技术是核心，并使SRA具有几个显著的特点；①GIS技术框架，增强了数据的管理、分析和结果的显示；②GIS的标准数据库有助于数据与模型的进一步结合；③SRA分析的结果可以是确定性的，也可以是概率性的。

M. Shinozuka和H. J. Lin根据Memphis地区供水震害模型，利用GIS编制了供水流量分析计算程序，进行供水系统的震害分布和震害概率的计算，表明了GIS在生命线地震工程中的应用能力。目前，在美国已经应用的震害评估系统有：

（1）FEMA在Utah地震演习中研制的Response93，将GIS、专家系统（ES）与地震动模型结合，评估人员、财产及相关灾害的损失。

（2）ABGA研究的基于GIS的损失评估系统BASIS，针对不同的设定地震，进行不同类型建筑物的损失评估。

（3）EQE公司研制的EPEDAT能够对南加州的六个县进行详细的震害分析。

GIS在防灾领域应用的初期，主要应用在地震区划方面。GIS良好的图形显示功能，迎合了在地震危险性分析中对图形处理的需求，而且数据库的功能也容易处理地震危险性分析过程中的大量中间结果，改善了以往人工易出差错的工作方式。随着对GIS的进一步认识，人们体会到GIS对空间数据的处理能力仅仅是GIS的最基本的功能，GIS与分析模型结合进行各种各样的空间操作、分析、运算才是其他计算机软件无法比拟的。因此，GIS在抗震减灾领域的应用正逐步转向进行有关地震灾害的评估预测、模拟，逐步开始进行辅助防灾系统的研制。美国的FEMA于1999年发布了一个基于GIS的易损性评估分析系统Hazus99，在美国得到了大量的应用，目前已经发展到HazusMH，可进行多灾种综合评价。我国台湾也引进了该系统。该系统的缺陷是只停留在易损性分析阶段，缺少配合城市规划的管理功能和决策功能。

三、GIS技术与国内防灾减灾领域应用研究现状

我国防灾减灾领域在1990年代中期开始采用GIS系统进行有关研究和开发。中国地震局工程力学研究所应用GIS技术进行了地震危险性分析、结构易损性分析、地震危害性分析、震后救灾等研究成果的管理，如谢礼立等建造地震构造信息系统（STIS），研究GIS与地震危险性分析计算模型的结合方法；建立"基于GIS的地震损失快速预估系统（EQKLOSS）"。陶夏新等利用GIS，针对华北地区，开发了地震烈度衰减信息系统。

中国地震局地球物理研究所也较早地开展GIS应用开发工作，完成了乌鲁木齐市天山区的防震减灾信息系统，主要存储了单体建筑物的震害预测结果和相应的一些震后应急措施，开发平台为Arc／Info。

于贵华、邓起东等建立了中国活动构造查询系统，存储了相关的地震地质信息，包括地形、地层、盆地、断裂地表破裂、活动褶皱、古地震等信息。系统开发环境为北京大学遥感所研制的Citystar软件。

叶洪等与香港大学合作，把GIS应用到香港工程地震研究中，设计建立了基于GIS的香港地区工程地震信息系统，实现了图形与属性的空间查询、分析、计算及绘图等功能，主要开发平台是MapInfo。

马东辉等结合抗震设防区划的研究工作，开发

了针对抗震设防区划设防管理与应用的GIS系统——Scdm系统。

我国在"八五"、"九五"期间国家自然科学基金重大项目"城市与工程减灾基础研究"中进行了典型城市综合防灾对策示范研究,采用了不同的GIS系统(ArcInfo、MapInfo、MapGIS等)进行综合防灾研究成果的管理、查询和演示等。

我国防灾减灾领域对GIS的应用早期主要集中在对于基础资料和成果的管理和查询。目前,已经越来越重视综合防灾系统的研制和开发。作为一个新的方向,GIS在防灾减灾领域有着广泛的应用前景。

国际上以FEMA的Hazus为代表,可以根据用户输入数据进行自动分析形成分析结果,系统中集成了易损性分析的模型库,属于辅助分析系统。从目前城市防灾规划的编制和管理状况来说,迫切需要通过辅助分析,进行辅助决策并进行防灾规划辅助管理的集成系统,可以称为防灾规划的辅助决策与管理系统,该系统应作为防灾规划编制、管理和维护的重要技术支撑。

采用信息科学的先进技术进行城市防灾规划的编制和管理,是新时期防灾规划研究和编制的重要发展方向。建立城市防灾规划辅助决策与管理系统是实现基于现状和发展并重的防灾规划理念、进行动态管理、动态分析和动态决策的重要技术平台。

6.3.2 基于GIS平台的城市抗震防灾规划信息管理系统

在城市抗震防灾规划标准中,主要针对GIS技术的应用进行了引导性的规定,需要在今后的应用中积累经验,完善相关规定。

一、系统的构成

1. 系统的层次结构

信息管理系统具有多要素、多层次的结构特点,再进一步的层次划分可根据城市实际情况合理确定。信息管理系统可由基础数据层、专题数据层、规划层、文件管理层组成:

(1)基础数据层,主要包括基础地理信息数据。例如,地震地质环境、建筑、人口、社会、经济等数据。为专项数据层和规划层提供统一的空间定位基础和数据资源。

(2)专题数据层,包括编制本规划用到的各专题数据库。例如,场地条件、场地地质灾害估计、基础设施震害估计、建筑物震害预测、避震疏散、地震次生灾害估计、人员伤亡估计、规划编制等方面的专用数据。

(3)规划层,包括规划图件、规划文本说明等。

(4)文件管理层,包括文件查询、输入、输出、帮助等管理。

(5)有条件时可在系统的层次结构中建立辅助分析与决策层,支持专题中的数值模拟或辅助对策。

2. 城市抗震防灾规划信息管理系统的发展方向

城市抗震防灾规划信息管理系统的发展最终是为实现城市防灾规划的动态分析、动态管理和动态决策,系统的建立以基于现状和发展并重的防灾规划编制理论和方法为基础,具有以下基本功能特征,形成具有信息管理、辅助分析、辅助决策、辅助规划的综合技术平台。系统构成和层次划分通常可如图6-1、图6-2所示。

城市抗震防灾规划信息管理系统的基本功能特征有:

(1)是一个城市建设灾害场和灾害影响场的空间数据和空间数据模型的管理平台,不仅仅是一个基础信息的空间数据库,而且是一个能够反映城市复杂空间数据组织结构和空间数据模型的空间数据库。

主要进行空间数据和信息的管理,建立系统更新机制,提供系统更新模块;对各类空间数据模型进行管理和动态更新。

(2)是一个"数字防灾技术辅助分析评价平台",可以对空间数据库中的城市现状或模拟现状进行实时技术分析和评价。

主要是数字防灾技术分析和评价的辅助计算机软

图6-1 城市防灾规划辅助决策与管理系统构成示意图

图6-2 城市防灾规划辅助决策与管理系统层次划分示意图

件系统,可以进行实时分析和评价。

(3)是一个辅助知识决策分析平台,可以完成针对防灾减灾领域的给定设计技术流程的决策分析和评价。

主要是进行辅助知识决策和分析方法的实现和运用,可以完成防灾规划中的主要技术决策流程,例如对设定地震、指定区域或建(构)筑物等的实时分析和评价,场地抗震安全性的评价,工程防灾土地综合利用的评价等;可以完成针对防灾减灾领域的给定设计技术流程的决策分析和评价。

(4)是一个辅助管理系统平台,可以针对城市防灾的日常管理和应用工作实现功能性工作流程。

主要进行日常防灾规划工作的辅助管理和应用,主要包括城市防灾的日常管理和应用工作的功能性模块。

系统的服务目标为:

(1)发现防灾的薄弱环节,找出灾害高风险区,进行土地利用的防灾决策分析和工程抗灾措施的制订;

(2)评估防灾方案对灾害的防御水平;

(3)在灾前、临灾和灾害发生时,针对特定灾害评估其灾害损失;

(4)确定灾害应急和灾害恢复最有效的和最可行的资源利用方案;

(5)为减轻未来灾害损失,制订防灾措施的合理实施方案和策略。

二、系统各模块的功能和技术特点

信息管理系统应具有以下基本功能:

(1)显示各种图件的图形信息,图形要素的空间位置,以及不同图层的组合;

(2)图形查询、属性查询和属性与图形相结合的交互查询;

(3)在图形上添加或删除空间信息,局部更新,对图形对应的数据进行修改;

(4)图形叠加、窗口裁剪、专题提取;

(5)可按用户需要提供多种形式的统计方式,并输出报表和图表;

(6)可根据用户需要输出各种基础地理图、专题地图和综合图,也可将当前图形区内或查询结果的属性数据列表输出。

通常信息管理系统的基本功能还包括:

(1)数据库管理。

文件管理:对数据库表进行操作,具有创建数据表、编辑数据表、添加数据表、添加地图库、删除数据表、删除地图库功能。

数据查询:对数据进行多种条件的检索查询,具有字段内部查询、字段定位查询、单表字段查询、多表关联查询功能。

数据输出:对数据进行输出打印。

(2)基本信息服务功能。

图形显示:显示基础地形图、专题地图的图形信息,图形要素的空间位置,可用不同的颜色或填充样式加以区分。

信息查询:实现图形查询、属性查询和属性与图形相结合的交互查询。查询方式可包括:点选,框选,逻辑查询。

(3)信息编辑:在图形上添加或删除空间信息(如建筑),对与图形对应的数据进行属性项值修改等编辑功能。

(4)空间分析。

图形叠加:根据条件进行图形叠加,生成综合图。

窗口裁剪:裁掉图形的多余部分,剩下需要的区域。

局部更新:用更新图去替代编辑图。

专题提取:根据设定的逻辑组合条件,从当前被选取图幅中提取新的专题图幅。

(5)统计分析:提供多种统计方式,并可按用户要求输出多种类型的报表和图表。

(6)图形缩放工具与数据输出。

图形缩放功能一般包括:开窗、全显、漫游、放大缩小、重显、刷新。

数据与图件输出一般包括:根据需要输出各种基础地图、专题地图和综合图;将当前图形区内或查询结果的属性数据列表输出。

三、系统的数据分类和组织

1. 基础数据层

1）数据分类

（1）基础地理信息数据主要包括基础地形图、基础地理图及基础地形图属性数据；

（2）法规文档数据包括国家、地方政府和城市抗震规划的有关法规及文件数据等；

（3）多媒体数据可包括介绍城市总体概貌、重要建筑和生命线工程等的图片、影像资料数据。

2）数据编码

由于城市抗震防灾规划涉及的信息种类繁多，内容丰富，需要将它们有机地组织在一起，进行数据分类编码，方便数据存储、管理、检索和应用。基础图件的数据分层和编码一般都采用原提供图件的分层和编码。

3）数据组织

目前，城市抗震防灾规划信息系统中的各类数据主要是以"层"来分别存贮和组织，这样组织数据有利于查询检索和分析。在实际应用中，一般是根据方便性或是根据数据代表的专题性质来组成"层"。

2. 专题数据层

可分为地理信息空间数据库和非空间数据库。

专题数据按以下方式分类。

1）工作区地震地质环境和场地环境数据

对工作区的场地条件和地震地质灾害评估结果，用电子地图显示并能提供和输出下列专题图件：

（1）工作区内地震地质灾害小区划图及其属性数据；

（2）工作区内场地分类小区划图及其属性数据。

2）基础设施和城区建筑数据

提供城市基础设施和城区建筑调查、抗震性能评价结果等数据，并在电子图上显示分析结果，包括如下内容：

（1）交通系统图，交通系统抗震性能评价所用的调查数据：

给出在设防地震作用下的交通系统抗震性能评价结果及空间分布图。

（2）供电系统抗震性能评价所用的调查数据：

给出工作区在设防地震作用下的供电系统抗震性能评价结果及空间分布图。

（3）供水系统管网图，供水系统抗震性能评价所用的调查资料：

给出工作区在设防地震作用下的供水系统抗震性能评价结果及空间分布图。

（4）供气系统抗震性能评价所用的调查资料：

给出工作区在设防地震作用下的供气系统抗震性能评价结果及空间分布图。

（5）通信系统抗震性能评价所用的调查资料：

给出工作区在设防地震作用下的通信系统抗震性能评价结果及空间分布图。

（6）医疗系统抗震性能评价所用的调查资料：

给出工作区在设防地震作用下的医疗系统抗震性能评价结果及空间分布图。

（7）物资保障系统抗震性能评价所用的调查资料：

给出工作区在设防地震作用下的物资保障系统抗震性能评价结果及空间分布图。

3）城区建筑数据

提供建筑群体抗震性能评价结果等数据，并在电子地图上显示结果，包括下列主要内容：

提供工作区及单元建筑的概况、类型、数量、建筑面积等数据资料：

给出工作区在设防地震作用下的建筑群体抗震性能评价结果及高危害区、建筑密集区空间分布图。

4）地震次生灾害估计数据

提供次生灾害调查、统计等结果，并在电子图上显示分析结果，包括如下内容：

（1）各类次生灾害源调查与估计结果或信息表格；

（2）各类次生灾害源分布图；

（3）次生灾害数值模拟结果与显示；

（4）次生灾害影响范围分析与图件。

5）人员伤亡估计数据

提供人员伤亡估计的调查资料和分析结果，并生成电子统计图表，给出不同地震强度条件下死亡、重伤和需安置人员的估计结果及空间分布。

6）避震疏散和防灾据点建设数据

提供避震疏散和防灾据点建设调查的资料和分析结果，并在电子图上显示分析结果，包括如下内容：

（1）避震疏散场所分布、人口分布图以及有关属性数据；

（2）防灾据点建设调查数据以及分析结果。

3. 规划层

规划层存贮各种规划图件以及说明文件等，通常包括：

（1）土地利用抗震适宜性区划图件及其说明文件；

（2）基础设施抗震规划图件及其说明文件；

（3）城区建筑抗震规划图件及其说明文件；

（4）避震疏散和防灾据点建设区划图件及其说明文件；

（5）地震对策与应急规划等。

6.3.3 系统案例

一、Hazus

1997年美国联邦急难管理署（Federal Emergency Management Agency，简称FEMA）利用国家地震减灾计划与美国国家建筑科学研究院（National Institute of Building Sciences，简称NIBS）联合并委托RMS（Risk Management Solutions）公司，以700万美元的价格，利用2年的时间开发出来一套适用于全美各地的标准风险评估（损失估算）方法系统HAZUS（HAZard United States），最初的版本为HAZUS-97，GIS软件平台为ESRI公司的ArcView3.x和MapInfo公司的MapInfo6.0。

最初HAZUS-97的主要功能是针对地震灾害及地震引发的二次灾害（例如火灾与溃坝、溃堤造成之水灾）所造成的直接与间接经济、社会损失进行

地震风险及地震灾害损失评估，1999年相继推出HAZUS-99、HAZUS-99-SR1、HAZUS-99-SR2和HAZUS-MH四个版本，新的版本采用更好的界面和高级工程建筑结构模型（Advanced Engineering Building Model）。将近130位工程地质专家和软件工程师参与了这四个版本系统的设计。前3个产品GIS软件平台仍为ESRI公司的ArcView3.x和MapInfo公司的MapInfo6.0。

2003年RMS公司提交给FEMA最新的版本为HAZUS-MH（Multi-hazard HAZUS），该版本主要修正完善了地震、飓风和洪水灾害模型，GIS软件平台为ESRI公司的ArcView3.x、ArcGIS8.x和MapInfo公司的MapInfo7.0。其他灾害如暴雨、冰雹、龙卷风灾害模型将陆续开发。HAZUS结合了以往各种损失估算方法中的优点并克服了许多缺点，发展完成的HAZUS及众多的基础数据库（Inventory Databases），提供给美国各州及各级地方政府使用。

HAZUS的结构包括地震灾害潜势分析、基本数据、直接灾害、次生灾害、直接损失及间接损失等六个主要模块。各个模块各自独立，而某一模块的输出数据将作为另一模块的输入数据。

1. 地震灾害潜势分析模块

该模块主要用于滑坡、液化及地表断层张裂等地表灾害评估。

2. 基本数据模块

收集及建立基础资料是损失评估研究中耗时最多、经费花费最大的工作。HAZUS提供了预设数据，用于使用者在无足够数据建立灾害模型时的参考数据。预设数据在某些方面具有有限性，它的不确定性将影响评估结果的真实性。

3. 直接灾害模块

此模块评估一般群体建筑、重要基本设施及生命线（交通系统及其他公共设施），在给定的地表运动及地表破坏下发生某种破坏状态的概率。同时，灾害评估结果也包含了基础设施功能的破坏情况。

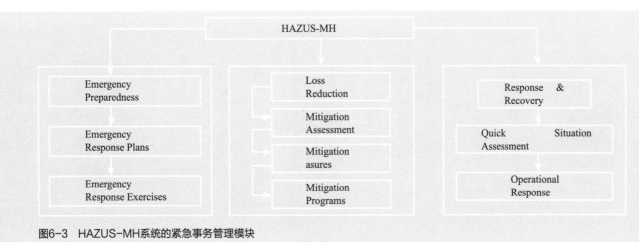

图6-3 HAZUS-MH系统的紧急事务管理模块

4. 次生灾害模块

该模块中包含了因水坝、河（海）堤破坏所造成的洪水淹没、地震次生火灾、毒气泄漏（HAZMAT）、碎石瓦砾堆等废弃物堆积。

5. 直接损失模块

直接及次生灾害均造成直接的经济、社会损失。直接经济损失模块预测两种形态的经济损失，一是修复或重建建（构）筑物及生命线系统所需的经费，二是建（构）筑物或生命线功能损失的影响。而社会损失则量化为死伤人数、避难的家庭及短期避难需求等。

6. 间接损失模块

间接损失模块用于评估地震灾害及其对区域性经济所造成的长时期影响。失业率的增加、税收的减少、产品和能源的损失、产品需求量的减少及消费的降低等都是间接损失。间接经济损失受直接经济损失影响，主要有生命线中断、重建、修复所需时间的长短、对区域内后续援助及区域对供需调节能力等的影响，如要间接损失评估，HAZUS的使用者必须提供某一地区诸如人口、就业状况及经济活动状况等的社会及经济信息。HAZUS将以直接经济损失模块之输出数据乘以一输入折减系数因子来评估间接损失。

HAZUS在美国应用很广。Olshansky等应用HAZUS进行洛杉矶的地震灾害评估，并提出应用HAZUS进行土地使用规划可行性研究（2001年），FEMA使用HAZUS-99进行美国各州地震损失评估（2000年），南加利福尼亚、旧金山、中美洲地区等地的地震灾害评估也是应用了HAZUS系列软件。

HAZUS是针对个人计算机所设计的一套整合型GIS。它是针对以下的各项要求发展而来：统一性、易使用、适合不同使用者的需求、适用于不同规模的研究、结果可校订性、先进的研究模式及参数、平衡性、对各种地震强度的适应性及大众化的方法与数据。该系统的缺陷是只停留在易损性分析阶段，缺少配合城市规划的管理功能和决策功能。图6-3所示是HAZUS-MH系统的紧急事务管理模块。

二、防灾减灾规划信息管理系统

近年来，由于我国各类灾害的不断发生，针对我国灾害特点，编制防灾减灾规划正成为支撑我国城乡一体化可持续发展研究的热点。为了综合集成各类防灾减灾规划的各专题研究信息，提高防灾减灾的科学决策水平，北京工业大学北京城市与工程安全减灾中心依据国际OpenGIS的规范标准，采用标准Visual C#语言开发了一个"防灾减灾规划信息管理系统"，其系统构成示意图如图6-4所示。该系统集防灾减灾规划管理、规划实施管理、应急资源管理、规划与应急对策管理为一体的综合性平台，可对防灾减灾专题进

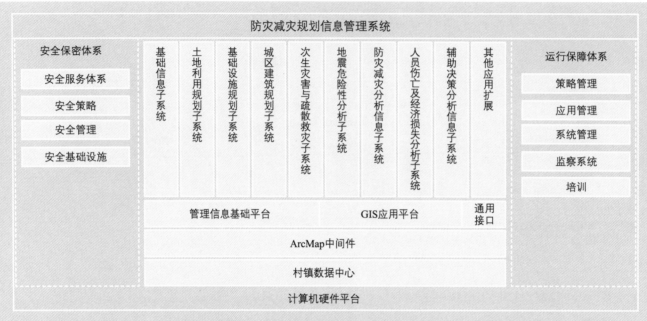

图6-4 防灾减灾规划信息管理系统构成示意图

行分析、定制规划和管理，具有高效、简洁、实用等特点，开发过程简单方便，使用者可轻松地将空间信息管理融入各种应用系统中。

1. 系统的体系结构

该系统采用服务组件的体系结构（Service Component Architecture，SCA），具有很好的可移植性、可复用性、可测试性。

2. 开发/运行环境要求

1）开发环境

硬件系统：IBM PC兼容机一台（配置相关的硬件）；

软件系统：Windows9x / Windows2000 / Windows NT / WindowsXP；

编程语言：Visual C#。

2）运行平台

服务器：工作站或者小型机（微机型服务器建议主频在2GHz以上）；

网络设备：网络交换机，网卡，网线；

微机：Pentium4以上，主存256MB以上，硬盘40GB；

显示器：17英寸以上；

显示卡：最低GeForce MX400，64MB独立显存；

喷墨绘图仪：A0幅面HP750；

打印机：针式、激光或喷墨打印机。

本系统要求Microsoft Windows XP sp2操作系统。

安装Microsoft .Net Framework 2.0框架环境。

安装ArcGIS Engine 9.2 Runtime，安装完毕后打上ArcGIS Engine 9.2 sp3补丁。

3）接口函数

所有功能都提供接口函数供二次开发者使用；每个元素都有唯一的ID号。

用户可以根据ID号把图形系统和自己的系统联系起来。

接口以静态库、DLL库和OCX等三种方式提供。

3. 数据结构设计

标准C#实现，数据结构如表6-1所示：

数据结构　　　　表6-1

类名	说明
sys_ChildSystem	子系统设置表
SpecialMap	专题图列表
Decision_making	专题决策表
Decision_Analyse	决策分析表
SiteInfo	位置行政隶属表
Fields_Opposite	字段对应表
Code_dic	字段属性表

4. 可实现的功能

本系统实现以统一框架进行规划设计，采用开放式体系架构，实现对防灾减灾规划辅助决策与管理工作的数据录入、查询、管理、分析。

1）防灾减灾专题图

通过该系统可新建、删除、修改防灾减灾专题图，并可以添加、删除专题图所包含的图层，实现不同用户对防灾减灾信息的提取，图6-5所示。

2）GIS功能模块

GIS功能模块操作为ArcGIS Desktop的功能。

该系统包括基本操作部分：可实现放大与缩小（按一定的比例放大或缩小当前地图）、平移（移动当前地图到用户指定位置）、全图（显示当前地图的全境视野）等功能。

测量部分：可实现距离测量（计算两点间直线或多点折线的长度）、面积测量（计算指定范围的面积）等功能。

地图查询部分：可实现点击查询（查询显示地物属性信息）、圆形查询（查询指定圆形范围内的地物）、多边形查询（查询指定多边形范围内的地物）、缓冲区查询（查询指定位置缓冲范围内的地物）等功能。

专用工具部分：图形转换（区域与多边形相互转换；区域与多边形的中心点、节点转换为点；转换时默认属性设置）、Buffer图形生成（根据设定属性或根据图形的数据属性生成buffer图形，可按图形重心或边界生成）、编辑工具（在指定图层上进行图元编辑，包括添加、删除点符号对象、线对象、面对象、文本对象等）。

3）查询分析模块

该系统可按指定条件组合查询图层要素，列表显示，对每一个要素可定位到地图上，同时也可在地图上作范围查询，还可以对查询列表记录进行地图定位，极大地方便了系统使用与管理者对数据库的实施更新。

4）决策分析模块

为不同用户和决策者应用提供科学的决策咨询，以解决用户可能提出的各种复杂问题是GIS系统需实现的关键问题。该系统通过文本决策、决策分析展示和动态DLL库三种方式实现防灾减灾决策的文本内容显示、防灾减灾分析结果展示。

5）数据管理模块

随着城市化的发展，城市建设日新月异，数据库的实时更新则成为防灾减灾信息管理系统的基础环节。该系统可实现专题图层属性维护、对图形进行修改、维护图层属性字段对应关联的类型数据等功能，从而实现数据库的更新。

6）输出管理模块

该系统可以将当前地图窗口的地图另存为JPG、BMP等位图文件，也可以实现打印当前地图窗口。同时，通过建立输出图纸的模板，自动在输出的图纸上输出已经格式化好的相关信息。

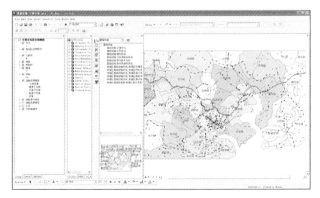

图6-5　防灾减灾规划信息管理系统操作界面

第 3 篇　规划案例

第7章　国外城市防灾规划案例

日本由于其特殊的地理位置，是一个地震灾害多发国家，在吸取以往灾害经验教训的基础上，建立了比较完善的防灾减灾法律法规与管理体制，并且针对不同层面有相应的防灾规划编制内容，在城市防灾方面有着先进的经验。以下将区分都、县及町三个层次介绍日本的防灾规划，重点介绍其中有关抗震防灾的要求。[139]~[143]

7.1　东京都地区防灾规划

7.1.1　东京都概况

东京都大致位于日本的中央位置，主要由三部分组成。东南面由临海的东京湾和关东平原南部的街区组成；西部与此相连的是丘陵、山地地区（即多摩地区）；从东京湾向南的西太平洋上大小岛屿散状分布。

东京是日本的首都，由23个特别区、26个市、5个町（城镇）和8个村组成。东京是日本的心脏所在，以它为中心形成的东京大都市圈，是日本三大都市圈中最为庞大的、人口最集中的都市圈。通过四通八达的交通网络把周围的几大城市有机地连接起来，构成了一个巨大的都市群。

这样一个大都市，一旦发生灾害，将不可避免地会造成巨大的人员伤亡和财产损失，更会影响整个首都圈，甚至全日本。所以，如何确保东京都全体市民的生命和财产安全，不仅成了东京都政府必须面临的主要问题之一，同样也成为日本政府的重大课题。所以，日本政府和东京都投入了大量的人力和物力来研究和开展东京都的防灾减灾工作，以确保灾害发生时将损失控制在最低程度。

7.1.2　东京都的灾害特征

东京一方面处在灾害易发的地理位置上，另一方面东京的巨大都市和庞大的社会体系特点，一旦灾害发生都将造成巨大损失。由于东京都所处的地理位置，影响东京的灾害主要有地震灾害、火山喷发引起的火山灾害、台风灾害、暴雨等引起的水灾等。

地震与火山灾害：东京都历史上发生过多次地震灾害和火山喷发。其中最大的地震灾害就是1923年9月1日发生的关东大地震，造成14万多人死亡。

水灾、台风灾害：水灾和台风灾害也是东京都容易发生且经常造成巨大损失的自然灾害之一。造成人员伤亡人数最多的一次是1975年的第13号台风，共有85人受伤，2095栋房屋受损。

7.1.3　东京都的地区防灾规划

东京都按照灾害对策基本法的要求，并依据国家防灾基本规划的框架，制定了针对东京都灾害特征和地区结构特征的地区防灾规划。东京都的地区防灾规划，是以地震灾害为主要灾害对象，包括火山灾害、风水灾害以及其他各种灾害的综合防灾规划。东京都的地区防灾规划包含了防灾规划总则、灾害预防规划、灾害紧急对策规划和灾后重建规划四大部分内容。东京都的灾害对策就是依据东京都的地区防灾规划有条不紊地实施的。下面将通过介绍东京都的灾害对策现状来说明东京都的地区防灾规划的内容。

7.1.4　东京都的灾害对策现状

7.1.4.1　灾害的预测和设定

地震灾害是东京都预测到可能发生的最大的灾害。为此，东京都对可能影响东京地区的各种地震进行了分析和研究。同时，因为地震火灾是日本地震灾害的一大特征，地震发生的时间、风速等气象条件将很大程度上决定着地震火灾的蔓延和烧毁程度。基于对可能给东京造成最大危害的地震在不同季节和时间里发生时可能的灾害作的推测，东京都的地区防灾规划和地震灾害对策是依据推测中最坏的想定结果制定的。

地震发生的最坏的前提条件如下：

地震灾害的预测，是以跟1923年9月1日关东大地震同等规模的地震的发生为前提条件来对现在的东京可能会造成多大的灾害进行设定。

假设可能造成最大灾害的地震是东京都的相同规模的海沟型巨大地震，地震震级为里氏7.9级，发生在冬天的某一天傍晚的6点钟左右（6点钟左右是做晚饭的高峰时间，是火灾发生率最高的时间段）。地震时的风速假定为6m/s。

如果地震在上述条件下发生，根据预测将造成9363人死亡、147068人受伤、155416栋房屋倒塌或受损。

7.1.4.2　东京都的灾害对策

一、灾害对策职员的出动，情报收集、传递体制

1. 对策职员的紧急对应

东京都于1991年4月在都厅大楼设立了东京都防灾中心，作为东京都政府的防灾机关，负责东京都的灾害预防、灾害应急和灾后修复等防灾事务。并在东京都的立川市建有立川地区防灾中心。各防灾中心配备有经过专门培训的职员。为了确保灾害发生时职员能迅速进入各自的工作岗位，东京都分别在东京都防

灾中心附近建了210户、在立川地区防灾中心附近建了65户职员住宅。在职员住宅居住的工作人员，全都经过专门的培训，在灾害发生时，无论白天还是夜间，必须立即赶到防灾中心集合，并迅速进入各自的岗位，投入灾害的应急对应工作。

2. 收集、传递体制

灾害发生时，为了确保灾害应急对策的实施，灾害情报的正确把握和传递是最为重要的。为此，东京都在东京警视厅、东京消防厅为首的包括东京各都立医院、各区市街村政府、国家各机关团体、自卫队、各基础设施机关（自来水、煤气、电力、道路交通）、广播电视等单位的防灾机关间建立了防灾行政无线网络，确保灾害时在各种有线电话不能使用的情况下，可以正常地收集和传递灾害情报。在东京都防灾中心，建立和开发了一套灾害情报系统。通过该系统，在灾害时各区市街村将灾害情报从各自的终端输入，经过系统的自动处理后传输到防灾中心；此外，该情报系统还具备通过直升机或卫星转播车将灾区现场的画面传送到防灾中心的通信功能。如2002年东京都举行防灾训练时，假定为灾害现场的练马区灾害对策本部通过卫星电视直播，与东京都灾害对策本部间的电视会议，直接将灾情向东京都灾害对策本部汇报，并接受东京都的应急救灾指挥。

对于地震情报，东京都已经实现了将都内各地震计的地震烈度情报通过无线传送到防灾中心，并正在构筑东京都的地震计情报网络。图7-1所示为东京都情报收集、传输网络体系。

由此图可以看出，灾害发生时，东京都警视厅、消防厅、建设局、教育厅等各相关部门通过自己专用的情报传输系统，将收集到的灾害情报直接传送到东京都防灾中心的东京都灾害对策本部，灾害对策本部再将灾害情报进行分析整理，得出整个东京都的受灾分布情况。各机关团体的负责人将汇集在东京都灾害对策本部，根据对策本部的统一指挥，有秩序、有计划地进行救灾抢险工作。

二、灾害对策本部的设置和运营

当东京都的区域内有大规模的灾害发生或有可能发生时，东京都将设置以东京都知事为本部长的东京都灾害对策本部，作为非常时期的灾害应急组织。灾害对策本部设在东京都防灾中心的灾害对策本部室。届时，灾害对策本部的成员将全部汇集到灾害对策本部室。灾害情报将通过各种系统汇集到灾害对策本部所在的东京都防灾中心。灾害对策本部通过分析各种灾害情报，统一做出灾害应急方案，由灾害应急本部长对各部门作统一救灾抢险指挥。各部门再通过本部门的应急指挥系统下达有关应急指挥任务和命令。

灾害对策本部主要进行下列各项活动：

（1）灾害情报的收集、传递：灾害对策本部将通过东京都防灾中心建立好的灾害情报收集、传输系统，通过卫星系统、移动情报收集飞机以及其他情报传输系统，将灾害情报从灾区迅速汇总到防灾中心。负责情报收集处理的防灾中心的工作人员将汇集的情报进行分析处理，传送到灾害对策本部。

（2）紧急输送：灾害发生时，一方面会有大量的伤亡出现，必须尽快地将伤员输送到各医疗中心进行紧急抢救；另一方面需要向灾区输送救灾用的物资和器材，所以，东京都制订了详细的灾害紧急输送方案。

（3）消防活动：灾害时，地震引起的火灾可能引起大范围的延烧，所以确保灾害时消防活动的正常进行，对减轻灾害的损失至关重要，灾害对策本部将根据灾情的变化，统一指挥和调度消防活动。

（4）饮用水、食品、生活必需品的确保和供给：灾害时，大量的灾民将到就近的避难场所避难，东京都建立了灾害时食品饮用水以及生活用品供应的系统，确保东京都民众在灾害发生后三天内的饮食。灾害对策本部将负责向各避难所调配和输送食品和生活用品。

（5）救助和救急：确保灾害时的紧急救助是灾害

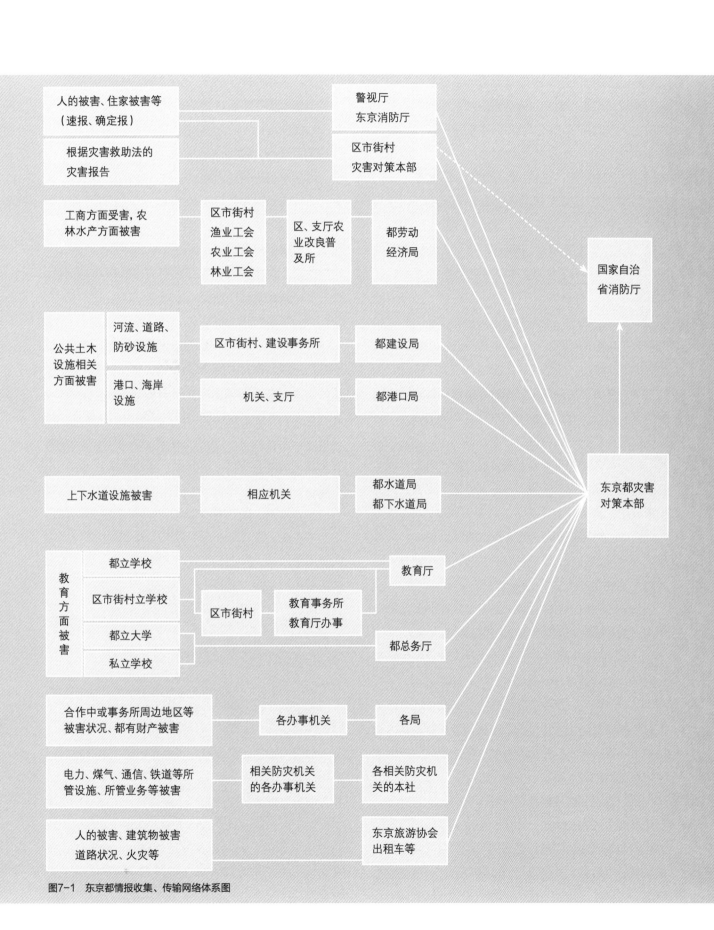

图7-1　东京都情报收集、传输网络体系图

对策的重要组成部分，东京都制订了灾害紧急救助方案，并与邻近县市建立了灾害时相互援助的紧急救援体系。灾害时由东京都灾害对策本部统一指挥和调度救急和救助活动。

（6）垃圾、砖瓦的处理：如有地震灾害时，灾害的垃圾和建筑物废墟的砖瓦处理既能确保消防、救灾的顺利进行，又是恢复灾区人民生活生产的必要条件，为此东京都专门制定了灾害垃圾和废墟处理的规划，并由灾害对策本部负责指挥垃圾和砖瓦的搬运。

（7）医疗救护：灾害对策本部根据伤员的情况和医疗救护中心的信息，统一调度伤员的输送和医疗救护队的派遣等。

（8）应急住宅对策：灾害对策本部将根据整个灾情的需要，统一制订应急住宅对策，并按需要分配和建设临时住宅，供灾民临时居住。

（9）警备、交通管制：灾害发生后，灾害对策本部通过收集到的灾害情报制订交通管制方案，并负责指挥灾区的警备。

（10）生命线工程、公共设施的修复对策：灾害对策本部根据灾情，制订必要的生命线工程和公共设施的修复规划。

（11）居民的避难、保护：灾害对策本部负责指挥灾民的避难，并制订保护灾民的对策和规划。

（12）负责其他有关的灾害减轻、居民生活安定的对策：制订减灾和恢复生活生产的对策。

（13）相互支援及派遣请求等：灾害对策本部负责对外的联络，向上级部门汇报灾情，与邻近地区制订相互支援的方案，并根据需要，向主管部门申请各种灾害援助的派遣事宜。

三、自卫队灾害派遣的申请

如有大灾害发生时，东京都知事可以根据救灾的需要，请求出动自卫队。派遣到现场的自卫队主要从事遇难者的救助、人员及物资的紧急输送、道路或水路的开通等工作。

四、相互协作援助

日本是一个多地震的国家，任何一个地区都有发生大地震的可能性。一旦发生大的地震灾害，能否尽快地得到外界的救助将直接影响到救灾工作。俗话说，远亲不如近邻，灾害发生时，邻近地区的相互援助和协作将显得非常重要。为此，以东京都为首的邻近七大都县市建立了灾害时相互间物资的提供、人员派遣、救助、救援等相互援助和相互协力的网络。灾害发生时，为了使救灾和援助工作顺利有序地进行，相邻都市间都会进行支援。

五、交通管制

灾害发生时，为了迅速地进行灭火、急救、伤员的搬送、紧急物资的搬运以及生命线工程的修复等应急活动，对交通实施紧急管制显得非常重要。所以，在灾害发生时，尤其是在地震发生后，东京警视厅将会根据灾情的变化，并按照事先规划好的各种方案对交通实施紧急管制。东京都交通防灾规划如图7-2所示。

六、地震火灾等的防止

地震火灾是日本地震的最大次生灾害。1923年的关东大地震，火灾烧毁了约45万栋建筑物，大多数死亡者都是被地震火灾烧死的。现在，东京都内仍然有很多腐旧木造住宅，如果发生地震，地震火灾引起的灾害会更大。所以，地震一旦发生，有必要组织强有力的消防力量进行灭火等消防，防止地震火灾的蔓延。

七、医疗救护体制

地震发生时，伴随着房屋的倒塌和火灾的蔓延等，会有大量的伤员出现。但可以想象的是，地震时各医疗机构的机能会大幅度降低。为此，东京都除了事先储备有大量的医疗品和医疗器材外，还对各市街村的医疗救护所的开设进行支援，确定了灾害时重伤员的搬运体制、灾民救护的医疗体制。确定了灾害发生时，按下列程序进行各种抢救和救护工作的救护体制。

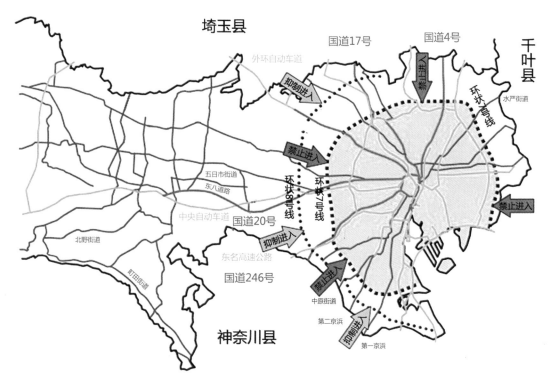

图7-2　东京都交通防灾规划图

1. 灾害发生时的医疗体制（救护所的开设）

灾害发生时，各区市街村在地区医师会的协助下开设医疗救护所，进行各种救护活动。东京都为了支援和弥补区市街村医疗救护所的不足，直接组成医疗救护班，派遣到各地方的同时，还将根据需要派遣齿科医疗救护班和药剂师。对各种医疗救护班的组成作了具体的规定。

2. 后方医疗体制

东京都将都立医院等选定为灾害时的后方医院，对于在医疗所无法治疗的重伤员和需要特殊医疗的伤员，转送到后方医院里治疗。后方医院除了准备各种急需的药剂外，还备有急救床位、简易的发电机等器材，以确保灾害时的各种紧急对策。

3. 身心障碍者的治疗

考虑到因房屋被毁或长期在避难所避难受刺激而患心理性疾病的人的需要，东京都以及各区市街村专门开设有精神病保健所和巡回治疗车。用以及时治疗因灾害造成的心理性疾病的患者。

八、避难

灾害发生时，因房屋的毁坏等原因，很多人必须迅速离开危险的地方到安全的场所避难。东京都规划和建设了广域避难场所（临时避难场所）和正规的避难所。灾害发生时，灾民将自发地或在消防队员、警察的指挥下有组织地按照指定的避难路径到指定的临时避难场所避难。各避难场所都设有应急给水槽等供避难者饮用。正规的避难所一般是由学校、公民馆等公共建筑物构成的。避难所除了进行了较强的抗震设计外，还有食品、毛毯、医疗用品等的仓库，应急饮用水的供应等，能为灾民提供暂时的、必要的生活用品。图7-3所示为东京都的避难道路和避难场所分布图。

事实上，避难场所的设立和建设，不仅使得受

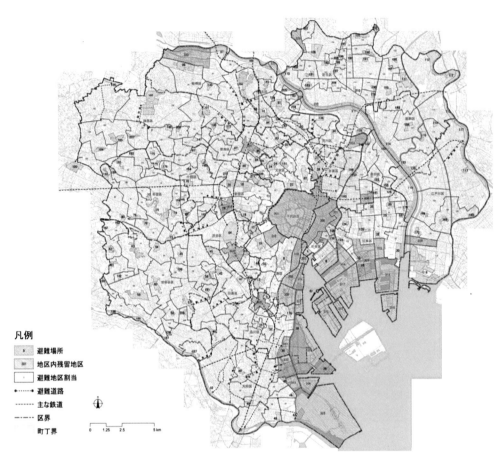

图7-3 东京都避难场所和避难道路分布图（2013年）

灾地的居民在灾害发生时能够有较安全的场所避难，同时，避难场所还有利于灾害时行政管理部门能够及时迅速地掌握居民的受灾情况，可以迅速地统计人员伤亡情况，便于及时地组织各种抢险救灾工作。一般在灾害发生时，由于恐慌及不知道如何避难，灾区常常是一片混乱，这会给救灾抢险带来很大的困难。所以，东京都在制定地区防灾规划时，对东京都全域的避难场所进行了规划，同时在每一小区的各显著位置设置指示牌。这不仅使本区的居民或工作人员在灾害发生时，能够迅速地到就近的避难场所避难；同样，对非灾区的流动人员在灾害发生时，即使在没有避难指挥人员指挥的情况下，也能按照避难指示牌及时地到附近的临时避难场所避难。

对于大规模的灾害，如果有必要进行长时间避难，灾民在避难指挥人员的引导下，从临时避难场所再转移到正规的避难所避难。

目前，东京都在市区（23区）指定和规划了172个灾害用临时避难场所，郊区和多摩地区共指定了627个临时避难场所。用于因房屋倒塌而无法回家生活的灾民正规避难所约3000处，可供大约392万灾民同时避难。

九、饮用水的供给

灾害发生时，除了医疗急救之外，对于避难的市民来说，最急需的就是食品和饮用水的确保。为了防止灾害时因断水而影响工作和生活，东京都规划和建设了足够的供水设施和储水所，储备了能够确保全东京都3星期每人每天3L的饮用水。而且，供水点的设置尽可能均匀地分布在整个东京都，并基本上确保在2km范围内有1处供水设施。这样确保了任何避难场所都能近距离地获取饮用水的补给。

十、物资的储备

地震灾害发生时，可以想象运输和物流将处于瘫痪状态。东京都平时就储备有足够的灾害用的食品，并且建立了完善的紧急食品调配体系。一般选用可以存放5年的速食饭，是加工好的半成品，袋内备有调羹，灾害时只要将食品袋打开后注入开水或一般的自来水，放置20～30min（如果是自来水则需放60min），就可食用，非常方便。

十一、灾害弱者的安全保护

灾害时，确保灾害弱者的生命和财产安全十分重要，如老弱病残者、语言不通的外国人等。一方面，老弱病残者在灾害发生时，自救能力较差，很容易遭受灾害的袭击；另一方面，老龄人由于收入较低，大多居住在防灾能力较差的城区，或简陋的建筑物中，这些地区也常常是受灾最严重的地区。所以，为了减少灾害弱者在灾害中的损失，东京都制订了灾害弱者的安全保护措施。

（1）进行与灾害弱者对策有关的防灾知识的普及和教育启发。

（2）东京都以及各区市街村，将卧床不起的高龄者、残疾人、病人等灾害弱者以及他们的护理人员作为对象，制定专门的《灾害弱者对应手册》，向他们进行防灾知识的普及和教育。

（3）设定二次避难所。对于灾害时，那些在家或在普通避难所生活困难的灾害弱者，根据需要开设社会福利设施作为专门避难所，以提供必要的护理和生活服务。

十二、居民的防灾意识和防灾行动的提高

为了减轻灾害的损失，提高东京都的防灾能力，东京都制定了各种政策，用以对东京居民的防灾教育和防灾训练，积极开展有效的防灾教育，推动居民自发参与防灾规划的制定，积极推动防灾志愿者的登录

制度，以确保灾害发生时，民众的自发救灾活动，从而从根本上提高灾害的预防和救助能力。

7.1.4.3 灾害时广场等利用规划（防灾志愿者集合和活动场所的规划）

1995年的阪神大地震，在地震发生后，大量的志愿者从日本全国各地赶到灾区，投入各种救灾抢险活动，为灾区的救灾工作作出了重要的贡献。从此，灾害志愿者和相应的志愿者团体逐渐在日本各地涌现并在防灾活动中发挥越来越大的作用。可以想象，对于东京这样的大都市，一旦发生地震等大的灾害，将会有更多的志愿者从全国各地赶来。对如何有效地发挥志愿者的作用，有秩序地开展救灾抢险活动，尤其是如何管理和加强政府跟志愿者团体之间的协调，已经成为东京都防灾救灾方面的一大课题。为此，东京都政府根据东京都地震灾害对策条例，为志愿者救灾活动的展开，指定和规划了14个公共广场作为东京都灾害时接受和协调管理从全国各地赶来的志愿者的活动场所。

一、志愿者活动场所规划的作用

可以预测，当东京都发生大的灾害时，大量的灾害志愿者将会从全国四面八方赶来救灾抢险。为了避免志愿者直接与都或各区市联络或者因志愿者无计划集合等造成各种混乱，同时也为了志愿者能够在灾害紧急对策活动过程中作为人力资源有效利用，东京都规划和设置了灾害时志愿者活动场所。这个大范围志愿者活动场所规划，是确保灾害发生后，从全国赶来的志愿者有必要的集合场所，并具备如下功能：

（1）接受从各地赶来救灾的志愿者的登录；

（2）向集合的志愿者提供各种灾害情报和政府救灾抢险措施；

（3）为志愿者之间或志愿者团体间的相互情报交换提供方便；

（4）掌握来自各区市的有关志愿者的派遣请求等；

（5）受灾的区市街村以及东京都实施的志愿者派

遭的调整；

（6）东京都灾害对策本部志愿者部与灾害志愿者相关的联络调整。

二、志愿者活动场所的选定

以市区为中心的东京都市内，由于密集型的房屋和街道，公共广场和空地非常少，为了在地震灾害时有效地实施各种应急对策，有必要对不同用途的建筑、土地等的利用进行事先确认和规划。

规划将根据下列标准选定防灾志愿者的活动和集合场所：

（1）具有抗震结构的大规模建筑设施，同时又具备可以与建筑设施分离的可以用作避难的空地或广场。

（2）事先对灾害发生后的交通网的恢复进行预测，活动场所尽可能选在骨干交通可以到达的地方。

（3）尽可能选在与灾区政府部门或当地指定的避难所分离的地方，以确保各自的设施和功能发挥有效作用。

（4）受灾地区预定的志愿者活动集合场所的分布尽可能地均匀，以确保覆盖整个受灾地区。

（5）选定的设施和场所，其一部分或大部分可以用来作为志愿者活动场地使用。

根据东京都防灾会议调查的结果，并参考阪神大地震时志愿者的活动实绩，如果东京都发生同样规模的地震灾害时，预测最多的一天将可能有4万名志愿者参加救灾活动。为此，目前东京都对分布于市区内的14个场所和设施进行了指定和规划，以确保灾害时防灾志愿者的集合活动场所。作为灾害时志愿者集合场所开设的设施有东京艺术剧院、东京都综合技术教育中心、东京体育馆、东京都立中央图书馆、东京都教职员进修中心、东京都美术馆、东京文化会馆、东京都现代美术馆、东京国际论坛、东京辰已国际游泳馆、东京都江户东京博物馆、东京都立川地区防灾中心、东京都立多摩社会教育会馆和东京都埋藏文物调查中心等14个场所。

7.2 新潟县的地区防灾规划

7.2.1 新潟县的概况

1. 新潟县地形特征

新潟县境内及周边地区，山岳叠嶂相连，海拔1500～3000m。在阿贺野河、信浓河山脉的下游地区，有沿日本海区域最辽阔的新潟平原，在鲭石河下游有柏崎平原，关河下游有高田平原开阔延伸，县内其他区域几乎全属山地地形。这里的平原中，距海边近的区域反映出海滨平原的特性，可以考虑到大量的砂土地层遭遇地震时会发生可怕的砂土液化现象。还应考虑位于沙丘地背面的低洼湿地，其不稳定的地层会造成地基下沉现象，也是导致建筑物灾害的主要原因。

县境内及邻近地区的山地海拔较高，还有深陡的山谷、脆弱的植被等相互作用，造成大量的水土流失。还要考虑到中越、上越地区是全国最严重的滑坡地区，这里遍布由山体岩体间流出的溪流，这里的山地常由于地震引发滑坡、泥石流及松散层垮塌等地质灾害。另外，佐渡岛的北面有主峰，为金北山的大佐渡山脉；南面有小佐渡山脉，呈大致平行的分布；中间展开为国仲平原。

2. 新潟地区的地质概况

根据地质特征的不同，县内可以分为东部、中部、西部三个区域。东部区域，自村上到新发田、小出，进而沿渔野河到苗场山围成的区域内，是以沉积岩与花岗岩类为主的地质岩层。中部区域，从东部区域的边界起，位于糸鱼川—静冈构造带之间的区域。该区域内，主要分布有晚第三纪、第四纪地层，从津川组到寺泊组、椎谷组、西山组，此外还有火山岩类等。西部区域，在糸鱼川—静冈构造带两侧，广泛分布有中生代地层、古生代地层，其他还能见到相川组系列和第四纪火山岩类。

7.2.2 居民避难计划

7.2.2.1 基本方针

发生地震时，除了由于海啸、地震引起的次生灾害以外，行政机关一般不能及时发布避难指令。因此，居民要根据个人的判断，在地震发生的第一时间内立即离开危险建筑物或场所，为维护自身安全进行避难。

县政府应请求相关机构的协助，利用直升机等运输工具将处于危险状态的居民运出。

一、各主体的责任与义务

1. 县居民

（1）作为自身的责任，应确保自己和受保护人的安全。

（2）防止火灾的发生，起火时应立即进行初期灭火。

（3）确认家庭成员和邻里的安全与否，协助开展救助活动。

（4）避难时，应大声召集邻近居所的人员进行集体行动。

（5）在政府开设的避难场所以外的场所避难时，应就避难地点与市町村政府进行联系。

2. 企、事业单位等

（1）在一些使用人数不定的设施中，对使用人员进行适当的避难引导。

（2）根据情况，提供用于紧急避难的设施。

（3）协助邻近居民开展救助活动。

3. 市町村政府

（1）地震后迅速开设避难场所，接收避难人员。

（2）确认避难场所以外的避难人员的状况。

（3）当面临发生次生灾害（海啸、洪水、泥石流、雪崩、火势蔓延、危化品的泄漏等）危险时，迅速指示或劝告该地区居民进行避难。

4. 县政府

（1）收集、汇总有助于避难判断的信息情报，如

震级信息、海啸信息等，并随时向市町村政府提供，在灾情判断方面进行技术性支援。

（2）以前面所述的信息收集、提供行动为基础，推进危机管理防灾中心（临时名称）的全面建设，并确立向市町村政府提供信息情报的支援体系。

（3）汇总市町村的受灾信息与避难信息的发布情况，在向总务省消防厅报告的同时，通过媒体机构、县政府网站的主页进行公示。

（4）为了运送或救助避难的居民，知事以市町村政府的请求和自身的职权为依据，可申请消防力量的广泛支援、派遣紧急消防援助队，或申请自卫队的灾害派遣和第九管区海上保安总部的协助等。

（5）为市町村政府开设、运转的避难场所提供设施、物资等必要支援。

（6）根据市町村长的支援请求，与北陆信越运输局、铁路企业之间进行协调，确保运送避难居民和紧急物资的车辆使用。

5. 县教育委员会

协助所辖的县立学校作为避难场所使用。

6. 县警察

（1）协助确保居民在避难途中的安全。

（2）根据需要，申请出动其他地区的紧急援助队，输送或救助避难居民。

二、行动协调

市町村灾害对策总部、县灾害对策总部等。

三、预期目标

通过提供避难指示、劝告和确切的信息情报，防止次生灾害带来的伤害。防止在灾害时发生重点援助人员延迟逃生的情况。

7.2.2.2 对灾害时重点援助人员的照顾

（1）对于受信息传送和避难行动制约的重点援助人员，在邻近居民或自主防灾组织等的协助下，转移至安全场所。

（2）市町村政府以预先制订的"对灾害时重点援

助人员的避难支援计划"为依据，在消防、警察、自主防灾组织、民生委员、看护企业等相关人员等的协助下，引导重点援助人员进行避难。另外，还应注意清点是否有信息传送遗漏的情况以及是否遗留有不能自行避难的重点援助人员。

（3）市町村政府应注意在避难场所对其提供必要的照顾。

（4）县政府对避难后的重点援助人员的照顾包括提供接收设施、派遣人员、支援市町村政府相关措施等。

7.2.3 道路、桥梁、隧道等的应急对策

7.2.3.1 总体规划

要确保地震发生时的道路、桥梁通行能力，地震发生后应立即进行抢修活动，对火灾等二次灾害的处理、水及食品紧急物资的运送等具有极其重要的意义。

管理道路的相关机构、团体迅速并且准确地掌握设施的受灾情况，开展应急抢修工作，确保道路、桥梁的通行能力。

7.2.3.2 道路的应急对策内容

一、掌握受灾情况

作为道路管理者的东日本高速道路（株）、国土交通省、新潟县以及市町村除了立即对道路实施巡逻监控外，还要通过从灾难时援助业务协定企业处采用各种可能的方法获取信息，不仅仅收集有关受灾地点、受灾情况等信息，还要收集有关道路中断导致的交通受阻情况、对周边道路交通的影响等信息（图7-4）。特别优先收集被指定为紧急运送通道的路线情况信息。

二、采取交通管制等紧急措施以及发布信息

1. 采取交通管制等紧急措施

为了确保道路使用者的安全，在县警察总部以及相关机构的协助下对受灾地点、路段采取必要的交通管制等紧急措施。另外，与相关机构协调，选定绕行

路线，通过引导等措施尽量确保道路通行。

2. 发布道路信息

取得日本道路交通信息中心、媒体的协助，使用道路信息提示板、网站等向地区居民、相关机构发布交通管制与绕行信息。

三、设施的紧急检查

对桥梁、隧道等主要结构以及异常天气情况下实行事先交通管制的路段（有可能发生山体滑坡、落石等危险的地段）进行紧急检查。

四、道路疏通

（1）各道路管理者联络协调后优先对接近防灾地点的紧急运送道路采取道路疏通等紧急措施。

（2）一边与相关机构协调，一边通过清除路面障碍物、简易应急修复作业等对道路进行疏通。另外，根据受灾情况有必要由自卫队派遣援助部队时，委托知事发出援助请求。

（3）以疏通道路为原则，确保两车道通行。根据受灾情况不得已时可开启部分单车道，但是必须为车辆通行采取充分的安全保障措施。

图7-4 新潟县区域交通分布图

（4）道路管理者根据情况与警察、消防机构、自卫队灾害派遣部队等互相协作，采取必要的措施清除道路上的障碍物。

五、应急抢修

在疏通道路之后，紧接着以恢复紧急运送道路的通行能力为优先，迅速开展应急抢修工作。另外，充分考虑解决重要设施的交通受阻等问题。

六、发布道路信息

取得日本道路交通信息中心、媒体的协助，使用道路信息显示板、网站等向地区居民、相关机构发布相关道路信息。

7.2.4　供水及自来水设施的应急对策

发生地震灾害时，确保饮用水以及生活用水的供应，对维持受灾者生命及安定人心有极其重要的意义。

为了迅速将饮用水供给灾民，尽量快速恢复供水机能而采取必要的措施。向县居民宣传应急供水方法、修复计划、饮用水卫生等，尽量消除县居民的不安。

市町村的受灾状况基本由市町村向媒体发布，全部受灾情况由县向媒体发布。

一、各主体的责任和义务

1. 自来水企业的责任和义务

采取必要措施迅速恢复供水。根据情况与自来水企业等密切联系，建立应急机制。

2. 市町村的责任和义务

与自来水企业取得联系，确切掌握市町村整体受

灾情况，采取必要措施供应饮用水。

3. 县的责任和义务

进行信息联络协调、综合指挥以及向相关机构发出援助请求，帮助受灾市町村推动应急对策工作顺利实施。

4. 县民的责任和义务

根据受灾情况，从地震发生到预计开始应急供水的大致3天内，尽量用自备水解决必要的饮用水问题。

二、达到的目标（应急供水目标水量）

确保地震发生起3天内每人每天3L，一周内20～30L，2周内30～40L的供水量，大致1个月内每户各设置1个供水龙头（完成应急修复），此后尽量快速地恢复受灾前的供水水平，应急供水目标水量见表7-1。

三、灾难重点救助人员的供水

在为灾难重点救助对象供水时，应当通过志愿者活动与居民相互协调机制，细致、有针对性地供水。

7.2.5　建设用地的应急安全性评价计划

7.2.5.1　各主体的责任和义务

一、受灾建设用地危险度判定师（以下简称为"住建地判定师"）的责任和义务

（1）住建地判定师要努力掌握和熟悉与危险度判定相关的知识。

（2）住建地判定师为了顺利实施危险度判定，要尽力协助县及市町村进行机制调整。

二、市町村的责任和义务

（1）市町村长在大地震等灾害发生后，基于有关

应急供水目标水量 表7-1

地震发生起的天数	目标水量	用途
地震发生1~3天	每人每天3L	维持生命所必需的饮用水
1周之内	每人每天20~30L	做饭、洗脸等最低生活用水量
2周之内	每人每天30~40L	确保生活用水
大概1个月之内	每户1个供水龙头	

建设用地受灾的信息决定实施危险度判定。

（2）市町村长决定实施危险度判定的情况下，选定作为危险度判定对象的区域以及建设用地。

（3）市町村长根据受灾的规模认为有必要时，就危险度判定的实施向知事请求援助。

（4）市町村长在建设用地判定师的协助下实施危险度判定。

（5）市町村长为了防止二次受灾或减轻受灾度，采取将危险度判定的结果标注在该建设用地上等必要措施。

三、县的责任和义务

（1）县在市町村的协助下致力于培养住建地判定师，通过开设学习班等方式进行培养。

（2）知事接到市町村长的援助请求后，采取请求住建地判定师协助等援助措施。

（3）对于受灾的规模等情况，在市町村无法开展有关危险度判定的相关工作时，知事就危险度判定的实施采取必要的援助措施。

（4）知事接到市町村长的援助请求后，根据受灾的规模等情况判断有必要时，就危险度判定的实施向国土交通省或者其他都道府县的知事请求援助。

（5）知事接到其他都道府县知事就实施危险度判定发出的援助请求时，采取派遣住建地判定师等援助措施。

四、国土交通省的责任和义务

国土交通省收到县发出的有关派遣住建地判定师的协调要求时，或者受灾规模极大、范围极广认为有必要由更多都道府县给予援助时，对都道府县间的住建地判定师等进行协调，一并向都市再生机构要求派遣住建地判定师。

7.2.5.2 行动协调

县灾害对策总部、市町村灾害对策总部。

7.2.5.3 预期目标

一、实施的决定

（1）市町村长基于建设用地受灾的相关信息，大

致在24h内决定实施危险度判定。

（2）知事根据受灾规模等情况在市町村无法开展有关危险度判定的相关工作时，大致在24h内就危险度判定的实施采取必要的援助措施。

二、决定作为实施对象的区域以及建设用地

市町村长在决定实施危险度判定的情况下，大致在72h以内指定作为危险度判定对象的区域以及建设用地。

三、实施机制的调整

（1）市町村长在实施危险度判定时，大致在72h内对要求住建地判定师协助等实施机制进行调整。

（2）知事收到市町村长发出的援助请求后，大致在72h内采取要求住建地判定师协助等。

四、危险度判定的实施

市町村长调整实施机制后迅速在住建地判定师的协助下实施危险度判定。

7.3 上里町的防灾规划

7.3.1 上里町概况

上里町位于东经139°8'，北纬36°14'，埼玉县的最北端。东西6km，南北5.5km，总面积29.21km²，上里町南部海拔85m，北部海拔50m。町内地形较为平坦。上里町境内有神川断层，平井坚断层通过。整个地区砂土液化的可能性较低（图7-5）。

7.3.2 建筑物的应急危险度判定计划

一、总体规划

地震发生后，迅速实施受灾建筑物危险程度判定，防止余震等引起受灾建筑物倒塌、部分脱落造成二次灾害，以确保居民的安全。基于全国受灾建筑物应急危险度判定协会（以下简称为"协会"）制定的受灾建筑物

图7-5　上里町砂土液化分析图

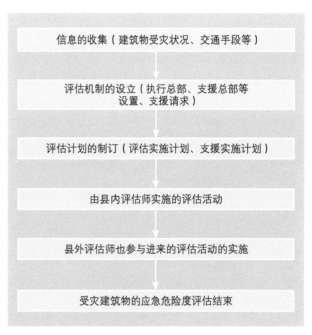

图7-6　建筑物受灾判定流程图

应急危险度判定纲要以及行业指南实施判定活动。

1. 各主体的责任和义务

1）县居民及企业的责任和义务

理解应急危险度判定的目的，在受灾建筑物的使用中根据判定结果尽力防止余震等造成二次受灾。

2）市町村的责任和义务

（1）收集地震发生时的受灾情况等信息，决定是否要实施应急危险度判定。

（2）成立应急危险度判定实施总部，实施判定。

（3）对受灾者广泛宣传应急危险度判定的实施。

（4）依靠自己的力量无法实施应急危险度判定时，向县里请求支援。

（5）统计判定结果后向县里报告。

2. 应急危险度判定师的责任和义务

（1）协助提供地震发生时的受灾情况等信息。

（2）协助面向判定师的信息联络。

（3）根据实施总部以及支援总部的要求进行应急危险度判定。

二、行动协调

行动由市町村（实施总部）、协会（支援总部）、国

土交通省（支援调整总部）、建筑师会、应急危险度判定师共同协调。

三、业务流程

见图7-6。

7.3.3　电力供给应急对策

一、总体规划

电力供给机关在灾难发生时确保电力线路安全，同时为了防止居民遭受电力导致的灾害而迅速、适当地对故障进行排除和修复。

二、修复行动组织体系

1. 人员配备机制

对策总部（联络室）领导人在宣布实施防灾机制后，直接按照事先制订的应急人员方案进行人员配备。在考虑到夜晚、休息日等紧急集合以及交通、通信中断的情况下，针对人员召集、调度、集合方式、出动方法等进行商定，组成适当的行动组织、防灾机制如表7-2所示。

防灾机制　　　　　　　表7-2

区分	非常事态形势
警戒机制	认为应当实施为灾害发生时准备的联络机制
第1非常机制	认为确实会发生灾害，应当准备好修复机制的情况，或者灾害已经发生，认为有必要实施第1非常机制的情况
第2非常机制	发生了大规模灾害，采取第1非常机制进行修复有困难的情况

但是，发生破坏程度达到烈度Ⅵ度的地震，自动进入第2非常机制时，应急人员和普通职员不再等待召集，而是参照《大地震发生时的行动指南》加入所属事务所组成应急对策组织。

如果受灾情况非常严重，仅依靠自身力量很难完成早期修复时，要向其他关联企业请求援助，确保人员的配备。为了尽量迅速地运送修复作业队以及修复器材，可向相关机构请求采取指定紧急通行车辆的措施。

2．通信确保

对策总部（联络室）在宣布实施防灾机制时，迅速在关联店所设置非常灾害专用电话线路。

3．受灾信息掌握和信息联络机制

各班组迅速、准确地了解掌握各个设备（发电所、变电站、输电线路、配电线路等）的受灾情况，通过通报联络途径向对策总部进行汇报，总部将获得的信息汇集起来向相关机构汇报。

三、应急对策

1．维修器材的确保

（1）对策总部（联络室）班长确认备用器材等的库存量，确保器材在需要调配时能快速到位。

（2）本公司在运送救灾用器材时有困难的，可采取使用车辆、船舶、直升机等各种可能的搬运手段进行运送。

（3）灾难时当紧急需要放置维修器材场所、临时用地、搬运器材有困难时，可向当地自治体灾害对策总部请求援助。

2．灾难时的危险预防措施

即使在发生灾难时，原则上也要保证持续供电。但是如果预见到将有二次受灾发生的危险，收到市町村、县、警察、消防机构发出的警报时，可采取停电等防止危险发生的措施。

3．电力线路的疏通

参照和各电力公司缔结的《全国融通电力受给契约》以及和邻接东北电力的各电力公司缔结的《二社融通电力需给契约》紧急疏通电力。

4．应急工程

应考虑与永久修复工程的关联，迅速、适当地实施灾难时应急工程。在需要紧急修复的地方使用电源车、高压电缆车、临时变压器车等进行早期供电。

四、修缮计划

修缮计划的制订以医院、公共机关、大范围避难场所等为优先，具体的修缮计划与国家、县以及市町村的灾害对策总部联合制订。

五、大范围援助机制

在修复行动中，对其他电力公司发出援助请求或者派遣请求时，参照电力公司间签署的《灾害修缮纲要》。另外，参照《有关非常灾害修缮的协定》，委托关联工程公司对修复行动进行支援。

7.3.4 消防行动计划

一、总体规划

由于住宅倒塌而引发多处火灾时，通过居民早期救火行动防止火势的蔓延，并通过消防机构等迅速、有效的救火行动以及以增强消防能力为目的的支援请求等措施，防止灾害的进一步扩大。

1．基本方针

（1）发生地震时，县居民（各家庭、企业、学校、事业单位等）在进行家庭或工作场所的防火和早期救火活动的同时，必须迅速通知消防机关。

（2）消防团在消防长或消防署长的统筹安排下进行防灾救火行动。

（3）在发生火灾时，消防总部与消防团等共同开展适当的救火行动。当自身的消防力量不足时，根据需要，依据县广域消防互助协定迅速提出支援请求，或向紧急消防救援队发出支援请求。

（4）当寻求其他地区的消防支援时，作为紧急消防救援队、县消防机构代表的县消防局，应与受灾地区消防总部和县政府共同协作进行应对。

（5）由地震而引发大规模火灾时，县政府收集受灾市町村的受灾情况及消防行动情况，并向相关机构申请支援，力求能够迅速展开多方消防行动。

2．对重点援助人员的照顾

受灾时，邻近居民、自主防灾组织、消防团、志愿者组织、设施管理人员等，应积极防止重点援助人员的住宅、设施等起火。当火灾发生时，在确保自身安全的同时，积极进行早期救火行动。

二、市町村区域防灾计划中的规定事项

1．消防体制的确立

2．火灾防御行动计划

3．自主防灾组织的作用

4．消防团行动计划

5．支援请求

6．接受其他防灾机构的体制

第8章 国内城市抗震防灾规划案例

我国自1978年提出要编制城市抗震防灾规划以来，多数城市都完成了城市抗震防灾规划的编制，对保障城市抗震防灾安全起到了很好的成效。随着我国城市化的推进，城市发展过程中在防灾方面出现了许多新的问题，相应的抗震防灾研究也取得了新的进展。近些年来，尤其是《城市抗震防灾规划管理规定》（建设部117号令）颁布以来，全国各地又掀起了新一轮城市抗震防灾规划的编制工作，优秀的城市抗震防灾规划的案例为数不少。本章将重点针对近些年在抗震防灾规划中拓展的新的内容进行介绍。

8.1 防灾空间规划案例——以海口市为例[144]

8.1.1 城市抗震防灾现状

该城市是全国地震重点监视防御区，位于地震基本烈度Ⅷ度区，是我国抗震设防烈度较高的城市之一。另外，该城市地震灾害防御能力仍存在薄弱环节：旧城区及城市中存在的成片的老旧民房由于建设年代比较久远，房屋建筑的抗震能力较差，图8-1所示为该城市房屋建筑潜在的抗震防灾薄弱区分布示意图，可以看出，该市存在为数不少的房屋抗震薄弱区，是需要引起重视的重点区域；该市市区内存在大量加油加气站、液化气罐和液化气站等地震次生火灾和爆炸的潜在危险源；交通系统中，旧城区和城乡结合部的部分支路存在过于狭窄的问题，不利于震后救灾工作的开展；供水系统在旧城区存在一些老旧管道抗震能力较差的问题。

可以看出，该城市在防御地震灾害方面尚存在不足之处，一旦遭遇到中强地震，可能会有较大的破坏，需要编制城市抗震防灾规划。

8.1.2 城市总体规划概况

该城市下辖4个区，在《海口市城市总体规划（2005—2020年）》中确定了主城区城市建设用地发展的空间布局结构是带状组团式。在总体空间发展策略上，要遵循"中强、西拓、东优、南控"的发展原则。将城市主城区划分为三个组团，主城区用地空间布局上，形成了"一个中心、两个组团"的用地布局结构。总体规划中确定的建设规模为近期主城区建设用地123.6km²，常住人口控制在129万以内；远期主城区建设用地209.4km²，常住人口控制在175万以内。其规划布局结构如图8-2所示。

图8-1　建筑物抗震薄弱区分布

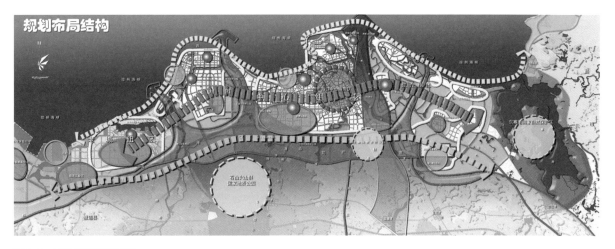

图8-2　城市规划布局结构

8.1.3 抗震防灾空间布局

根据该城市地震灾害风险现状和城市总体规划的布局要求，为了使城市达到应对不同规模地震灾害的影响后的抗震救灾功能，构建了该市的城市抗震防灾空间结构，并基于此进行了各类防灾空间的配置。

一、城市抗震防灾空间结构

根据该市的实际情况，共划分为6个防灾组团和30个疏散生活分区。组团的划分主要结合城市自身的特点，综合考虑抗震救灾工作便于管理与实施，分区界限结合行政区划、道路、河流及绿化情况综合考虑。疏散生活分区划分主要考虑城市总体规划中消防站、行政街道、医疗卫生机构、绿地、广场的分布，以河流、城市快速路、主干道作为边界进行划分。图8-3所示为按照上述原则划分的城市抗震防灾空间的防灾空间结构示意图。

二、防止次生灾害蔓延带

按照图8-3所示建立的城市抗震防灾空间结构，各防灾组团的分界线主要为宽度较大的高等级城市快速路、主干道及天然存在的江河等，这些作为组团分界线宽度均大于50m，可以满足防灾组团防止次生灾

害蔓延带"宽度应不低于40m，平均宽度50~60m"的基本要求，所以不需要再重新增设防灾组团的防止次生灾害蔓延带。

三、道路空间规划

城市交通系统不仅仅是满足城市日常交通的需要，还是城市抗震防灾的必要依托。1991年美国洛杉矶发生地震时，由于政府反应迅速、决策正确，因而有效地降低了地震造成的各项损失，其中的紧急交通控制与管理系统和交通信息系统对预防和消除交通拥堵，特别是保障救灾道路的畅通，起到了十分重要的作用。地震发生后，不同等级和材料的道路、公路桥、铁路桥和路边建筑物等，其抗震能力各不相同，破坏情况也不尽相同，但这其中的任一环节出现问题都有可能导致整条交通线路的瘫痪。由于该城市的地理位置及地势原因，市内大小河流分布密集，为了加强市内各地区的交通联系，城市内部设有比较多的跨河桥梁，是交通系统中的关键节点。

为了实现既定的城市抗震救灾功能目标，保证城市震后抗震救灾队伍、物资等的进入及灾民有效疏散等功能的实现，按照道路系统防灾等级的划分，结合

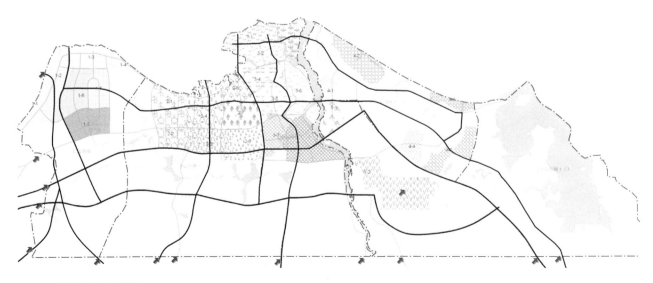

图8-3 抗震防灾空间结构

该城市总体规划进行了道路空间的布局，所布局的三级疏散道路见图8-4所示。其中，救灾干道的布局不仅考虑了道路等级、宽度等的要求，而且考虑了空间分布上的均匀性，并且是与城市出入口紧密联系的道路，作为城市震后对外联系的关键通道。另外，对于位于救灾干道及疏散主干道上的关键桥梁需要在震前加强抗震鉴定与监测。

四、供水空间规划

结合该城市供水系统专项规划，从保证城市抗震救灾功能角度考虑，按照供水系统防灾分级及配置标准的要求，进行了供水空间规划，构建的城市防灾关键管网分布图如图8-5所示。从图中可以看出，关键管网主要包括与水厂、避震疏散场所等连接的关键管线，对这类管线在震前应加强监测与改造。

五、避难空间规划

对于该城市来说，可以作为避震疏散的场所包括公园、广场、体育场、停车场、空地、各类绿地等。通过对该城市的公园、广场和空旷场地的调查，并利用GIS强大的空间数据处理和分析能力筛选出了现状可能用作避震疏散的场所。统计各个防灾分区中的建筑物现

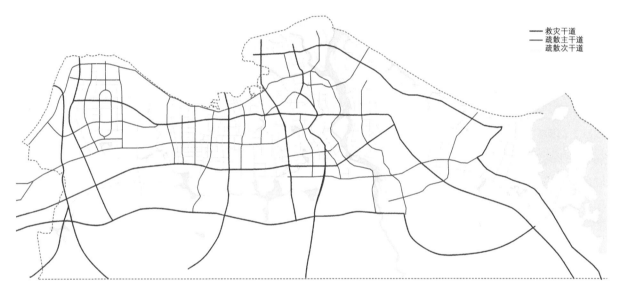

图8-4　交通系统规划图

图8-5　防灾关键管网分布图

图8-6 避震疏散场所规划

状及人员情况，根据对建筑物易损性的分析结果和人口的分布情况，可以估算出各个防灾分区中在遭遇不同烈度地震影响后需要进行短期与中长期疏散的人员数量。据此，根据各级避震疏散场所的人均避难面积要求指标，可以确定各个防灾分区的疏散场所是否满足要求。

根据上述方法，计算评估发现该城市大多数区域疏散场所面积能够满足避震疏散要求，但也有部分区域在遭受地震影响后避震疏散场所面积不能满足民众疏散要求。由此进行了避震疏散场所空间的规划，并建议了中心疏散场所的设置建议。其分布见图8-6所示。

8.2 防灾避难绿地规划——以泗洪县为例[145]

8.2.1 项目背景

泗洪县位于苏北平原西部，西连泗县，东望泗阳，南与滁州明光市接壤。地理坐标为北纬33°08′~33°44′，东经117°56′~118°46′。泗洪县地质构造主要为断裂构造，由新华夏系和北西向断裂构造组成，主要

构造有：①郯庐断裂带：在县城西沿北东10°左右方向通过，由四条断裂组成，宽度在本县约16km，其中有两条穿越泗洪县，分别为东界断裂和大红山—紫阳山断裂。②淮阴断裂：由潘村经鲍集入洪泽湖，经淮阴到响水口入黄海。该断裂北侧为华北地层区，南侧为扬子地层区。③北西向断裂（F6）：北西向断裂由于切穿郯庐带，具有新构造运动的性质。综上所述，泗洪县地震活动水平在我国属于高等，历来为地震界所关注。

据《泗洪县志》记载，泗洪境内历史上未发生过5.0级（MS）以上地震，受外域地震影响最大的一次是1668年的山东郯城—莒县8.5级大地震，造成泗洪惨重的人员伤亡和经济损失。自1949年以来，泗洪境内发生过10次小地震，最大震级3.7级，外域发生的对泗洪有感地震9次。泗洪县位于《中国地震动参数区划图》GB 18306—2001地震动峰值加速度0.15g区域，抗震设防烈度为Ⅶ度。

为了提高泗洪县的应急救灾能力和灾后安置能力，指导泗洪县防灾避难疏散场所的建设，保障灾后灾民快速有序地疏散、减少人员伤亡，特对避难绿地进行规划。城市防灾避难绿地是指利用城市公园绿地、广

场等场地，经过科学的规划建设与规范化管理，为社区居民提供安全避难、基本生活保障及救援、指挥的场所。它是国际社会应对突发性事件的一项灾民安置措施，同时也是现代化大城市用于民众躲避地震、火灾、爆炸、洪水等重大自然灾害的安全避难场所。

泗洪县中心城区北到黄河西路，南到S245省道，西到新扬高速，东到泰山南路，总面积70km²。中心城区人口：近期（2015年）城市人口规模27万～30万人；远期（2030年）城市人口规模50万人。

8.2.2 防灾分区的确定

根据泗洪县总体规划确定的空间格局与发展方向，结合泗洪县天然和人工景观的现状，考虑应急救灾的需要，对泗洪县中心城区进行了空间格局的划分。共划分为3个一级防灾分区和9个二级防灾分区（图8-7、表8-1）。

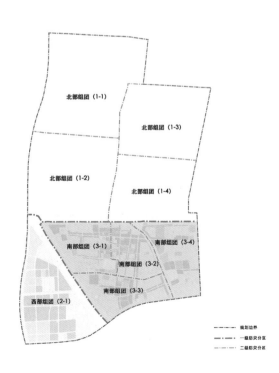

图8-7 泗洪县防灾分区

泗洪县防灾分区划分基本数据表 表8-1

序号	一级防灾分区名称	规划人口（万）	面积（km²）	二级防灾分区数
1	北部组团	23	43.06	4
2	西部组团	3	9.81	1
3	南部组团	24	17.61	4
合计		50	70.48	9

8.2.3 防灾避难功能面积估计

防灾避难场所的类型分为社区级防灾避难场所、区级防灾避难场所、市级防灾避难场所。

市级防灾避难场所规模的制定主要根据本地区的灾害预测破坏程度以及城市的总人口规模，参照《泗洪县县城总体规划（2010—2030年）》中规划中心城区人口为50万人，按功能需求配置（表8-2）。

市/县级防灾避难场所规模需求 表8-2

类型	指挥场所	医疗救护场所	物资储备场所	合计
规模	5hm²	10hm²	5hm²	20hm²

根据城市现状与规划发展情况综合确定，对于已建成区根据各分区建筑物的震害评估结果计算。同时，区级防灾避难人均指标建成区按3.0m²/人，规划区按3.5m²/人计算，从而得到每个二级防灾分区的区级防灾避难场所的面积需求（表8-3）。

社区级防灾避难场所是灾害发生时最有效的避难方式，所有人员都需要紧急疏散。紧急避震场所除已经规划的区级避难场所可以兼做外，还可以利用社区公园、街头绿地、小广场、空地等。高密度的商业、办公区和老新村，可利用的避难空间资源紧缺，属于紧急避难困难区域，在这些区域应采用多种方式尽可能多地增加公共开放空间，通过城市更新增加绿地广场、停车场等场地，同时通过对人流密集的主要建筑进行抗震评估和防灾加固措施，提高建筑防灾能力，震时作为避难建筑，可有效增加紧急避难空间资源。社区级防灾避难场所按人均1m²估算面积（表8-4）。

区级防灾避难场所规模需求 表8-3

一级防灾分区	二级防灾分区	规划人口（万）	面积（km²）	属性	需疏散人数（万）	需疏散场地面积（m²）
北部组团	1-1	0	13.70	工业	0	0
	1-2	7.0	10.93	工业/居住	2.1（30%）	73500
	1-3	8.9	9.26	工业	2.67（30%）	93450
	1-4	7.1	7.81	工业、物流	3.195（45%）	111825
西部组团	2-1	3.0	9.8	居住/服务	0.9（30%）	31500
南部组团	3-1	6.6	4.42	居住/商办	3.3（50%）	99000
	3-2	6.4	3.37	工业	3.2（50%）	96000
	3-3	5.0	4.35	居住、工业	1.5（30%）	52500
	3-4	6.0	5.16	居住/服务	2.7（45%）	94500

社区级防灾避难场所规模需求 表8-4

一级防灾分区	二级防灾分区	规划人口（万）	面积（km²）	属性	需疏散人数	需疏散场地面积（m²）
北部组团	1-1	0	13.70	工业	0	0
	1-2	7.0	10.93	工业/居住	70000	70000
	1-3	8.9	9.26	工业	89000	89000
	1-4	7.1	7.81	工业、物流	71000	71000
西部组团	2-1	3.0	9.8	居住/服务	30000	30000
南部组团	3-1	6.6	4.42	居住/商办	66000	66000
	3-2	6.4	3.37	工业	64000	64000
	3-3	5.0	4.35	居住、工业	50000	50000
	3-4	6.0	5.16	居住/服务	60000	60000

8.2.4 现有避难空间调查与分析

泗洪县各分区的开敞空间　　表8-5

一级防灾分区	二级防灾分区	场所名称或位置	占地面积（m²）
北部组团	1-1	—	—
	1-2	第一实验中学	14691
		佳和新城	56697
		兴洪中学	14892
	1-3	拟建中学教学楼	9150
		拟建小学教学楼	5230
	1-4	濉河北侧公园	35309
		第三中学	11970
		古徐广场	121056
西部组团	2-1	—	—
南部组团	3-1	高新软件园南广场	16118
		汽车站旁绿地	20239
		泗洪商贸广场	11480
		阳光世纪花城公园	10453
		国家电网前绿地	10155
		文化大世界广场	10280
		江苏淮北中学	28625
		淮北革命纪念广场	34995
		新星中学城南分校小学部	6437
		博士园学校	11862
	3-2	濉河南侧绿地	65194
		泗洪县体育场	15520
		实验小学	7689
		体育南路西侧绿地	22876
		第四中学	7488
		二里坝小区公园	15035
		体育馆	6074
	3-3	新星中学	7621
	3-4	世纪公园	77805
		育才实验中学	15126

调查各防灾分区可利用的绿地、学校、空地等防灾避难空间，规划各层级防灾避难场所及其分布，从而形成合理的城市防灾避难系统，满足各防灾分区中各层级防灾避难的面积需求。绿地作为城市平常时期重要的功能场所，数量较多，规模较大，布局较均衡，需使用防灾避难功能适宜性评价体系对影响防灾避难功能正常发挥的各因素、各因子进行具体的分析，从而得出不同绿地地块的防灾避难适宜性高低，择优选取成为防灾避难绿地。相关研究指出，城市灾害发生时，第一阶段的避难场所为任何无倒塌的开敞空间均能作为避难使用；而第二阶段的避难场所须借助学校、公园、邻里中心、公共机关等公共设施的开敞空间进行短期避难生活和救援活动，以维持灾民基本及暂时的生活能力和提高城市的救灾效率。由此可见，作为短期避难生活的区级防灾避难场所和市级防灾避难场所是进行规划布置的重要内容。

通过查阅相关规划以及现场踏勘，选择出了泗洪县各个防灾分区内相对较平坦、面积较开阔可利用的开敞空间（表8-5）。通过比较发现，泗洪县的开敞性场所主要由城市绿地和学校组成，因城市绿地的开敞空间较大、复原性较大、灾时受破坏程度相对较小的优势，规划将从城市绿地中择优选取作为防灾避难场所。

8.2.5 城市绿地防灾适宜性评估

考虑到市级防灾避难场所需要的规模较大，拟从每一级分区中选取多处各方面条件较好的开敞空间进行适宜性评价，通过比较选择出了6处城市绿地，分别为佳和新城（图8-8）、濉河北侧公园（图8-9）、古徐广场（图8-10）、淮北革命纪念广场（图8-11）、濉河南侧公园（图8-12）、世纪公园（图8-13）。

分别对这6块绿地从地形地貌、场地防灾适宜性、次生灾害源影响程度、四周防火树林带和不燃物的长

图8-8　佳和新城

图8-9　潍河北侧公园

图8-10　古徐广场

图8-11　淮北革命纪念广场

图8-12　濉河南侧公园

图8-13　世纪公园

度、有效避难面积、内部道路系统、给水设施、供电设施、通信设施、物资设施、排水设施、厕所、直升机停机坪、停车场、对外出入口、外部交通环境、邻里应急设施、周围应急设施等方面进行具体评估，得出防灾避难适宜性评价表（表8-6）。

通过对各块绿地的防灾避难适宜性评价，古徐广场以"78.69"排第一位，说明相对于其他绿地来说，古徐广场最适宜成为防灾避难场所。考虑到古徐广场的有效面积不足以承担整个市级防灾避难面积的需

求，应从中再选择一部分绿地加以补充。为了利于灾后方便各防灾分区开展应急救灾活动，使市级救援资源分布较均衡，应以防灾分区为单位，保证每个一级防灾分区至少有1处。由此得出北部组团、南部组团的最适宜作为市级防灾避难场所为古徐广场、淮北革命纪念广场。如果总规模仍不能满足需求，可以依次从上往下逐个选取，直到满足市级防灾避难场所面积需求为止；同时，也可以新建市级防灾避难绿地，以达到城市防灾避难要求。

市/县级防灾避难绿地适宜性评价表　　表8-6

目标层	基本因素层	指标层	评分等级	佳和新城	濉河北侧公园	古徐广场	淮北革命纪念广场	濉河南侧公园	世纪公园
城市绿地防灾避难适宜性	场地安全性	地形地貌	"可利用的空间占总面积的比例60%以上"5.37分，"30%~60%"2.69分，"30%以下"0分	2.69	2.69	2.69	2.69	2.69	2.69
		场地防灾适宜性	"适宜"18.92分，"较适宜"9.46分，"有条件适宜"4.73分，"不适宜"0分	9.46	9.46	18.92	9.46	9.46	4.73
		次生灾害源影响程度	"基本没有影响"18.92分，"轻微影响"9.46分，"中等影响"4.73分，"严重影响"0分	18.92	4.73	18.92	18.92	4.73	4.73
		四周防火树林带、不燃物的长度	"80%以上"7.62分，"60%~80%"3.81分，"30%~60%"1.91分，"30%以下"0分	3.81	3.81	7.62	7.62	3.81	3.81
	场地空间布局	有效避难面积	"20hm²以上"11.34分，"5~20hm²"5.67分，"1~5hm²"2.84分，"1hm²以下"0分	2.84	2.84	2.84	2.84	2.84	2.84
		内部道路系统	"园路宽度大于6m以上"3.78分，"4~6m"1.89分，"小于4m"0分	1.89	3.78	3.78	1.89	1.89	1.89
	基础设施完整性	给水设施	"有3种以上（含3种）"7.26分，"有2种"3.63分，有"1种"1.82分，"没有"0分	1.82	3.63	1.82	1.82	3.63	3.63

续表

目标层	基本因素层	指标层	评分等级	佳和新城	濉河北侧公园	古徐广场	淮北革命纪念广场	濉河南侧公园	世纪公园
城市绿地防灾避难适宜性	基础设施完整性	供电设施	"有3种以上（含3种）" 5.49分，"有2种" 2.75分，有"1种" 1.37分，"没有" 0分	1.37	1.37	2.75	2.75	1.37	2.75
		通信设施	"有" 0.84分，"没有" 0分	0	0.84	0.84	0	0.84	0.84
		物资设施	"有" 0.95分，"没有" 0分	0.95	0.95	0.95	0.95	0.95	0.95
		排水设施	"有" 1.06分，"没有" 0分	1.06	1.06	1.06	1.06	1.06	1.06
		厕所	"有3种以上（含3种）" 3.91分，"有2种" 1.96分，"有1种" 0.98分，"没有" 0分	0.98	0.98	1.96	0.98	0.98	0.98
		直升机停机坪	"有" 1.56分，"没有" 0分	0	1.56	1.56	1.56	0	0
		停车场	"有" 2.26分，"没有" 0分	0	2.26	2.26	2.26	2.26	2.26
		对外出入口	"4个以上出入口（含4个）" 1.43分，"2～3个出入口" 0.72分，"1个出入口" 0分	0.72	0.72	1.43	0.72	1.43	0
		外部交通环境	"较好" 1.77分，"一般" 0.89分，"较差" 0分	0	0.89	1.77	1.77	0.89	1.77
	周边协调能力	邻里应急设施	"有" 5.64分，"没有" 0分	5.64	5.64	5.64	5.64	0	0
		周围应急设施	"有" 1.88分，"没有" 0分	0	1.88	1.88	1.88	1.88	1.88
合计				52.15	49.09	78.69	64.81	40.71	36.81

8.3 避震疏散道路规划——以无锡市为例[146]

避震疏散通道承担着诸如城市震后的应急救援、灾民疏散、物资运输以及次生火灾阻断等方面的防灾救灾必要功能。根据疏散通道在震后承担的不同功能，需要在规划中给予安排并制订相应的抗震防灾措施。

8.3.1 防灾分级

按照城市防灾空间骨干网络的布局要求，城市防

灾空间道路划分为四级：

救灾干道：城市进行抗震救灾的对内对外交通主干道，为城市防灾组团分割的防灾主轴，通常需要考虑城市应急救灾的需要设置应急备用地，需要考虑超过巨灾影响的可通行。

疏散主干道：连接城市中心疏散场所、指挥中心、一、二级救灾据点以及疏散生活分区等的城市主干道，构成城市防灾骨干网络，需要考虑大灾影响的安全通行。

疏散次干道：城市防灾骨干网络内部连接固定疏

散场所、大型居住组团或居住区、三级防灾分区所依托的救灾据点的城市主、次干道，需要考虑中灾情况下的疏散通行和大灾情况下的次生灾害蔓延阻止。

疏散通道：城市居民聚集区与城市救灾据点的连接通道；疏散通道可主要由城市详细规划设计考虑中震情况下的疏散通行对小区内部及周边道路进行设计安排，但在总体规划中应考虑其宽度和用地控制。

8.3.2 无锡市交通系统现状

1. 市域公路

截至2008年年底，无锡市域公路通车总里程达到7446km（包括村道），公路网密度达到155.53km/100km²，高速公路网密度达到5.01km/100km²。无锡市域公路已形成较为完善的体系，国省干道道路网络已基本提升为一级公路（表8-7）。

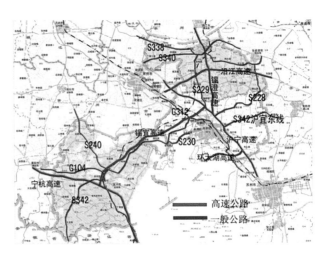

图8-14 市域干线公路网现状图

高速公路：沪宁高速、锡澄高速、沿江高速、锡宜高速、宁杭高速、环太湖高速。

一级公路：G312（沪霍线）、G104（京福线）、S228（锡张线）、S229（盐锡线）、S230（环湖线）、S240（金宜线）、S338（浏张镇线）、S340（张常溧线）、S342（虞锡线）。

2. 市区道路整体

城市道路网整体格局：无锡市区道路网络现状布局结构基本呈"环状放射形 + 方格网状"形态，内环以及凤翔路、通江大道、机场路、金城东路、蠡湖大道等快速路已建成或正在实施中，"二环十射"的快速路骨架雏形已基本成形。主城区干道级路网分布较密，并以解放环路为中心，向外呈放射状分布，与快速路共同构成无锡市区的骨架路网。除了中心城区路网较为完善外，外围的东亭地区、新区、太湖新城、惠山新城等地区干道网络也已形成，受山体、河流及高速公路建设影响，各片区道路网呈现一定的方格网状形态。

城市道路网等级结构：无锡市区现状路网结构除解放环路内核心区相对比较完善以外，其他地区的道路网络以交通功能较强的主干道为主，次干道及支路等级道路较为匮乏（表8-8）。

市域公路统计表　　表8-7

道路行政等级	里程（km）	公路等级	里程（km）
国道	236	高速公路	240
省道	505	一级公路	548
县道	1413	二级公路	1801
乡道	2587	三级公路	1607
村道	2703	四级公路	3183
—	—	等外	67
公路总里程（km）		7446	

现状无锡市域主干公路网主要为联系上海、南京方向和联系浙江、常熟方向的"干"字形路网布局，承担了大量出入境及过境交通。该公路网布局与无锡"两横一纵"的"干"字形城镇发展轴基本一致，加强了无锡市区与周边县市及市区内部城镇之间的联系。

无锡市域主要干线公路（图8-14）有：

无锡市区现状城市道路指标				表8-8	
	快速路	主干道	次干道	支路	总计
路网长度（km）	59.91	650.8	409.57	1254.9	2375.18
路网密度（km/km²）	0.09	0.97	0.61	1.88	3.55

无锡市区现状主要道路（图8-15）有：

快速路：青祁路、蠡湖大道、江海路、机场路、金城路、金城东路、凤翔路、通江大道。

主干道：中山路、人民路、解放环路、县前街、学前街、学前东路、清扬路、太湖大道、湖滨路、五爱路、梁清路、梁溪路、红星路、运河东路、运河西路、惠河路、盛岸路、兴源路、锡澄路、春申路、广石路、惠山大道、广益路、锡沪路、华厦路、东亭路、友谊路、团结大道、春晖路、春笋路、锡东大道、薛典路、春阳路、锡士路、锡兴路、春华路、新光路、旺庄路、新洲路、新华路、雪梅路、高浪路、新锡路、周新路、吴越路、震泽路、具区路、五湖大道、立信大道、贡湖大道、南湖大道、华清大道、

图8-15 无锡市区道路现状图

菱湖大道、蠡溪路、鸿桥路、梁湖路、西环路、钱荣路、惠澄路、钱皋路、政和大道、金惠路、洛南大道。

8.3.3 应急通道设置

1. 疏散通道技术指标与要求

（1）宽度指标：城市疏散道路应保证两侧建筑物倒塌堆积后的通行，若道路两旁有宜散落、崩塌危险的边坡、地震中易破坏的非结构物和构件，应及时排除，抗震有效宽度应满足以下要求：救灾干道不小于15m；疏散主干道不小于7m；疏散次干道和疏散通道不小于4m。

（2）通行保障指标：提高道路上桥梁的抗震性能，尤其是跨河桥梁的抗震性能，采取防落梁措施，保证震后道路通行。

（3）对外通道指标：无锡市城市出入口应保证地震时外部救援和抗震救灾的要求，不应少于8个。城市出入口空间分布宜均匀，便于与周边地区的救灾联系。

2. 疏散通道工程设防要求

1）建筑物设防要求

（1）按照特殊设防类进行设防的工程主要包括硕放机场航管楼。

（2）按照重点设防类进行设防的工程主要包括：①铁路建筑中，高速铁路、客运专线（含城际铁路）、客货共线Ⅰ、Ⅱ级干线和货运专线的铁路枢纽的行车调度、运转、通信、信号、供电、供水建筑，以及特大型站和最高聚集人数很多的大型站的客运候车楼。②公路建筑中，高速公路、一级公路、一级汽车客运站和公路监控室，一级长途汽车站客运候车楼。③水运建筑中，水运通信和导航等重要设施的建筑，国家重要客运站，海难救助打捞等部门的重要建筑。④空运建筑中，硕放机场航空站楼、大型机库，以及通信、供电、供热、供水、供气、

供油的建筑。

2）桥梁设防要求

（1）按照A类设防要求进行建设的桥梁主要包括与城市出入口连接的桥梁、位于救灾干道上的桥梁、跨越水上救灾通道及河湖的大跨度桥梁。

（2）按照B类设防要求进行建设的桥梁主要包括位于疏散次干道上的桥梁。

3. 应急通道放置

结合无锡市实际情况，应急通道包括空中、陆上和水上通道三个方面（图8-16）。

（1）空中通道：通过硕放机场以及在中心疏散场所规划建设的应急直升机停机坪。

（2）陆上通道：依托城市现状和规划道路设置救灾干道、疏散主干道、疏散次干道（路名略）。

（3）水上通道：无锡水网密布，水运发达，利用航道作为应急救灾通道，是对陆上救灾通道的重要补充，可以满足部分大宗物资的运输以及路上交通暂时难以到达的地方应急救灾支援的需要。水上救灾通道除满足相应航道等级通航要求外，还需对桥梁进行抗震性能评价，保证在相应地震烈度下桥梁不会坍塌影响船只通行（河道名称略）。

8.4 广场防灾避难绿地设计——以泗洪县古徐广场为例[147]

根据对泗洪县古徐防灾避难广场的规划，以实现救灾过程中的指挥功能、医疗救护功能、区级避难功能和区级物资储备功能。

该广场以绿化为主，绿化面积约8.5hm²，占总面积的71%；硬地面积（含道路）约3hm²，占总面积的24.8%；水体面积约0.2hm²，占总面积的1.7%；建筑占地面积约3408m²，占总面积的2.5%，主要为劳动局、环保局和厕所（图8-17、图8-18、表8-9）。

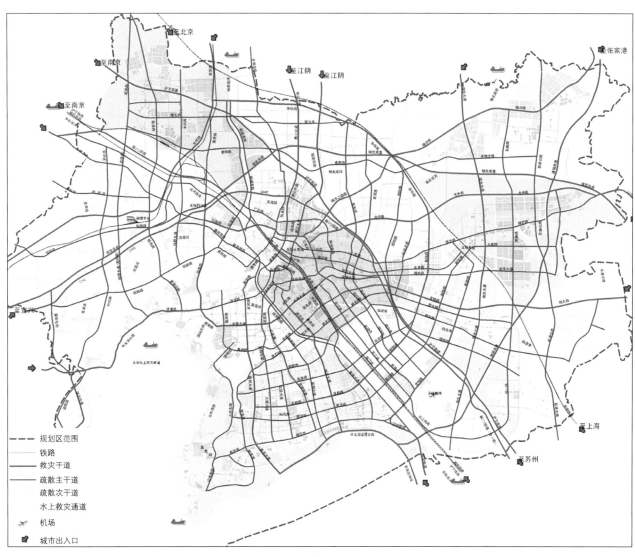

图8-16　避震疏散道路安排

图8-17　广场区位图

图8-18　广场鸟瞰图

	广场作为避难场所的有利与不利条件	表8-9
有利条件	区位条件好，交通便捷：广场地理位置优越，处于城市北部行政商业中心。北靠政府大楼，西临城市主干路建设北路，南临城市主干路长江路，具备灾时有效组织救援和避难的交通条件	
	面积较大，具备一定的基础设施：相比于其他城市绿地，古徐广场面积较大，灾后可容纳的人员较多。同时，广场周边的供水、供电、通信等基础设施较完备，且广场内拥有良好的水、电配套设施，具备应急设施改造条件	
	广场环境优美：可为避难者提供优良的生活环境，对人员安置及灾时心理治疗起到积极的作用	
不利条件	广场东、西部乔、灌木密集，可利用面积有限。同时，广场内两栋建筑体量较大（局部七层），以及旗杆、水池、石柱等造景设施均需考虑倒塌后瓦砾占地面积以及对避震疏散造成的安全隐患	

8.4.1 空间设计

根据规划定位以及公园的现状情况，将场所分为四大功能区，分别为中心指挥区（部队救援人员驻扎区）、医疗急救中心区、避难区和物资储备区（图8-19）。

一、县级指挥绿地

广场北部紧邻政府大楼，特将县级指挥绿地设置于广场的北部，灾时能够及时共享政府大楼内的各项应急资源。指挥绿地包括应急指挥中心1处、指挥中心功能用房及驻扎用房1处、部队救援人员驻扎区3处。东、西部草地乔木较多、空间灵活性较差，主要采用两种规格的帐篷：一种为3m×4m，可容纳6人；一种为2m×3m，可容纳3人。指挥绿地共由四个帐篷

集组成，每个帐篷集住宿面积控制在1800m²以内，并有4~6个帐篷集组成一个防火单元，并配备消防设施（图8-20）。

二、医疗救护绿地

医疗救护绿地包括医疗救护用地1处，普通医疗棚宿区1处，医疗物资储备用地1处，医疗车辆停车场1处，直升机停机坪1处，医疗垃圾临时存放点1处，防护隔离带2处，应急水源储备区1处。医疗救护绿地设置在古徐广场北侧，与城市支路相连，便于应急救护车辆的进出。医疗救护中心主要承担城区内震后受伤人员的应急救护，内设应急医院、卫生防疫中心，可储备大型医疗救护设备与应急物资的帐篷，具有抢救、手术、治疗、康复等综合医疗救治功能，医疗救护绿地配套设施技术指标见表8-10。

三、避难绿地

避难绿地包括公共服务中心区1处，特殊车辆停车场1处，棚宿区4处。区级避难的棚宿区设置于公园南部开敞的广场内，此类场地空间便于帐篷的搭设，空气流通满足卫生防疫的要求，同时利于人群的疏导。棚宿区主要采用两种规格的帐篷：一种为4m×6m，可容纳12人；一种为3m×4m，可容纳6人。棚宿区不占用广场内部道路，各区之间有4m的道路连接，避难棚宿区内部以2m的步行道贯通。避难棚宿区由4个帐篷集组成，每个帐篷集宿住面积控制在1800m²以内，并由4~6个帐篷组成一个防火单元，并配备消防设施。

图8-19　场所功能分区图

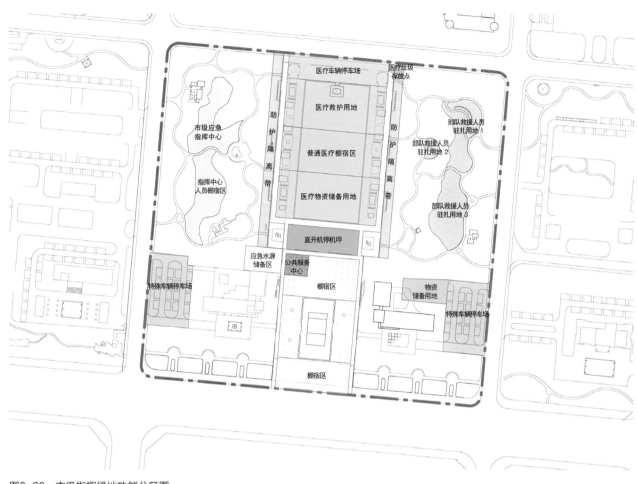

图8-20　市级指挥绿地功能分区图

医疗救护绿地配套设施技术指标　　　　　　　　　　　　　　　　　　　　　　　表8-10

1	医疗棚宿区4m×6m的帐篷有64顶，3m×4m的帐篷有178顶，容纳643人
2	配设集中供水点2个，垃圾收集点2个，垃圾临时储存点1个
3	单设医护人员卫生间，男厕蹲位不少于2个，女厕蹲位不少于4个。男淋浴间淋浴器不少于2个，女淋浴间淋浴器不少于4个
4	伤员卫生间内设男女厕所和淋浴间。厕所蹲位按伤员人数的2%设置，并满足男厕蹲位不少于1个，女厕蹲位不少于2个。男淋浴间分设5个淋浴器，女淋浴间分设5个淋浴器

四、物资供应绿地

物资供应绿地包括场内物资储备用地1处，特殊车辆停车场1处。设置于广场的东南部，有独立的出入口，交通方便。设置于古徐广场的东侧，紧靠城市主干道长江路，总面积约1106m²。主要存放物资包

括两类：第一类是长期备用的应急物资。主要有：水泵、矿泉水、担架、水龙头、泡沫灭火器、皮管、淋浴喷头、净水器等。第二类是外来救援物资，主要是疏散场所内人员生活和医疗救助所必须的物品。这些物资包括：药品、食物、衣物、水等。灾后在物资

图8-21　帐篷布置图

储备区内搭建临时物资储备帐篷，用于存放这些物资（图8-21）。

8.4.2　应急交通设计

一、对外交通

广场南侧紧邻的长江路被指为城市救灾干道，道路红线宽度为60m。广场西、北、东侧相邻的建设北路、香江路和人民路均为城市疏散主干道，灾后救援人员、物资可以通过这些应急道路快速输送至广场。

二、应急出入口

该广场共设置了10个应急避难出入口，包括车行出入口4处，人行出入口6处。其中，广场北边为车行主出入口，南边为人行主出入口（图8-22、图8-23）。广场内根据功能区划，设置两级疏散道路。一级疏散道路利用广场内现有主要道路，二级疏散道路利用广场内次要道路。一级疏散道路路宽4~8m，可快速到达疏散场所的各个功能分区，可作为疏散人群、应急物资供应、应急医疗救护、应急指挥的通道，满足避难时的需求；二级疏散道路路宽2~4m，连接各个功能片区，并与一级疏散道路相连接，可起到快速疏散的作用。

三、应急停车场

救援功能区：由于灾时的停车位指标还未有相关规范，考虑到灾后应急避难场所需停留的车辆包括物资运输车、医疗救护车、应急指挥车、应急通信车、应急发电车、应急给水车，救援功能区的停车规模参

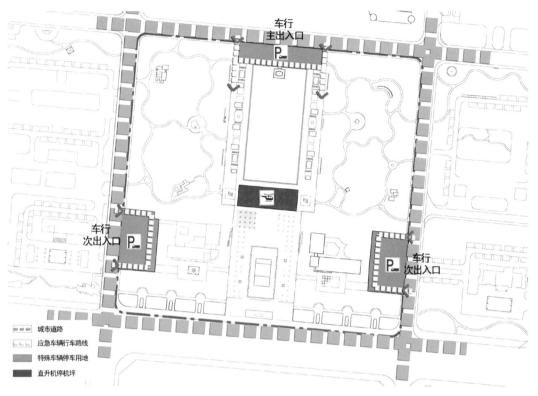

车行
主出入口

P

车行
次出入口
P

P
车行
次出入口

　城市道路
　应急车辆行车路线
　特殊车辆停车用地
　直升机停机坪

图8-22　对外应急交通图

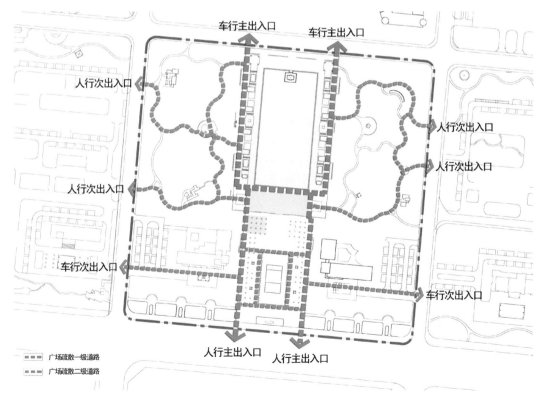

车行主出入口　　车行主出入口

人行次出入口

人行次出入口

人行次出入口

人行次出入口

车行次出入口

车行次出入口

人行主出入口　　人行主出入口

　广场疏散一级道路
　广场疏散二级道路

图8-23　对内应急交通图

考《南通市城市规划技术管理规定》公共建筑停车位最低控制指标为小汽车标准（占地面积26m²）50车位/万m²建筑面积，降低指标取值为30车位/万m²建筑面积，折合园内各功能区面积（市级中心指挥区、市级医疗急救中心区、部队救援人员驻扎区），得出救援功能区的停车位不应低于240辆。

避难功能区：避难功能区的停车位暂按5车位/1000避难人员来计算，得出需要10个停车位。考虑到灾时各种应急车辆，如应急发电车、应急给水车以及应急通信车等，合计需要20个停车位。

场地规划布置了应急停车场3处，其中规划广场北边主入口为医疗车辆停车场，停车场面积为2616m²，按平均26m²/辆计算，可停放车辆100辆；规划广场东侧为特殊车辆及物资运输车辆停车用地，停车场面积为3271m²，可停放车辆125辆；规划广场西侧为特殊车辆停车场用地及社会停车场，停车场面积约为3219m²，可停放车辆123辆；合计共可停放348辆。

四、应急直升机坪

应急直升机坪设置在广场中部，紧邻医疗救护中心，同时广场内有一级疏散道路直接通往各功能区，交通便捷。直升机停机坪应设置夜间照明装置，并设置着陆区界限灯、障碍灯，之间的间距不应大于3m，停机坪周边灯不应少于8个，直升机停机坪应设置消火栓及应急灭火设备。

8.4.3 应急设施设计

一、应急供水

1. 应急水源

应急水源采用多路供水水源，来源之一为市政管网供水，根据《泗洪县市城总体规划（2010—2030年）》中关于给水工程的相关规划，在广场的南侧沿长江路有直径1000mm的给水管线，震后优先使用市政给水管网给应急水源供水，当市政供水管网在震后发生破坏时，采用自备应急水源。

按照灾民基本生活用水和救灾用水保障需求，按照预定设防水准安排应急保障水源、水处理设施、输水管线和应急保障管线。根据场所功能规划，区级避难绿地可容纳避难人员1674人，医疗急救中心区可容纳避难人员643人，市级指挥中心区可容纳779人，部队救援人员驻扎区可容纳939人，合计广场内震后需用水的人员有4035人。震后一周内广场的供水主要依靠场所内的应急给水设施和应急给水车取水，医疗急救中心区周用水量为279m³，县级中心指挥区和部队救援人员驻扎区周用水量为192m³，应急棚宿区周用水量为117m³，合计588m³。

根据需水量预测的结果，规划1处应急水源储备用地，占地面积约为684m²，并通过应急给水管线供给各功能区。平时由市政管网往应急水池蓄水，震后给水管道发生破坏中断给水时，采用给水车作为应急水源。

生活用水和饮用水的供给可采用气压给水装置、变频给水设备或高位水池（箱），由应急水池通往各疏散功能区的给水管道应采用柔性接头。由应急水池通往医疗救护中心的供水出口可加装水质净化处理设备，以满足医疗用水的标准。

2. 应急供水点

根据《地震应急避难场所建设指南》CJB 21734—2008的指标，每100人应至少设1个水龙头，每250人应至少设1处饮水处，每2个饮水处之间相距不超过500m。根据计算，广场共需要水龙头41个，饮水点17处。为便于灾时管理，应急供水采用分点集中设置供水龙头的方式。新建应急生活供水点4处，其中有中心指挥处1处，医疗急救中心1处，部队救援人员驻扎区1处，应急棚宿区1处，每处设置10～12个供水龙头。应急供水点都设置在棚宿区外靠近广场内道路的位置，灾时在广场内给水管线上加装水龙头即可。应急饮用水再在应急供水龙头上配置小型的净水装置，小型净水装置平时存储在物资仓库内，灾时直接接在应急供水点的水龙头上，净化后的自来水或地下水可供给饮用（图8-24）。

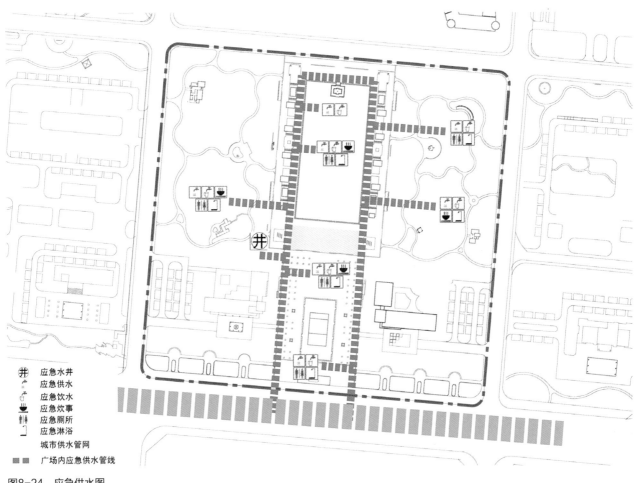

图8-24　应急供水图

图例：
井　应急水井
　　应急供水
　　应急饮水
　　应急炊事
　　应急厕所
　　应急淋浴
　　城市供水管网
■■　广场内应急供水管线

3. 应急给水管网

根据应急饮水、应急炊事、应急厕所、应急淋浴的布置设置一套供水管网。供水管网同时与市政给水管网和应急蓄水池相连，并设置阀门。当震后市政管网能保证供水，则利用市政管网给各疏散功能分区供水。若震后市政管网遭受破坏失去供水能力，则关闭市政管网与场所内管网的阀门，开启应急蓄水池与广场内供水管网的阀门，由应急蓄水池给各功能区供水。

4. 应急消防

按照室外消防用水量15L/s，同一时间火灾次数2次，持续时间2h计算，公园1次火灾消防用水量为216m³。应对广场内水池作一次"枯水期水量调查"，若广场内水池在枯水期水量能够满足消防要求，则应急消防用水可由水泵及消防车直接从水池抽取。若枯水期水池水量不能满足需求，则应在枯水期内由市政管网对水池进行水量补充。广场内各棚宿区需储备泡沫灭火器，以备应急需要。

5. 应急炊事

将应急供水点、饮水点与应急炊事点结合在一起设置，应急棚宿区、医疗急救中心区、指挥中心区以及部队救援人员驻扎区各设置1处炊事点，广场内共设置4处应急炊事点（图8-25）。

6. 应急厕所与淋浴

应急厕所按避难人数的1%设置，中心指挥区容纳人口779人，设应急厕所8个；部队救援人员驻扎区容纳人口939人，设应急厕所10个；棚宿区容纳人口

炊事点，服务876人

炊事点，服务636人

炊事点，服务939人

炊事点，服务1674人

炊　应急炊事点

—·—　规划范围

图8-25　应急炊事布置图

1674人，设应急厕所17个；市级医疗急救中心区容纳人口1836人，按病伤人数的4%，设置应急厕所72个。

应急厕所采用暗坑式盖板厕所，设置2条12m的长条形蹲坑，最上层覆盖盖板加盖草皮。根据平灾结合的原则，平时外观即为绿地，灾时只需将坑位上的覆土除去，增加帐篷围挡或搭盖临时掩体即可（厕所搭盖可选用4个3m×6m规格的帐篷，分隔出男、女厕所区域，共占地72m²）。这种做法厕所面积灵活，简单可行，既能满足应急要求，又能不影响公园景观，是较为可行的措施。缺点是排污需建设生态粪化池，卫生条件较差（图8-26）。

7．应急环卫与排污

雨水由雨水口收集后就近排入市政排水管，广场内厕所也单独设置了化粪池，污水排入市政污水管。应急雨水排水管道在设置时，尽量选择坡度适宜、由草皮或硬地覆盖、树木较稀疏便于排水的区域。大部分雨水可经由雨水管道和自然地形坡度排入市政排水系统。

应急生活污水排水系统：广场内安置避难人员在30天以内的，灾后的生活污水主要产生在应急供水、应急炊事、应急淋浴点处。因此，在上述位置应设置应急排水管道，将灾后生活污水排入广场内化粪池、原污水管道或直接排入市政污水管线内。

应急厕所污水排水系统：每处应急厕所都单独配置化粪池，或同原广场内化粪池共用。在应急厕所旁设置应急供水阀门，可由工作人员按时冲水。灾后应急厕所应经常喷洒灭蚊灭蝇药水，并保持厕所通风良好。若灾后污水管道排污能力受到影响，则化粪池内

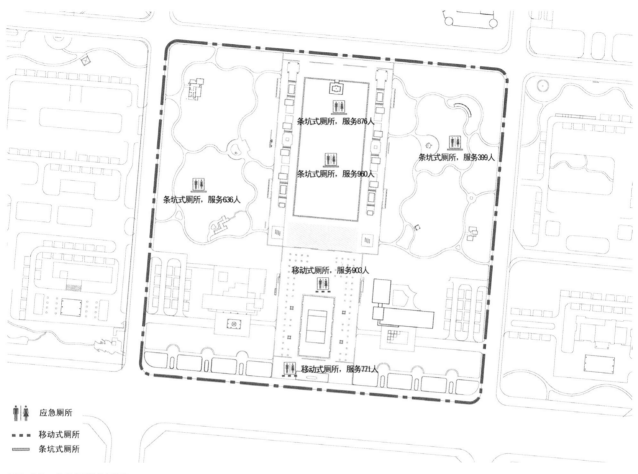

条坑式厕所，服务876人

条坑式厕所，服务960人

条坑式厕所，服务399人

条坑式厕所，服务636人

移动式厕所，服务903人

移动厕所，服务771人

应急厕所

移动式厕所

条坑式厕所

图8-26 应急厕所布置图

的污物由抽粪车按时排走。

根据《人道主义宪章与赈灾救助标准》按每10户100 L垃圾箱的标准，在交通便利、离棚宿区帐篷一定距离处设置垃圾池，每个垃圾池占地约50m²，平时作为花池使用，灾后作为垃圾池使用。医疗区医疗垃圾和宿住垃圾应分开独立存放，整个疏散场所共设置2处垃圾临时存放点，6个应急垃圾收集点（图8-27）。

二、应急供电与照明

1. 应急供电

为满足应急避难的要求设置应急供电系统，为应急照明、监控中心、应急医疗中心及应急生活用电等提供电源。应急供电的电源应采用双电源，可以考虑以下几种方案：

（1）采用应急柴油发电机与市政供电相结合的方式供电。正常时采用市政供电系统供电，在市改供电电源发生中断时，采用柴油发电机发电提供应急电源。该方式管理方便，投资较少，但需要设置发电机房，面积约40m²。

（2）用柴油发电车与市政供电相结合的方式供电。正常时采用市政供电系统供电，在市政供电电源发生中断时，采用柴油发电车发电提供应急电源，该方式管理简单，但需配备一定数量的发电车，一次性投资较大，且需要提供一定的场地停放发电车。

考虑到综合管理、运行维护、经济等反面因素，推荐采用方案一，即采用柴油发电机与市政供电相结合的方式供电。广场内共设置4处应急供电装置，中

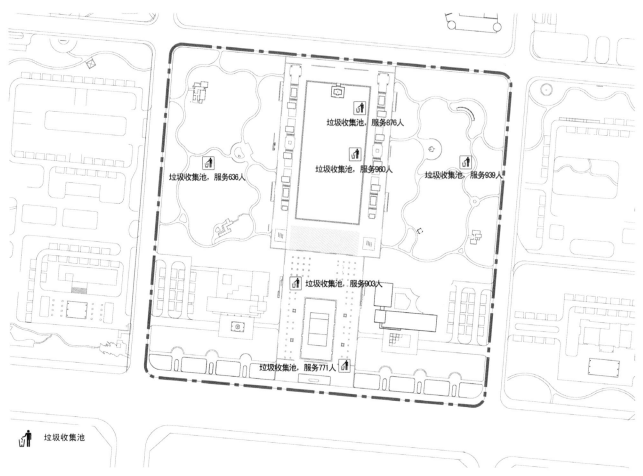

图8-27 应急环卫布置图

心指挥区、医疗急救中心区、部队救援人员驻扎区以及应急棚宿区的公共服务区各设置1处。

2. 应急照明

避难人员在疏散场所内活动时，场所需要维持一定的照明，因此应设置应急照明系统。照明光源宜采用各种高效节能荧光灯、金属卤素灯、LED灯和白炽灯。并应满足照明场所的照度、显色度和防眩光等要求；现有的路灯照明系统均已基本满足应急时道路两侧的棚宿区照度要求，只需要在局部棚宿区增设一定数量的应急照明灯具，以满足应急照明的功能要求。

三、监控与广播

为了保障震后场所安全与合理使用，便于管理等多方面考虑，设置的监控与广播设施如图（8-28所示）。

四、应急标识

应急标识可采用不锈钢板，字体和标识部分使用荧光粉处理，保证夜间的可识别性。应急标识设置见表8-11。

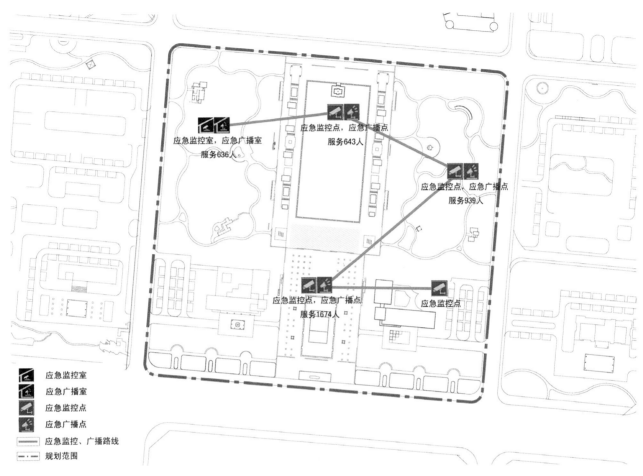

图8-28　应急监控、广播布置图

应急标识设置

表8-11

序号	应急标识	意义
1	区域位置指示牌	主要设置在城市出入口、道路交叉口、责任区内主要社区，用以指示避难场所或市区级避难功能区的位置、方向和基本情况
2	场所功能演示标识牌	主要设置在场所出入口处，通过设置组合标识，介绍场所布局、主要功能、使用要求等，通常需要绘制责任区域的分布图、内部功能区划图和周边居民疏散路线图
3	场所引导性标识牌	主要设置在场所内部道路交叉口或路边，用以引导使用人员到达目标功能区
4	场所设施标识牌	主要设置在场所内部各功能区、避难单元、各类配套设施及设备处，用以介绍设施名称、使用功能、使用要求等，应急宿住区还可标识避难人员容纳人数和责任社区名称
5	警示标识牌	主要设置在不宜避难人员进入或接近的区域或建筑安全距离附近，用以告知危险因素的存在

参考文献

［1］国家统计局. 中国统计年鉴2015［M］. 北京：中国统计出版社，2015.

［2］国家新型城镇化规划（2014—2020年）［Z］.

［3］吴志强，李德华等. 城市规划原理（第四版）［M］. 北京：中国建筑工业出版社，2010.

［4］胡聿贤. 地震工程学（第二版）［M］. 北京：地震出版社，2006.

［5］沈聚敏，周锡元，高小旺，刘晶波. 抗震工程学［M］. 北京：中国建筑工业出版社，2000.

［6］米宏亮，李洋，侯建盛. 2007年中国大陆地震灾害损失述评［J］. 国际地震动态，2008（2）：41-45.

［7］张肇诚. 中国震例［M］. 北京：地震出版社，1990.

［8］徐锡伟. 中国近现代重大地震考证研究［M］. 北京：地震出版社，2009.

［9］陈虹，王志秋，李成日. 海地地震灾害及其经验教训［J］. 国际地震动态，2011（9）：36-41.

［10］海地发生7.3级地震［EB/OL］.［2010-01-12］. http://news.sohu.com/s2010/haidiearthquake/.

［11］郑言. 智利防御地震灾害的经验及启示［J］. 林业劳动安全，2010，23（3）：45-49.

［12］智利康塞普西翁省发生里氏8.8级地震［EB/OL］.［2010-02-27］. http://news.sohu.com/s2010/zhilidizhen/.

［13］新西兰发生6.3级强震［EB/OL］.［2011-2-22］. http://www.huanqiu.com/zhuanti/world/xxldz.

［14］周福霖，崔鸿超，安部重孝等. 东日本大地震灾害考察报告［J］. 建筑结构，2012，42（4）：1-20.

［15］四川雅安发生里氏7.0级地震［EB/OL］.［2013-4-20］. http://news.163.com/special/sichuanyaandizhen/?youdaodict=true.

［16］金磊. 中国城市安全空间的研究［J］. 北京城市学院学报，2006（2）：33-37.

［17］Davidson R. A., Shah H. C. Understanding Urban Seismic Risk around the World[M]. Stanford: Blume Earthquake Engineering Center, 1997.

［18］Davidson R. A. An Urban Earthquake Disaster Risk Index[M]. Stanford：The John A. Blume Earthquake Engineering Center, 1997b.

［19］Alfred Weber. Uber den Standort der Industries[J]. Mohr-Tubingen, 1909.

［20］S.L. Hakimi. Optimum Locations of Switching Centers and the Absolute Centers and Median of Graph[J]. Operations Research, 1964(12):450-459.

［21］S.L. Hakimi. Optimum Distribution of Switching Centers in a Communication Network and Some Related Graph Theoretic Problems[J]. Operations Research 1965(13): 462-475.

［22］C.Toregas, C. ReVelle. Optimal Location under Time or Distance Constraints[J]. Papers of the Regional Science Association, 1972(28): 133-143.

［23］R. Church, C. ReVelle. The Maximal Covering Location Problem[J]. Papers Association, 1974(32): 101-111.

［24］ Hogan K., ReVelle C. Concept and Applications of Backup Coverage[J]. Management Science, 1986, 32(11): 1434-1444.

［25］ 吕元. 城市防灾空间系统规划策略研究［D］. 北京：北京工业大学，2004.

［26］ 古溢. 防灾型城市设计——城市设计的防灾化发展方向［D］. 天津：天津大学，2006.

［27］ 施小斌. 城市防灾空间效能分析及优化选址研究［D］. 西安：西安建筑科技大学，2006.

［28］ 王薇. 城市防灾空间规划研究及实践［D］. 长沙：中南大学，2007.

［29］ 李繁彦. 台北市防灾空间规划［J］. 城市发展研究，2001（6）.

［30］ 冯利华，吴樟荣. 区域易损性的模糊综合评判［J］. 地理学与国土研究，2001，17（2）.

［31］ 李辉霞，陈国阶. 可拓方法在区域易损性评判中的应用［J］. 地理科学，2003，23（3）.

［32］ 张风华，谢礼立. 城市防震减灾能力研究［J］. 自然灾害学报，2001，10（4）.

［33］ 张风华，谢礼立. 城市防震减灾能力指标权数确定研究［J］. 自然灾害学报，2002，11（4）.

［34］ 刘艳，康仲远等. 我国城市减灾管理综合评价指标体系的研究［J］. 自然灾害学报，1999，8（2）.

［35］ 帅向华，成小平等. 城市震害高危害小区的研究和GIS的实现技术［J］. 地震，2002，22（3）.

［36］ 杨挺. 城市局部地震灾害危害性指数（ULEDRI）及其在上海市的应用［D］. 北京：中国地震局地球物理研究所，2000.

［37］ Yang Ting, Zhu Yuanqing. Urban Local Earthquake Disaster Risk Index[Z]. Oral Presentation in IUGG99 Birmingham, 1999.

［38］ 宋钰红. 大理市避灾绿地规划［J］. 山西建筑，2009（16）：351-352.

［39］ 杨建欣，赵文，王家佳. 城市绿地系统防灾避险规划探讨——以成都绿地系统为例［J］. 广东园林，2010（4）：29-32.

［40］ 刘有良，胡希军，陈存友. 长沙市城市防灾避难绿地的规划与建设［J］. 中南林业科技大学学报（社会科学版），2009（5）：95-97.

［41］ 王丹丹，李雄，张晓佳，王亚南. 承德市营子区绿地避灾规划设计初探［J］. 中国城市林业，2010（4）：30-32.

［42］ 张玲，黄钧，朱建明. 应对大规模突发事件的资源布局模型与算法［J］. 系统工程，2008，26（9）：26-31.

［43］ 王晶，黄钧. 基于双层规划的应急资源布局模型和算法［C］. 2009中国控制与决策会议论文集（1）：907-912.

［44］ 葛学礼，朱立新，陈庆民，避震疏散微机模拟在城市及企业抗震防灾规划中的应用［J］. 工程抗震，1996（4）：43-45.

［45］ 苏幼坡，刘瑞兴. 城市地震避难所的规划原则与要点［J］. 灾害学,2004,19（1）：87-91.

［46］ 杨文斌，韩世文，张敬军，宋伟. 地震应急避难场所的规划建设与城市防灾［J］. 自然灾害学报，2004，13（1）：126-131.

［47］ 姚清林. 关于优选城市地震避难场地的某些问题［J］. 地震研究，1997，19（3）：244-248.

［48］ 周天颖，简甫任. 紧急避难场所区位决策支持系统建立之研究［J］. 水土保持研究，2001，18（1）：17-24.

［49］包志毅，陈波. 城市绿地系统建设与城市减灾防灾［J］. 自然灾害学报，2004，13（2）：155-160.

［50］李刚，马东辉，苏经宇. 基于加权Voronoi图的城市地震应急避难场所责任区的划分［J］. 建筑科学，2006，22（3）：55-59.

［51］冯芸，缪升. 避震疏散与城市的可持续发展［J］. 昆明理工大学学报（理工版），2004，29（2）：84-88.

［52］李小军，赵凤新，胡聿贤. 埋设管网系统地震危险性分析方法［J］. 自然灾害学报，1995，4（S1）：39-48.

［53］韩阳. 城市地下管网系统的地震可靠性研究［D］. 大连：大连理工大学，2002.

［54］赵成刚，冯启民等. 生命线地震工程［M］. 北京：地震出版社，1994.

［55］孙绍平，韩阳. 生命线地震工程研究述评［J］. 土木工程学报，2003，36（5）：97-104.

［56］李杰. 生命线工程抗震——基础理论与应用［M］. 北京：科学出版社，2005.

［57］李杰，陈淮，孙增寿，赵晓. 工业结构—设备体系在地震作用下的动力相互作用研究［J］. 地震工程与工程震动，1997，17（2）：98-105.

［58］王学军，何政，欧进萍. 非结构构件性能设计初探［J］. 低温建筑技术，2002，（4）：20-21.

［59］苏经宇，周锡元，樊水荣. 由基岩反应谱直接估计地面反应谱的实用方法［J］. 岩土工程学报，1992，14（5）：27-36.

［60］邹亮，任爱珠，张新. 基于GIS的灾害疏散模拟及救援调度［J］. 自然灾害学报，2006，15（6）：141-145.

［61］王新平，葛学礼，崔健. 避震疏散模拟在城市抗震规划中的应用［J］. 山东建筑工程学院学报，2004，19（3）：34-37.

［62］郭丹. 基于主体建模方法的多分辨率城市人口紧急疏散仿真研究［D］. 华中科技大学，2010.

［63］张高峰. 面向场景的疏散仿真研究初探［D］. 合肥工业大学，2008.

［64］成都理工大学，北京工业大学. 汶川地震地质灾害、生态环境受损及其防治与修复对策［R］. 中国工程院重大咨询项目，2012.

［65］孙柏涛，张桂欣. 汶川8.0级地震中各类建筑结构地震易损性统计分析［J］. 土木工程学报，2012，45（5）：26-30.

［66］四川省文物局. 四川汶川地震灾后文化遗产抢救保护年度工作报告［R］. 成都：四川省文物局，2009.

［67］周乾，闫维明，杨小森，纪金豹. 汶川地震导致的古建筑震害［J］. 文物保护与考古科学，2010，22（1）：37-45.

［68］杨焕成. 地震前后古代建筑的检查方法和加固维修措施［J］. 中原文物，1985（2）：96-98.

［69］西南交通大学，北京工业大学. 汶川地震文化遗产建筑震害与保护对策［R］. 中国工程院重大咨询项目，2012.

［70］汶川地震灾后恢复重建总体规划［Z］.

［71］吴振波，周献祥，谢伟等. 汶川地震建筑震害调查统计与抗震设计思考［J］. 建筑结构，2010（6）：144—148.

［72］张敏政. 从汶川地震看抗震设防和抗震设计［J］. 土木工程学报，2009（5）：21-24.

［73］吕超. 透过汶川地震对提升我国建筑设施抗灾能力的思考［J］. 经济师，2009（4）：69-70.

［74］张孝伦，张瑜洁. 汶川地震公路抢修与保畅主要措施［J］. 武汉工业学院学报，2009（3）：80-84.

［75］刘爱文，夏珊，徐超. 汶川地震交通系统震害及震后抢修［J］. 震灾防御技术，2008，3（3）：243-250.

［76］杨钟贤，刘邵权，苏春江. 汶川地震重灾区交通通达性分析［J］. 长江流域资源与环境，2009（12）：1166-1172.

［77］陆鸣，李鸿晶，温增平等. 都江堰市移动通信系统及其建筑物震害特征［J］. 北京工业大学学报，2008（11）：1160-1165.

［78］范本尧，李祖洪，刘天雄. 北斗卫星导航系统在汶川地震中的应用及建议［J］. 航天器工程，2008（7）：6-13.

［79］冯烈丹，向军，何洁. 地震黄金救援72小时内的通信保障［J］. 卫星与网络，2008：26-28.

［80］张大长，赵文伯，刘明源. 5·12汶川地震中电力设施震害情况及其成因分析［J］. 南京工业大学学报（自然科学版），2009（1）：44-48.

［81］熊易华，罗万申. 汶川"5·12"地震给排水设施震损初探［J］. 四川建筑科学研究，2009（12）：177-179.

［82］熊易华，罗万申，陈洵. 汶川"5·12"地震后灾区的应急供水［J］. 给水排水，2010，36（7）：18-20.

［83］熊易华，罗万申，陈洵. 汶川"5·12"地震给排水设施震损情况与启示［J］. 给水排水，2009，35（10）：21-24.

［84］周露，陈曦，陈宏. 应急状态下救灾物资供给特点研究［J］. 管理评论，2008（12）：25-29.

［85］陈桂香，郭志涛，李江华. 粮食基础设施震后恢复重建关键问题研究［J］. 灾害学，2009（12）：134-137.

［86］沈骥，苏林，李冰等. 汶川地震四川省卫生应急救援成效分析［J］. 中国循证医学杂志，2009，9（3）：301-306.

［87］沈骥，代小舟，赵万华等. 汶川地震四川省医疗救援反应力和有效性分析［J］. 四川行政学院学报，2010（3）：83-86.

［88］谢娟，谢磊，曾智等. 地震发生后大型综合医院应急救灾处理体系［J］. 中国医院管理，2008（6）：1-3.

［89］黄南翼，张锡云，姜萝香. 日本阪神大地震建筑震害分析与加固技术［M］. 北京：地震出版社，2000.

［90］阪神—淡路大震灾——震后一年兵库县工作记录［M］. 袁一凡译. 北京：地震出版社，2004.

［91］王朋. 基于城市总体规划中的抗震防灾若干问题研究［D］. 北京：北京工业大学，2013.

［92］住房和城乡建设部抗震救灾规划工作组，武汉市勘测设计研究院. 四川省绵阳市灾后重建城镇体系规划地质适宜性评价报告［R］，2008.

［93］官善友，肖建华，孙卫林. 从5·12汶川地震看工程地质工作在城乡规划中的作用［J］. 城市甚力测，2008（5）：144-148.

［94］洪昌富. 综合防灾减灾的安全理念在城市规划中的实施路径——以北川新县城灾后重建规划为例［J］. 灾害学，2010，25（S0）：25-30.

［95］贾连胜，贾理杰. 灾害多发区救援通道在路网规划中的考虑［J］. 黑龙江交通科技，2011（10）：340-341.

［96］李朝阳. 城市交通与道路规划［M］. 武汉：华中科技大学出版社，2009.

［97］卢金锁，柴蓓蓓，黄廷林等. 城市给水系统地震风险分析及震后供水［J］. 西安建筑科技大学（自然科学版），2008，40（5）：686-691.

［98］宋劲松，邓云峰. 我国大地震等巨灾应急组织指挥体系建设研究［J］. 宏观经济研究，2011（5）：8-18.

［99］叶子才. 城市消防设施建设研究［D］. 重庆：重庆大学，2005.

［100］付建国，梁成才，王都伟等. 北京城市防灾公园建设研究［J］. 中国园林，2009（8）：79-83.

［101］陈虎，崔功豪. 由分化到整合：对城市规划管理体制的思考——以常州市为例［J］. 城市规划，2002，26（3）：40-43.

［102］姚国章. 日本灾害管理体系：研究与借鉴［M］. 北京：北京大学出版社，2008.

［103］王瑜玲. 关于优化中小城市规划管理体制的思考［D］. 天津：天津大学，2005.

［104］顾林生，陈志芬. 避难场所与城市安全［J］. 中国减灾，2007（10）：28-29.

［105］苏经宇，马东辉，王志涛. 构建城乡防灾体系的初步探讨［J］. 城市规划，2008（9）：81-83.

［106］张熙光，王骏孙，刘惠珊. 建筑抗震鉴定加固手册［M］. 北京：中国建筑工业出版社，2001.

［107］戴国莹，李德虎. 建筑结构抗震鉴定及加固的若干问题［J］. 建筑结构，1999（4）：45-49.

［108］王威，马东辉，苏经宇等. 基于二维多规则云模型定性推理的场地分类方法［J］. 北京工业大学学报，2009，35（10）：1364-1372.

［109］马东辉，郭小东，周锡元. 缺乏勘察资料城区的场地类别分区方法［J］. 北京工业大学学报，2007，33（5）：524-529.

［110］马东辉，李刚，钱稼茹. 强震地面断裂时土地利用适宜性的概率评估［J］. 清华大学学报（自然科学版），2006，46（3）：309-312.

［111］李杰. 生命线工程抗震——基础理论与应用［M］. 北京：科学出版社，2005.

［112］S.Hasanuddin Ahmad. A Simple Technique for Computing Network Reliability[J]. IEEE Transaction on Reliability, 1982, 30(1): 41-44.

［113］S. Hasanuddin Ahmad, A. T. M. Jamil. A Modified Technique for Computing Network Reliability[J]. IEEE Transaction on Reliability, 1987, 36(5): 554-556.

［114］武小悦，沙基昌. 构造网络不交化最小路集的一种新算法［J］. 系统工程理论与实践，2000（1）：62-66.

［115］贾进章，鲁忠良，姜克寒. 基于网络简化技术的通风网络可靠度新算法［J］. 辽宁工程技术大学学报，2007，26（5）：641-644.

［116］王威. 基于复杂性理论的城市抗震防灾规划相关评价方法研究［D］. 北京：北京工业大学，2010.

［117］尹之潜．地震灾害及损失预测方法［M］．北京：地震出版社，1995.

［118］吴育才，谭良．单层厂房的震害预测［J］．工程抗震，1985（2）:20-25.

［119］吴育才．单层厂房震害预测方法的补充［J］．工程抗震，1988（1）:35.

［120］崔玉红，邱虎，聂永安等．国内外单体建筑物震害预测方法研究述评［J］．地震研究，2001，24（2）：175-182.

［121］杨玉成，董伟民等．多层砌体房屋震害预测专家系统［J］．计算结构力学及其应用，1989，6（2）：17-23.

［122］刘锡荟，刘立泉．震害预测的模糊数学模型［J］．建筑结构学报，1984，5（1）：26-43.

［123］秦文欣，刘季．结构地震多重模糊破坏评估方法［J］．世界地震工程，1994（1）：12-19.

［124］王志涛，苏经宇，马东辉等．基于房屋普查数据与人工神经网络的震害预测方法［J］．工业建筑，2007，37（411）:452-455

［125］王志涛，苏经宇，马东辉等．群体建筑物震害特征类比预测方法与应用［J］．北京工业大学学报，2008，34（8）：842-847.

［126］郭小东，马东辉，苏经宇等．城市抗震防灾规划中建筑物易损性评价方法的研究［J］．世界地震工程，2005，21（2）：129-135.

［127］余世舟．地震次生灾害的数值模拟［D］．哈尔滨：中国地震局工程力学研究所，2004.

［128］赵振东，余世舟，钟江荣．建筑物震后火灾发生与蔓延危险性分析的概率模型［J］．地震工程与工程振动，2003，23（4）：183-187.

［129］李杰，江建华等．城市火灾危险性分析［J］．自然灾害学报，1995（2）：99-103.

［130］陈颙，陈棋福，张尉．中国的海啸灾害［J］．自然灾害学报，2007，16（2）：1-6.

［131］王新平，葛学礼，崔健．避震疏散模拟在城市抗震规划中的应用［J］．山东建筑工程学院学报，2004，19（3）：34-37.

［132］李刚，马东辉，苏经宇．基于加权Voronoi图的城市地震应急避难场所责任区的划分［J］．建筑科学，2006，22（3）：55-59.

［133］王志涛．城市抗震防灾空间布局及评价指标体系研究［D］．北京：北京工业大学，2009.

［134］陈述彭等．地理信息系统导论［M］．北京：科学出版社，2001.

［135］马东辉，苏经宇，李刚等．泉州市规划区抗震防灾规划辅助决策与管理系统研究报告［R］．北京：北京工业大学抗震减灾研究所，2004.

［136］马东辉．城市抗震防灾规划相关技术研究［D］．北京：清华大学，2005.

［137］陈颙，李革平，陈棋福等．地理信息系统在地震破坏和损失评估中的应用［J］．地震学报，20（6）：640-646.

［138］孙志鸿，丑伦彰．Haz-Taiwan地震灾害损失评估系统简介［J］．防灾科技简讯（台湾），2002（1）：16-19.

［139］卢振恒．日本破坏地震概观［M］．北京：地震出版社，1991.

［140］滕五晓，加藤孝明，小出治．日本灾害对策体制［M］．北京：中国建筑工业出版社，2003.

［141］东京都．东京都震灾预防计划（1983—1987年）［Z］.

［142］东京都．东京都地域防灾规划——震灾分册（2007年修订版）［Z］.

［143］顾林生．日本大城市防灾应急管理体系及其政府能力建设——以东京的城市危机管理体系为例［J］．城市与减灾，2004（8）：4-9.

［144］海口市建设局，北京工业大学抗震减灾研究所．海口市城市抗震防灾规划［Z］．2007.

［145］泗洪县住建局，北京工业大学抗震减灾研究所．泗洪县地震应急避难场所布局规划［Z］．2014.

［146］无锡市建设局，北京工业大学抗震减灾研究所．无锡市城市抗震防灾规划［Z］．2010.

［147］泗洪县住建局，北京工业大学抗震减灾研究所．古徐广场地震应急避难场所规划设计［Z］．2014.